普通高等教育"十三五"规划教材

材料力学

刘然慧　郭新柱　黄玉国　主编

化学工业出版社

·北京·

《材料力学》共分14章，主要包括：轴向拉伸与压缩、平面图形的几何性质、剪切、扭转、弯曲内力、弯曲应力、弯曲变形、应力状态分析和强度理论、组合变形、压杆稳定、能量法、动载荷和交变应力等内容，可满足本科材料力学60～80学时课程教学的需要。每章都配有一定数量的典型例题。为了使学生明确学习目标，每章开头都有本章的学习要求、重点和难点，结尾都有学习方法和要点提示，并配有适量的思考题和习题，同时，为了方便学生理解材料受力特性配有相应视频（扫描封面二维码）。

《材料力学》主要面向机械类、土建类专业的本科教与学，兼顾采矿、化工、冶金类的专业，也可供高等专科学校和成人教育学院有关专业的学生参考。

图书在版编目（CIP）数据

材料力学/刘然慧，郭新柱，黄玉国主编 . —北京：化学工业出版社，2017.9（2025.2重印）

普通高等教育"十三五"规划教材

ISBN 978-7-122-30225-0

Ⅰ.①材… Ⅱ.①刘…②郭…③黄… Ⅲ.①材料力学-高等学校-教材 Ⅳ.①TB301

中国版本图书馆 CIP 数据核字（2017）第 163747 号

责任编辑：刘丽菲   文字编辑：谢蓉蓉

责任校对：宋　夏   装帧设计：张　辉

出版发行：化学工业出版社（北京市东城区青年湖南街13号　邮政编码100011）

印　　装：北京科印技术咨询服务有限公司数码印刷分部

787mm×1092mm　1/16　印张18¾　字数491千字　2025年2月北京第1版第4次印刷

购书咨询：010-64518888   售后服务：010-64518899

网　　址：http://www.cip.com.cn

凡购买本书，如有缺损质量问题，本社销售中心负责调换。

定　　价：42.80元   版权所有　违者必究

前　言

《材料力学》是根据高等学校"材料力学课程教学基本要求"编写的，编者根据多年在材料力学教学中积累的经验，并结合当前时代特点，力求做到结构严谨、逻辑性强，编写时注重知识体系的完整性和实用性，可满足本科材料力学 60～80 学时课程教学的需要。

全书共分 14 章，各章内容依次为绪论、轴向拉伸与压缩、平面图形的几何性质、剪切、扭转、弯曲内力、弯曲应力、弯曲变形、应力状态分析和强度理论、组合变形、压杆稳定、能量法、动载荷和交变应力。本书内容选择合理，突出了基本原理和方法，语言简练、图文并茂，每章内容中都有一定数量的典型例题。为了使学生明确学习目标，每章开头都有本章的学习要求、重点和难点。为便于学生总结、掌握所学知识，每章结尾都有学习方法和要点提示，并配有适量的思考题和习题，附录中还提供各章习题中计算题的参考答案。同时，为了方便学生理解材料受力特性配有相应视频（扫描二维码）。

《材料力学》的特点是，坚持基本性、着重应用性、增强适应性，突出重点，力求系统，既便于教师取舍内容、组织课堂教学，也便于学生自学。本教材主要面向机械类、土建类专业的本科学生，兼顾采矿、化工、冶金类的专业，也可供高等专科学校和成人教育学院有关专业的学生参考。

编写分工如下：绪论、第 8 章、第 9 章由刘然慧执笔，第 10 章、第 11 章、第 12 章、第 13 章由郭新柱执笔，第 5 章、第 6 章、第 7 章由黄玉国执笔，第 2 章、第 3 章由闫承俊执笔，第 1 章、第 4 章由马长青执笔，视频中试验由邹爱英操作，全书由刘然慧、郭新柱统稿。

全书由山东交通学院胡庆泉教授审阅，并提出了很多宝贵意见，在此深表谢意。由于编者水平有限，欠妥之处在所难免，恳请同行及读者批评指正。

编者

2017 年 4 月

目 录

第0章

绪 论

材料力学是固体力学的一个分支，它是研究机械零件和结构构件承载能力的基础学科。它广泛应用于各个工程领域的设计之中（如机械工程、土木工程、交通运输工程、航空航天工程等），它的基本任务是：将机械中的简单构件和工程结构抽象为杆件，应用材料力学的理论计算杆件的应力、变形并研究其稳定性，以保证结构能承受预定的载荷；选择适当的材料、截面尺寸和形状，以便设计出既安全又经济的机械零件和结构构件。材料力学对于工科高等院校的学生和各工程领域的工程师来说，是必须具备的基础理论之一。

0.1 材料力学的任务

人们在改善生活和征服自然、改造自然的活动中，经常要建设各种各样的建筑物，制造各种各样的机械结构。任何一座建筑物和机械结构，都是由很多的零部件按一定的规律组合而成的，这些零部件统称为构件。

当建筑物或机械结构承受外力的作用时，组成该系统的各构件都必须能够正常工作，这样才能保证整个系统的正常工作。为此，要求构件不发生破坏，如建筑物的大梁断裂时，整个结构就无法使用。不破坏并不一定能正常工作，若构件在外力作用下发生过大的变形，也不能正常工作。如天车梁若因荷载过大而发生过度的变形，天车也就不能正常行驶。又如机床主轴若发生过大的变形，则引起振动，影响机床的加工精度。此外，有一些构件在荷载作用下，其所有的平衡形式可能丧失稳定性。例如，受压杆如果是细长的，则在压力超过一定限度后，就有可能明显地变弯。杆件受压突然变弯的现象称为丧失了稳定性。杆件失去稳定性（简称失稳）将造成类似房屋倒塌的严重后果。总而言之，构件要能正常工作，必须同时满足以下三方面的要求。

（1）强度要求　构件在确定的外力作用下，不发生断裂或过度的塑性变形。例如储气罐不应爆破；机器中的齿轮轴不应断裂失效；建筑物的梁和板不应折断。强度就是指构件（或材料）抵抗破坏的能力。

（2）刚度要求　构件在确定的外力作用下，其弹性变形或位移不超过工程允许的范围。

例如图 0-1 所示，被车削的工件不应变形过大，否则影响加工精度。图 0-2 所示是简易桥梁在车载或人群荷载作用下的计算简图，在设计时要保证桥梁的变形在规定的范围内。如图 0-3 所示，天车中吊车大梁变形过大，会使电葫芦出现爬坡现象，引起振动；铁路桥梁变形过大，会引起火车脱轨甚至翻车。

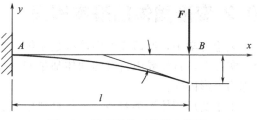

图 0-1　被车削的工件受力情况

刚度就是构件（或材料）抵抗变形的能力。

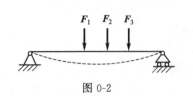

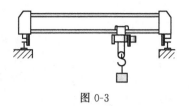

图 0-2   图 0-3

（3）稳定性要求　构件在某种受力方式下，其平衡形式不会发生突然转变。例如细长的杆件受压时，工程中要求它们始终保持直线的平衡形态。可是若受压力过大，达到某一数值时，压杆的直线平衡形态会变成不稳定平衡而失去进一步承载的能力，这种现象称之为压杆的失稳。又如受均匀外压力的薄壁圆筒，当外压力达到某一数值时，它由原来的圆筒形的平衡变成椭圆形的平衡，此为薄壁圆筒的失稳。失稳往往是突然发生而造成严重的工程事故，稳定性就是构件抵抗失去原有平衡状态的能力。

这三方面的要求统称为构件的承载能力。一般来说，在设计每一构件时，应同时考虑到以上三方面的要求，但对某些具体的构件来说，有时往往只需考虑其中的某一主要方面的要求（例如以稳定性为主），当这些主要方面的要求满足了，其他两个次要方面的要求也就自动得到满足。

当设计的构件能满足上述三方面的要求时，就可认为设计是安全的，构件能够正常工作。一般来说，选用高强度的材料或增加构件的截面尺寸，可使构件具有足够的承载能力。但过分强调安全，构件的尺寸选得过大或不恰当地选用质地较好的材料，又会使构件的承载能力得不到充分发挥，从而浪费了材料，又增加了结构的重量和成本。显然，过分地强调安全可能会造成浪费，而片面地追求经济效益可能会使构件设计不安全，这样安全和经济就会产生矛盾。材料力学正是解决这种矛盾的一门科学。因此材料力学的任务就是在满足强度、刚度、稳定性的要求下，为设计既安全又经济的构件，提供必要的理论基础和计算方法。也正是由于这种矛盾的不断出现和不断解决，才促使材料力学不断地向前发展。

为了能既安全又经济地设计构件，除了要有合理的理论计算方法外，还要了解构件所使用材料的力学性能。同样尺寸、形状的构件，当分别用不同的材料来制造时，它们的强度、刚度和稳定性也各不相同。构件的强度、刚度和稳定性的研究离不开对材料的力学性质的研究，而材料的力学性质需要通过试验的方法来测定，因此实验研究和理论分析是完成材料力学任务所必需的手段。通过构件的材料力学试验，一方面可以测定各种材料的基本力学性质；另一方面，对于现有理论不足以解决的某些形式复杂的构件设计问题，有时也可根据试验的方法得到解决。故试验工作在材料力学中也占有重要的地位。综上所述，我们可得出如下结论：材料力学是研究杆件的强度、刚度和稳定性的学科，它提供了有关的基本理论、计算方法和试验技术，使我们能合理地确定构件的材料和形状尺寸以达到安全与经济的目的。

0.2 变形固体的基本假设

理论力学中，所研究的固体都是刚体，就是说在外力作用下物体的大小和形状都保持不变。实际上，自然界中所有的固体都是变形体。即在外力作用下，一切固体都将发生变形，故称为变形固体。

由于变形固体种类繁多，工程材料中有金属与合金、工业陶瓷、聚合物等，其性质很复杂，对用变形固体制成的构件进行强度、刚度和稳定性计算时，为了使计算简化，经常略去材料的次要性质，对其作下列假设。

（1）连续性假设　认为整个物体在所占空间内毫无空隙地充满物质。实际上，由物质的微观结构知道，物体内部是存在空隙的，但这些空隙的大小与构件的尺寸相比非常微小，因此，认为材料密实不会影响对其宏观力学性能的研究。即固体在其整个体积内是连续的。可把力学量表示为固体点的位置坐标的连续函数。

（2）均匀性假设　认为物体内的任何部分，其力学性能相同，与其所在位置无关。即从固体内任意取出一部分，无论从何处取也无论取多少，其力学性能总是一样的。

如果物体是由两种或者两种以上介质组成的，例如混凝土构件由水泥、石子、沙子均匀搅拌而成，那么在只有石子处与只有沙子处其强度应是不同的，但是只要每一种物质的颗粒远远小于物体的几何形状，并且在物体内部均匀分布，从宏观意义上讲，也可以视为均匀材料，因此认为混凝土构件各处有相同的强度。当然对于明显的非均匀物体，例如环氧树脂基碳纤维复合材料，不能认为是均匀材料。

（3）各向同性假设　这一假设认为，材料沿各方向的力学性质均相同。例如由晶体构成的金属材料，由于单晶体是各向异性的，微观上显然不是各向同性的。但是由于晶体尺寸极小，而且排列是随机的，因此宏观上，材料性能可认为各向同性。沿不同方向的力学性质不相同的材料，称为各向异性材料。例如木材，顺纹方向与横纹方向的力学性质有显著的差别。材料力学所研究的对象只限于各向同性的可变形固体。

（4）小变形假设　构件在外力作用下所产生的变形量远远小于其原始尺寸时，就属于小变形的情况。材料力学所研究的问题大部分只限于这种情况。这样在研究平衡问题时，可以不考虑因变形而引起的尺寸变化，按其原始尺寸进行分析以建立各种方程。此外，应变的二阶微量可以忽略不计，从而使得几何方程线性化。目的是使计算得以简化。必须指出，对构件作强度、刚度和稳定性研究以及对大变形平衡问题分析时就不能忽略构件的变形。

构件在外力作用下将发生变形。当外力不超过一定限度时，构件在外力去掉后均能恢复原状。外力去掉后能消失的变形称为弹性变形。当外力超过某一限度时，则在外力去掉后只能部分地复原而残留一部分不能消失的变形。不能消失而残留下来的变形称为塑性变形。大多数构件在正常工作条件下均要求其材料仅发生弹性变形。所以在材料力学中所研究的大部分问题局限在弹性变形范围内。

综上所述，材料力学是研究连续、均匀、各向同性的变形固体，在微小的弹性变形内的强度、刚度和稳定性问题的一门学科。

0.3 研究对象（杆件）的几何特征

实际工程构件有各种不同的形状，我们可将其分为四类，分别是杆、板、壳、块。

材料力学所研究的构件主要是杆件，杆件的几何特征是一个方向的尺寸远大于另外两个方向的尺寸。如长度 l 远大于横向尺寸高度 h、宽度 b 或直径 d。房屋的大梁、柱及机械传动轴等一般都被抽象为杆件。杆件的几何要素是横截面和轴线，其中横截面是与轴线垂直的截面，轴线是横截面形心的连线。

杆件按轴线的形状可分为直杆和曲杆，其中轴线为直线的杆件为直杆，如图 0-4 所示。轴线为曲线的杆件为曲杆，如图 0-5 所示。按截面的形状进行分类，杆件可分为等截面杆和变截面杆，横截面形状和大小不变的杆称为等截面杆，其他的称为变截面杆。材料力学研究的多是等截面的直杆，简称为等直杆。

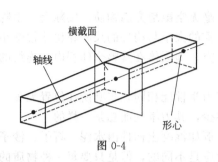
图 0-4

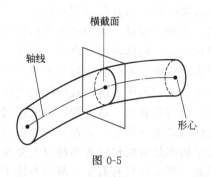
图 0-5

板壳的几何特征是两个方向的尺寸远大于第三个方向尺寸的面状物体。板的几何特征是平面形，如钢板、地板等；壳的几何特征是曲面形，如水桶、缸体等。块的几何特征是三个方向的尺寸大体相近，内部大多为实体，如机床的底座、建筑用的砖石等。

0.4 外力、内力及应力的概念

0.4.1 外力

作用于构件上的外力，按其作用方式可分为体积力和表面力。体积力是连续分布在构件内部各点处的力，如构件的自重和惯性力等，通常用集度来衡量其大小，常用的单位为 N/m^3（牛顿每立方米）。在大多数工程问题中，自重常可略去。表面力是直接作用在构件表面的力，又可分为分布力和集中力。连续作用于构件表面面积上的力为分布力，如作用于大坝上的水压力和作用于楼房墙壁上的风压力等，通常用载荷集度度量其大小，常用的单位为 N/m^2。有些分布力是沿杆件轴线作用的，如楼板对房梁的作用力，钢板对轧辊的作用力等。若外力分布面积远小于物体的表面尺寸（如火车车轮对钢轨的压力）或沿杆件轴线分布范围远小于轴线长度（如手掌对单杠的拉力），就可看成是集中力。常用的单位为 N 或 kN。

0.4.2 内力（附加内力）

构件在受到外力作用而产生变形时，其内部各质点之间的相对位置将发生变化，同时，各质点间的相互作用力也发生了改变。材料力学所研究的内力就是在外力作用下构件各质点间相互作用力的改变量。

当物体不受外力作用时，内部各质点之间存在着相互作用力，也称之为内力。但材料力学中所指的内力是与外力和变形有关的内力。即随着外力的作用而产生，随着外力的增加而增大，当达到一定数值时会引起构件破坏的内力，此力称为"附加内力"。为简便起见，今后统称为内力。

在进行强度、刚度计算时，必须由已知的外力确定未知的内力，内力分布在横截面的各点上（在截面上是连续分布的），此时可以假想地用一个 $m—m$ 截面将构件截成 Ⅰ 和 Ⅱ 两部分，如图 0-6 所示。任取其中一部分，如 Ⅰ 作为研究对象，则将舍弃部分 Ⅱ 对 Ⅰ 的作用以截面上的内力来代替。由于假设构件是连续均匀的变形固体，在 $m—m$ 截面上各处都有内力的作用，所以内力在横截面上是连续分布的。

由于原来的构件在外力作用下处于平衡状态，对研究对象 Ⅰ 部分而言，在外力 P_1、P_2、P_5 及截面 $m—m$ 上内力的共同作用下，也应保持平衡。根据静力学平衡方程即可确定 $m—m$ 截面上的内力。这种求解构件内力的方法称为截面法。

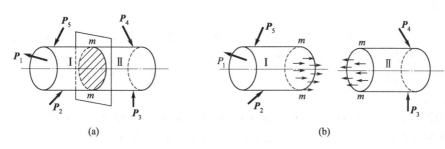

图 0-6

截面法的解题步骤可用截开、保留、代替、平衡八个字概括。

① 截开：欲求某一截面上的内力，用一假想平面将物体分为两部分。

② 保留：取其中任意一部分为研究对象，而舍弃另一部分。

③ 代替：用作用于截面上的内力，代替舍弃部分对留下部分的作用力。

④ 平衡：建立留下部分的静力平衡方程，由外力确定未知的内力。

截面法的概念非常重要，其关键是截开杆件取研究对象，使得杆件的截面内力转化为研究对象上的外力，根据作用在原杆件上外力的类型不同，内力可能是力也可能是力偶。

【例 0-1】 试求如图 0-7(a) 所示梁 m—m 截面上的内力，已知均布载荷 $q=10\text{kN/m}$，$F=30\text{kN}$，$a=2\text{m}$。

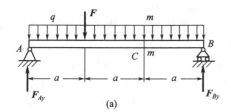

图 0-7

解 求支座反力 F_{Ay} 和 F_{By}。

由静力平衡方程

$$\sum M_B(F)=0 \qquad 3aF_{Ay}-2aF-q\times 3a\times 1.5a=0$$

$$F_{Ay}=50\text{kN}$$

$$\sum F_y=0 \qquad F_{Ay}+F_{By}-F-3aq=0$$

$$F_{By}=40\text{kN}$$

在 m—m 截面处将梁截开，取左半部分为研究对象。由平衡条件可知，在 m—m 截面存在剪力 F_S 和力偶 M。设剪力 F_S 和力偶 M 的方向如图 0-7(b) 所示。于是

$$\sum F_y=0 \qquad F_{Ay}-F_S-F-2aq=0$$

$$F_S=-20\text{kN}$$

$$\sum M_C(F)=0 \qquad 2aF_{Ay}-Fa-2a^2q-M=0$$

$$M=60\text{kN}\cdot\text{m}$$

需要注意的是，只有选定截面后，才可以把分布载荷简化为集中力（偶）对指定截面形心取矩。

0.4.3 应力

在例 0-1 中，$m—m$ 截面上的内力 $\boldsymbol{F}_S$ 和力偶 M 仅表示该截面上分布内力向截面形心简化的结果，不能说明分布内力系在截面内某一点处的强弱程度，显然，构件的变形和破坏，不仅取决于内力的大小，还取决于内力的分布情况。要研究内力在截面上的分布规律需引入内力集度的概念。

设在如图 0-8 所示受力构件的某截面上围绕 M 点取微小面积 ΔA。根据均匀连续假设，ΔA 上必存在分布内力，设它的合力为 $\Delta \boldsymbol{F}$，$\Delta \boldsymbol{F}$ 与 ΔA 的比值为

$$\boldsymbol{p}_m = \frac{\Delta \boldsymbol{F}}{\Delta A}$$

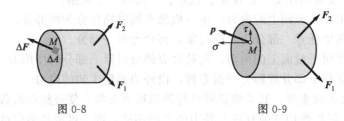

图 0-8   图 0-9

$\boldsymbol{p}_m$ 是一个矢量，代表在 ΔA 范围内，单位面积上内力的平均集度，称为平均应力。当 ΔA 趋于零时，$\boldsymbol{p}_m$ 的大小和方向都将趋于一定极限，如图 0-9 所示，即

$$\boldsymbol{p} = \lim_{\Delta A \to 0} \boldsymbol{p}_m = \lim_{\Delta A \to 0} \frac{\Delta \boldsymbol{F}}{\Delta A} = \frac{\mathrm{d}\boldsymbol{F}}{\mathrm{d}A}$$

$\boldsymbol{p}$ 称为 M 点处的（全）应力。通常把应力 $\boldsymbol{p}$ 分解成垂直于截面的分量 σ 和切于截面的分量 τ，σ 称为正应力，τ 称为剪应力或切应力。

应力即单位面积上的内力，表示某微截面积 $\Delta A \to 0$ 处内力的密集程度。

在国际单位制中，应力的单位是 N/m^2，$1N/m^2 = 1Pa$（帕斯卡）。实际应用中，由于应力数值较大，故常用的单位有 MPa 和 GPa，其中 $1MPa = 10^6 Pa$，$1GPa = 10^9 Pa$。在工程上，也用 $kg(f)/cm^2$ 为应力单位，它与国际单位的换算关系为 $1kg/cm^2 = 0.1MPa$。

0.5 杆件变形的基本形式

由于杆件受力情况的不同，相应的变形就有各种不同形式，在工程结构中，杆件的基本变形有以下四种。

0.5.1 轴向拉伸（或压缩）

在一对作用线与直杆轴线重合且大小相等、指向相反的外力作用下，直杆的主要变形是长度的伸长或缩短，这种变形形式称为轴向拉伸（如图 0-10 所示）或轴向压缩（如图 0-11 所示）。

图 0-10   图 0-11

0.5.2 剪切

如图 0-12 所示，变形形式是由大小相等、方向相反、作用线相互平行且相距很近的一

对力引起的。表现为受剪杆件的两部分沿外力作用方向发生相对错动，这种变形形式称为剪切。

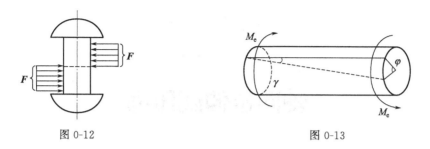

图 0-12　　　　　　　　　　图 0-13

0.5.3　扭转

如图 0-13 所示，在一对转向相反且作用在与杆轴线相垂直的两平面内的外力偶作用下，直杆的相邻横截面将绕轴线发生相对转动，而轴线仍维持直线，这种变形形式称为扭转。

0.5.4　弯曲

如图 0-14 所示，变形形式是由垂直于杆件轴线的横向力，或由作用于包含杆轴的纵向平面内的一对大小相等、转向相反的力偶引起的，表现为杆件轴线由直线变为受力平面内的曲线，这种变形形式称为弯曲。

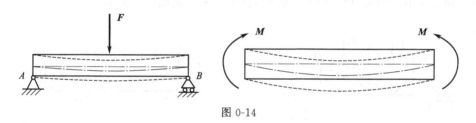

图 0-14

组合变形：杆件在外力作用下同时发生两种或两种以上的基本变形，称为组合变形。

第1章

轴向拉伸或压缩

本章要求：要求熟练掌握轴力的计算和轴力图的绘制，横截面和斜截面上的应力计算，胡克定律的两种表达式，静定结构节点的位移计算，材料的力学性质，拉（压）杆的强度计算，拉、压超静定问题的概念及计算方法，应力集中的概念。

重点：轴力图，横截面上的应力计算，胡克定律及应用，材料的力学性质，拉（压）杆的强度计算。

难点：静定结构节点的位移计算，超静定问题的求解。

1.1 轴向拉伸或压缩的概念

在工程实际中，经常有杆件承受轴向拉伸或压缩，如图 1-1 所示。

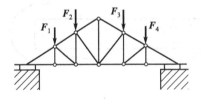

(a) 桁架中的拉杆和压杆

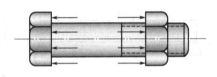

(b) 用于连接的螺栓

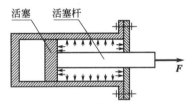

(c) 气缸工作时的活塞杆

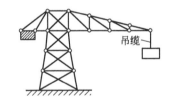

(d) 组成起重机塔架的杆件

图 1-1

虽然杆件的外形各有差异，加载形式也不相同，但这类杆件的受力特点是：外力或外力合力的作用线与杆轴线重合；其变形特点是：杆件沿着杆轴线方向伸长或缩短。这种变形形式称为轴向拉伸或压缩，这类构件称为轴向拉（压）杆件。本章只研究直杆的轴向拉伸或压缩。可将这类杆件的形状和受力情况进行简化，得到如图 1-2 所示的受力与变形的示意图，图中的实线为受

图 1-2

力前的形状，虚线为变形后的形状。杆件在轴向拉力作用下变细变长，在轴向压力作用下变粗变短。

1.2　轴向拉（压）杆的内力计算

1.2.1　横截面上的内力——轴力

取一等直杆，在它两端施加一对大小相等、方向相反、作用线与直杆轴线相重合的外力，使其产生轴向拉伸变形，如图 1-3（a）所示。为了显示拉杆横截面上的内力，采用截面法，取横截面 $m—m$ 将拉杆分成两段。分别取左半部分或右半部分为研究对象，杆件的任意部分均应保持平衡，设内力为 F_N，如图 1-3（b）、（c）所示。由于外力 F 的作用线与杆轴线相重合，所以 F_N 的作用线也与杆轴线相重合，故称 F_N 为轴力。由静力平衡方程

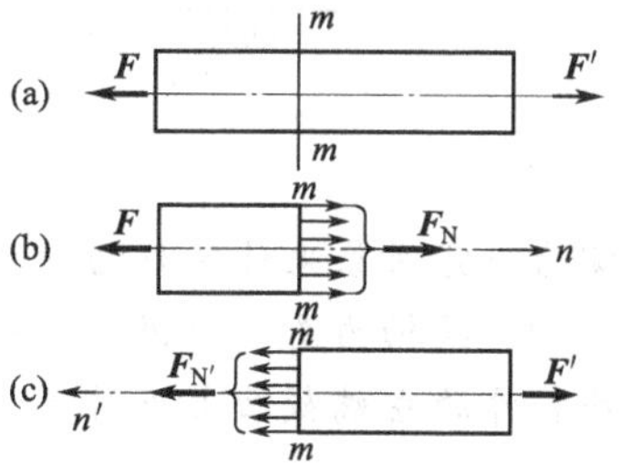

$$\sum F_x = 0 \qquad F_N + (-F) = 0$$

得

$$F_N = F$$

图 1-3

为了使左右两部分求得同一横截面上的轴力具有相同的结果，对轴力的符号作如下规定：使杆件产生轴向伸长的轴力为正（轴力背离截面）；使杆件产生轴向缩短的轴力为负（轴力指向截面）。

计算轴力时均按正向假设，若得负号则表明杆件受压。采用这一符号规定，如取右段为研究对象，如图 1-3（c）所示，则所求的轴力大小及正负号与上述结果相同。

当杆件受到多个轴向外力作用时，应分段使用截面法，计算各段的轴力。

1.2.2　轴力图

如果杆件受到多个外力作用，则杆件不同部分的横截面上具有不同的轴力，为了形象地表示杆件横截面上轴力的变化情况，以横坐标表示横截面的位置，以纵坐标表示相应截面上的轴力，此图形称为轴力图。轴力图能够直观地表示出杆件各横截面的轴力的变化情况，习惯上将正值的轴力画在 x 轴的上侧，负值的轴力画在 x 轴的下侧。

【例 1-1】　杆件受力如图 1-4（a）所示，$F_1 = 10kN$，$F_2 = 30kN$，$F_3 = 50kN$。试绘出杆件的受力图。

解　（1）计算支座反力　设固定端的支座反力为 F_R，则由整个杆的平衡方程

$$\sum F_x = 0 \quad F_R + F_2 - F_1 - F_3 = 0$$

得

$$F_R = F_1 - F_2 + F_3 = 10 - 30 + 50 = 30kN$$

（2）分段计算轴力　由于截面 B 和 C 处作用有外力，故将杆分为三段。设各段轴力均为拉力，用截面法取如图 1-4（b）、（c）、（d）所示的研究对象后，得

$$F_{N_1} = F_1 = 10kN$$
$$F_{N_2} = F_1 - F_2 = 10 - 30 = -20kN$$
$$F_{N_3} = F_R = 30kN$$

在计算 F_{N_3} 时若取左侧为研究对象，则同样可得

$$F_{N_3} = F_1 - F_2 + F_3 = 10 - 30 + 50 = 30kN$$

结果与取右侧时相同，但不涉及 F_R，也就是说，若杆一段为固定端，可取无固定端的

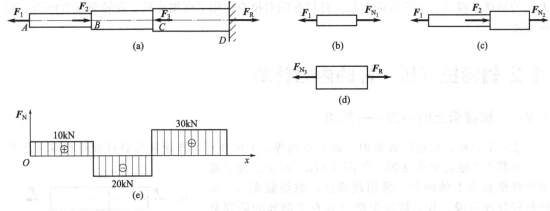

图 1-4

一侧为研究对象来计算杆的内力，而不必求出固定端的反力。

（3）画轴力图　根据上述轴力值，作轴力图，如图 1-4(e) 所示。轴力图的坐标原点要与原杆件的左端截面上下对齐，由图可见，绝对值最大的轴力为

$$|F_{N,max}|=30kN$$

【例 1-2】　立柱 AB 如图 1-5(a) 所示，其横截面为正方形，边长为 a，柱高为 h，材料的体积密度为 γ，柱顶受载荷 F 作用。试作出其轴力图。

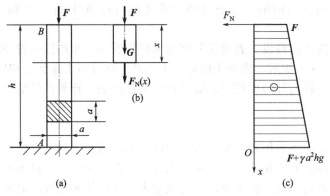

图 1-5

解　由受力特点知立柱 AB 为轴向压缩，由于考虑立柱的自重载荷，以竖向的 x 坐标表示横截面位置，以横坐标表示各横截面上的轴力，则该立柱各横截面的轴力为 x 的函数。对任意截面取上段为研究对象，如图 1-5(b) 所示。图 1-5(a) 中 $F_N(x)$ 是任意 x 截面的轴力；$G=\gamma a^2 xg$ 是该段研究对象的自重。

由　　　　　　　　　$\sum F_x=0$　　　$F_N(x)+F+G=0$

得　　　　　　　　$F_N(x)=-F-\gamma a^2 xg$　　（$0<x<h$）

上式为该立柱的轴力方程，为 x 的一次函数，故只需求两点的轴力连成直线即得轴力图，如图 1-5(c) 所示。

当 $x\rightarrow 0$ 时，$F_N=-F$

当 $x\rightarrow h$ 时，$F_N=-F-\gamma a^2 xg$

由上述各例可得出如下结论：杆的轴力等于截面一侧所有外力的代数和，其中离开截面的外力取正号，指向截面的外力取负号。利用这一结论求杆任一截面上的内力时，不必将杆截开，即可直接得出内力的值。

1.3 轴向拉（压）杆横截面及斜截面上的应力

1.3.1 实验观察与平面假设

为了求得截面上任意一点的应力，必须了解内力在横截面上的分布规律，为此通过实验观察来研究。

取一等直杆，如图 1-6(a) 所示，在杆上画出与轴线垂直的横线 ab 和 cd，然后在杆的两端沿轴线施加一对力 $\boldsymbol{F}$、$\boldsymbol{F}'$，使杆产生拉伸变形。通过观察和分析，可作如下假设：变形前为平面的横截面，变形后仍为平面，且仍与杆的轴线垂直，该假设称为杆件轴向拉（压）时的平面假设。

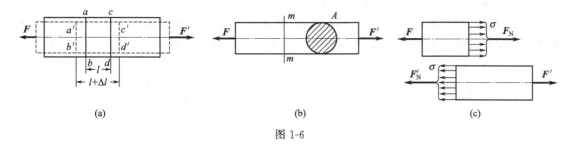

(a)　　　　　　　　　　(b)　　　　　　　　　　(c)

图 1-6

1.3.2 横截面上的应力

根据平面假设可以认为任意两个横截面之间的所有纵向线段的伸长都相同，即杆件横截面内各点的变形相同。由拉压胡克定律可以推断出内力在横截面上是均匀分布的，即横截面上各点的应力大小相等，方向垂直于横截面，即横截面任一点的正应力为

$$\sigma = \frac{F_N}{A} \tag{1-1}$$

式中，A 为杆横截面面积；F_N 为横截面上的轴力。正应力 σ 的符号与轴力 F_N 的符号相对应，即拉应力为正，压应力为负。

需要说明，正应力均匀分布的结论只在杆上离外力作用点较远的部分才成立，在载荷作用点附近的截面上有时是不成立的。这是因为在实际构件中，载荷以不同的加载方式作用于构件，这对截面上的应力分布是有影响的。实验研究表明，加载方式的不同，只对作用力附近截面上的应力分布有影响，这个结论称为圣维南原理。根据这一原理，在轴向拉（压）杆中，离外力作用点稍远的横截面上，应力是均匀分布的，在应力计算中一般直接用公式。

【例 1-3】 变截面杆受力如图 1-7(a) 所示，杆的横截面积 $A_1 = 400\,\text{mm}^2$，$A_2 = 300\,\text{mm}^2$，$A_3 = 200\,\text{mm}^2$。材料的弹性模量 $E = 200\,\text{GPa}$。试求：(1) 杆的轴力图；(2) 计算杆内各段横截面上的正应力。

解 (1) 杆的轴力图如图 1-7(b) 所示，各段的轴力分别为

$$F_{N_1} = -10\,\text{kN}, \quad F_{N_2} = -40\,\text{kN}, \quad F_{N_3} = 10\,\text{kN}$$

(2) 各段横截面上的正应力为

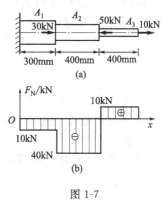

图 1-7

$$\sigma_1 = \frac{F_{N_1}}{A_1} = \frac{-10 \times 10^3}{400} = -25 \text{MPa}$$

$$\sigma_2 = \frac{F_{N_2}}{A_2} = \frac{-40 \times 10^3}{300} = -133 \text{MPa}$$

$$\sigma_3 = \frac{F_{N_3}}{A_3} = \frac{10 \times 10^3}{200} = 50 \text{MPa}$$

负号表示压应力。

1.3.3 斜截面上的应力

前面讨论了轴向拉伸与压缩时横截面上的应力，但有时杆的破坏并不沿着横截面发生，例如铸铁压缩时沿着与轴线约呈 45°的斜截面发生破坏，为了全面研究杆件的强度，有必要研究轴向拉伸（压缩）时，杆件斜截面上的应力状况。

设等直杆横截面面积为 A，受到轴向拉力 F 的作用。用任意斜截面 m—m 将杆件假想地切开，设斜截面的面积为 A_α，斜截面的外法线与 x 轴的夹角为 α，如图 1-8(a) 所示。

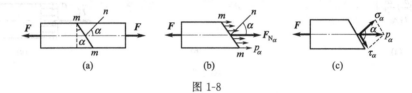

图 1-8

A 与 A_α 之间的关系为 $\qquad A_\alpha = \dfrac{A}{\cos\alpha}$

取 m—m 截面左侧部分为研究对象，设 F_{N_α} 为 m—m 截面上的内力，如图 1-8（b）所示。

由平衡方程

$$\sum F_X = 0 \qquad F_{N_\alpha} - F = 0$$

得 $\qquad F_{N_\alpha} = F$

依照横截面上应力的推导方法，可知斜截面上各点处应力均匀分布。用 p_α 表示其上的应力，则

$$p_\alpha = \frac{F_{N_\alpha}}{A_\alpha} = \frac{F\cos\alpha}{A} = \sigma\cos\alpha$$

式中，σ 为横截面上的正应力。

将应力 p_α 分解成沿斜截面法线方向的正应力 σ_α 和沿斜截面切线方向的切应力 τ_α，如图 1-8(c) 所示，可得

$$\left.\begin{array}{l} \sigma_\alpha = p_\alpha\cos\alpha = \sigma\cos^2\alpha \\[2mm] \tau_\alpha = p_\alpha\sin\alpha = \dfrac{\sigma}{2}\sin2\alpha \end{array}\right\} \tag{1-2}$$

由式(1-2)可见，斜截面上的正应力 σ_α 和切应力 τ_α 都是 α 的函数。这表明，过杆内同一点的不同斜截面上的应力是不同的。

注意：

(1) 当 $\alpha = 0°$时，斜截面即为横截面，此时，横截面上的正应力为最大值 $\sigma_{\alpha,\max} = \sigma$；

(2) 当 $\alpha = 45°$时，切应力达到最大值 $\tau_{\alpha,\max} = \dfrac{\sigma}{2}$；

（3）当 $\alpha = 90°$ 时，$\sigma_\alpha = 0$，$\tau_\alpha = 0$，这表明轴向拉（压）杆在平行于杆轴的纵向截面上没有任何应力。

在应用公式(1-2)时，须注意角度 α 和 σ_α、τ_α 的正负号，通常规定如下：α 为从横截面外法线到斜截面外法线时，逆时针旋转时为正，顺时针旋转时为负；σ_α 仍以拉应力为正，压应力为负；τ_α 的方向与截面外法线按顺时针方向转 90° 所示的方向一致时为正，反之为负。

1.4 轴向拉（压）杆的变形

1.4.1 变形和应变的概念

轴向拉（压）杆的变形特点是：杆件沿着杆轴线方向伸长或缩短。即杆件在轴向拉伸或压缩时，其轴线方向的尺寸和横向尺寸将发生改变。杆件沿轴线方向的变形称为纵向变形，杆件沿垂直于轴线方向的变形称为横向变形。

如图 1-9 所示的正方形截面直杆，受轴向拉力 F 作用后，其长度由 l 变为 l_1，横向尺寸由 b 收缩为 b_1。则杆的变形有如下几种。

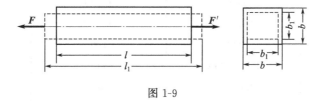

图 1-9

（1）绝对变形 纵向绝对变形 $\Delta l = l_1 - l$

横向绝对变形 $\Delta b = b_1 - b$

绝对变形只反映杆件的总变形量，无法说明杆件的变形程度。

（2）相对变形 显然，杆的绝对变形与杆的原有尺寸有关，由于杆内各段伸长是均匀的，为方便分析和比较，用单位长度的变形即线应变（相对变形）来衡量杆件的变形程度。

纵向线应变（简称线应变） $$\varepsilon = \frac{\Delta l}{l} \tag{1-3}$$

横向线应变 $$\varepsilon_1 = \frac{\Delta b}{b} \tag{1-4}$$

显然，拉伸时 ε 为正，ε_1 为负，压缩时则相反。线应变是一个无量纲的量。

实验表明，当应力不超过某一限度时，材料的横向线应变 ε_1 和纵向线应变 ε 之间成正比关系且符号相反，即

$$\varepsilon_1 = -\mu\varepsilon \tag{1-5}$$

式中，比例系数 μ 为泊松系数或泊松比。

1.4.2 轴向拉伸与压缩时的变形——胡克定律

实验表明，当杆的正应力 σ 不超过某一限度时，杆的绝对变形 Δl 与轴力 F_N 和杆长 l 成正比，而与横截面积 A 成反比，即

$$\Delta l \propto \frac{F_N l}{A}$$

引进比例系数 E，得

视频：弹性横量 E 的
测定试验

$$\Delta l = \frac{F_N l}{EA} \qquad (1-6)$$

式(1-6)为胡克定律表达式。式中的比例系数 E 称为材料的弹性模量。

由式(1-6)可知，弹性模量 E 越大，变形 Δl 越小，所以 E 是表示材料抵抗变形能力的物理量。其值随材料不同而异，可由试验测定。EA 称为杆件的抗拉（压）刚度，对于长度相同、受力情况相同的杆，其 EA 值越大，则杆的变形越小。因此，EA 表示了杆件抵抗拉伸或压缩变形的能力。

若将式(1-1)和式(1-3)代入式(1-6)，则可得胡克定律的另一表达形式

$$\sigma = E\varepsilon \qquad (1-7)$$

于是，胡克定律还可以表述为：当应力不超过材料的比例极限时，应力与应变成正比。因为 ε 无量纲，所以 E 与 σ 的单位相同，其常用单位为 Pa。

常用材料的弹性模量和泊松比见表 1-1。

表 1-1　常用材料的弹性模量和泊松比

材料名称	牌号	E/GPa	μ
低碳钢	Q235	200～210	0.24～0.28
中碳钢	35、45 号	205～209	0.26～0.30
低合金钢	16Mn	200	0.25～0.30
合金热强钢	40CrNiMoA	210	0.28～0.32
合金预应力钢筋	45MnSiV	220	0.23～0.25
铝合金	LY12	72	0.33
铜合金		100～110	0.31～0.36
灰口铸铁		62～162	0.23～0.27
球墨铸铁		150～180	0.24～0.27
花岗岩		48	0.16～0.34
石灰岩		41	0.16～0.34
混凝土		14.7～35	0.16～0.18
橡胶		0.0078	0.47
木材	顺纹	9～12	
木材	横纹	0.49	

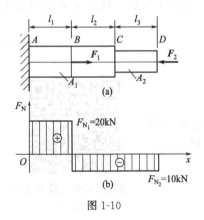

图 1-10

【例 1-4】　变截面钢杆如图 1-10(a) 所示，受轴向载荷 $F_1 = 30kN$，$F_2 = 10kN$。杆长 $l_1 = l_2 = l_3 = 100mm$，杆各横截面面积分别为 $A_1 = 500mm^2$，$A_2 = 200mm^2$，弹性模量 $E = 200GPa$。试求杆的总伸长量。

解　因钢杆的一端固定，故可不必求出固定端的约束反力。

(1) 计算各段轴力　AB 段和 BC 段的轴力分别为

$$F_{N_1} = F_1 - F_2 = 20kN$$

$$F_{N_2} = -F_2 = -10kN$$

轴力图如图 1-10(b) 所示。

（2）计算各段变形　由于 AB、BC 和 CD 各段的轴力与横截面面积不完全相同，因此应分段计算

$$\Delta l_{AB} = \frac{F_{N_1} l_1}{EA_1} = \frac{20 \times 10^3 \times 100}{200 \times 10^3 \times 500} = 0.02\text{mm}$$

$$\Delta l_{BC} = \frac{F_{N_2} l_2}{EA_1} = \frac{-10 \times 10^3 \times 100}{200 \times 10^3 \times 500} = -0.01\text{mm}$$

$$\Delta l_{CD} = \frac{F_{N_2} l_3}{EA_2} = \frac{-10 \times 10^3 \times 100}{200 \times 10^3 \times 200} = -0.025\text{mm}$$

（3）求总变形

$$\Delta l = \Delta l_{AB} + \Delta l_{BC} + \Delta l_{CD} = 0.02 - 0.01 - 0.025 = -0.015\text{mm}$$

即整个杆缩短了 0.015mm。

【例 1-5】　如图 1-11 所示连接螺栓，内径 $d_1 = 15.3\text{mm}$，被连接部分的总长度 $l = 54\text{mm}$，拧紧时螺栓 AB 段的伸长 $\Delta l = 0.04\text{mm}$，螺栓的弹性模量 $E = 200\text{GPa}$，泊松比 $\mu = 0.3$。试求螺栓横截面上的正应力及螺栓的横向变形。

解　根据式（1-3）得螺栓的纵向线应变为

$$\varepsilon = \frac{\Delta l}{l} = \frac{0.04}{54} = 7.41 \times 10^{-4}$$

将所得 ε 值代入式（1-7），得螺栓横截面上的正应力为

$$\sigma = E\varepsilon = 200 \times 10^3 \times 7.41 \times 10^{-4} = 148.2\text{MPa}$$

由式（1-5）可得螺栓的横向线应变为

$$\varepsilon_1 = -\mu\varepsilon = -0.3 \times 7.41 \times 10^{-4} = -2.223 \times 10^{-4}$$

故得螺栓的横向变形为

$$\Delta d = \varepsilon_1 d_1 = -2.223 \times 10^{-4} \times 15.3 = -0.0034\text{mm}$$

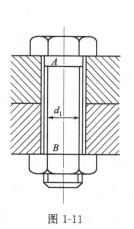

图 1-11

1.5 静定结构节点的位移计算

结构节点的位移是指节点位置改变的直线距离或一段方向改变的角度。计算时必须计算节点所连各杆的变形量，然后根据变形相容条件作出位移图，即结构的变形图。再由位移图的几何关系计算出位移值。静定结构节点的位移计算一般比较复杂，下面以几种比较简单的静定结构为例来具体介绍节点的位移计算。

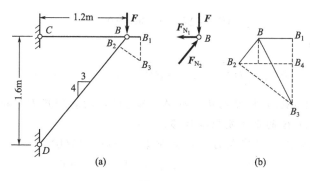

(a)　　　　　　(b)

图 1-12

【例 1-6】 图 1-12(a) 为一简单托架，BC 杆为圆钢，横截面直径 $d = 20$mm，BD 杆为 8 号槽钢，设 $F = 60$kN，求 B 点的位移。

解 三角形 BCD 三边的长度比为 $BC : CD : BD = 3 : 4 : 5$，由此求出 $BD = 2$m。并根据 B 点的平衡方程，求得 BC 杆的轴力 F_{N_1} 和 BD 杆的轴力 F_{N_2} 分别为

$$F_{N_1} = \frac{3}{4}F = 45\text{kN （拉）}, \quad F_{N_2} = \frac{5}{4}F = 75\text{kN （压）}$$

BC 杆圆截面的面积为 $A_1 = 314 \times 10^{-6}\text{ m}^2$。$BD$ 杆为 8 号槽钢，由附录 B 型钢表中查得截面面积为 $A_2 = 1020 \times 10^{-6}\text{ m}^2$。根据胡克定律，求出 BC 和 BD 两杆的变形分别为

$$BB_1 = \Delta l_1 = \frac{F_{N_1} l_1}{A_1 E} = \frac{45 \times 10^3 \times 1.2}{200 \times 10^9 \times 314 \times 10^{-6}} = 0.86 \times 10^{-3}\text{ m}$$

$$BB_2 = \Delta l_2 = \frac{F_{N_2} l_2}{A_2 E} = \frac{75 \times 10^3 \times 2}{200 \times 10^9 \times 1020 \times 10^{-6}} = 0.735 \times 10^{-3}\text{ m}$$

这里 Δl_1 为拉伸变形，而 Δl_2 为压缩变形。设想将托架在节点 B 拆开。BC 杆伸长变形后变为 $B_1 C$，BD 杆压缩后变为 $B_2 D$。分别以 C 点和 D 点为圆心，CB_1 和 DB_2 为半径，作圆弧相交于 B_3 点。B_3 点即为托架变形后 B 点的位置。因为变形很小，$B_1 B_3$ 和 $B_2 B_3$ 是两段极其微小的短弧，因而可用分别垂直于 BC 和 BD 的直线段来代替，这两段直线的交点即为 B_3。BB_3 即为 B 点的位移。

可以用图解法求位移 BB_3。这时，把多边形 $B_1 B B_2 B_3$ 放大如图 1-12(b) 所示。从图中可以直接量出位移 BB_3 以及它的垂直和水平分量。图中的 $BB_1 = \Delta l_1$ 和 $BB_2 = \Delta l_2$ 都与载荷 F 成正比。例如，若 F 减小为 $\dfrac{F}{2}$，则 BB_1 和 BB_2 都将减小一半。根据多边形的相似性，BB_3 也将减小一半。可见 F 力作用点的位移也与 F 成正比。亦即，对线弹性杆系，位移与载荷的关系也是线性的。

也可用解析法求位移 BB_3。注意到 $\triangle BCD$ 三边的长度比为 $3 : 4 : 5$，由图 1-12(b) 可以求出

$$B_2 B_4 = \Delta l_1 + \frac{3}{5}\Delta l_2$$

B 点的垂直位移

$$B_1 B_3 = B_1 B_4 + B_4 B_3 = BB_2 \times \frac{4}{5} + B_2 B_4 \times \frac{3}{4}$$

$$= \Delta l_2 \times \frac{4}{5} + \left(\Delta l_2 \times \frac{3}{5} + \Delta l_1\right)\frac{3}{4} = 1.56 \times 10^{-3}\text{ m}$$

B 点的水平位移

$$BB_1 = \Delta l_1 = 0.86 \times 10^{-3}\text{ m}$$

最后求出位移 BB_3 为

$$BB_3 = \sqrt{(B_1 B_3)^2 + (BB_1)^2} = 1.78 \times 10^{-3}\text{ m}$$

【例 1-7】 如图 1-13(a) 所示结构，杆 AB 和 BC 的抗拉刚度 EA 相同，在节点 B 承受集中载荷 F，试求节点 B 的水平及铅垂位移。

解 (1) 各杆的轴力 以节点 B 为研究对象，如图 1-13(b) 所示，平衡方程为

$$\sum F_x = 0, \quad F_{N_2}\cos 45° - F_{N_1} = 0$$

$$\sum F_y = 0, \quad F_{N_2}\sin 45° - F = 0$$

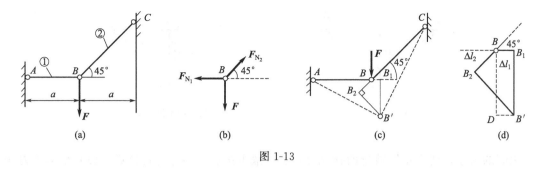

图 1-13

解得

$$F_{N_1} = F \qquad F_{N_2} = \sqrt{2}\,F$$

（2）各杆的变形

杆 AB

$$\Delta l_1 = \frac{F_{N_1} l_1}{EA} = \frac{Fa}{EA} \quad （伸长）$$

杆 BC

$$\Delta l_2 = \frac{F_{N_2} l_2}{EA} = \frac{(\sqrt{2}\,F)(\sqrt{2}\,a)}{EA} = \frac{2Fa}{EA}$$

（3）节点 B 的位移计算　结构变形后两杆仍相交于一点，这就是变形的相容条件。作结构的变形图如图 1-13(c) 所示，沿杆 AB 的延长线量取 BB_1 等于 Δl_1，沿杆 CB 的延长线量取 BB_2 等于 Δl_2，分别在 B_1 和 B_2 处作 BB_1 和 BB_2 的垂线，两垂线的交点 B' 为结构变形后节点 B 应有的新位置，亦即结构变形后成为 $AB'C$ 的形状。

为求节点 B 的位移，也可单独作出节点 B 的位移图，如图 1-13(d) 所示。由位移图的几何关系可得

水平位移

$$x_B = BB_1 = \Delta l_1 = \frac{Fa}{EA}（\rightarrow）$$

垂直位移

$$y_B = BD = \frac{\Delta l_2}{\sin 45°} + \Delta l_1$$

$$= \sqrt{2}\left(\frac{2Fa}{EA}\right) + \frac{Fa}{EA} = (1 + 2\sqrt{2})\frac{Fa}{EA}（\downarrow）$$

1.6 轴向拉（压）超静定问题

1.6.1 超静定问题的概念与解法

在以前讨论的问题中，杆件的轴力可由静力平衡方程求出，这类问题称为静定问题，这类结构称为静定结构。如图 1-14(a) 所示的结构即为一静定结构。

但在工程中，有时为了提高结构的强度和刚度，或由于结构上的需要，往往给杆件或结构增加一些约束，如在图 1-14(a) 所示的结构中增加一根杆，变为如图 1-14(b) 所示的结构，此时结构的约束反力的个数已超过静力平衡方程的个数，故不能由静力平衡方程全部求出这些约束反力和内力，这样的杆件和结构称为超静定（静不定）杆件或结构。全部未知力的个数与独立平衡方程个数的差值，称为超静定的次数。如图 1-14(b) 所示为一次超静定结构。

为了求解超静定问题的未知力，除应利用平衡方程外，还必须研究变形，并借助变形与

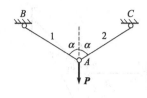
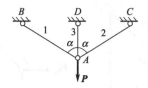

(a) 静定结构   (b) 一次超静定结构

图 1-14

内力之间的关系，建立足够数量的补充方程。一般可按以下步骤进行计算：（1）根据静力学平衡条件列出应有的平衡方程；（2）根据变形协调条件列出变形几何方程；（3）根据力与变形间的物理关系建立补充方程。

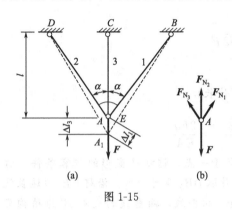

图 1-15

以如图 1-15(a) 所示的超静定结构为例，介绍此类问题的求解过程。设杆 1 与杆 2 的抗拉刚度相同，均为 $E_1 A_1$，杆 3 的抗拉刚度为 $E_3 A_3$，杆 1 和杆 3 的长度分别为 l_1 和 l_3，试求在力 F 作用下各杆的内力。

在载荷作用下，节点 A 铅垂地移到 A_1，AA_1 即为杆 3 的伸长 Δl_3，节点 A 的受力如图 1-15(b) 所示，其平衡方程为：

$$\left.\begin{aligned} \sum F_x = 0, \quad F_{N_1} \sin\alpha - F_{N_2} \sin\alpha = 0 \\ \sum F_y = 0, \quad F_{N_3} + 2F_{N_1} \cos\alpha - F = 0 \end{aligned}\right\} \tag{a}$$

这里静力平衡方程有两个，但未知力有三个，可见，只凭静力平衡方程不能求得全部轴力，所以是超静定问题。

为了求得问题的解，在静力平衡方程之外，还必须寻求补充方程。由于 1、2 两杆的抗拉刚度相同，所以结构的变形是对称的。以 B 点为圆心，杆 1 的原长 $\dfrac{l}{\cos\alpha}$ 为半径作圆弧，圆弧以外的线段即为杆 1 的伸长 Δl_1。由于变形很小，可用垂直于 $A_1 B$ 的直线 AE 代替上述弧线，且仍认为 $\angle AA_1 B = \alpha$，于是

$$\Delta l_1 = \Delta l_3 \cos\alpha \tag{b}$$

这是 1、2、3 杆的变形必须满足的关系，只有满足了这一关系，它们才可能在变形后仍然在节点 A_1 联系在一起，变形才是协调的。所以，这种几何关系称为变形协调关系。

由于 1、2 两杆的抗拉刚度均为 $E_1 A_1$，杆 3 的抗拉刚度为 $E_3 A_3$，由胡克定律

$$\left.\begin{aligned} \Delta l_1 = \frac{F_{N_1} l}{E_1 A_1 \cos\alpha} \\ \Delta l_3 = \frac{F_{N_3} l}{E_3 A_3} \end{aligned}\right\} \tag{c}$$

这两个表示变形与轴力关系的式子可称为物理方程，将其代入式(b)，得

$$\frac{F_{N_1} l}{E_1 A_1 \cos\alpha} = \frac{F_{N_3} l}{E_3 A_3} \cos\alpha \tag{d}$$

这是在静力平衡方程之外得到的补充方程。从式(a)、式(d) 容易解出

$$F_{N_1} = F_{N_2} = \frac{F\cos^2\alpha}{2\cos^2\alpha + \dfrac{E_3 A_3}{E_1 A_1}}, \qquad F_{N_3} = \frac{F}{1 + 2\dfrac{E_1 A_1}{E_3 A_3}\cos^3\alpha}$$

以上例子表明，超静定问题是综合了静力平衡方程、变形协调方程（几何方程）和物理方程三个方面的关系求解的。

【例 1-8】 如图 1-16 所示的结构中，设横梁 AB 的变形可以忽略，1、2 两杆的横截面面积相等，材料相同。试求 1、2 两杆的内力。

解 设 1、2 两杆的轴力分别为 F_{N_1} 和 F_{N_2}，固定铰链支座 A 有两个约束反力，所以此结构为一次超静定结构。列出横梁 AB 的平衡方程

$$\sum m_A(F) = 0 \qquad 3aF - 2aF_{N_2}\cos\alpha - aF_{N_1} = 0 \qquad (e)$$

由于横梁 AB 是刚性杆，结构变形后，它仍为直杆，由图 1-16 可以看出，1、2 两杆的伸长 Δl_1 和 Δl_2，应满足以下关系：

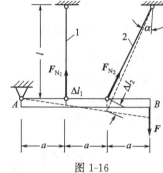

图 1-16

$$\frac{\Delta l_2}{\cos\alpha} = 2\Delta l_1 \qquad (f)$$

这就是变形协调方程。

由胡克定律

$$\Delta l_1 = \frac{F_{N_1} l}{EA} \qquad \Delta l_2 = \frac{F_{N_2} l}{EA\cos\alpha}$$

代入式（f）得

$$\frac{F_{N_2} l}{EA\cos^2\alpha} = 2\frac{F_{N_1} l}{EA} \qquad\qquad (g)$$

由式（e）、式（g）解出

$$F_{N_1} = \frac{3F}{4\cos^3\alpha + 1} \qquad F_{N_2} = \frac{6F\cos^2\alpha}{4\cos^3\alpha + 1}$$

1.6.2　装配应力

在机械制造和结构工程中，零件或构件本身尺寸的微小误差是允许的。这种误差，在静定结构中，仅使结构的外形有微小改变，而不会在内部引起应力，如图 1-17(a) 所示。

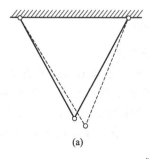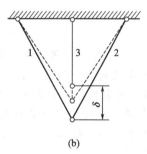

(a)　　　　　　　　　(b)

图 1-17

但在超静定结构中就不同了。例如图 1-17(b) 所示的结构中，3 杆比原设计长度稍短。若将三根杆强行装配在一起，则导致 3 杆被拉长，1、2 杆被压短，其最终位置如图 1-17(b) 中虚线所示。显然，在装配后，3 杆内引起拉应力，1、2 杆内引起压应力。这种结构未加载

前因装配而引起的应力，称为装配应力。在工程中装配应力有时是不利的，有时反而要利用它，例如，土建结构中的预应力钢筋混凝土和机械制造中的紧配合，就是利用装配应力的实例。

装配应力的计算和上述解超静定问题的方法类似。

【例 1-9】 火车车轮通常由铸铁轮心和套在其上的钢制轮缘两部分组成，如图 1-18(a) 所示。轮缘横截面可近似地认为是矩形，并设其宽度为 b，厚度为 t。轮缘的弹性模量为 E。为了使轮缘牢固地装在轮心上，通常把轮缘的内径 d_2 做得稍小于轮心的外径 d_1，如图 1-18 (b)、(c) 所示，设此差值 $d_1 - d_2 = \dfrac{d_2}{k} = \delta$，称为过盈量，一般取 $\delta = \left(\dfrac{1}{1000} \sim \dfrac{1.2}{1000}\right) d_2$。安装时，把轮缘加热，使其膨胀并套于轮心上，冷却后便自行箍紧。根据以上各已知条件，试求轮心与轮缘的装配压力 p。

解 （1）静力平衡关系　用一过轮心的直径截面，将轮缘截开，并取上半部分为研究对象，如图 1-18(d) 所示。

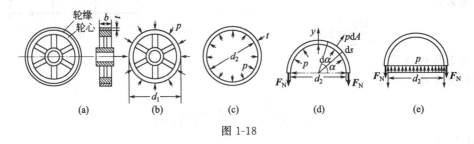

图 1-18

设轮缘的轴力为 F_N，微段弧长为 $\mathrm{d}s = \dfrac{d_2}{2}\mathrm{d}\alpha$，微面积为 $\mathrm{d}A = b\,\mathrm{d}s$，则该微面积上总压力在 y 轴上的投影为

$$p\,\mathrm{d}A \sin\alpha = pb\frac{d_2}{2}\mathrm{d}\alpha\sin\alpha$$

于是轮缘上半部的平衡方程为

$$\sum F_y = 0 \qquad \frac{1}{2}pbd_2\int_0^\pi \sin\alpha\,\mathrm{d}\alpha - 2F_N = 0$$

积分得 $\qquad\qquad\qquad\qquad pbd_2 - 2F_N = 0 \qquad\qquad\qquad\qquad\qquad\qquad\qquad\text{(h)}$

则轮缘上的轴力

$$F_N = \frac{1}{2}pbd_2 \qquad\qquad\qquad\qquad\qquad\qquad\qquad\qquad\text{(i)}$$

式(i) 中含 F_N 和 p 两个未知量，可知为一次超静定问题。

由式(h) 的等号左边的第一项可见，作用在半个轮缘上向上的总压力等于压强 p 与轮缘直径平面的面积 bd_2 的乘积。这相当于在直径平面上作用均布压力 p 的结果。以上讨论表明，用图 1-18(d) 或图 1-18(e) 作为受力图计算轮缘的轴力 F_N，二者所得结果相同。

（2）变形几何关系　由于轮心的刚性比轮缘大得多，装配时可以认为轮心不变形，因此装配后轮缘的伸长为

$$\Delta l = \pi d_1 - \pi d_2 = \pi\delta \qquad\qquad\qquad\qquad\qquad\qquad\qquad\text{(j)}$$

（3）物理关系　对轮缘内任一微段 $\mathrm{d}s$，得

$$\mathrm{d}(\Delta l) = \frac{F_N\,\mathrm{d}s}{EA}$$

将轮缘的截面面积 $A=bt$ 代入上式，对整个轮缘积分得

$$\Delta l = \frac{F_N}{Ebt}\int_0^{2\pi}\mathrm{d}s = \frac{F_N\pi d_2}{Ebt} \tag{k}$$

由式(j)、式(k)，并注意到 $\delta=\dfrac{d_2}{k}$，得补充方程为

$$F_N = \frac{Ebt}{k} \tag{l}$$

将式(i)、式(l) 联立求解，得装配压力

$$p = \frac{2Et}{kd_2} \tag{m}$$

由于过盈量很小，在实际计算中，可用 d_1 代替 d_2。

设一货车车轮，其轮心直径 $d_1=900\mathrm{mm}$，轮缘宽度 $b=130\mathrm{mm}$，厚度 $t=75\mathrm{mm}$，弹性模量 $E=200\mathrm{GPa}$，过盈量 $\delta=\dfrac{d_1}{1000}$（即 $k=1000$），代入式(m) 得装配压力

$$p = \frac{2\times200\times10^3\times75}{1000\times900} = 33.3\mathrm{MPa}$$

由式(l) 可得轮缘的装配应力

$$\sigma = \frac{F_N}{bt} = \frac{E}{K} = \frac{200\times10^3}{1000} = 200\mathrm{MPa}$$

将式(i) 代入上式可得装配应力另一表达式

$$\sigma = \frac{F_N}{bt} = \frac{\frac{1}{2}pbd_2}{bt} = \frac{pd_2}{2t} \tag{n}$$

1.6.3 温度应力

温度变化（例如，工作条件的温度改变或季节更替）将引起构件尺寸的微小改变。对静定结构，均匀的温度变化，在杆内不会产生应力。而对超静定结构，这种变化将使杆内产生应力。例如长度为 l 的直杆如图 1-19(a) 所示，A 端与刚性支承面连接，B 端自由，当温度发生变化时，B 端能自由伸缩，在杆内不会引起应力。如果直杆两端都与刚性面支承连接，如图 1-19(b) 所示，则直杆因温度升高引起的伸长将被支承阻止。可这样设想，先解除直杆两端的约束，使杆自由伸长，如图 1-19(c) 所示，再由支承的约束反力将杆压缩至原长，如图 1-19(d) 所示，于是在杆内将产生应力。这种应力称为温度应力或热应力。

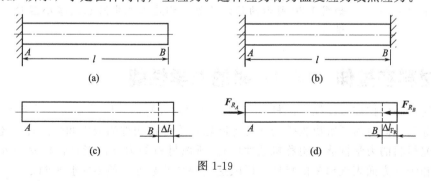

图 1-19

温度应力问题也属于超静定问题，其计算方法与上述超静定问题的解法类似，不同之处是除考虑杆的弹性变形外，还要考虑因温度变化而引起的变形。

【例 1-10】 一两端刚性支承杆 AB，如图 1-19(b) 所示。设其长度为 l，横截面面积为 A_1，材料的线膨胀系数为 α，弹性模量为 E。若安装温度为 $t_1℃$，使用温度为 $t_2℃$（设 $t_2 > t_1$），试求温度应力。

解 （1）静力平衡关系 设 A、B 两端的约束反力为 F_{R_A} 和 F_{R_B} [图 1-19(d)]，由平衡方程

$$\sum F_x = 0 \qquad F_{R_A} - F_{R_B} = 0$$

得

$$F_{R_A} = F_{R_B} = F_R \tag{o}$$

上式只能说明两约束反力相等，尚不能求出其数值。

（2）变形几何关系 设因温度升高引起的伸长为 Δl_t，如图 1-19(c) 所示，由轴向反力 F_R 引起的缩短为 Δl_{F_R}，如图 1-19(d) 所示。根据两刚性支承间杆长保持不变的变形协调条件，得变形协调方程为

$$\Delta l_t + \Delta l_{F_R} = 0 \tag{p}$$

（3）物理关系 由线膨胀定律及胡克定律，得物理方程为

$$\left. \begin{array}{l} \Delta l_t = \alpha(t_2 - t_1)l \\[2mm] \Delta l_{F_R} = -\dfrac{F_R l}{EA_1} \end{array} \right\} \tag{q}$$

将式(q) 代入式(p) 得补充方程为

$$\alpha(t_2 - t_1)l - \frac{F_R l}{EA_1} = 0 \tag{r}$$

由此得支承面的反力

$$F_R = \alpha E A_1 (t_2 - t_1) \tag{s}$$

杆的温度应力为

$$\sigma = \frac{F_R}{A_1} = \alpha E(t_2 - t_1) \tag{t}$$

若图 1-19(b) 的 AB 杆为一钢制蒸汽管道，$\alpha = 12.5 \times 10^{-6} 1/℃$，$E = 200\text{GPa}$，当温度升高 $t_2 - t_1 = 40℃$ 时，由式(t) 可得该管道的温度应力为

$$\sigma = \alpha E(t_2 - t_1) = 12.5 \times 10^{-6} \times 200 \times 10^3 \times 40$$
$$= 100\text{MPa}$$

图 1-20

可见在设计中，温度应力不可忽视。温度应力过高可能影响结构或构件的正常工作，在这种情况下，应采取消除或降低温度应力的措施。在铺设铁路时，钢轨间留有伸缩缝；在架设管道时，弯成如图 1-20 所示的伸缩节等，都是工程中防止或减小温度应力的有效措施。

1.7 材料在拉伸（压缩）时的力学性能

前面讨论轴向拉伸（压缩）的杆件内力与应力的计算时，曾涉及材料的弹性模量 E 和泊松比 μ 等量，同时为了解决构件的强度等问题，除分析构件的应力和变形外，还必须通过实验来研究材料的力学性能（也称机械性质）。所谓材料的力学性能是指材料在外力的作用下其强度和刚度方面表现出来的特性，反映这些特性的数据一般由实验来测定，并且这些实验数据还与实验时的条件有关。本节主要讨论在常温和静载条件下材料拉（压）时的力学性能。静载就是从零开始缓慢的增加到一定数值后不再改变（或变化极不明显）的载荷。

拉伸试验是研究材料的力学性质时最常用的试验。为便于比较试验结果，试件必须按照国家标准（GB/T 700—2006）加工成标准试件，如图 1-21 所示。试件的中间等直杆部分为试验段，其长度 l 称为标距。较粗的两端是装夹部分。标准试件规定标距 l 与横截面直径 d 之比有 $\dfrac{l}{d}=10$ 和 $\dfrac{l}{d}=5$ 两种，前者为长试件（10 倍试件），后者为短试件（5 倍试件）。

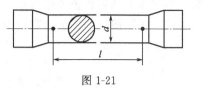

图 1-21

拉伸试验在万能试验机上进行。试验时将试件装在夹头中，然后开动机器加载。试件受到由零逐渐增加的拉力 F 的作用，同时发生伸长变形，加载一直进行到试件断裂时为止。拉力 F 的数值可从试验机的示力盘上读出，同时一般试验机上附有自动绘图装置，在试验过程中能自动绘出载荷 F 和相应的变形 Δl 的关系曲线，此曲线称为拉伸图或 F-Δl 曲线，如图 1-22（a）所示。

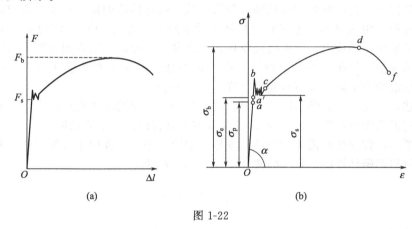

(a)　　　　　　　　　(b)

图 1-22

拉伸图的形状与试件的尺寸有关。为了消除试件横截面尺寸和长度的影响，将载荷 F 除以试件原来的横截面面积 A，得到应力 σ；将变形 Δl 除以试件原长 l，得到应变 ε，这样绘出的曲线称为应力-应变图（σ-ε 曲线）。σ-ε 曲线的形状与 F-Δl 曲线的形状相似，但它反映了材料本身的特性，如图 1-22（b）所示。

1.7.1　低碳钢拉伸时的力学性能

低碳钢是含碳量较少（小于 0.25%）的普通碳素结构钢，是工程中广泛使用的金属材料，它在拉伸时表现出来的力学性能具有典型性。图 1-22（b）是低碳钢拉伸时的应力-应变图，由图可见，整个拉伸过程大致可分为四个阶段。

视频：材料的拉伸试验

（1）弹性阶段　这是材料变形的开始阶段。Oa 为一段通过坐标原点的直线，说明在该阶段内应力与应变成正比，即材料服从胡克定律 $\sigma = E\varepsilon$。直线部分的最高点 a 所对应的应力值 σ_p 称为比例极限，即材料的应力与应变成正比的最大应力值。Q235 碳素钢的比例极限 $\sigma_p = 200\text{MPa}$。直线的倾角为 α，其正切值 $\tan\alpha = \dfrac{\sigma}{\varepsilon} = E$，即为材料的弹性模量。

当应力超过比例极限后，aa' 已不是直线，说明材料不再服从胡克定律。但应力不超过 a' 点所对应的应力 σ_e 时，如将外力卸去，则试件的变形将随之完全消失。材料在外力撤除后仍能恢复原有形状和尺寸的性质称为弹性，外力撤除后能够消失的这部分变形称为弹性变形，σ_e 称为弹性极限，即材料产生弹性变形的最大应力值。比例极限和弹性极限的概念不同，但实际上两者数值非常接近，工程中不作严格区分。

（2）屈服阶段　当应力超过弹性极限后，图上出现接近水平的小锯齿形波段，说明此时

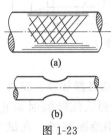

图 1-23

应力虽有小的波动，但基本保持不变，而应变却显著增加，即材料暂时失去了抵抗变形的能力。这种应力变化不大而变形显著增加的现象称为材料的屈服或流动。bc 段称为屈服阶段，屈服阶段的最低应力值 σ_s 称为材料的屈服极限，Q235 钢的 $\sigma_s=235\text{MPa}$。这时如果卸去载荷，试件的变形就不能完全恢复，而残留下一部分变形，即塑性变形（也称为永久变形或残余变形）。屈服阶段时，在试件表面出现的与轴线成 $45°$ 的倾斜条纹，通常称为滑移线，如图 1-23(a) 所示。

（3）强化阶段　屈服阶段后，若要使材料继续变形，必须增加载荷，即材料又恢复了抵抗变形的能力，这种现象称为材料的强化，cd 段称为材料的强化阶段，在此阶段中，变形的增加远比弹性阶段要快。强化阶段的最高点所对应的应力值称为材料的强度极限，用 σ_b 表示，它是材料所能承受的最大应力值。Q235 钢的 $\sigma_b=400\text{MPa}$。

（4）颈缩阶段　当应力达到强度极限后，在试件某一薄弱的横截面处发生急剧的局部收缩，产生颈缩现象，如图 1-23(b) 所示。由于颈缩处横截面面积迅速减小，塑性变形迅速增加，试件承载能力下降，载荷也随之下降，直至断裂。

综上所述，当应力增大到屈服极限时，材料出现了明显的塑性变形；当应力增大到强度极限时，材料就要发生断裂。故 σ_s 和 σ_b 是衡量塑性材料的两个重要指标。

试件拉断后，弹性变形消失，但塑性变形仍保留下来。工程中用试件拉断后残留的塑性变形来表示材料的塑性性能。常用的塑性性能指标有两个：

延伸率 δ
$$\delta=\frac{l_1-l}{l}\times100\%\qquad(1\text{-}8)$$

断面收缩率 ψ
$$\psi=\frac{A-A_1}{A}\times100\%\qquad(1\text{-}9)$$

式(1-8) 中，l 为标距原长；l_1 为拉断后标距的长度；式(1-9) 中 A 为试件原横截面面积；A_1 为颈缩处最小横截面面积。

对应于 10 倍试件或 5 倍试件，延伸率分别记为 δ_{10} 或 δ_5。通常所说的延伸率一般是指对应 5 倍试件的 δ_5。

一般的碳素结构钢，延伸率在 $20\%\sim30\%$ 之间，断面收缩率约为 60%。工程上通常把 $\delta\geqslant5\%$ 的材料称为塑性材料，如钢材、铜和铝等；把 $\delta<5\%$ 的材料称为脆性材料，如铸铁、砖石等。

实验表明，如果将试件拉伸到强化阶段的某一点 f 时，如图 1-24 所示，然后缓慢卸载，则应力-应变曲线将沿着近似平行于 Oa 的直线回到 g 点，而不是回到 O 点。Og 就是残留下的塑性变形，gh 表示消失的弹性变形。如果卸载后立即再加载，则应力-应变曲线将基本上沿着 gf 上升到 f 点，以后的曲线与原来的 σ-ε 曲线相同。由此可见，将试件拉伸到超过屈服极限后卸载，然后重新加载时，材料的比例极限有所提高，而塑性变形减小，这种现象称为冷作硬化。工程中常用冷作硬化来提高某些构件在弹性阶段的承载能力。如预应力钢筋、钢丝绳等。

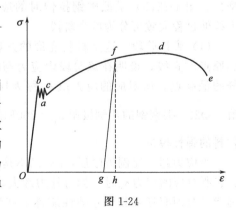

图 1-24

1.7.2　铸铁拉伸时的力学性能

图 1-25 所示为灰铸铁拉伸时的应力-应变图。由图可见，σ-ε 曲线没有明显的直线部分，既无屈服阶段，也无颈缩现象；断裂时应变很小，断口垂直于试件轴线，$\delta < 1\%$，是典型的脆性材料。因铸铁构件在实际使用的应力范围内，其 σ-ε 曲线的曲率很小，实际计算时常近似的以直线（图 1-25 中的虚线）代替，认为近似地服从胡克定律，强度极限 σ_{bt} 是衡量脆性材料拉伸时的唯一强度指标。

1.7.3　其他塑性材料拉伸时的力学性能

其他金属材料的拉伸试验和低碳钢拉伸试验方法相同，但材料所显示出来的力学性能有很大差异。如图 1-26 所示，给出了锰钢、硬铝、退火球墨铸铁和 45 钢的应力-应变图。这些材料都是塑性材料，但前三种材料没有明显的屈服阶段。对于没有明显屈服极限的塑性材料，工程上规定，取对应于试件产生 0.2% 塑性应变时所对应的应力值为材料的名义屈服极限，以 $\sigma_{0.2}$ 表示，如图 1-27 所示。

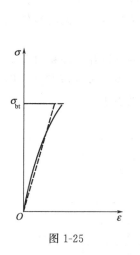

图 1-25

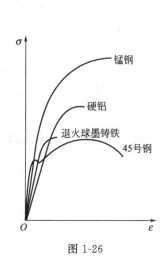

图 1-26

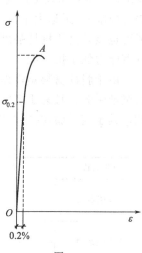

图 1-27

1.7.4　材料压缩时的力学性能

金属材料的压缩试件，一般做成圆柱体，如图 1-28(a) 所示，其高度为直径的 1.5～3 倍，以免试验时被压弯；非金属材料（如水泥）的试件常采用立方体形状，如图 1-28(b) 所示。

如图 1-29 所示为低碳钢压缩时的 σ-ε 曲线，其中虚线是拉伸时的情形。可以看出，在弹性阶段和屈服阶段，两条曲线基本重合。这表明，低碳钢在压缩时的比例极限 σ_p、弹性极限 σ_e 和屈服极限 σ_s 等，都与拉伸时基本相同。进入强化阶段后，两曲线逐渐分离，压缩曲线上升，表明试件的横截面积显著增大，试件越压越扁。由于两端面上的摩擦，试件变成鼓形，不会产生断裂，故测不出材料的压缩强度极限，所以一般不做低碳钢的压缩试验，而从拉伸试验得到压缩时的主要机械性能。

视频：材料的压缩试验

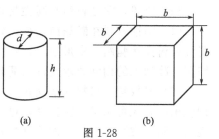

图 1-28

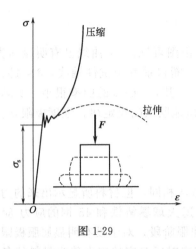

图 1-29

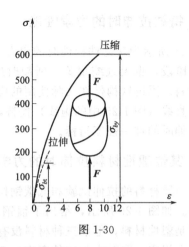

图 1-30

铸铁压缩时的 σ-ε 曲线如图 1-30 所示，图中虚线为拉伸时的 σ-ε 曲线。可以看出，铸铁压缩时的 σ-ε 曲线也没有直线部分，因此压缩时也只是近似地服从胡克定律。铸铁压缩时的强度极限 σ_{bc} 远远大于拉伸时的强度极限 σ_{bt}。对于其他脆性材料，如硅石、水泥等，其抗压强度也显著高于抗拉强度。另外，铸铁压缩时，断裂面与轴线成 45°左右的角，说明铸铁的抗剪能力低于抗压能力。

由于脆性材料塑性差，抗拉强度低，而抗压能力强，价格低廉，故宜制作承压构件。铸铁坚硬耐磨，且易于浇铸，故广泛应用于铸造机床床身、机壳、底座、阀门等受压配件。因此，其压缩试验比拉伸试验更为重要。几种常用材料的主要力学指标见表 1-2。

表 1-2　几种常用材料的主要力学指标

材料名称	型号	σ_s/MPa	σ_b/MPa	δ/%	ψ/%
普通碳素钢	Q235	235	375~460	25~27	—
	Q275	275	490~610	21	—
优质碳素钢	35	314	529	20	45
	45	353	598	3	40
合金钢	40Cr	785	980	9	45
球墨铸铁	QT600-3	370	600	3	
灰铸铁	HT150	—	拉 150 压 500~700	—	—

衡量材料力学性能的主要指标有：强度指标即屈服极限 σ_s 和强度极限 σ_b；弹性指标即比例极限 σ_p（或弹性极限 σ_e）和弹性模量 E；塑性指标即延伸率 δ 和断面收缩率 ψ。对很多材料来说，这些指标往往受温度、热处理等条件的影响。

综上所述，塑性材料与脆性材料的力学性能有以下区别。

（1）塑性材料在断裂前延伸率较大，塑性性能好，通常是在明显的形状改变后破坏；而脆性材料突然脆断，变形很小，塑性性能很差，其断裂破坏总是突然的。在工程中，对需经锻压、冷加工的构件或承受冲击荷载的构件，宜采用塑性材料。

（2）多数塑性材料在承受拉（压）变形时，其弹性模量及屈服极限基本一致，所以其应用范围广，既可用于受拉构件，也可用于受压构件。在工程上，出于经济性的考虑，常把塑性材料制作成受拉构件。而脆性材料抗压强度远高于其抗拉强度，因此用脆性材料制作成受压构件，例如建筑物的基础、机器的底座等。

1.8 轴向拉（压）杆的强度计算

由上节材料的拉伸和压缩试验可知：脆性材料的应力达到强度极限 σ_b 时，会发生断裂；塑性材料的应力达到屈服极限 σ_s 时，会发生明显的塑性变形。断裂当然是不允许的，但是构件发生较大的变形也是不允许的。由于各种原因使结构丧失其正常工作能力的现象，称为失效。因此，断裂和屈服或出现较大变形都是破坏的形式。

1.8.1 极限应力、许用应力和安全系数

材料失效时的应力称为极限应力或危险应力，用 σ_0 表示。由上一节可知：对塑性材料，当构件的应力达到材料的屈服极限时，构件将因塑性变形而不能正常工作，故 $\sigma_0 = \sigma_s$；对脆性材料，当构件的应力达到强度极限时，构件将因断裂而丧失工作能力，故 $\sigma_0 = \sigma_b$。

构件在载荷作用下的实际应力称为工作应力。为了保证构件安全可靠地工作，仅仅使其工作应力不超过材料的极限应力是远远不够的，还必须使构件留有适当的强度储备，即把极限应力除以大于1的系数 n 后，作为构件工作时允许达到的最大应力值，这个应力值称为许用应力，以 $[\sigma]$ 表示，即

$$[\sigma] = \frac{\sigma_0}{n} \tag{1-10}$$

塑性材料的许用应力 $\qquad [\sigma] = \dfrac{\sigma_s}{n_s}$ 或 $[\sigma] = \dfrac{\sigma_{0.2}}{n_s}$

脆性材料的许用应力 $\qquad [\sigma_t] = \dfrac{\sigma_{bt}}{n_t}$ 或 $[\sigma_c] = \dfrac{\sigma_{bc}}{n_c}$

式中，n_s 为塑性材料的安全系数；n_t、n_c 分别为脆性材料在拉伸和压缩时的安全系数。

安全系数的选择取决于载荷估计的准确程度、应力计算的精确程度、材料的均匀程度、构件制造的难易程度以及构件安全的重要程度等因素。正确地选取安全系数，是解决构件的安全与经济这一对矛盾的关键。确定安全系数时，应考虑以下因素：①材质的均匀性、质地好坏、是塑性材料还是脆性材料；②实际构件的简化过程和计算方法的精确程度；③载荷情况，包括对载荷的估计是否准确、是静载荷还是动载荷；④构件的重要性、工作条件等。若安全系数过大，则不仅浪费材料，而且使构件变得笨重；反之，若安全系数过小，则不能保证构件安全工作，甚至会造成事故。各种不同工作条件下构件安全系数 n 可从有关工程手册中查到。对于塑性材料，一般来说，取 $n=1.5 \sim 2.0$；对于脆性材料，取 $n=2.0 \sim 3.5$。

1.8.2 轴向拉（压）杆的强度计算

为了保证构件安全可靠地工作，必须使构件的最大工作应力不超过材料的许用应力，即

$$\sigma_{max} = \frac{F_N}{A} \leqslant [\sigma] \tag{1-11}$$

公式(1-11)称为轴向拉（压）杆的强度条件。式中，σ_{max} 为杆件横截面上的最大正应力；F_N 为杆件的最大轴力；A 为横截面面积；$[\sigma]$ 为材料的许用应力。

如对截面变化的拉（压）杆件（如阶梯形杆），则需要求出每一段内的正应力，找出最大值，再应用强度条件。

运用这一强度条件可解决三类强度计算问题。

（1）强度校核：若已知拉压杆的截面尺寸、载荷大小以及材料的许用应力，即可用公式（1-11）验算不等式是否成立，确定强度是否足够。

（2）设计截面：若已知拉压杆承受的荷载和材料的许用应力，则强度条件变成

$$A \geqslant \frac{F_{N,max}}{[\sigma]}$$

可确定构件所需要的横截面面积的最小值。

（3）确定承载能力：若已知拉压杆的截面尺寸和材料的许用应力，则强度条件变成

$$F_{N,max} \leqslant A[\sigma]$$

可确定构件所能承受的最大轴力。

【例 1-11】 外径 D 为 32mm，内径 d 为 20mm 的空心钢杆，如图 1-31 所示，设某处有直径 $d_1 = 5$mm 的销钉孔，材料为 Q235 钢，许用应力 $[\sigma] = 170$MPa，若承受拉力 $P = 60$kN，试校核该杆的强度。

解 由于截面被穿孔削弱，所以应取最小的截面面积作为危险截面，校核截面上的应力。

（1）求未被削弱的圆环横截面积为

$$A_1 = \frac{\pi}{4}(D^2 - d^2) = \frac{\pi}{4}(32^2 - 20^2) = 490 \text{mm}^2$$

（2）被削弱的面积为

$$A_2 = (D - d)d_1 = (32 - 20) \times 5 = 60 \text{mm}^2$$

（3）危险截面面积为

$$A = A_1 - A_2 = 490 - 60 = 430 \text{mm}^2$$

图 1-31

（4）强度校核

$$\sigma = \frac{F_N}{A} = \frac{60 \times 10^3}{430} = 139.5 \text{MPa} < [\sigma]$$

故此杆安全可靠。

【例 1-12】 一悬臂吊车，如图 1-32(a) 所示。已知起重小车自重为 $G = 5$kN，起重量 $F = 15$kN，拉杆 BC 用 Q235 钢，许用应力 $[\sigma] = 170$MPa。试选择拉杆直径 d。

解 （1）计算拉杆的轴力 当小车运行到 B 点时，BC 杆所受的拉力最大，必须在此情况下求拉杆的轴力。取 B 点为研究对象，其受力图如图 1-32(b) 所示。由平衡方程

$$\sum F_y = 0 \qquad F_{N_1}\sin\alpha - (G + F) = 0$$

得

$$F_{N_1} = \frac{G + F}{\sin\alpha}$$

在 $\triangle ABC$ 中

$$\sin\alpha = \frac{AC}{BC} = \frac{1.5}{\sqrt{1.5^2 + 4^2}} = \frac{1.5}{4.27}$$

代入上式得

$$F_{N_1} = \frac{5 + 15}{\dfrac{1.5}{4.27}} = 56.9 \text{kN}$$

（2）选择截面尺寸 由式（1-11）得

$$A \geqslant \frac{F_{N_1}}{[\sigma]} = \frac{56900}{170} = 334.7 \text{mm}^2$$

圆截面面积 $A = \frac{\pi}{4}d^2$，所以拉杆直径

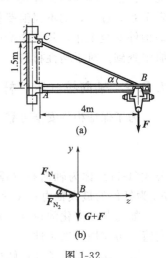

图 1-32

$$d \geqslant \sqrt{\frac{4A}{\pi}} = \sqrt{\frac{4 \times 334.7}{3.14}} = 20.7 \text{mm}$$

可取
$$d = 21 \text{mm}$$

【例 1-13】　如图 1-33（a）所示，起重机 BC 杆由绳索 AB 拉住，若绳索的截面面积为 5cm^2，材料的许用应力 $[\sigma] = 40 \text{MPa}$，求起重机能安全吊起的载荷大小。

解　（1）求绳索所受的拉力 $F_{N_{AB}}$ 与 F 的关系。用截面法，将绳索 AB 截断，并绘出受力图，如图 1-33（b）所示。

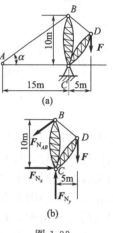

图 1-33

由 $\sum m_c(F) = 0$　　$10F_{N_{AB}} \cos\alpha - 5F = 0$

将
$$\cos\alpha = \frac{15}{\sqrt{10^2 + 15^2}}$$

代入上式得
$$10F_{N_{AB}} \frac{15}{\sqrt{10^2 + 15^2}} - 5F = 0$$

即
$$[F] = 1.67 F_{AB}$$

（2）根据绳索 AB 的许用内力求起吊的最大载荷
$$[F_{AB}] \leqslant A[\sigma] = 5 \times 10^2 \times 40 \times 10^{-3} = 20 \text{kN}$$
$$[F] = 1.6 F_{AB} = 1.67 \times 20 = 33.4 \text{kN}$$

即起重机安全起吊的最大载荷为 33.4kN。

1.9 应力集中的概念

等截面构件轴向拉伸（压缩）时，横截面上的应力是均匀分布的。实际上，由于结构或

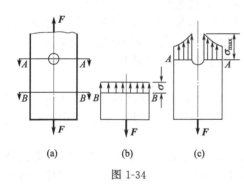

图 1-34

工艺方面的要求，构件的形状常常是比较复杂的，如机器中的轴常开有油孔、键槽、退刀槽，或留有凸肩而成为阶梯轴，因而使截面尺寸突然发生变化。在突变处截面上的应力分布不均匀，在孔槽附近局部范围内的应力将显著增大，而在较远处又渐趋均匀。这种由于截面的突然变化而产生的应力局部增大现象，称为应力集中。如图 1-34（a）所示的拉杆，在 B—B 截面上的应力分布是均匀的，如图 1-34（b）所示。在通过小孔中心线的 A—A 截面上，其应力分布就不均匀了，如图 1-34（c）所示。在孔边两点的小范围内应力值很大，但离开这个小范围应力值则下降很快，最后逐渐趋于均匀。

应力集中处的 $\sigma_{\max}$ 与杆横截面上的平均应力之比，称为理论应力集中系数，以 α 表示，即

$$\alpha = \frac{\sigma_{\max}}{\sigma} \tag{1-12}$$

α 是一个应力比值，与材料无关，它反映了杆件在静载荷下应力集中的程度。

不同的材料对应力集中的敏感程度不同。塑性材料存在屈服阶段，当局部的最大应力达到材料的屈服极限时，若继续增大荷载，则应力不再增大，应变可以继续增长，增加的荷载由截面上尚未屈服的材料来承担，从而使截面上其他部分的应力相继增大到屈服极限，直至整个截面上的应力都达到屈服极限时，杆件才会因屈服而丧失正常工作的能力。如图 1-35

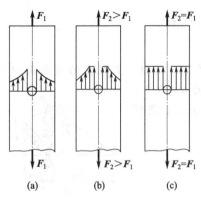

图 1-35

（a）所示带有小圆孔的杆件，拉伸时孔边产生应力集中。当孔边附近的最大应力达到屈服极限时，杆件只产生塑性变形。如果载荷继续增加，则孔边两点的变形继续增加而应力不再增大，其余各点的应力尚未达到 σ_s，仍然随着载荷的增加而增大如，图 1-35（b）所示，直到整个截面上的应力都达到屈服极限 σ_s 时，应力分布趋于均匀，如图 1-35（c）所示。

这个过程对杆件的应力起到了一定的松弛作用，因此，塑性材料在静载荷作用下，应力集中对强度的影响较小。

对脆性材料则不同，因为它无屈服阶段，直到破坏时无明显的塑性变形，因此无法使应力松弛，局部应力随载荷的增加而上升，当最大应力达到强度极限时，就开始出现裂缝。所以对组织均匀的脆性材料，应力集中将极大地降低构件的强度。对组织不均匀的脆性材料，如铸铁，在它内部有许多片状石墨（不能承担载荷），这相当于材料内部有许多小孔穴，材料本身就具有严重的应力集中，因此由于截面尺寸改变引起的应力集中，对这种材料构件的承载能力没有明显的影响。

应该指出，在动载荷作用下，有应力集中的构件，例如车有螺纹的活塞杆以及开有键槽、销孔的转轴等，不论是塑性材料还是脆性材料，应力集中都会影响构件的强度。

学习方法和要点提示

1. 学会并熟练掌握轴力图的作法。其中轴力图横坐标与截面的对应关系、突变关系的标注等同其他内力图（剪力、弯矩、扭矩）是类同的，因此一定要有一个良好的习惯。

2. 应力的讨论。实际是在讨论一个一次超静定问题，其讨论的三步骤为静力平衡关系、变形几何关系、物理关系，在以后其他变形的讨论中是相同的，注意掌握讨论的方法。

3. 强度和位移的计算。强度问题计算相对简单，但对某一结构要综合考虑，全面分析，并注意一定的技巧。而对位移的计算，主要是熟练"以切代弧"的方法，找出变形几何关系。

4. 超静定问题。重心要放在如何根据变形协调条件找出变形几何关系上。

5. 习题分类及解题要点

（1）求杆件或结构指定截面上的轴力及作轴力图，目的是训练并熟悉截面法的应用，找出危险截面。作轴力图时注意结构与图的对应关系，使各截面轴力一目了然，并注意运用突变关系校核轴力图。

（2）应力（横截面或斜截面上的正应力、切应力）的计算主要是应用正应力及切应力的强度条件进行强度校核、设计截面或设计载荷。多杆件组成的结构在设计截面或设计载荷时应注意以下问题。

① 当一个结构由几根拉（压）杆件组成时，各杆件都要满足强度条件，而且各杆件的实际轴力，必须满足所有的静力平衡条件。设计截面时，依据各杆件所承受的轴力，根据强度条件，可设计出杆件的尺寸，如果诸多杆件要求同一尺寸，则应在设计的各杆件尺寸中选取最大的，即 $A = \max\{A_i\}$。

② 在确定许可载荷时，由各杆可确定出多个许可载荷 $[F_i]$，则整个结构的许可载荷应为多个许可载荷中的最小值，即 $[F] = \min\{F_i\}$。

③ 可由某一杆进行截面设计和载荷设计，再对其余杆件进行强度校核，当不满足强度要求时，重新进行截面设计和载荷设计。

（3）求结构中指定点的位移，关键是掌握"以切代弧"。从理论上讲，做各杆件轴线的延长线（伸长量），再做垂线寻找变形后节点的新位置和给定节点变形后的新位置，再向各杆的延长线做垂线是等价的，但一般后者更容易掌握变形后的位置并限制不在某些特殊位置上。

（4）求解超静定结构（包括装配应力和温度应力），首先要判断结构是否为超静定结构，其次是按照求解超静定结构的三个步骤（写出独立的静力平衡方程、找出变形协调关系并写出几何方程、根据胡克定律联系力与变形的关系得出物理方程）找出补充方程联立求解。

思 考 题

1. 两根直杆，其横截面面积相同，长度相同，两端所受轴向外力也相同，而材料的弹性模量不同。分析它们的内力、应力、应变、伸长是否相同。

2. 把一低碳钢试件拉伸到应变 $\varepsilon=0.002$ 时，能否用胡克定律 $\sigma=E\varepsilon$ 来计算其正应力？为什么？（低碳钢的比例极限 $\sigma_p=200\mathrm{MPa}$，弹性模量 $E=200\mathrm{GPa}$）

3. 试说明脆性材料压缩时，沿与轴线成 45°角方向角断裂的原因。

4. 有人说："受力杆件的某一方向上有应力必有应变，有应变必有应力"。此话对吗？为什么？

5. 三种材料的 σ-ε 曲线如图 1-36 所示。试说明哪种材料的弹性模量大（在弹性范围内）？

6. 两根材料不同的等截面直杆，承受相同的轴力，它们的横截面和长度都相同，试说明：（1）横截面上的应力是否相等？（2）强度是否相等？（3）绝对变形是否相等？

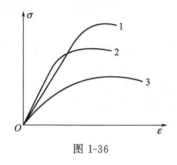

图 1-36

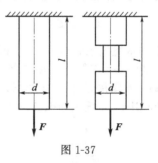

图 1-37

7. 两根材料相同的拉杆如图 1-37 所示，试说明它们的绝对变形是否相同？如不相同，哪根变形大？另外，不等截面杆的各段应变是否相同？为什么？

8. 钢的弹性模量 $E_1=200\mathrm{GPa}$，铝的弹性模量 $E_2=71\mathrm{GPa}$，试比较在同一应力下，哪种材料的应变大？在同一应变下，哪种材料的应力大？

9. 如图 1-38 所示结构的尺寸、角度 α 及载荷 F 均为已知。试判断以下结构是否为超静定结构？若为超静定结构，试确定其超静定次数。

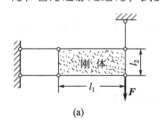

(a)

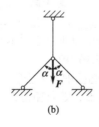

(b)

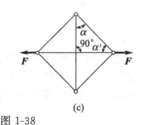

(c)

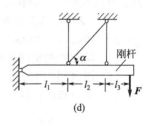

(d)

图 1-38

10. 一托架如图 1-39 所示，现有低碳钢和铸铁两种材料，若用低碳钢制造斜杆，用铸铁制造横杆，你认为是否合理？为什么？

图 1-39

习　题

1-1 试求题 1-1 图所示各杆 1—1、2—2、3—3 截面的轴力，并作轴力图。

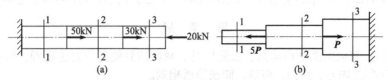

题 1-1 图

1-2 阶梯状直杆，受力如题 1-2 图所示，已知横截面面积 $A_1=200\text{mm}^2$，$A_2=300\text{mm}^2$，$A_3=400\text{mm}^2$，$a=200\text{mm}$，试求横截面上的最大、最小应力。

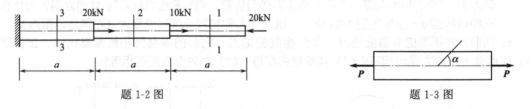

题 1-2 图　　　　　　　　　　题 1-3 图

1-3 如题 1-3 图所示等直杆，受轴向拉力 $P=20\text{kN}$，已知杆的横截面积 $A=100\text{mm}^2$，试求出 $\alpha=0°$，$\alpha=30°$，$\alpha=45°$，$\alpha=90°$时各斜截面上的正应力和切应力。

1-4 如题 1-4 图所示木立柱承受压力 P，上面放有钢块。如图所示，钢块截面积 A_1 为 5cm^2，$\sigma_{钢}=35\text{MPa}$，木柱截面积 $A_2=65\text{cm}^2$，求木柱顺纹方向切应力大小及指向。

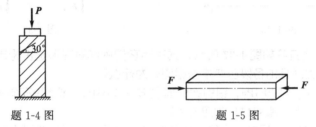

题 1-4 图　　　　　　　　　　题 1-5 图

1-5 如题 1-5 图所示等直杆，受轴向压力，横截面为 $75\text{mm}\times55\text{mm}$ 的矩形，欲使杆任意截面正应力不超过 2.5MPa，切应力不超过 0.75MPa，试求最大荷载 F。

1-6 某拉伸试验机的示意如题 1-6 图所示。设试验机的 CD 杆与试样 AB 同为低碳钢制成，$\sigma_p=200\text{MPa}$，$\sigma_s=250\text{MPa}$，$\sigma_b=500\text{MPa}$。试验机的最大拉力为 10kN。试求：

（1）用此试验机做拉断试验时试样最大直径可达多少？

（2）设计时若取安全系数 $n=2$，则 CD 杆的截面面积为多少？

（3）若试样的直径 $d=10\text{mm}$，今欲测弹性模量 E，则所加拉力最大不应超过多少？

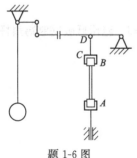

题 1-6 图　　　　　　　　　　题 1-8 图

1-7　一圆截面拉伸试样，已知其试验段的原始直径 $d=10\text{mm}$，标距 $l=50\text{mm}$，拉断后标距长度为 $l_1=63.2\text{mm}$，断口处的最小直径 $d_1=5.9\text{mm}$。试确定材料的延伸率和断面收缩率，并判断其属于塑性材料还是脆性材料。

1-8　如题 1-8 图所示三脚架为一钢木结构，AB 为木杆，横截面积 $A_{AB}=10\times10^3\text{mm}^2$，许用应力 $[\sigma]_{AB}=7\text{MPa}$，$BC$ 杆为钢杆，其横截面积 $A_{BC}=600\text{mm}^2$，许用应力 $[\sigma]_{BC}=160\text{MPa}$。试求节点 B 处可吊的最大许可载荷 F。

1-9　如题 1-9 图所示，油缸盖和缸体采用 6 个螺栓连接，已知油缸内径 $D=350\text{mm}$，油压 $p=1\text{MPa}$。若螺栓材料的许用应力 $[\sigma]=40\text{MPa}$，求螺栓的直径。

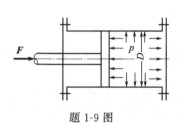

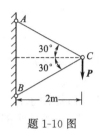

题 1-9 图　　　　　　　　　　题 1-10 图

1-10　三脚架由 AC 和 BC 二杆组成，如题 1-10 图所示。杆 AC 由两根 No.12b 的槽钢组成，许用应力为 $[\sigma]=160\text{MPa}$；杆 BC 为一根 No.22a 的工字钢，许用应力为 $[\sigma]=100\text{MPa}$。求该结构承受的许可载荷 $[P]$。

1-11　冷镦机的曲柄滑块机构如题 1-11 图所示。镦压工件时连杆接近水平位置，承受的镦压力 $P=1100\text{kN}$。连杆的截面为矩形，高与宽之比为 $h:b=1:1.5$。材料许用应力为 $[\sigma]=58\text{MPa}$，试确定截面尺寸 h 和 b。

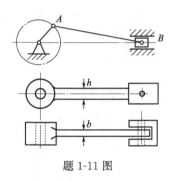

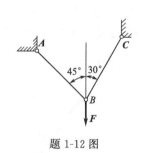

题 1-11 图　　　　　　　　　　题 1-12 图

1-12　如题 1-12 图所示，AB 和 BC 杆材料的许用应力分别为 $[\sigma_1]=100\text{MPa}$，$[\sigma_2]=160\text{MPa}$，两杆截面面积均为 $A=2\text{cm}^2$，试求许可载荷。

1-13　如题 1-13 图所示，某张紧器工作时承受的最大张力 $F=30\text{kN}$，套筒和拉杆材料相同，许用应力 $[\sigma]=160\text{MPa}$，试校核其强度。

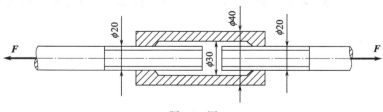

题 1-13 图

1-14　如题 1-14 图所示吊环，最大吊重 $F=500\text{kN}$，许用应力 $[\sigma]=120\text{MPa}$，夹角 $\alpha=20°$。

试确定斜杆的直径 d。

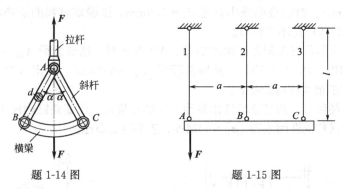

拉杆
斜杆
横梁

题 1-14 图　　　　　　　　题 1-15 图

1-15　如题 1-15 图所示结构中，假设 AC 梁为刚体，杆 1、2、3 的横截面面积相等，材料相同。试求三杆的轴力。

1-16　如题 1-16 图所示，木杆由两段黏结而成。已知杆的横截面面积 $A=1000\text{mm}^2$，黏结面的方位角 $\theta=45°$，杆所受的轴向拉力 $F=10\text{kN}$。试计算黏结面上的正应力和切应力，并作图表示出应力的方向。

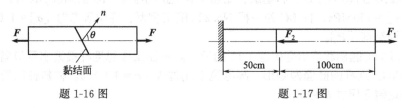

黏结面

题 1-16 图　　　　　　　　题 1-17 图

1-17　如题 1-17 图所示，等直杆的横截面积 $A=40\text{mm}^2$，弹性模量 $E=200\text{GPa}$，所受轴向载荷 $F_1=1\text{kN}$，$F_2=3\text{kN}$，试计算杆内的最大正应力与杆的轴向变形。

1-18　试定性画出如题 1-18 图示结构中节点 B 的位移图。

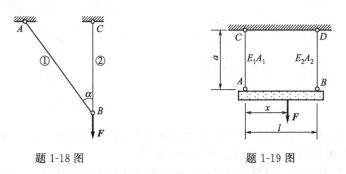

题 1-18 图　　　　　　　　题 1-19 图

1-19　如题 1-19 图所示，刚性横梁 AB 用两根弹性杆 AC 和 BD 悬挂在天花板上。已知 F、l、a、E_1A_1 和 E_2A_2。欲使刚性横梁 AB 保持在水平位置，试问力 F 的作用点位置 x 应为多少？

第2章

平面图形的几何性质

本章要求：掌握静矩、形心、惯性矩、极惯性矩、惯性积的概念；熟练掌握静矩、形心、惯性矩计算公式及简单图形静矩、惯性矩计算；掌握平行移轴公式，能正确计算组合图形惯性矩；会计算形心主惯性矩。

重点：平面图形静矩、惯性矩、惯性积的概念；简单图形静矩、惯性矩的计算；组合图形对形心轴惯性矩的计算。

难点：组合图形惯性矩的计算；形心主惯性矩的计算。

2.1 静矩和形心

材料力学中所讨论的各种构件，其横截面都是具有一定几何形状的平面图形。构件的承载能力与平面图形的一些几何性质有关。例如，在计算轴向拉（压）杆件的应力与变形时，用到杆件的横截面面积 A；计算扭转和弯曲问题时，用到横截面的极惯性矩 I_P 和惯性矩 I_z 等。这些量都是与截面形状和尺寸有关的几何性质，它们与载荷、材料无关，却直接影响杆件的承载能力。因此，掌握平面图形几何性质的计算方法，合理使用平面图形的几何性质，对设计构件的合理截面、改善杆件的承载能力是非常有意义的。

2.1.1 静矩和形心

静矩又称为面矩，是面积对轴的矩。匀质等厚薄板如图 2-1 所示，其截面积为 A，在坐标为 (y,z) 的任一点处，取微面积 $\mathrm{d}A$，则 $y\mathrm{d}A$ 和 $z\mathrm{d}A$ 分别称为微面积 $\mathrm{d}A$ 对 z 轴和 y 轴的静矩（面矩）。它们对整个平面图形面积的定积分为：

$$S_y = \int_A z\mathrm{d}A, \quad S_z = \int_A y\mathrm{d}A \qquad (2\text{-}1)$$

分别称为整个平面图形对 y 轴和 z 轴的静矩。

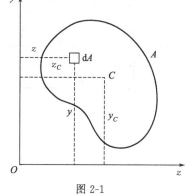

图 2-1

同一平面图形对不同的坐标轴，其静矩不同。静矩是代数量，可正可负，亦可为零。静矩的量纲为长度的三次方，常用单位是立方米或立方毫米。

在理论力学中，根据合力矩定理建立了物体重心坐标的计算公式。匀质等厚薄板的重心在图示坐标系中的坐标为

$$y_C = \frac{\int_A y\mathrm{d}A}{A}, \quad z_C = \frac{\int_A z\mathrm{d}A}{A} \qquad (2\text{-}2)$$

且与该板中面的形心 C 重合，因此，上述公式同样适用于计算截面形心的位置，即为平面

图形形心计算公式。

将式(2-1) 代入式(2-2)，平面图形的形心坐标公式可写为

$$y_C = \frac{S_z}{A}, \quad z_C = \frac{S_y}{A} \tag{2-3}$$

或

$$S_y = z_C A, \quad S_z = y_C A \tag{2-4}$$

如图 2-1 所示，如坐标轴通过平面图形的形心，则 y_C 和 z_C 为零。由式(2-4) 可知，此时静矩 S_y 和 S_z 也为零。也就是说，平面图形对通过形心的坐标轴的静矩等于零。反之，平面图形对某坐标轴的静矩为零，则坐标轴必通过平面图形的形心。

对于如图 2-2 所示平面图形，它们都有垂直对称轴 y 轴，y 轴左、右两边的图形面积对 y 轴的静矩数值相等且正负号相反，所以整个面积对 y 轴的静矩等于零。故形心必在此对称轴上。同理，如果图形有两个对称轴 y 轴和 z 轴，如图 2-2 中 (a)、(b)、(c)、(d) 所示，则形心必在此两对称轴的交点上。

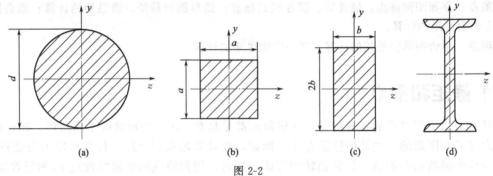

图 2-2

【例 2-1】 如图 2-3 所示，抛物线的方程为 $y = h\left(1 - \dfrac{z^2}{b^2}\right)$，试计算由抛物线、$z$ 轴和 y 轴所围成的平面图形对 z 轴和 y 轴的静矩 S_z 和 S_y，并确定图形的形心 C 的坐标。

解 取平行于 y 轴的狭长条为微面积 $\mathrm{d}A$，且 $\mathrm{d}A = y\,\mathrm{d}z$ 则

$$S_z = \int_A y\,\mathrm{d}A = \int_0^h y \cdot b\sqrt{1 - \frac{y}{h}}\,\mathrm{d}y = \frac{4}{15}bh^2$$

$$S_y = \int_A z\,\mathrm{d}A = \int_0^b hz\left(1 - \frac{z^2}{b^2}\right)\mathrm{d}z = \frac{1}{4}b^2 h$$

图形的面积为

$$A = \int_A \mathrm{d}A = \int_0^b h\left(1 - \frac{z^2}{b^2}\right)\mathrm{d}z = \frac{2}{3}bh$$

把求出的静矩 S_z、S_y 和面积 A 代入式(2-3)，得

$$y_C = \frac{S_z}{A} = \frac{\dfrac{4bh^2}{15}}{\dfrac{2bh}{3}} = \frac{2}{5}h$$

$$z_C = \frac{S_y}{A} = \frac{\dfrac{b^2 h}{4}}{\dfrac{2bh}{3}} = \frac{3}{8}b$$

图 2-3

2.1.2　组合图形的静矩和形心

在工程结构中，有些杆件的横截面形状比较复杂，但常常可看成是由若干简单截面或标准型材截面所组成，称为组合图形。由于简单图形的面积及其形心位置均为已知，而且，由图形静矩的定义可知，组合图形对某轴的静矩，等于各简单图形对同一轴静矩的代数和。因此，可按式(2-4)先算出每一简单图形的静矩，然后求其代数和，得到整个组合图形的静矩。即

$$S_y = \sum_{i=1}^{n} A_i z_{C_i}, \quad S_z = \sum_{i=1}^{n} A_i y_{C_i} \tag{2-5}$$

式中，y_{C_i} 和 z_{C_i} 为各简单图形的形心坐标；A_i 为各简单图形的面积；n 为组成组合图形的简单图形的个数。

将式(2-5)代入式(2-3)，得组合图形形心坐标计算公式，即

$$y_C = \frac{S_z}{A} = \frac{\sum_{i=1}^{n} A_i y_{C_i}}{\sum_{i=1}^{n} A_i}, \quad z_C = \frac{S_y}{A} = \frac{\sum_{i=1}^{n} A_i z_{C_i}}{\sum_{i=1}^{n} A_i} \tag{2-6}$$

工程中常用组合法求平面图形的形心。

（1）分割法　若一个截面由几个简单图形（如正方形、矩形、圆形等）组合而成，而这些简单图形的形心是已知的，那么整个截面的形心即可用式(2-6)求出。

【例 2-2】　试确定如图 2-4(a)所示平面图形形心 C 的位置。

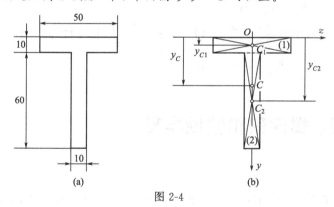

(a)　　　　　　　　　　　(b)

图 2-4

解　选参考坐标系 Oyz 如图 2-4(b)所示，由于 y 轴是平面图形的对称轴，故形心 C 一定在 y 轴上，可得

$$z_C = 0$$

将平面图形分割成 1、2 两个矩形，则有

矩形 1：面积　$A_1 = 50 \times 10 = 500 \text{mm}^2$

形心纵坐标　$y_{C1} = \frac{10}{2} = 5 \text{mm}$

矩形 2：面积　$A_{C2} = 60 \times 10 = 600 \text{mm}^2$

形心纵坐标　$y_{C2} = 10 + \frac{60}{2} = 40 \text{mm}$

由式(2-6)，得组合图形形心 C 的纵坐标为

$$y_C = \frac{A_1 y_{C1} + A_2 y_{C2}}{A_1 + A_2} = \frac{500 \times 5 + 600 \times 40}{500 + 600} = 24.1 \text{mm}$$

（2）负面积法 若在一平面图形内挖掉一部分，要求剩余部分面积（即阴影部分）的形心坐标，则这类平面图形的形心仍可应用分割法相同的公式来求得，只是挖掉部分的面积应取负值。以下例说明。

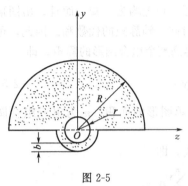

图 2-5

【例 2-3】 如图 2-5 所示，求阴影部分平面图形的形心坐标。已知 $R=100$mm，$r=17$mm，$b=13$mm。

解 将图形看成是由三部分组成，即半径为 R 的半圆 A_1，半径为 $r+b$ 的半圆 A_2 和半径为 r 的小圆 A_3。因 A_3 是切去的部分，所以面积应取负值。今使坐标原点与圆心重合，该图形有一条对称轴 y 轴，因此，形心必在 y 轴上，则 $z_C=0$

设 y_{C1}、y_{C2}、y_{C3} 分别是 A_1、A_2、A_3 的形心坐标，由表查得半圆形形心位置可知：

$$y_{C1}=\frac{4R}{3\pi}=\frac{400}{3\pi}\text{mm}$$

$$y_{C2}=\frac{-4(r+b)}{3\pi}=-\frac{40}{\pi}\text{mm}$$

$$y_{C3}=0$$

于是，该图形的形心的坐标为

$$y_C=\frac{A_1 y_{C1}+A_2 y_{C2}+A_3 y_{C3}}{A_1+A_2+A_3}$$

$$=\frac{\frac{\pi}{2}\times 100^2\times\frac{400}{3\pi}+\frac{\pi}{2}\times(17+13)^2\times\left(\frac{-40}{\pi}\right)-(17^2\pi)\times 0}{\frac{\pi}{2}\times 100^2+\frac{\pi}{2}(17+13)^2+(-17^2\pi)}=40.01\text{mm}$$

2.2 惯性矩、惯性积和惯性半径

2.2.1 惯性矩

任意平面图形如图 2-6 所示，取一微面积 dA，dA 与其坐标平方的乘积 $y^2 dA$、$z^2 dA$ 分别称为该微面积对 z 轴和 y 轴的惯性矩，其定积分：

$$I_y=\int_A z^2\,dA,\quad I_z=\int_A y^2\,dA \tag{2-7}$$

分别称为整个平面图形对 y 轴和 z 轴的惯性矩。而微面积 dA 与它到坐标原点距离 ρ 的平方的乘积对整个面积的定积分

$$I_P=\int_A \rho^2\,dA \tag{2-8}$$

称为平面图形对坐标原点的极惯性矩。

由惯性矩的定义可知，同一图形对不同坐标轴的惯性矩是不同的。惯性矩和极惯性矩恒为正值，它们的量纲为长度的四次方，常用单位是 m^4 或 mm^4。

由图 2-6 可见

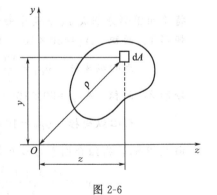

图 2-6

$$\rho^2 = z^2 + y^2$$

因此　　　　　$$I_P = \int_A \rho^2 \, \mathrm{d}A = \int_A (z^2 + y^2) \mathrm{d}A = I_z + I_y \qquad (2\text{-}9)$$

平面图形对位于图形平面内某点的任一对相互垂直坐标轴的惯性矩之和是一常量，恒等于它对该两轴交点的极惯性矩。

2.2.2　惯性半径

工程中，常将图形对某轴的惯性矩，表示为图形面积 A 与某一长度平方的乘积，即

$$I_y = i_y^2 A, \quad I_z = i_z^2 A \qquad (2\text{-}10)$$

式中，i_y，i_z 分别称为平面图形对 y 轴和 z 轴的惯性半径，常用单位是 m 或 mm。若已知图形面积 A 和惯性矩 I_y、I_z，则惯性半径为

$$i_y = \sqrt{\frac{I_y}{A}}, \quad i_z = \sqrt{\frac{I_z}{A}} \qquad (2\text{-}11)$$

惯性半径反映了图形面积对坐标轴的聚焦程度，惯性半径越大，表示图形的面积分布离坐标轴越远，惯性矩越大。

2.2.3　简单图形的惯性矩

常见的简单图形有矩形、圆形与圆环形等，现根据式(2-7)计算其惯性矩。

【例 2-4】　已知矩形截面如图 2-7 所示，宽度为 b，高度为 h，坐标轴 y 与 z 为截面形心轴，试计算矩形对形心轴的惯性矩 I_y 和 I_z。

解　(1) 取平行于 y 轴的微面积 $\mathrm{d}A = h\,\mathrm{d}z$

$$I_y = \int_A z^2 \, \mathrm{d}A = \int_{-\frac{b}{2}}^{\frac{b}{2}} h z^2 \, \mathrm{d}z = \frac{hb^3}{12}$$

(2) 取平行于 z 轴的微面积 $\mathrm{d}A = b\,\mathrm{d}y$

$$I_z = \int_A y^2 \, \mathrm{d}A = \int_{-\frac{h}{2}}^{\frac{h}{2}} b y^2 \, \mathrm{d}y = \frac{bh^3}{12}$$

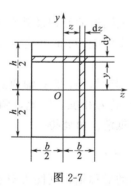

图 2-7

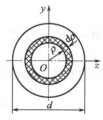

图 2-8

【例 2-5】　圆截面如图 2-8 所示，设圆的直径为 d，试计算其对形心轴的惯性矩 I_y 和 I_z。

解　在距离圆心 O 为 ρ 处取宽度为 $\mathrm{d}\rho$ 的圆环作为微面积，即

$$\mathrm{d}A = 2\pi\rho\,\mathrm{d}\rho$$

由式(2-8)得，圆对 O 点的极惯性矩为

$$I_P = \int_A \rho^2 \, \mathrm{d}A = \int_0^{\frac{d}{2}} 2\pi\rho^3 \, \mathrm{d}\rho = \frac{\pi d^4}{32}$$

由圆的对称性可知，$I_z = I_y$，由式（2-9）得圆截面对形心轴的惯性矩为

$$I_z = I_y = \frac{I_P}{2} = \frac{\pi d^4}{64}$$

【例 2-6】 圆环如图 2-9 所示，设其外径为 D，内径为 d，$\alpha = \dfrac{d}{D}$，试计算其对形心轴的惯性矩 I_y 和 I_z。

解 圆环截面的极惯性矩为

$$I_P = \int_A \rho^2 dA = \int_{\frac{d}{2}}^{\frac{D}{2}} 2\pi\rho^3 d\rho = \frac{\pi D^4 (1 - \alpha^4)}{32}$$

$$I_z = I_y = \frac{I_P}{2} = \frac{\pi D^4}{64}(1 - \alpha^4)$$

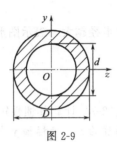

图 2-9

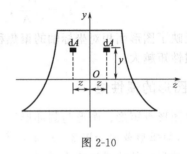

图 2-10

2.2.4 惯性积

在任一平面图形的坐标 (y, z) 处取微面积 dA，如图 2-10 所示，定义 $yz\,dA$ 为微面积 dA 对 y、z 轴的惯性积，则下述积分

$$I_{yz} = \int_A yz\,dA \tag{2-12}$$

称为整个平面图形对 y、z 轴的惯性积。

由上述定义可知，惯性积的大小同样取决于平面图形的面积及其在坐标系中的位置，由于坐标乘积 yz 可正可负，也可能为零，因此，惯性积 I_{yz} 可正可负，亦可为零。惯性积的量纲为长度的四次方。

若平面图形具有对称轴，如图 2-10 中的 y 轴。此时，若在 y 轴两侧对称位置各取一微面积 dA，则两者的 y 坐标相同，z 坐标数值相等但符号相反。因此，两个微面积与坐标 yz 的乘积数值相等，但符号相反，它们在积分中相互抵消。由此得出

$$I_{yz} = \int_A yz\,dA = 0$$

坐标系的两个坐标轴中只要有一个是平面图形的对称轴，则图形对这一坐标系的惯性积等于零。

2.3 平行移轴公式

2.3.1 平行移轴公式

简单图形比如矩形、圆形等，求对截面形心轴的惯性矩，可利用上节推导的公式求解。

但在工程实际中，常常遇到由几个简单图形组合而成的截面，比如工字形、T 字形等。计算这些图形的惯性矩除了可以根据定义用积分求解外，还有另一种简单的方法——组合法。

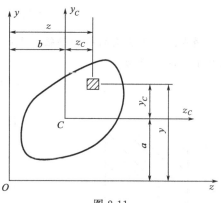

同一平面图形对于相互平行的两对直角坐标轴的惯性矩或惯性积并不相同。但如果其中一对轴是图形的形心轴时，形心轴与任一与其平行的轴之间存在一定的关系。现推导这种关系的表达式。

如图 2-11 所示，C 为图形的形心，y_C 和 z_C 是形心轴，则图形对形心轴 y_C 和 z_C 的惯性矩和惯性积分别是

图 2-11

$$I_{yc} = \int_A z_C^2 \, dA, \quad I_{zc} = \int_A y_C^2 \, dA, \quad I_{yczc} = \int_A y_C z_C \, dA$$

若 y 轴平行于 y_C 轴，且两者间距为 b，z 轴平行于 z_C 轴，且两者间距为 a，则图形对 y 轴和 z 轴的惯性矩和惯性积分别为

$$I_y = \int_A z^2 \, dA, \quad I_z = \int_A y^2 \, dA, \quad I_{yz} = \int_A yz \, dA \tag{2-13}$$

由图 2-11 可知

$$y = y_C + a, \quad z = z_C + b \tag{2-14}$$

将式(2-14) 代入式(2-13) 得

$$I_y = \int_A z^2 \, dA = \int_A (z_C + b)^2 \, dA = \int_A z_C^2 \, dA + 2b \int_A z_C \, dA + b^2 \int_A dA$$

上式中 $\int_A z_C \, dA$ 是图形对形心轴 y_C 的静矩，其值等于零，$\int_A dA = A$，则上式简化为

$$I_y = I_{yc} + b^2 A \tag{2-15}$$

同理可证

$$I_z = I_{zc} + a^2 A \tag{2-16}$$

$$I_{yz} = I_{yczc} + abA \tag{2-17}$$

平面图形对任一坐标轴的惯性矩，等于对其平行的形心轴的惯性矩加上图形面积与两轴间距平方之乘积，平面图形对坐标轴的惯性积，等于对其平行的形心轴的惯性积加上图形面积与两对坐标轴间距之乘积。

上述公式称为惯性矩和惯性积的平行移轴公式，它们是计算惯性矩和惯性积时最常用的计算公式，利用它们可使复杂图形的惯性矩或惯性积计算得到简化。

【例 2-7】　已知三角形对底边（z_1 轴）的惯性矩为 $\dfrac{bh^3}{12}$，如图 2-12 所示，求过其顶点并与底边平行的 z_2 轴的惯性矩。

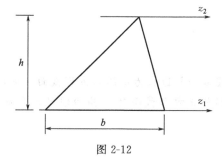

图 2-12

解　由于 z_1 轴、z_2 轴都不是形心轴，所以不能直接用平行移轴公式，需利用形心轴过渡。

$$I_{zc} = I_{z_1} - a_1^2 A = \frac{bh^3}{12} - \left(\frac{h}{3}\right)^2 \frac{bh}{2} = \frac{bh^3}{36}$$

$$I_{z_2} = I_{zc} + a_2^2 A = \frac{bh^3}{36} + \left(\frac{2h}{3}\right)^2 \frac{bh}{2} = \frac{bh^3}{4}$$

提示：本题一个习惯性的错误做法就是

$$I_{z_2}=I_{z_1}+a_1^2A=\frac{bh^3}{12}+h^2\frac{bh}{2}=\frac{7bh^3}{12}$$

错在忘记了这里的平行移轴公式的实质内容，是将惯性矩从形心轴处往另外一个与形心轴相平行的轴移动。

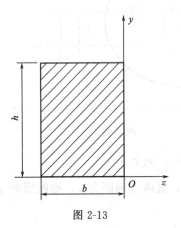

图 2-13

【例 2-8】 求图 2-13 所示矩形截面对 y 轴、z 轴的惯性矩 I_y、I_z 以及惯性积 I_{yz}。

解 矩形截面对 y 轴的惯性矩

$$I_y=\frac{hb^3}{12}+bh\left(\frac{b}{2}\right)^2=\frac{hb^3}{3}$$

矩形截面对 z 轴的惯性矩

$$I_z=\frac{bh^3}{12}+bh\left(\frac{h}{2}\right)^2=\frac{bh^3}{3}$$

矩形截面对 y 轴、z 轴的惯性积 I_{yz}

$$I_{yz}=0+\left(-\frac{b}{2}\right)\times\frac{h}{2}\times bh=-\frac{b^2h^2}{4}$$

2.3.2 组合图形的惯性矩

在工程中常遇到组合截面。根据惯性矩和惯性积的定义可知，组合图形对某轴的惯性矩（或惯性积）等于组成它的各简单图形对同一轴惯性矩（或惯性积）之和。简单图形对本身形心轴的惯性矩可通过积分或查表求得，再利用平行移轴公式便可求得它对组合图形形心轴的惯性矩。这样就可较方便地计算组合图形的惯性矩。若截面是由 n 个简单图形组成，则该组合截面对于 y，z 两轴的惯性矩和惯性积可由下述公式计算。

$$I_y=\sum_{i=1}^n I_{yi} \quad I_z=\sum_{i=1}^n I_{zi} \quad I_{yz}=\sum_{i=1}^n I_{y_iz_i} \tag{2-18}$$

不规则截面对坐标轴的惯性矩或惯性积，可将截面分割成若干等高度的窄长条，然后应用式（2-18），计算其近似值。

【例 2-9】 计算图 2-14(a) 所示空心截面对形心轴 z 轴的惯性矩。

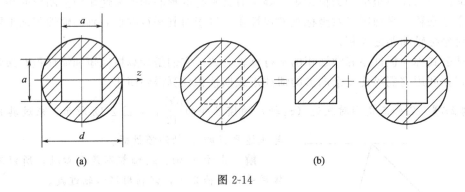

(a)　　　　　　　　　(b)

图 2-14

解 如图 2-14 所示，该空心截面是由直径为 d 的圆截面与边长为 a 的正方形截面（负）组合而成。设上述空心截面对 z 轴的惯性矩为 I_z，圆形与正方形截面对 z 轴的惯性矩分别为 $I_z^{(d)}$ 和 $I_z^{(a)}$，则

$$I_z=I_z^{(d)}-I_z^{(a)}$$

其中，$I_z^{(d)}=\dfrac{\pi d^4}{64}$，$I_z^{(a)}=\dfrac{a^4}{12}$，于是得

$$I_z=\frac{\pi d^4}{64}-\frac{a^4}{12}$$

【例 2-10】　如图 2-15 所示半圆形截面，直径为 d，形心 C 到截面底边的距离为 $y_C=\dfrac{2d}{3\pi}$，坐标轴 z_O 为平行于底边的形心轴，试计算截面对该形心轴 z_O 的惯性矩。

解　沿截面底边建立坐标轴 z，由圆截面对形心轴的惯性矩

$$I_z=\frac{\pi d^4}{64}$$

得半圆截面对 z 轴的惯性矩为

$$I_z=\frac{1}{2}\times\frac{\pi d^4}{64}=\frac{\pi d^4}{128}$$

由平行移轴公式可知

$$I_z=I_{z_O}+Ay_C^2$$

因此，半圆截面对形心轴 z_O 的惯性矩为

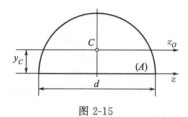

图 2-15

$$I_{z_O}=I_z-Ay_C^2=\frac{\pi d^4}{128}-\frac{\pi d^2}{8}\left(\frac{2d}{3\pi}\right)^2=6.86\times10^{-3}d^4$$

【例 2-11】　试求图 2-16(a) 所示截面对于对称轴 z 的惯性矩 I_z。

解　将截面看作由一个矩形和两个半圆形组成。设矩形对于 z 轴的惯性矩为 I_{z_1}，每一个半圆形对于 z 轴的惯性矩为 I_{z_2}，则由式(2-18) 可知，所给截面的惯性矩

$$I_z=I_{z_1}+2I_{z_2}$$

矩形对于 z 轴的惯性矩为

$$I_{z_1}=\frac{d(2a)^3}{12}=\frac{80\times200^3}{12}=5333\times10^4\,\text{mm}^4$$

半圆形对于 z 轴的惯性矩可利用平行移轴公式求得。为此，先求出每个半圆形对于与 z 轴平行的形心轴 z_C［图 2-16(b)］的惯性矩 I_{z_C}。由例 2-10 的结果可知

$$I_{z_C}=I_{z'}-\left(\frac{2d}{3\pi}\right)^2A=\frac{\pi d^4}{128}-\left(\frac{2d}{3\pi}\right)^2\frac{\pi d^2}{8}$$

由图 2-16(a) 可知，半圆形形心到 z 轴的距离为 $a+\dfrac{2d}{3\pi}$。由平行移轴公式，求得每个半圆形对于 z 轴的惯性矩为

$$I_{z_2}=I_{z_C}+\left(a+\frac{2d}{3\pi}\right)^2A=\frac{\pi d^4}{128}-\left(\frac{2d}{3\pi}\right)^2\frac{\pi d^2}{8}+\left(a+\frac{2d}{3\pi}\right)^2\frac{\pi d^2}{8}$$

$$=\frac{\pi d^2}{4}\left(\frac{d^2}{32}+\frac{a^2}{2}+\frac{2ad}{3\pi}\right)$$

将 $d=80\text{mm}$，$a=100\text{mm}$［图 2-16(a)］代入上式，即得

$$I_{z_2}=\frac{\pi\times80^2}{4}\left(\frac{80^2}{32}+\frac{100^2}{2}+\frac{2\times100\times80}{3\pi}\right)=3467\times10^4\,\text{mm}^4$$

将求得的 I_{z_1}、I_{z_2} 代入式 $I_z=I_{z_1}+2I_{z_2}$，得

$$I_z=5333\times10^4+2\times3467\times10^4=12267\times10^4\,\text{mm}^4$$

工程中广泛采用各种型钢，或用型钢组成的构件。型钢的几何性质可从有关手册中查得，本书附录 B 中列有我国标准的等边角钢、工字钢和槽钢等截面的几何性质。由型钢组

合的构件，也可用上述方法计算其截面的惯性矩。由下例说明。

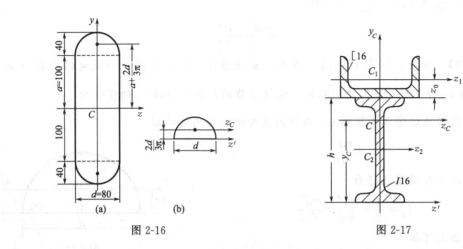

图 2-16   图 2-17

【例 2-12】 求图 2-17 所示组合图形对形心轴的惯性矩。

解 (1) 计算形心 C 的位置。取轴 z' 为参考轴，轴 y_C 为该截面的对称轴，$z_C=0$，只需计算 y_C 即可。由附录 B 型钢表中查得，16 号槽钢

$$A_1=25.16\text{cm}^2, \quad I_{z_1}=83.4\text{cm}^4$$

$$I_{y_1}=935\text{cm}^4, \quad z_0=1.75\text{cm}, \quad C_1 为其形心$$

16 号工字钢

$$A_2=26.13\text{cm}^2, \quad I_{z_2}=1130\text{cm}^4$$

$$I_{y_2}=93.1\text{cm}^4, \quad h=16\text{cm}, \quad C_2 为其形心$$

$$y_C=\frac{\left(25.16\times10^2\times(160+17.5)+26.13\times10^2\times\frac{160}{2}\right)}{(25.16\times10^2+26.13\times10^2)}=127.9\text{mm}$$

(2) 计算整个图形对形心轴的惯性矩 I_{z_C}、I_{y_C}。可由平行移轴公式求得

$$I_{z_C}=I_{z_1}+(z_0+h-y_C)^2A_1+I_{z_2}+\left(y_C-\frac{h}{2}\right)^2A_2$$

$$=83.4\times10^4+(17.5+160-127.9)^2\times25.16\times10^2+1130\times10^4+\left(127.9-\frac{160}{2}\right)^2\times26.13\times10^2$$

$$=243\times10^5\text{mm}^4$$

$$I_{y_C}=I_{y_1}+I_{y_2}=(935\times10^4+93.1\times10^4)=103\times10^5\text{mm}$$

在图形平面内，通过形心可以作无数根形心轴，图形对各轴惯性矩的数值各不相同。可以证明：平面图形对各通过形心轴的惯性矩中，必然有一极大值与极小值；具有极大值惯性矩的形心轴与具有极小值惯性矩的形心轴互相垂直。当互相垂直的两根形心轴有一根是图形的对称轴时，则图形对该对称形心轴的惯性矩为极小值，另一为极大值。如上例中对轴 z_C 的惯性矩为极大值，对轴 y_C 的惯性矩为极小值。

2.4 转轴公式主惯性轴和主惯性矩

2.4.1 转轴公式

任意平面图形，如图 2-18 所示，对 y 轴和 z 轴的惯性矩和惯性积为

$$I_y = \int_A z^2 \, \mathrm{d}A, \quad I_z = \int_A y^2 \, \mathrm{d}A, \quad I_{yz} = \int_A yz \, \mathrm{d}A$$

若将坐标轴绕 O 点旋转 α 角，且以逆时针转向为正，旋转后得新的坐标轴 y_1、z_1，而图形对 y_1、z_1 轴的惯性矩和惯性积分别为

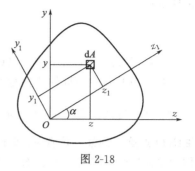

图 2-18

$$I_{y_1} = \int_A z_1{}^2 \, \mathrm{d}A, \quad I_{z_1} = \int_A y_1{}^2 \, \mathrm{d}A, \quad I_{y_1 z_1} = \int_A y_1 z_1 \, \mathrm{d}A$$

$$(2\text{-}19)$$

由图 2-18 可知，微面积 $\mathrm{d}A$ 在新旧两个坐标系中的坐标之间的关系为

$$y_1 = y \cos\alpha - z \sin\alpha$$
$$z_1 = z \cos\alpha + y \sin\alpha$$

将 y_1 表达式代入式（2-19）中第二式，得

$$\begin{aligned}
I_{z_1} &= \int_A y_1{}^2 \, \mathrm{d}A = \int_A (y \cos\alpha - z \sin\alpha)^2 \, \mathrm{d}A \\
&= \cos^2\alpha \int_A y^2 \, \mathrm{d}A + \sin^2\alpha \int_A z^2 \, \mathrm{d}A - 2\sin\alpha\cos\alpha \int_A yz \, \mathrm{d}A \\
&= I_z \cos^2\alpha + I_y \sin^2\alpha - I_{yz} \sin 2\alpha
\end{aligned}$$

以 $\cos^2\alpha = \dfrac{1+\cos 2\alpha}{2}$ 和 $\sin^2\alpha = \dfrac{1-\cos 2\alpha}{2}$ 代入上式得

$$I_{z_1} = \frac{I_y + I_z}{2} + \frac{I_z - I_y}{2}\cos 2\alpha - I_{yz}\sin 2\alpha \qquad (2\text{-}20)$$

同理可得

$$I_{y_1} = \frac{I_y + I_z}{2} - \frac{I_z - I_y}{2}\cos 2\alpha + I_{yz}\sin 2\alpha \qquad (2\text{-}21)$$

$$I_{y_1 z_1} = \frac{I_z - I_y}{2}\sin 2\alpha + I_{yz}\cos 2\alpha \qquad (2\text{-}22)$$

I_{y_1}、I_{z_1}、$I_{y_1 z_1}$ 随 α 角的改变而变化，它们都是 α 的函数。式（2-20）、式（2-21）、式（2-22）三个公式即为惯性矩和惯性积的转轴公式。

将式（2-20）与式（2-21）相加，得

$$I_{y_1} + I_{z_1} = I_y + I_z = 常数 = I_\mathrm{P}$$

该式表明，平面图形对于过同一点的任意一对正交坐标轴的惯性矩之和为一常数，同时也等于平面图形对该点的极惯性矩 I_P。

2.4.2　主轴和主惯性矩

将式（2-20）对 α 求导数，得

$$\frac{\mathrm{d}I_{z_1}}{\mathrm{d}\alpha} = -2\left(\frac{I_z - I_y}{2}\sin 2\alpha + I_{yz}\cos 2\alpha\right) \qquad (2\text{-}23)$$

若 $\alpha = \alpha_0$ 时，导数 $\dfrac{\mathrm{d}I_{z_1}}{\mathrm{d}\alpha} = 0$，则对 α_0 所确定的坐标轴、图形的惯性矩取得极值。将 α_0 代入式（2-23），并令其等于零，则得

$$\frac{I_z - I_y}{2}\sin 2\alpha_0 + I_{yz}\cos 2\alpha_0 = 0 \qquad (2\text{-}24)$$

由此求得

$$\tan 2\alpha_0 = -\frac{2I_{yz}}{I_z - I_y} \tag{2-25}$$

由式(2-25)可以求出相差 90°的两个角度 α_0，从而确定了一对坐标轴 y_0 和 z_0。图形对这一对轴中的其中一轴的惯性矩为最大值 I_{max}，而对另一轴的惯性矩则为最小值 I_{min}。比较式(2-24)和式(2-25)，可见使导数 $\frac{dI_{z_1}}{d\alpha} = 0$ 的角度 α_0 恰好使惯性积等于零。因此，当坐标轴绕 O 点旋转到某一位置 y_0 和 z_0 时，图形对这一对坐标轴的惯性积等于零，这一对坐标轴称为主惯性轴，简称主轴。对主惯性轴的惯性矩称为主惯性矩。对通过 O 点的所有轴来说，对主轴的两个主惯性矩，一个是最大值，而另一个是最小值。

通过图形形心 C 的主惯性轴称为形心主惯性轴，简称形心主轴。图形对该轴的惯性矩就称为形心主惯性矩。如果平面图形是杆件的横截面，则截面的形心主惯性轴与杆件轴线所确定的平面，称为形心主惯性平面。而杆件横截面的形心主惯性轴、形心主惯性矩和杆件的形心主惯性平面，在杆件的弯曲理论中有重要意义。截面对于对称轴的惯性积等于零，截面形心又必然在对称轴上，所以截面的对称轴就是形心主惯性轴，它与杆件轴线所确定的纵向对称面就是形心主惯性平面。

由式(2-25)可求得

$$\cos 2\alpha_0 = \frac{1}{\sqrt{1 + \tan^2 2\alpha_0}} = \frac{I_z - I_y}{\sqrt{(I_z - I_y)^2 + 4_{yz}^2}}$$

$$\sin 2\alpha_0 = \tan 2\alpha_0 \cos 2\alpha_0 = \frac{-2I_{yz}}{\sqrt{(I_z - I_y)^2 + 4I_{yz}^2}}$$

将以上两式代入式(2-20)和式(2-21)，经简化后得出主惯性矩的计算公式

$$I_{y_0} = \frac{I_y + I_z}{2} + \frac{1}{2}\sqrt{(I_z - I_y)^2 + 4I_{yz}^2}$$

$$I_{z_0} = \frac{I_y + I_z}{2} - \frac{1}{2}\sqrt{(I_z - I_y)^2 + 4I_{yz}^2} \tag{2-26}$$

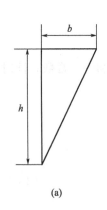

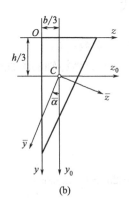

图 2-19

【例 2-13】 如图 2-19(a) 所示直角三角形截面，底为 b，高为 h，且 $h = 2b$。试确定截面的主形心轴与主形心惯性矩。

解 (1) 计算 I_{y_0}、I_{z_0}、$I_{y_0 z_0}$ 形心 C 的位置及参考坐标系 Oyz 与 Cy_0z_0 如图 2-19 所示。截面对坐标轴 y_0 和 z_0 的惯性矩分别为

$$I_{y_0} = \frac{hb^3}{36} = \frac{b^4}{18}$$

$$I_{z_0} = \frac{bh^3}{36} = \frac{2b^4}{9}$$

由惯性积平行移轴公式可知，截面对坐标轴 y_0 和 z_0 的惯性积为

$$I_{y_0 z_0} = I_{yz} - y_C z_C A = \frac{b^2 h^2}{24} - \frac{h}{3} \times \frac{b}{3} \times \frac{bh}{2} = -\frac{b^4}{18}$$

(2) 确定主形心轴 $\overline{y}$、$\overline{z}$ 的方位 由式(2-25)可知

$$\tan 2\alpha = \frac{2\left(-\dfrac{b^4}{18}\right)}{\dfrac{2b^4}{9} - \dfrac{b^4}{18}} = -\frac{2}{3}$$

由此得主形心轴 $\overline{y}$ 的方位角为

$$\alpha = -16°51'$$

（3）计算主形心惯性矩　由式(2-20)、式(2-21) 得

$$I_{\overline{y}} = \frac{1}{2}\left(\frac{b^4}{18} + \frac{2b^4}{9}\right) + \frac{1}{2}\left(\frac{b^4}{18} - \frac{2b^4}{9}\right)\cos(-33°41') - \left(-\frac{b^4}{18}\right)\sin(-33°41')$$

$$I_{\overline{z}} = \frac{1}{2}\left(\frac{b^4}{18} + \frac{2b^4}{9}\right) - \frac{1}{2}\left(\frac{b^4}{18} - \frac{2b^4}{9}\right)\cos(-33°41') + \left(-\frac{b^4}{18}\right)\sin(-33°41')$$

由此得截面的主形心惯性矩为

$$I_{\overline{y}} = 0.0387b^4$$

$$I_{\overline{z}} = 0.239b^4$$

学习方法和要点提示

1. 研究意义　构件截面的几何性质（截面的形状尺寸、形心位置等）与强度、刚度和稳定性密切相关，在工程中常用改变构件截面几何性质的方法，提高构件的强度、刚度、稳定性，来满足构件的安全条件。

2. 基本概念　形心、静矩、惯性矩、极惯性矩、惯性积、惯性半径、主惯性轴、主惯性矩、形心主轴、形心主惯性矩。

（1）形心　对于均质等厚薄板（平面图形），重心或形心的坐标表达式为

$$y_c = \frac{\displaystyle\int_A y\,\mathrm{d}A}{A}, \quad z_c = \frac{\displaystyle\int_A z\,\mathrm{d}A}{A}$$

组合截面形心坐标公式　$y_c = \dfrac{S_z}{A} = \dfrac{\displaystyle\sum_{i=1}^{n} y_{c_i}A_i}{\displaystyle\sum_{i=1}^{n} A_i}, \qquad z_c = \dfrac{S_y}{A} = \dfrac{\displaystyle\sum_{i=1}^{n} z_{c_i}A_i}{\displaystyle\sum_{i=1}^{n} A_i}$

（2）静矩　平面图形对 y 轴和 z 轴的静矩

$$S_y = \int_A z\,\mathrm{d}A, \quad S_z = \int_A y\,\mathrm{d}A$$

平面图形的形心坐标也可以表示成静矩的形式

$$y_c = \frac{S_z}{A}, \quad z_c = \frac{S_y}{A} \quad 或 \quad S_y = z_c A, \; S_z = y_c A$$

若图形对某轴的静矩为零，则该轴一定过图形的形心；某轴过图形的形心，则图形对该轴的静矩为零。

（3）惯性矩　平面图形对 y 轴和 z 轴的惯性矩为

$$I_y = \int_A z^2\,\mathrm{d}A, \quad I_z = \int_A y^2\,\mathrm{d}A$$

（4）极惯性矩　平面图形对坐标原点 O 的极惯性矩为

$$I_P = \int_A \rho^2\,\mathrm{d}A = \int_A (z^2 + y^2)\,\mathrm{d}A = I_y + I_z$$

（5）惯性半径

$$i_y = \sqrt{\frac{I_y}{A}}, \ i_z = \sqrt{\frac{I_z}{A}}$$

（6）惯性积

$$I_{yz} = \int_A yz \, \mathrm{d}A$$

① 若图形有一条对称轴，则图形对包含此对称轴的一对正交坐标轴的惯性积为零。

② 惯性矩、惯性积和极惯性矩均为面积的二次矩。

③ 惯性矩、极惯性矩恒为正值，惯性积可正可负，亦可为零，其量纲是长度的四次方。

④ 组合图形对某轴的惯性矩（或惯性积）等于组成它的各简单图形对同一轴惯性矩（或惯性积）之和。即

$$I_y = \sum_{i=1}^{n} I_{yi} \qquad I_z = \sum_{i=1}^{n} I_{zi} \qquad I_{yz} = \sum_{i=1}^{n} I_{yizi}$$

⑤ 组合图形对某点的极惯性矩等于各个简单图形对同一点的极惯性矩之和。即

$$I_P = \sum_{i=1}^{n} I_{P_i}$$

（7）主惯性轴　平面图形对某对坐标轴惯性积为零，这对坐标轴称为该图形的主轴。

主轴方位角为 $$\tan 2\alpha_0 = -\frac{2I_{yz}}{I_y - I_z}$$

（8）主惯性矩　平面图形对主轴的惯性矩为主惯性矩。

$$I_{y_0} = \frac{I_y + I_z}{2} + \frac{1}{2}\sqrt{(I_z - I_y)^2 + 4I_{yz}^2}, \quad I_{z_0} = \frac{I_y + I_z}{2} - \frac{1}{2}\sqrt{(I_z - I_y)^2 + 4I_{yz}^2}$$

（9）形心主轴、形心主惯性矩　当一对主惯性轴的交点与平面图形的形心重合时，则称这一对主惯性轴为形心主惯性轴，简称形心主轴。平面图形对这一对轴的惯性矩称为形心主惯性矩。

上述平面图形的几何性质都是对确定的坐标系而言的。静矩和惯性矩都是对一个坐标轴而言的。而惯性积则是对过一点的一对互相垂直的坐标轴而言的。极惯性矩则是对某一坐标原点而言的。

3. 知识要点

平行移轴公式：同一平面图形对于平行的两对坐标轴的惯性矩和惯性积并不相同。

平行移轴公式

$$I_y = I_{yC} + b^2 A$$
$$I_z = I_{zC} + a^2 A$$
$$I_{yz} = I_{yCzC} + abA$$

使用条件：两互移轴必须平行，且两轴中必须有一轴为形心轴。

因为面积恒为正，而 a^2 和 b^2 恒为正，故自形心轴移至与之平行的其他任意轴时，其惯性矩总是增加的，而自任意轴移至与之平行的形心轴时，其惯性矩总是减少的。

因为 a 和 b 为原坐标原点在新坐标系中的坐标，故二者同号时 abA 项为正，二者异号时为负。所以，移轴后的惯性积有可能增加，也有可能减少。

4. 习题分类及解题要点

（1）简单图形对某轴面矩、惯性矩及惯性积的计算，掌握面矩、惯性矩及惯性积定义的应用，巧妙选取微面积 $\mathrm{d}A$。

（2）组合图形形心坐标的确定，正确划分子图，注意子图是负面积的情况。

（3）组合图形对某轴惯性矩的计算，计算过程比较复杂，关键是理清解题思路，正确运用

平行移轴定理。

（4）确定主形心轴方位，求主形心惯性矩。

思　考　题

1. 何谓静矩，其量纲是什么？截面对什么轴的静矩为零？

2. 何谓惯性矩？它与哪些因素有关？

3. 什么是惯性积？在什么情况下，截面的惯性积为零？

4. 如何确定截面形心的位置？

5. 何谓极惯性矩？它与惯性矩之间有何关系？

6. 何谓主轴？何谓形心主轴？

7. 如何计算对称组合图形主惯性矩？

8. 惯性矩、惯性积的平行移轴公式是如何建立的？

9. 如何计算组合截面的惯性矩？

10. 图 2-20 各平面图形中 C 是形心。试问哪些图形对坐标轴的惯性积等于零？哪些不等于零？

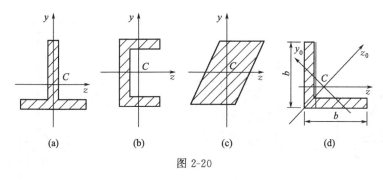

(a)　　　　(b)　　　　(c)　　　　(d)

图 2-20

11. 半圆对直径的惯性矩为 $\dfrac{1}{2} \times \dfrac{\pi D^4}{64}$，对与直径平行且相距为 a 的轴 z，根据平行移轴公式有 $I_z = \dfrac{1}{2} \times \dfrac{\pi D^4}{64} + \dfrac{1}{2} \times \dfrac{\pi d^2}{4} a^2$，这样计算对不对？为什么？

习　题

2-1　试计算如题 2-1 图所示各图形对形心轴的惯性矩 I_x 和 I_y。

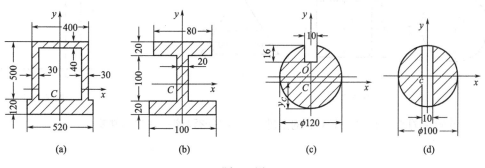

(a)　　　　　(b)　　　　　(c)　　　　　(d)

题 2-1 图

2-2　试求如题 2-2 图所示各截面的阴影部分面积对 x 轴的静矩。

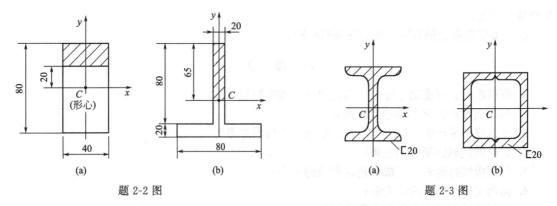

题 2-2 图   题 2-3 图

2-3 如题 2-3 图所示的两个 20 号槽钢组合而成的两种截面，试比较它们对形心轴的惯性矩 I_x 和 I_y 的大小，并说明原因。

2-4 试用积分法求如题 2-4 图所示各图形的 I_y。

2-5 试确定如题 2-5 图所示通过坐标原点 O 的主惯性轴的位置，并计算主惯性矩 I_{x_0} 和 I_{y_0}。

2-6 试计算如题 2-5 图所示形心主惯性矩，并确定形心主惯性轴的位置。

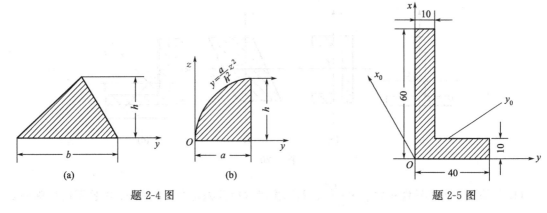

题 2-4 图   题 2-5 图

2-7 试证明题 2-7 图中图形的形心轴均为主形心轴，且图形对这些形心轴的惯性矩均相同。

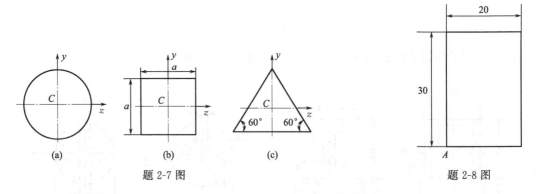

题 2-7 图   题 2-8 图

2-8 试确定如题 2-8 图所示 A 点的主轴方位与图形对该主轴的惯性矩。

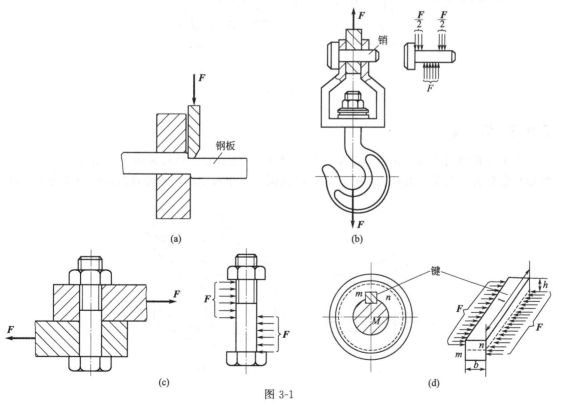

第3章

剪 切

本章要求：本章主要介绍了连接构件剪切与挤压的受力特点和变形特点；要求掌握切应力及挤压应力的实用计算；熟练运用构件剪切与挤压的强度条件进行强度计算。

重点：剪切与挤压的实用计算。

难点：剪切面积与挤压面积的确定。

3.1 剪切变形的概念

在工程中，起连接作用的部件统称为连接件，如连接构件的螺栓、铆钉、键、销钉、木榫等，将构件连接起来，以实现力和运动的传递。当结构工作时，连接件将发生剪切变形，若外力过大，连接件会沿剪切面被剪断，使连接破坏。

3.1.1 工程实际中的剪切问题

工程实际中用剪切机剪断钢坯或钢板如图 3-1(a) 所示，吊钩上的销钉连接如图 3-1(b)

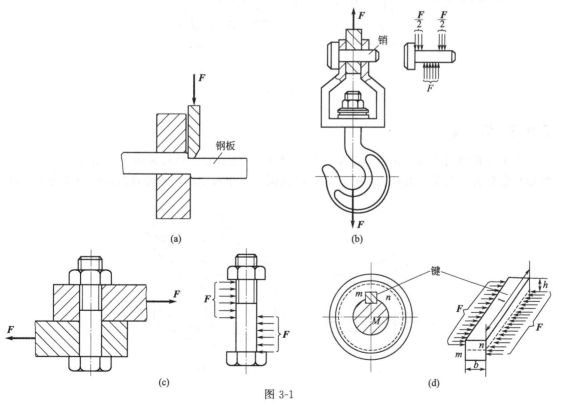

(a)　　　　　(b)

(c)　　　　图 3-1　　　　(d)

所示，常用的螺栓连接如图 3-1（c）所示，铆钉连接以及齿轮传动中常用的键连接如图 3-1（d）所示等。当结构工作时，此类连接件主要发生剪切变形，并伴随着挤压变形。

3.1.2 剪切的概念

工程中此类构件的受力和变形情况可概括为如图 3-2 所示的简图。其受力特点是：作用于构件两侧的横向外力的合力大小相等、方向相反、作用线相距很近。在这种外力的作用下，构件的变形特点是：位于两力作用线间的横截面发生相对错动，这种变形形式称为剪切变形。发生相对错动的截面称为剪切面。构件中只有一个剪切面的剪切称为单剪，构件中有两个剪切面的剪切称为双剪。

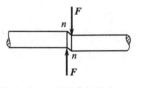

图 3-2

剪切构件在发生剪切变形的同时常伴随其他形式的变形。如图 3-1（c）所示，螺栓上的两个外力 F 并不沿同一条直线作用，它们将形成一个力偶，要保持螺栓的平衡，必然还有其他的外力作用，如图 3-3（a）所示。如此便出现了拉伸、弯曲等其他变形形式，如图 3-3（b）所示。但是，这些附加的变形一般都不是影响构件剪切强度的主要因素，可以不予考虑。

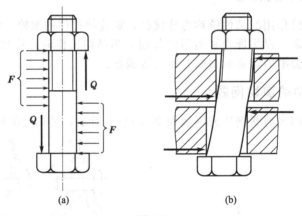

(a)　　　　　　　　　(b)

图 3-3

3.1.3 切应变

为了分析剪切变形，在受剪部位中的点 A 取一微小的直角六面体，如图 3-4（a）所示。然后将它放大，当发生剪切变形时，左右两截面发生相对错动，致使直角六面体变为平行六

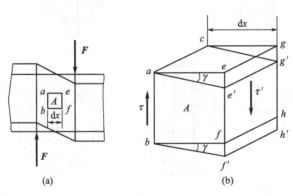

(a)　　　　　　　　　(b)

图 3-4

面体，如图 3-4(b) 所示，图中线段 ee'（或 ff'）为平行于外力的面 $efhg$ 相对 $abcd$ 面的滑移量，称为绝对剪切变形，而相对剪切变形为

$$\frac{ee'}{\mathrm{d}x} = \tan\gamma \approx \gamma$$

　　式中，γ 为矩形直角的微小改变量，称为切应变或角应变，单位用弧度（rad）表示。切应变 γ 和线应变 ε 是度量构件变形的两个基本量。

3.2 剪切的实用计算

　　连接件的本身尺寸较小，属于短粗件，而连接件的受力与变形一般均比较复杂，而且在很大程度上还受到加工工艺的影响，要精确分析其应力比较困难，同时也不实用。因此，在工程设计中为简化计算，通常按照连接的破坏可能性，采用简化分析方法或称为实用计算法。下面介绍剪切的实用计算。

　　设两块钢板用螺栓连接，如图 3-5(a) 所示，当两钢板受拉时，螺栓的受力情况如图 3-5(b) 所示。如果作用在螺栓上的力 $\boldsymbol{F}$ 过大，螺栓可能沿着两力间的截面 m—m 被剪断，这个截面称为剪切面。

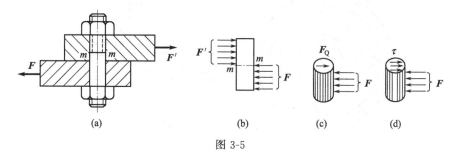

图 3-5

　　现用截面法来研究螺栓剪切面上的内力。用假想的截面将螺栓沿剪切面 m—m 截开，取下半部分为研究对象。为了保持平衡，在剪切面上必然存在一个与外力 $\boldsymbol{F}$ 大小相等、方向相反的内力，这个内力称为剪力，用 $\boldsymbol{F}_{\mathrm{Q}}$ 表示，如图 3-5(c) 所示。

　　在剪切面上，切应力的实际分布情况比较复杂。由于工程中通常采用实用计算法，故假设剪切面上切应力均匀分布，如图 3-5(d) 所示，则剪切面上任一点的切应力为

$$\tau = \frac{F_{\mathrm{Q}}}{A} \tag{3-1}$$

　　式中，A 为剪切面的面积；$\boldsymbol{F}_{\mathrm{Q}}$ 为剪切面上的剪力，该切应力通常称为名义切应力。

　　通过直剪试验，并按名义切应力公式(3-1)，得到剪切破坏时材料的极限切应力 τ_{u}，再除以安全系数，即得材料的许用切应力 $[\tau]$。为了保证剪切构件在工作时安全可靠，要求其工作时的切应力不得超过许用切应力 $[\tau]$，即剪切强度条件为

$$\tau = \frac{F_{\mathrm{Q}}}{A} \leqslant [\tau] \tag{3-2}$$

　　根据试验，工程中常用材料的许用切应力 $[\tau]$ 与许用拉应力 $[\sigma]$ 之间存在以下的近似关系：

对塑性材料　　　　　　　　　$[\tau] = (0.6 \sim 0.8)[\sigma]$

对脆性材料　　　　　　　　　$[\tau] = (0.8 \sim 1.0)[\sigma]$

　　虽然按名义切应力公式(3-1) 求得的切应力值，并不反映剪切面上切应力的精确理论

值，它只是剪切面上的平均切应力，但对于用低碳钢等塑性材料制成的连接件，当变形较大而临近破坏时，剪切面上的切应力将逐渐趋于均匀。而且，满足剪切强度条件式(3-2)时，显然不至于发生剪切破坏，从而满足工程实用的要求。对于大多数的连接件来说，剪切变形及剪切强度是主要的。

与杆件的拉（压）强度条件一样，利用剪切强度条件也可以解决三类问题，即强度校核、设计截面、确定许可载荷。

工程实际中也会经常利用剪切破坏，例如车床传动轴上的保险销，当超载时，保险销被剪断，从而保证车床的重要部件不受损坏。又如冲床冲模时，为了冲制所需的零部件必须使材料发生剪切破坏，对此类问题所要求的破坏条件为：

$$\tau = \frac{F_Q}{A} = \frac{F}{A} \geqslant \tau_u \tag{3-3}$$

【例 3-1】 一齿轮传动轴如图 3-6(a) 所示。已知轴直径 $d = 100\text{mm}$，键宽 $b = 28\text{mm}$，高 $h = 16\text{mm}$，长 $l = 42\text{mm}$，键的许用切应力 $[\tau] = 40\text{MPa}$，键所传递的外力偶矩 $M_0 = 1.5\text{kN} \cdot \text{m}$。试校核键的剪切强度。

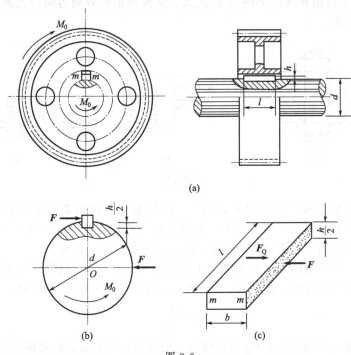

图 3-6

解 (1) 键的外力计算　取轴和键为研究对象，如图 3-6(b) 所示，设力 F 到轴线的距离为 $\frac{d}{2}$，由平衡方程

$$\sum m_O = 0 \qquad M_0 - F\frac{d}{2} = 0$$

得

$$F = \frac{2M_0}{d} = \frac{2 \times 1.5}{0.1} = 30\text{kN}$$

(2) 校核键的强度　沿剪切面 m—m 将键截开，取键的下半部分为研究对象，如图 3-6

（c）所示，得

剪力　　　　　　　　　　　　　　$F_{\mathrm{Q}}=F$

剪切面面积为　　　　　　　　　$A=lb=42\times28=1176\mathrm{mm}^2$

代入式（3-2）得

$$\tau=\frac{F_{\mathrm{Q}}}{A}=\frac{30\times10^3}{1176}=25.5\mathrm{MPa}<[\tau]$$

计算结果表明，键的强度满足要求。

【例 3-2】　拖拉机挂钩如图 3-7 所示。已知牵引力 $F=15\mathrm{kN}$，挂钩的厚度为 δ，插销的材料为 20 号钢，材料的许用切应力为 $[\tau]=30\mathrm{MPa}$，直径 $d=20\mathrm{mm}$。试校核插销的剪切强度。

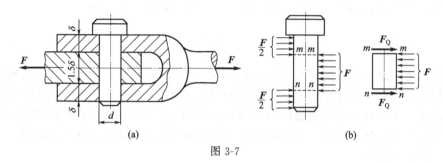

图 3-7

解　插销受力如图 3-7（b）所示。根据受力情况，插销中段相对于上、下两段，沿 $m—m$、$n—n$ 两个面向左错动。所以有两个剪切面，称为双剪切。由平衡方程可求得剪力

$$F_{\mathrm{Q}}=\frac{F}{2}$$

插销横截面上的切应力为

$$\tau=\frac{F_{\mathrm{Q}}}{A}=\frac{\dfrac{15\times10^3}{2}}{\dfrac{\pi}{4}\times20^2}=23.9\mathrm{MPa}<[\tau]$$

故插销的剪切强度足够。

3.3 挤压的实用计算

构件在发生剪切变形时，常伴随着局部的挤压变形。如图 3-8（a）所示铆钉连接，作用在钢板上的力 F 通过钢板与铆钉的接触面传递给铆钉。当传递的压力过大时，铆钉的侧表面会被压溃，或钢板的孔已不再是圆形，如图 3-8（b）所示。

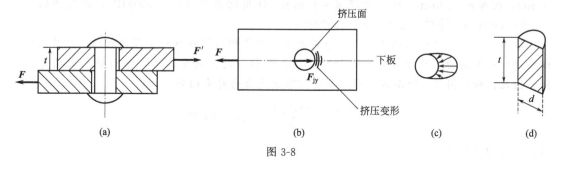

图 3-8

连接件和被连接件的接触面相互压紧，这种现象称为挤压现象。在外力作用下，剪切构件除可能被剪断外，还可能发生挤压破坏。挤压破坏的特点是构件相互接触的表面上，因承受了较大的压力，连接件或被连接件在接触的局部范围内将产生显著的塑性变形，甚至被压溃，发生挤压破坏。在接触处产生的变形称为挤压变形。

这种作用在接触面上的压力称为挤压力，以 F_{jy} 表示。单位面积上的挤压力称为挤压应力，以 σ_{jy} 表示。挤压应力与杆件轴向压缩时的压应力不同，挤压应力是分布在两构件相互接触表面的局部区域，而压应力则是分布在整个构件的内部。在工程实际中，挤压破坏会导致连接松动，影响构件的正常工作。因此对剪切构件还必须进行挤压强度计算。

由于挤压应力在挤压面上的分布规律也比较复杂，因而和剪切一样，工程上对挤压应力同样采用实用计算法，即假定在挤压面上的挤压应力也均匀分布，即

$$\sigma_{jy} = \frac{F_{jy}}{A_{jy}} \qquad (3\text{-}4)$$

计算挤压面积时，应根据挤压面的形状来确定。当挤压面为平面时，挤压面积等于两构件间的实际接触面积，如平键连接。当挤压面为曲面时，如螺栓、销钉、铆钉等圆柱形构件，接触面为半圆柱面，最大接触应力在圆柱面的中点，挤压应力的分布情况如图3-8(c)所示，实用计算中，挤压面积等于实际接触面积在垂直于挤压力方向的投影面积，如图3-8(d)所示。挤压面积为

$$A_{jy} = dt$$

式中，d 为螺栓直径；t 为接触高度。

为保证构件的正常工作，要求挤压应力不超过某一许用值，即

$$\sigma_{jy} = \frac{F_{jy}}{A_{jy}} \leqslant [\sigma_{jy}] \qquad (3\text{-}5)$$

式(3-5)称为挤压强度条件。根据此强度条件同样可以解决三类问题，即强度校核、设计截面、确定许可载荷。工程中常用材料的许用挤压应力 $[\sigma_{jy}]$ 与许用拉应力 $[\sigma]$ 之间存在以下的近似关系

对塑性材料 $\qquad\qquad [\sigma_{jy}] = (1.5 \sim 2.5)[\sigma]$

对脆性材料 $\qquad\qquad [\sigma_{jy}] = (0.9 \sim 1.5)[\sigma]$

如果两个接触构件的材料不同，应以连接中抵抗挤压能力较弱的构件来进行挤压强度计算，才能保证结构安全工作。

【例 3-3】 如图3-9(a)所示铆钉接头，承受轴向载荷 F 作用。试校核接头的强度。接头由两块钢板用四个直径与材料均相同的铆钉搭接而成。已知，载荷 $F = 80\text{kN}$，板宽 $b = 80\text{mm}$，板厚 $\delta = 10\text{mm}$，铆钉直径 $d = 16\text{mm}$，许用切应力 $[\tau] = 100\text{MPa}$，许用挤压应力 $[\sigma_{jy}] = 300\text{MPa}$，许用压应力 $[\sigma] = 160\text{MPa}$。

解 (1) 铆钉的剪切强度校核　分析表明，当各铆钉的材料与直径均相同，且外力作用线在铆钉群剪切面上的投影通过铆钉群剪切面的形心时，通常认为各铆钉剪切面的剪力相同。因此，对于图3-9所示铆钉群，各铆钉剪切面上的剪力均为

$$F_Q = \frac{F}{4} = \frac{80 \times 10^3}{4} = 2.0 \times 10^4 \, \text{N}$$

而相应的切应力为

$$\tau = \frac{4F_Q}{\pi d^2} = \frac{4 \times 2 \times 10^4}{\pi \times 16^2} = 99.5\text{MPa} < [\tau]$$

故铆钉的剪切强度满足要求。

（2）铆钉的挤压强度校核　由铆钉的受力可以看出，铆钉所受挤压力 F_{jy} 等于铆钉剪切面的剪力，即

$$F_{jy} = F_Q = 2 \times 10^4 \text{N}$$

因此，最大挤压应力为

$$\sigma_{jy} = \frac{F_{jy}}{\delta d} = \frac{2 \times 10^4}{10 \times 16} = 125\text{MPa} < [\sigma_{jy}]$$

故铆钉连接的挤压强度满足要求。

（3）钢板的拉伸强度校核　钢板的受力情况及轴力图分别如图 3-9(b)、(c) 所示。由上述两图可以看出，横截面 1—1 的轴力最大，截面 2—2 削弱最严重，因此，应对此二截面进行强度校核。

截面 1—1 与 2—2 的正应力分别为

$$\sigma_1 = \frac{F_{N_1}}{A_1} = \frac{F}{(b-d)\delta} = \frac{80 \times 10^3}{(80-16) \times 10} = 125\text{MPa} < [\sigma]$$

$$\sigma_2 = \frac{F_{N_2}}{A_2} = \frac{3F}{4(b-2d)\delta} = \frac{3 \times 80 \times 10^3}{4 \times (80-2 \times 16) \times 10 \times 0.01}$$

$$= 125\text{MPa} < [\sigma]$$

故钢板的拉伸强度满足要求。

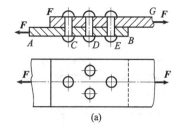

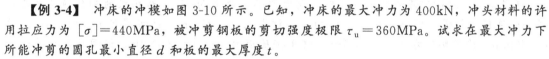

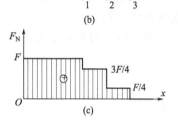

图 3-9

【例 3-4】　冲床的冲模如图 3-10 所示。已知，冲床的最大冲力为 400kN，冲头材料的许用拉应力为 $[\sigma] = 440\text{MPa}$，被冲剪钢板的剪切强度极限 $\tau_u = 360\text{MPa}$。试求在最大冲力下所能冲剪的圆孔最小直径 d 和板的最大厚度 t。

解　（1）确定圆孔的最小直径　冲剪的孔径等于冲头的直径，冲头工作时须满足抗压强度条件，即

$$\sigma = \frac{F}{A} = \frac{400 \times 10^3}{\frac{\pi d^2}{4}} \leqslant [\sigma]$$

则

$$d \geqslant \sqrt{\frac{4F}{\pi[\sigma]}} = \sqrt{\frac{4 \times 400 \times 10^3}{\pi \times 440}} = 34\text{mm}$$

（2）确定冲头能冲剪的钢板最大厚度　冲头冲剪钢板时，剪力为 $F_Q = F$，剪切面为圆柱面，其面积 $A = \pi dt$，只有当切应力 $\tau \geqslant \tau_u$ 时，方可冲出圆孔，即

$$\tau = \frac{F_Q}{A} = \frac{F}{\pi dt} \geqslant \tau_b$$

则

$$t \leqslant \frac{F}{\pi d\tau_u} = \frac{400 \times 10^3}{\pi \times 34 \times 360} = 10.4\text{mm}$$

故钢板的最大厚度约为 10mm。

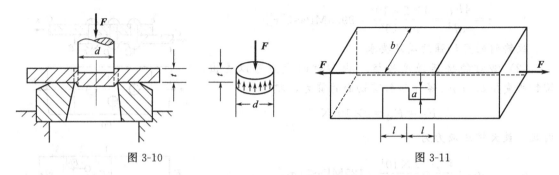

图 3-10 图 3-11

【例 3-5】 木质矩形截面拉杆接头如图 3-11 所示。已知轴向拉力 $F = 50\text{kN}$，截面宽度 $b = 250\text{mm}$，木材的顺纹许用挤压应力 $[\sigma_{jy}] = 10\text{MPa}$，顺纹的许用切应力 $[\tau] = 1\text{MPa}$，求接头处所需的尺寸 l 和 a。

解 （1）由挤压强度条件

$$\sigma_{jy} = \frac{F_{jy}}{A_{jy}} = \frac{F}{ab} \leqslant [\sigma_{jy}]$$

可得

$$a \geqslant \frac{F}{b[\sigma_{jy}]} = \frac{50 \times 10^3}{250 \times 10} = 20\text{mm}$$

（2）由剪切强度条件

$$\tau = \frac{F_Q}{A} = \frac{F}{bl} \leqslant [\tau]$$

可得

$$l \geqslant \frac{F}{b[\tau]} = \frac{50 \times 10^3}{250 \times 1} = 200\text{mm}$$

提示：注意区分本题剪切面积和挤压面积的计算。

【例 3-6】 运输矿石的矿车，其轨道与水平面的夹角为 45°，卷扬机的钢丝绳与矿车通过销钉连接，如图 3-12(a) 所示。已知，销钉直径 $d = 25\text{mm}$，销板厚度 $t = 20\text{mm}$，宽度 $b = 60\text{mm}$，许用切应力 $[\tau] = 25\text{MPa}$，许用挤压应力 $[\sigma_{jy}] = 100\text{MPa}$，许用拉应力 $[\sigma] = $

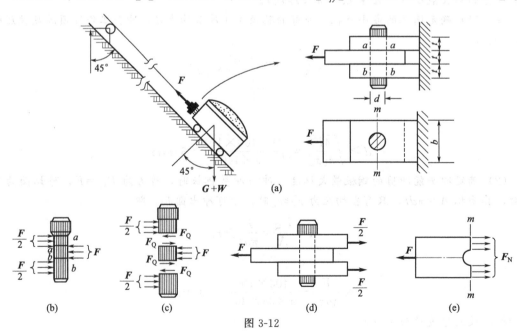

图 3-12

40MPa，矿车自重 $G=4.5$kN。求矿车最大载重 W 为多少？

解 矿车运输矿石时，销钉可能被剪断，销钉或销板可能发生挤压破坏，销板可能被拉断。所以应分别考虑销钉连接的剪切强度、挤压强度和销板的拉伸强度。

（1）剪切强度 设钢丝绳作用于销钉连接上的拉力为 F，销钉受力如图 3-12(b) 所示。销钉有两个剪切面，故销钉承受双剪。用截面法将销钉沿 $a-a$ 和 $b-b$ 截面截为三段，如图 3-12(c) 所示，取其中任一部分为研究对象，由平衡方程得

$$F_Q = \frac{F}{2}$$

代入式(3-2)

$$\tau = \frac{F_Q}{A} = \frac{\frac{F}{2}}{\frac{\pi d^2}{4}} \leqslant [\tau]$$

得

$$F \leqslant \frac{\pi d^2 [\tau]}{2} = \frac{\pi \times 25^2 \times 25}{2} = 24531\text{N}$$

（2）挤压强度 销钉或销板的挤压面为曲面，挤压面积为挤压面在挤压力方向的投影面积，即

$$A_{jy} = dt = 25 \times 20 = 500\text{mm}^2$$

销钉的三段挤压面积相同，但中间部分挤压力最大，$F_{jy} = F$，则

$$\sigma_{jy} = \frac{F_{jy}}{A_{jy}} = \frac{F}{dt} \leqslant [\sigma_{jy}]$$

得

$$F \leqslant dt[\sigma_{jy}] = 25 \times 20 \times 100 = 50000\text{N}$$

（3）拉伸强度 从结构的几何尺寸及受力分析可知，中间销板与上下销板几何尺寸相同，但中间销板所受拉力最大，如图 3-12(d) 所示。故应对中间销板进行拉伸强度计算。中间销板销钉孔所在截面为危险截面。取中间销板 $m-m$ 截面左段为研究对象，如图 3-12(e) 所示，由平衡方程得

$$F_N = F$$

危险截面面积为

$$A = (b-d)t$$

则

$$\sigma = \frac{F_N}{A} = \frac{F}{(b-d)t} \leqslant [\sigma]$$

因此得

$$F \leqslant (b-d)t[\sigma] = (60-25) \times 20 \times 40 = 28000\text{N}$$

（4）确定最大载重量 为确保销钉连接能够正常工作，应取上述三方面计算结果的最小值，即

$$F_{max} = 24531\text{N}$$

（5）取矿车为研究对象，由车体沿斜截面的平衡方程

$$F_{max} - (G+W)\sin45° = 0$$

得

$$W = \frac{F - G\sin45°}{\sin45°} = \frac{24531 - 4500 \times \sin45°}{\sin45°} = 30200\text{N}$$

矿车的最大载重量为30200N。

学习方法和要点提示

构件在受剪切时，常伴随挤压现象。解决这类问题的关键是正确地确定剪切面与挤压面。剪切面是构件将要发生相对错动的面，挤压面是两构件相互接触压紧的面。

1. 剪切实用计算所作的简化有以下两点。

(1) 假设剪切面上的切应力均匀分布，由此得出剪切强度条件为

$$\tau = \frac{F_Q}{A} \leqslant [\tau]$$

(2) 假设挤压面的挤压应力均匀分布，由此得出挤压强度条件为

$$\sigma_{jy} = \frac{F_{jy}}{A_{jy}} \leqslant [\sigma_{jy}]$$

实践表明，上述的实用计算方法，在工程实际中是切实可行的。

2. 剪切构件的强度计算与轴向拉压时相同，也是按外力分析、内力分析、强度计算等几个步骤进行。在作外力和内力分析时，还需要注意以下几点。

(1) 首先取出剪切构件，明确研究对象，画出其受力图，确定外力大小，在此基础上才能正确辨明剪切面和挤压面。

(2) 正确地确定剪切面的位置及其上的剪力。剪切面在两相邻外力作用线间，与外力平行。

(3) 正确地确定挤压面的位置及其上的挤压力。挤压面即为外力的作用面，与外力垂直。当挤压面为半个圆柱面时，可将构件的直径截面视为挤压面。

3. 常见题目类型

(1) 强度计算 连接件的剪切强度计算、挤压强度计算及被连接件的轴向拉（压）强度计算。

(2) 利用剪切破坏 利用公式 $\tau = \frac{F_Q}{A} = \frac{F}{A} \geqslant \tau_u$ 进行相应的计算。

思 考 题

1. 构件连接部位应满足哪几方面的强度条件？如何分析连接件的强度？

2. 挤压面面积是否与两构件的接触面积相同？举例说明。

3. 指出如图 3-13 所示构件的剪切面与挤压面。

4. 挤压与压缩有何区别？为什么挤压许用应力大于压缩许用应力？

5. 为什么说连接件的计算是一种实用计算？其中引入了哪些假设？

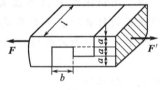

图 3-13

6. 连接件上的剪切面、挤压面与外力方向有什么关系？

习 题

3-1 联结销钉如题 3-1 图所示，已知，$F = 100 \text{kN}$，销钉直径 $d = 30 \text{mm}$，材料的许用切应力 $[\tau] = 60 \text{MPa}$，试校核其强度。若强度不够，应该选用多大直径的销钉？

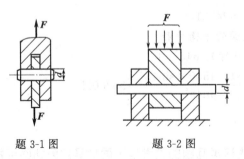

题 3-1 图

题 3-2 图

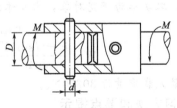

题 3-3 图

3-2 测定材料剪切强度的剪切器如题 3-2 图所示。设圆试件的直径 $d = 15 \text{mm}$，当力 $F =$

31.5kN 时，试件被剪断。试求材料的名义剪切极限应力。若取许用切应力 $[\tau]=80\text{MPa}$，试问安全系数多大？

3-3 销钉式安全离合器如题 3-3 图所示，允许传递的外力偶矩 $M=0.3\text{kN}\cdot\text{m}$，销钉材料的剪切强度极限 $\tau_u=360\text{MPa}$，轴的直径 $D=30\text{mm}$，为保证 $M>0.3\text{kN}\cdot\text{m}$ 时销钉被剪断，试求销钉的直径 d。

3-4 一减速器上齿轮与轴通过平键连接，如题 3-4 图所示。已知，键受外力 $F=12\text{kN}$，所用平键的尺寸为 $b=28\text{mm}$，$h=16\text{mm}$，$l=60\text{mm}$，键的许用应力 $[\tau]=87\text{MPa}$，$[\sigma_{jy}]=100\text{MPa}$。试校核键的强度。

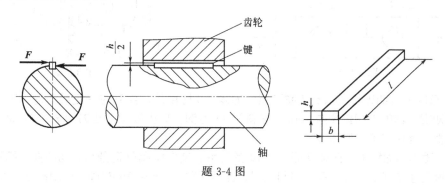

题 3-4 图

3-5 凸缘联轴节如题 3-5 图所示，其传递的力偶矩 $m=200\text{N}\cdot\text{m}$，凸缘之间用四个螺栓联结，螺栓内径 $d=10\text{mm}$，对称地分布在 $D_0=80\text{mm}$ 的圆周上。若螺栓的许用切应力 $[\tau]=60\text{MPa}$，试校核螺栓的剪切强度。

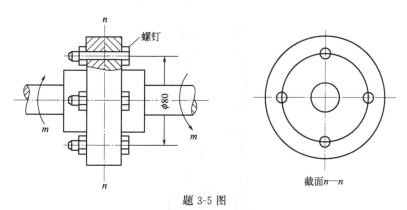

题 3-5 图

3-6 如题 3-6 图所示，螺钉受拉力 F 作用，已知材料的许用切应力 $[\tau]$ 和拉伸许用应力 $[\sigma]$ 之间的关系为 $[\tau]=0.6[\sigma]$。试求螺钉直径 d 与钉头高度 h 的合理比值。

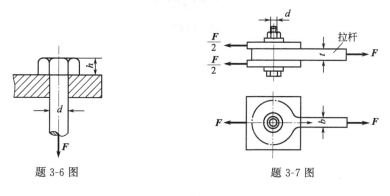

题 3-6 图 题 3-7 图

3-7　一螺栓将拉杆与厚度为 8mm 的两块盖板相连接，如题 3-7 图所示。各零件材料相同，许用拉应力、许用切应力、许用挤压应力分别为 $[\sigma]=80\text{MPa}$、$[\tau]=60\text{MPa}$、$[\sigma_{jy}]=160\text{MPa}$。若拉杆的厚度 $t=15\text{mm}$，拉力 $F=120\text{kN}$，试设计螺栓直径 d 及拉杆宽度 b。

3-8　已知题 3-8 图所示铆接钢板的厚度 $\delta=10\text{mm}$，铆钉的直径 $d=17\text{mm}$，铆钉的许用切应力 $[\tau]=140\text{MPa}$，许用挤压应力 $[\sigma_{jy}]=320\text{MPa}$，$F=24\text{kN}$，试校核此铆钉连接的强度。

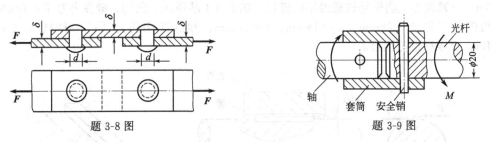

题 3-8 图　　　　　　　　　　　题 3-9 图

3-9　车床的传动光杆装有安全联轴器，如题 3-9 图所示。当超过一定载荷时，安全销即被剪断。已知安全销的平均直径为 5mm，材料为 45 号钢，其极限剪切应力为 $\tau_u=370\text{MPa}$。试求安全联轴器所能传递的力偶矩 M。

3-10　矩形截面钢板拉伸试样如题 3-10 图所示。试样两端开有圆孔，孔内插入销钉，载荷通过销钉施力于试样。试样与销钉材料相同，许用切应力 $[\tau]=100\text{MPa}$，许用挤压应力 $[\sigma_{jy}]=300\text{MPa}$，许用拉应力 $[\sigma]=170\text{MPa}$，拉伸强度极限 $\sigma_b=400\text{MPa}$。试样中部宽度 $b=20\text{mm}$，厚度 $\delta=5\text{mm}$，为了保证试样破坏发生在中部，设计试样端部所需尺寸 B，a 和销钉直径 d。

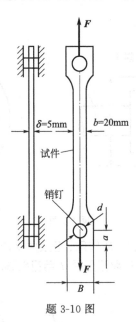

题 3-10 图

第4章

扭　转

本章要求： 了解扭转变形的受力特点和变形特点；熟练掌握外力偶矩的计算、扭矩和扭矩图；理解纯剪切概念，掌握切应力互等定理，剪切胡克定律。熟练掌握圆轴扭转时横截面上的应力分布及计算；熟练掌握圆轴扭转时的变形计算；熟练掌握圆轴扭转时的强度和刚度计算；了解非圆截面杆的扭转。

重点： 扭矩和扭矩图，剪切胡克定律，圆轴扭转危险截面及危险点的判断，圆轴扭转横截面上的应力分布及计算，圆轴扭转的强度和刚度条件及其应用。

难点： 切应力互等定理的推导，圆轴扭转横截面上切应力公式的推导。

4.1 扭转问题基本概念

在日常生活和工程实际中，经常遇到扭转问题。例如用螺丝刀拧紧一个木螺丝时，如图4-1(a) 所示，需要在把手上作用一个力偶使它转动，如图 4-1(b) 所示，同时在螺丝刀的另一端则受到木螺丝对它的阻力（即反力偶作用），螺丝刀杆受到扭转作用。

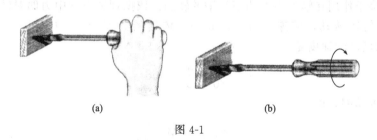

(a)   (b)

图 4-1

又如桥式起重机中的传动轴，如图 4-2(a)、(b) 所示、汽车方向盘的操纵杆，如图 4-2(c)

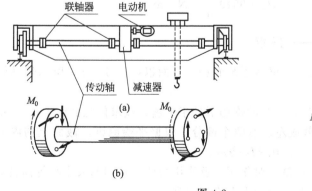

(b)   (c)

图 4-2

所示以及钻探机钻杆的受力等都是扭转的实例。

由此可见,杆件扭转时的受力特点是在杆件的两端受到一对大小相等、转向相反、作用面垂直于杆轴线的力偶作用。杆件的变形特点是轴线保持为直线,位于两力偶作用面之间的杆件各个横截面均绕轴线发生相对转动,如图 4-3 所示。杆件发生的这种变形称之为扭转变形。以扭转变形为主的杆件通常称为轴,一般工程中轴类构件的横截面为圆形,分为实心圆轴和空心圆轴。

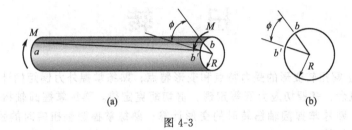

图 4-3

本章主要讨论等截面直圆轴的扭转问题,包括圆轴所受外力偶矩、横截面内力、应力和扭转变形的计算,在此基础上研究圆轴扭转的强度计算和刚度计算,最后简单介绍非圆截面杆的扭转问题。

4.2 圆轴扭转的内力

4.2.1 外力偶矩计算

工程实际中,圆轴经常用来传递力偶所做的功,例如汽车的驱动轴和车床的齿轮轴等。而功的大小取决于作用在轴上力偶的矩和轴的转速。依据理论力学中力偶对转动刚体做功的计算,如果轴匀速转动,转速是 n (r/min),传递的力偶矩是 M (N·m),功率是 P (kW),则轴的转动角速度是

$$\omega = \frac{2\pi n}{60} = \frac{n\pi}{30} \ (\text{rad/s})$$

传递力偶的功率,即

$$P \times 1000 = M \times \frac{n\pi}{30}$$

由此,就可以换算出作用在轴上的外力偶矩

$$M_e = 9549 \frac{P}{n} \ (\text{N·m}) \tag{4-1}$$

4.2.2 横截面上的内力——扭矩

研究轴扭转时横截面上的内力仍然用截面法。下面以如图 4-4(a) 所示传动轴为例说明内力的计算方法。

轴在三个外力偶矩 M_1、M_2、M_3 的作用下处于平衡,欲求任意截面 1—1 上的内力,应用截面法在 1—1 截面处将轴截成左、右两个部分,根据平衡原则,截面上的内力必定只是一个力偶,将该力偶称之为扭矩,用 M_T 表示。

显然,左右两截面上的扭矩是一对作用和反作用力偶,它们的大小相等而转向相反。扭矩的大小和实际转向可以通过两部分的平衡方程得到。

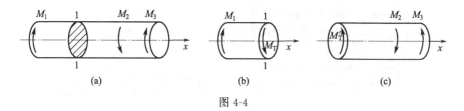

图 4-4

取左段为研究对象，如图 4-4（b）所示，根据左段所受外力的特点，1-1 截面的内力必为作用面垂直于轴线的扭矩。由平衡方程

$$\sum m_x(F)=0 \qquad M_T-M_1=0$$

得

$$M_T=M_1 \tag{a}$$

同样，若取右端为研究对象，如图 4-4（c）所示，由平衡方程

$$\sum m_x(F)=0 \qquad M'_T-M_2+M_3=0$$

得

$$M'_T=M_2-M_3=M_1 \tag{b}$$

即

$$M_T=M'_T$$

以上结果说明，计算某截面上的扭矩时，无论取截面左侧或右侧为研究对象，所得结果均是相同的。

式（a）、式（b）表明，圆轴上任一截面上扭矩的大小等于该截面以左或以右轴段所有外力偶矩的代数和，即

$$M_T=\sum M_左 \text{ 或 } M_T=\sum M_右 \tag{4-2}$$

为了使取截面左侧或右侧为研究对象所得同一截面上的扭矩符号相同，对扭矩的正负号规定如下：面向截面，逆时针转向的扭矩取正号，反之取负号。这一规定亦符合右手螺旋法则即以右手四指弯向扭矩的转向，拇指的指向与截面的外法线方向一致时，扭矩取正号；反之取负号。按此规定，图 4-4（b）、（c）中的扭矩均为正。

4.2.3　扭矩图

一般情况下，圆轴扭转时，横截面上的扭矩随截面位置的不同发生变化。反映扭矩随截面位置不同而变化的图形称为扭矩图。画扭矩图时，以横轴表示截面位置，纵轴表示扭矩的大小。下面举例说明扭矩图的画法。

【例 4-1】　如图 4-5（a）所示传动轴，其转速 $n=300\text{r/min}$，主动轮 A 输入功率 $P_A=120\text{kW}$，从动轮 B、C、D 输出功率分别为 $P_B=30\text{kW}$，$P_C=40\text{kW}$，$P_D=50\text{kW}$。试画出该轴的扭矩图。

解　（1）计算外力矩　由式（4-1）可求得作用在每个齿轮上的外力偶矩分别为

$$M_A=9549\frac{P_A}{n}=9549\times\frac{120}{300}=3820\text{N}\cdot\text{m}=3.82\text{kN}\cdot\text{m}$$

$$M_B=9549\frac{P_B}{n}=9549\times\frac{30}{300}=955\text{N}\cdot\text{m}=0.96\text{kN}\cdot\text{m}$$

$$M_C=9549\frac{P_C}{n}=9549\times\frac{40}{300}=1273\text{N}\cdot\text{m}=1.27\text{kN}\cdot\text{m}$$

$$M_D=9549\frac{P_D}{n}=9549\times\frac{50}{300}=1592\text{N}\cdot\text{m}=1.59\text{kN}\cdot\text{m}$$

（2）计算扭矩　根据作用在轴上的外力偶矩，用截面法分别计算 BA，AC 和 CD 三段

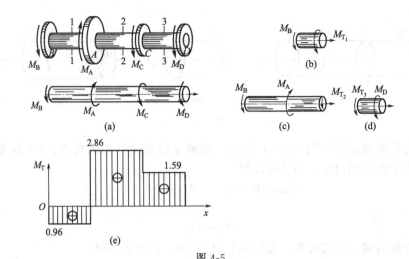

图 4-5

轴上各截面的扭矩，如图 4-5(b)、(c)、(d) 所示。

BA 段 $M_{T_1} = -M_B = -0.96 \text{kN} \cdot \text{m}$

AC 段 $M_{T_2} = M_A - M_B = 3.82 - 0.96 = 2.86 \text{kN} \cdot \text{m}$

CD 段 $M_{T_3} = M_D = 1.59 \text{kN} \cdot \text{m}$

（3）画扭矩图 M_{T_1}，M_{T_2}，M_{T_3} 分别代表了 BA，AC，CD 各段轴内各个截面上的扭矩值，由此画出的扭矩图，如图 4-5(e) 所示。

由此便知，在无外力偶作用的一段轴上，各个截面上的扭矩值相同，扭矩图为水平直线。因此画扭矩图时，只要根据轴的外力偶作用情况将轴分成若干段，每段任选一截面，计算出该截面上的扭矩值，则可画出轴的扭矩图。

4.3 圆轴扭转横截面上的切应力

在讨论扭转的应力和变形之前，为了研究切应力和剪应变的规律以及两者间的关系，先考察薄壁圆筒的扭转。

4.3.1 薄壁圆筒扭转时的切应力

如图 4-6(a) 所示为一等厚薄壁圆筒，受扭前在表面上用圆周线和纵向线画成方格。实

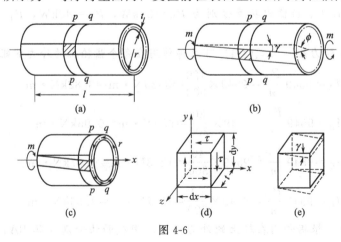

图 4-6

验结果表明，扭转变形后由于截面 q—q 对截面 p—p 的相对转动，使方格的左、右两边发生相对错动，但圆筒沿轴线及周线的长度都没有变化，如图 4-6(b) 所示。这表明，圆筒横截面和包含轴线的纵向截面上都没有正应力，横截面上便只有切于截面的切应力 τ，它组成与外力矩 m 相平衡的内力系。因为筒壁的厚度 t 很小，可以认为沿筒壁厚度切应力不变。又因在同一圆周上各点的情况完全相同，切应力也就相同，如图 4-6(c) 所示。这样，横截面上内力系对 x 轴的力矩应为 $2\pi rt \cdot \tau \cdot r$，式中，$r$ 为圆筒的平均半径。

由 q—q 截面以左部分圆筒的平衡方程

$$\sum m_x = 0 \qquad\qquad m = 2\pi rt \cdot \tau \cdot r$$

得

$$\tau = \frac{m}{2\pi r^2 t} \tag{4-3}$$

4.3.2　切应力互等定理

用相邻的两个横截面和两个纵向面，从圆筒中取出边长分别为 $\mathrm{d}x$，$\mathrm{d}y$ 和 t 的单元体，并放大如图 4-6(d) 所示。单元体的左、右两侧面是圆筒横截面的一部分，所以并无正应力只有切应力。两个面上的切应力皆由式(4-3) 计算，数值相等但方向相反。于是组成一个力偶矩为 $(\tau t\mathrm{d}y)\mathrm{d}x$ 的力偶。为保持平衡，单元体的上、下两个侧面上必须有切应力，并组成力偶以与力偶 $(\tau t\mathrm{d}y)\mathrm{d}x$ 相平衡。

由 $\sum F_x = 0$ 可知，上、下两个面上存在大小相等、方向相反的切应力 τ'，于是组成力偶矩为 $(\tau' t\mathrm{d}x)\mathrm{d}y$ 的力偶。由平衡方程

$$\sum m_x = 0 \qquad\qquad (\tau t\mathrm{d}y)\mathrm{d}x = (\tau' t\mathrm{d}x)\mathrm{d}y$$

得

$$\tau = \tau' \tag{4-4}$$

上式表明，在互相垂直的两个平面上，切应力必然成对存在，且数值相等；两者都垂直于两个平面的交线，方向则共同指向或共同背离这条交线。这就是切应力互等定理，也称为切应力双生定理。

如图 4-6(d) 所示的单元体上只有切应力而无正应力，这种受力情况称为纯剪切。对剪切与挤压中的键、销等连接件，其剪切面上变形比较复杂，除剪切变形外还伴随着其他形式的变形，因此这些连接件实际上不可能发生纯剪切。

圆轴发生扭转变形后，单元体也将发生如图 4-6(e) 所示的剪切变形，角 γ 称为切应变。

4.3.3　剪切胡克定律

为建立切应力与切应变的关系，利用薄壁圆筒的扭转，可以实现纯剪切试验。试验结果表明，当切应力不超过剪切比例极限时，切应力与切应变成正比，如图 4-7 所示。这个关系称为剪切胡克定律，其表达式为

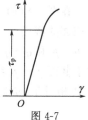

视频：剪切弹性模量
G 的测定试验

$$\tau = G\gamma \tag{4-5}$$

式中，比例常数 G 称为材料的剪切弹性模量，其单位与弹性模量 E 相同，都为 GPa，不同材料的 G 值可通过试验测定。

可以证明，对于各向同性材料，剪切弹性模量 G、弹性模量 E 和泊松系数 μ 不是各自独立的三个弹性常量，它们之间存在着下列关系

$$G = \frac{E}{2(1+\mu)} \tag{4-6}$$

图 4-7

几种常用材料的 E、G 和 μ 值见表 4-1。

表 4-1   几种常用材料的 E, G 及 μ 值

材料名称	E/GPa	G/GPa	μ
碳钢	196～216	78.5～79.5	0.25～0.33
合金钢	186～216	79.5	0.24～0.33
灰铁钢	113～157	44.1	0.23～0.27
钢及其合金	73～128	39.2～45.1	0.31～0.42
橡胶	0.00785	—	0.47

4.3.4   圆轴扭转时横截面上的应力

仅仅求得扭矩并不能解决圆轴扭转的强度问题，必须探求圆轴扭转横截面上的应力分布规律，并求出横截面上的最大工作应力。圆轴扭转横截面上的应力及其分布规律从本质上说是一个超静定问题，这就需要从变形几何关系、物理关系和静力学关系三个方面进行综合分析，现在讨论横截面为圆形的等截面直轴受扭转时的应力。

4.3.4.1   变形几何关系

为了观察圆轴的扭转变形，与薄壁圆筒受扭转一样，在圆轴表面上作圆周线和纵向线，如图 4-8(a) 所示。变形前的纵向线由虚线表示。在外力偶矩 m 作用下，得到与薄壁圆筒受扭转时相似的现象。即各圆周线绕轴线相对地旋转了一个角度，但大小、形状和相邻圆周线间的距离不变。在小变形的情况下，纵向线仍近似地是一条直线，只是倾斜了一个微小的角度。变形前表面上的矩形，变形后错动成菱形。

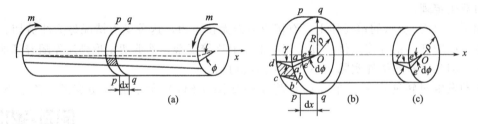

图 4-8

根据观察到的现象，作如下基本假设：圆轴扭转变形前为平面的横截面，变形后仍保持为平面，形状和大小不变，半径仍保持为直线，且相邻两截面间的距离不变。这就是圆轴扭转的平面假设。按照这一假设，扭转变形时，圆轴的横截面就像刚性平面一样，绕轴线旋转了一个角度。以平面假设为基础导出的应力和变形计算公式，符合试验结果，且与弹性力学一致，这都足以说明假设是正确的。

在图 4-8(a) 中，ϕ 表示圆轴两端截面的相对转角，称为扭转角。扭转角用弧度来度量。用相邻的截面 $p-p$ 和 $q-q$ 从圆轴中截取长为 dx 的微段，并放大如图 4-8(b) 所示。若截面 $p-p$ 和 $q-q$ 的相对扭转角为 $d\phi$，则根据平面假设，横截面 $q-q$ 像刚性平面一样，相对于截面 $p-p$ 绕轴线旋转了一个角度 $d\phi$，半径 Oa 转到了 Oa'。于是，表面矩形 $abcd$ 的 ab 边相对于 cd 边发生了微小的错动，错动的距离是

$$aa' = R d\phi$$

因而引起原为直角的 $\angle adc$ 角度发生改变，改变量为

$$\gamma = \frac{aa'}{ad} = R\,\frac{\mathrm{d}\phi}{\mathrm{d}x} \tag{a}$$

这就是圆轴横截面边缘上 a 点的切应变。显然，γ 发生在垂直于半径 Oa 的平面内。

根据变形后横截面仍为平面，半径仍为直线的假设，用相同的方法，并参考图 4-8(c)，可以求得距圆心为 ρ 处的切应变为

$$\gamma_\rho = \rho\,\frac{\mathrm{d}\phi}{\mathrm{d}x} \tag{b}$$

与式(a) 中的 γ 一样，γ_ρ 也发生在垂直于半径 Oa 的平面内。在式(a)、式(b) 中，$\frac{\mathrm{d}\phi}{\mathrm{d}x}$ 是扭转角 ϕ 沿 x 轴的变化率。对于一个给定的截面来说，它是常量。故式(b) 表明，横截面上任意点的切应变与该点到圆心的距离 ρ 成正比。

4.3.4.2　物理关系

以 τ_ρ 表示横截面上距圆心为 ρ 处的切应力，由剪切胡克定律知，

$$\tau_\rho = G\gamma_\rho$$

将式(b) 代入上式，得

$$\tau_\rho = G\rho\,\frac{\mathrm{d}\phi}{\mathrm{d}x} \tag{c}$$

这表明，横截面上任意点的切应力 τ_ρ 与该点到圆心的距离 ρ 成正比。因为 γ_ρ 发生在垂直于半径的平面内，所以 τ_ρ 也与半径垂直。如再注意到切应力互等定理，则在纵向截面和横截面上，沿半径切应力的分布如图 4-9 所示。

因为式(c) 中的 $\frac{\mathrm{d}\phi}{\mathrm{d}x}$ 尚未求出，所以仍不能用它计算切应力，这就要用静力学关系来解决。

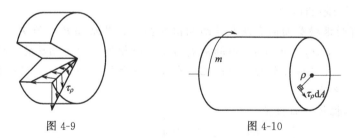

图 4-9　　　　　　　　　　　　　　图 4-10

4.3.4.3　静力学关系

在横截面内，按极坐标取微面积 $\mathrm{d}A = \rho\mathrm{d}\theta\mathrm{d}\rho$，如图 4-10 所示。$\mathrm{d}A$ 上的微内力 $\tau_\rho\mathrm{d}A$ 对圆心的力矩为 $\rho\tau_\rho\mathrm{d}A$。积分得横截面上的内力系对圆心的力矩为 $\int_A \rho\tau_\rho\mathrm{d}A$。根据扭矩的定义，可见这里求出的内力系对圆心的力矩就是截面上的扭矩，即

$$M_\mathrm{T} = \int_A \rho\tau_\rho\mathrm{d}A \tag{d}$$

由于杆件平衡，横截面上的扭矩 M_T 应与截面左侧的外力偶矩相平衡，亦即 M_T 可由截面左侧（或右侧）的外力偶矩来计算。将式(c) 代入式(d)，并注意到在给定的截面上，$\frac{\mathrm{d}\phi}{\mathrm{d}x}$ 为常量，于是有

$$M_T = \int_A \rho \tau_\rho \mathrm{d}A = G \frac{\mathrm{d}\phi}{\mathrm{d}x} \int_A \rho^2 \mathrm{d}A \tag{e}$$

以 I_p 表示式(e) 的积分，即

$$I_p = \int_A \rho^2 \mathrm{d}A$$

I_p 即为横截面对圆心 O 的极惯性矩。这样，式(e) 便可写成

$$M_T = GI_p \frac{\mathrm{d}\phi}{\mathrm{d}x} \tag{f}$$

从式(c) 和式(f) 中消去 $\dfrac{\mathrm{d}\phi}{\mathrm{d}x}$，得

$$\tau_\rho = \frac{M_T R}{I_p} \tag{4-7}$$

由公式(4-7) 可以算出圆轴扭转横截面上距圆心为 ρ 的任意点的切应力。

在圆截面边缘上，ρ 为最大值 R，得最大切应力为

$$\tau_{max} = \frac{M_T R}{I_p} \tag{4-8}$$

令

$$W_T = \frac{I_p}{R} \tag{4-9}$$

W_T 称为抗扭截面模量，便可以把式(4-8) 写成

$$\tau_{max} = \frac{M_T}{W_T} \tag{4-10}$$

以上各式是以平面假设为基础导出的。试验结果表明，只有对横截面不变的圆轴，平面假设才是正确的。所以这些公式只适用于等直圆轴。对圆截面沿轴线变化缓慢的小锥度锥形轴，也可近似地用这些公式计算。此外，导出以上各式时使用了胡克定律，因而只适用于 τ_{max} 低于剪切比例极限的情况。

【例 4-2】 有两根横截面面积及载荷均相同的圆轴，其截面尺寸为实心轴 $d_1 = 104\text{mm}$，空心轴 $D_2 = 120\text{mm}$，$d_2 = 60\text{mm}$，圆轴两端均受大小相等，方向相反的力偶 $M = 10\text{kN} \cdot \text{m}$ 作用，试计算 (1) 实心轴最大切应力；(2) 空心轴最大切应力；(3) 实心轴最大切应力与空心轴最大切应力之比。

解 (1) 计算抗扭截面模量

实心轴 $\qquad W_{T_1} = \dfrac{\pi d_1^3}{16} = \dfrac{3.14 \times 104^3}{16} = 2.2 \times 10^5 \text{mm}^3$

空心轴 $\qquad W_{T_2} = \dfrac{\pi D_2^3}{16}(1 - \alpha^4) = \dfrac{3.14 \times 120^3}{16}\left[1 - \left(\dfrac{60}{120}\right)^4\right] = 3.18 \times 10^5 \text{mm}^3$

(2) 计算最大切应力

实心轴 $\qquad \tau_{max_1} = \dfrac{M}{W_{T_1}} = \dfrac{10 \times 10^3 \times 10^3}{2.2 \times 10^5} = 45.5\text{MPa}$

空心轴 $\qquad \tau_{max_2} = \dfrac{M}{W_{T_2}} = \dfrac{10 \times 10^3 \times 10^3}{3.18 \times 10^5} = 31.4\text{MPa}$

(3) 两轴最大切应力之比

$$\frac{\tau_{max_1}}{\tau_{max_2}} = \frac{45.5}{31.4} = 1.45$$

计算表明，实心轴的最大切应力约为空心轴的 1.45 倍。

4.4 圆轴扭转时的变形

扭转变形的标志是两个横截面间绕轴线的相对扭转角，亦即扭转角，由式（f）得

$$\mathrm{d}\phi=\frac{M_\mathrm{T}}{GI_\mathrm{p}}\mathrm{d}x$$

$\mathrm{d}\phi$ 表示相距为 $\mathrm{d}x$ 的两个横截面之间相对扭转角，如图 4-8(b) 所示。沿轴线 x 积分，即可求得距离为 l 的两个横截面之间的相对扭转角

$$\varphi=\int_l\mathrm{d}\varphi=\int_0^l\frac{M_\mathrm{T}}{GI_\mathrm{p}}\mathrm{d}x$$

若在两截面之间的 M_T 值不变，且圆轴为等截面直杆，则上式中 $\frac{M_\mathrm{T}}{GI_\mathrm{p}}$ 为常量，这时上式化为

$$\phi=\frac{M_\mathrm{T}l}{GI_\mathrm{p}} \tag{4-11}$$

这就是相对扭转角的计算公式，扭转角单位为弧度（rad），由此可看到扭转角 ϕ 与扭矩 M_T 和轴的长度 l 成正比，与 GI_p 成反比。GI_p 反映了圆轴抵抗扭转变形的能力，称为圆轴的抗扭刚度。

如果两截面之间扭矩 M_T 有变化或轴的直径不同，那么应分段计算各段的扭转角，然后叠加。

如果是阶梯形圆轴并且扭矩是分段常量，则式（4-11）可以写成分段求和的形式，即圆轴两端面之间的相对扭转角是

$$\varphi=\sum_{i=1}^n\frac{M_{\mathrm{T}i}l_i}{GI_{\mathrm{p}i}} \tag{4-12}$$

【例 4-3】　轴传递的功率为 $P=7.5\mathrm{kW}$，转速 $n=360\mathrm{r/min}$。轴的 AC 段为实心圆截面，CB 段为空心圆截面，如图 4-11 所示。已知 $D=30\mathrm{mm}$，$d=20\mathrm{mm}$，轴各段的长度分别为 $l_{AC}=100\mathrm{mm}$。$l_{BC}=200\mathrm{mm}$，材料的剪切弹性模量 $G=80\mathrm{GPa}$。试计算 B 截面相对于 A 截面的扭转角 ϕ_{AB}。

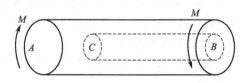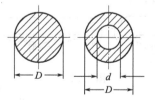

图 4-11

解　（1）计算扭矩　圆轴上的外力偶矩为

$$M=9549\frac{P}{n}=9549\times\frac{7.5}{360}=199\mathrm{N\cdot m}$$

由扭矩的计算规律知 AC 段和 CB 段的扭矩均为

$$M_{\mathrm{T}_{AC}}=M_{\mathrm{T}_{CB}}=M=199\mathrm{N\cdot m}$$

（2）计算极惯性矩

$$I_{\mathrm{p}(AC)} = \frac{\pi D^4}{32} = \frac{\pi \times 30^4}{32} = 79481\,\mathrm{mm}^4$$

$$I_{\mathrm{p}(CB)} = \frac{\pi}{32}(D^4 - d^4) = \frac{\pi}{32}(30^4 - 20^4) = 63781\,\mathrm{mm}^4$$

（3）计算扭转角 ϕ_{AB}

因 AC 段和 CB 段的极惯性矩不同，故应分别计算然后相加

$$\varphi_{AB} = \varphi_{CA} + \varphi_{BC} = \frac{M_{\mathrm{T}_{AC}} l_{AC}}{GI_{\mathrm{p}(AC)}} + \frac{M_{\mathrm{T}_{BC}} l_{BC}}{GI_{\mathrm{p}(BC)}}$$

$$= \frac{199 \times 10^3 \times 100}{80 \times 10^3 \times 79481} + \frac{199 \times 10^3 \times 200}{80 \times 10^3 \times 63781} = 0.0031 + 0.0078 = 0.011\,\mathrm{rad}$$

4.5 圆轴扭转的强度条件和强度计算

从扭转试验得到扭转的极限应力（材料失效时的切应力） τ_{u}，再考虑一定的强度安全储备，即将扭转极限应力除以一个安全系数 n（$n > 1$），就得到扭转的许用切应力（材料安全工作时的最大切应力）

$$[\tau] = \frac{\tau_{\mathrm{u}}}{n} \tag{4-13}$$

许用切应力是扭转的设计应力，即圆轴内的最大切应力不能超过许用切应力。

对于等截面圆轴，各个截面的抗扭截面模量相等，所以圆轴的最大切应力将发生在扭矩数值最大的截面上，强度条件就是

$$\tau_{\max} = \frac{M_{\mathrm{T}_{\max}}}{W_{\mathrm{T}}} \leqslant [\tau] \tag{4-14}$$

而对于变截面圆轴，W_{T} 不是常量，$\tau_{\max}$ 不一定发生于扭矩为极值的 $M_{\mathrm{T}\max}$ 的截面上，这要综合考虑 $M_{\mathrm{T}\max}$ 和 W_{T}，寻求 $\tau = \dfrac{M_{\mathrm{T}}}{W_{\mathrm{T}}}$ 的极值，所以强度条件是

$$\tau_{\max} = \left| \frac{M_{\mathrm{T}}}{W_{\mathrm{T}}} \right|_{\max} \leqslant [\tau] \tag{4-15}$$

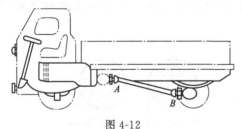

图 4-12

【例 4-4】 由无缝钢管制成的汽车传动轴 AB 如图 4-12 所示，外径 $D = 90\,\mathrm{mm}$，壁厚 $t = 2.5\,\mathrm{mm}$，材料为 45 钢，使用时的最大扭矩为 $M_{\mathrm{T}} = 1.5\,\mathrm{kN \cdot m}$，如材料的 $[\tau] = 60\,\mathrm{MPa}$，试校核 AB 轴的扭转强度。

解 由 AB 轴的截面尺寸计算抗扭截面模量

$$\alpha = \frac{d}{D} = \frac{90 - 2 \times 2.5}{90} = 0.944$$

$$W_{\mathrm{T}} = \frac{\pi D^3}{16}(1 - \alpha^4) = \frac{\pi \times 90^3}{16}(1 - 0.944^4) = 29400\,\mathrm{mm}^3$$

轴的最大切应力为

$$\tau_{\max} = \frac{M_{\mathrm{T}}}{W_{\mathrm{T}}} = \frac{1500 \times 10^3}{29400} = 51\,\mathrm{MPa} < [\tau]$$

所以 AB 轴满足强度条件。

【例 4-5】 如把上例中的传动轴改为实心轴，要求它与原来的空心轴强度相同，试确定

其直径，并比较实心轴和空心轴的重量。

解　因为要求与例 4-4 中的空心轴强度相同，故实心轴的最大切应力应为 51MPa，即

$$\tau_{max} = \frac{M_T}{W_T} = \frac{1500}{\frac{\pi}{16}D_1^3} = 51 \times 10^6$$

$$D_1 = \sqrt[3]{\frac{1500 \times 16}{\pi \times 51 \times 10^6}} = 0.0531 \text{m}$$

实心轴横截面面积为

$$A_1 = \frac{\pi D_1^2}{4} = \frac{\pi \times 0.0531^2}{4} = 22.1 \times 10^{-4} \text{m}^2$$

例 4-4 中空心轴的横截面面积为

$$A_2 = \frac{\pi}{4}(D^2 - d^2) = \frac{\pi}{4}(90^2 - 85^2) \times 10^{-6} = 6.87 \times 10^{-4} \text{m}^2$$

在两轴长度相等，材料相同的情况下，两轴的质量之比等于其横截面面积之比，即

$$\frac{A_2}{A_1} = \frac{6.87}{22.2} = 0.31$$

可见在载荷相同的条件下，空心轴的质量只为实心轴的 31%，其减轻质量、节约材料是非常明显的。这是因为横截面上的切应力沿半径按线性规律分布，圆心附近的应力很小，材料没有充分发挥作用。若把实心轴附近的材料向边缘移置，使其成为空心轴，就会增大 I_p 和 W_T，提高轴的强度。

【例 4-6】　两空心圆轴，通过联轴器用四个螺钉连接，如图 4-13(a) 所示，螺钉对称地安排在直径 $D_1 = 140$mm 的圆周上。已知轴的外径 $D = 80$mm，内径 $d = 60$mm，螺钉的直径 $d_1 = 12$mm，轴的许用切应力 $[\tau] = 40$MPa，螺钉的许用切应力 $[\tau] = 80$MPa，试确定该轴允许传递的最大扭矩。

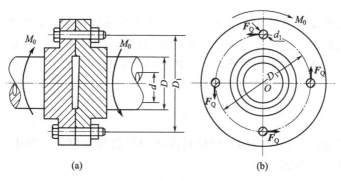

图 4-13

解　(1) 计算抗扭截面模量　空心轴的极惯性矩为

$$I_p = \frac{\pi}{32}(D^4 - d^4) = \frac{\pi}{32} \times (80^4 - 60^4) \times 10^{-12} = 275 \times 10^{-8} \text{m}^4$$

抗扭截面模量为

$$W_T = \frac{I_p}{\frac{D}{2}} = \frac{275 \times 10^{-8}}{40 \times 10^{-3}} = 6.88 \times 10^{-5} \text{m}^3$$

(2) 计算轴的许可载荷　由轴的强度条件

$$\tau_{max}=\frac{M_{T_{max}}}{W_T}\leqslant[\tau]$$

得 $$M_{T_{max}}\leqslant[\tau]W_T=40\times10^6\times6.88\times10^{-5}=2750\text{N}\cdot\text{m}$$

由于该轴的扭矩即为作用在轴上的力矩，所以轴的许可力矩为

$$M_0=2750\text{N}\cdot\text{m}$$

（3）计算联轴器的许可载荷　在联轴器中，由于承受剪切作用的螺钉是对称分布的，可以认为每个螺钉的受力相同。假想凸缘的接触面将螺钉截开，并设每个螺钉承受的剪力均为 F_Q，如图4-13(b)所示，由平衡方程

$$\sum M_0(F)=0 \qquad -M_0+4F_Q\frac{D_1}{2}=0$$

得 $$F_Q=\frac{M_0}{2D_1}$$

由剪切强度条件

$$\tau=\frac{F_Q}{A}=\frac{\frac{M_0}{2D_1}}{\frac{\pi d_1^2}{4}}\leqslant[\tau]$$

得 $$M_0\leqslant\frac{[\tau]\pi d_1^2 D_1}{2}=\frac{80\times10^6\times\pi\times12^2\times10^{-6}\times140\times10^{-3}}{2}=2530\text{N}\cdot\text{m}$$

计算结果表明，要使轴的扭转强度和螺钉的剪切强度同时被满足，最大许可力矩应小于2530N·m。

4.6 圆轴扭转的刚度条件和刚度计算

在工程上，对于发生扭转变形的圆轴，除了考虑圆轴满足强度条件之外，还要控制扭转变形在允许的范围以内，这样才能满足工程机械的精度等工程要求。一般情况采用单位长度扭转角作为衡量扭转变形大小的程度，它不能超过规定的许用值，即要满足扭转变形的刚度条件。

$$\theta=\frac{\varphi}{l}$$

对于扭矩是常量的等截面圆轴，单位长度扭转角的最大值一定发生在扭矩最大的截面处，所以刚度条件可以写成

$$\theta_{max}=\frac{M_{T_{max}}}{GI_p}\leqslant[\theta] \tag{4-16}$$

式中，单位长度扭转角的单位是rad/m。如果使用单位°/m，则上式可以写成

$$\theta_{max}=\frac{M_{T_{max}}}{GI_p}\times\frac{180}{\pi}\leqslant[\theta] \tag{4-17}$$

对于扭矩是分段常量的阶梯形截面圆轴，其刚度条件是

$$\theta_{max}=\left|\frac{M_T}{GI_p}\right|_{max}\leqslant[\theta] \tag{4-18}$$

或者写成

$$\theta_{\max} = \left| \frac{M_T}{GI_p} \right|_{\max} \times \frac{180}{\pi} \leqslant [\theta] \tag{4-19}$$

式中 $[\theta]$ 的值根据机械的工作条件确定，一般为

精密机械轴 $[\theta] = (0.25 \sim 0.50)°/m$

一般传动轴 $[\theta] = (0.5 \sim 1.0)°/m$

较低精度轴 $[\theta] = (1.0 \sim 2.5)°/m$

利用圆轴扭转刚度条件式(4-17)，虽然也可进行圆轴的刚度校核、设计截面尺寸和设计最大载荷，但一般用强度条件进行截面尺寸或承载能力的设计，用刚度条件进行刚度校核。

【例 4-7】 一传动轴如图 4-14(a) 所示，已知轴的转速 $n = 208r/min$，主动轮 A 传递功率为 $P_A = 6kW$，而从动轮 B、C 输出功率分别为 $P_B = 4kW$，$P_C = 2kW$，轴的许用切应力 $[\tau] = 30MPa$，许用单位扭转角 $[\theta] = 1°/m$，剪切弹性模量 $G = 80 \times 10^3 MPa$。试按强度条件及刚度条件设计轴的直径。

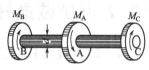
(a)

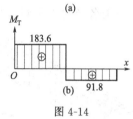
(b)

图 4-14

解 （1）计算轴的外力矩

$$M_A = 9549 \frac{P_A}{n} = 9549 \times \frac{6}{208} = 275.5 N \cdot m$$

$$M_B = 9549 \frac{P_B}{n} = 9549 \times \frac{4}{208} = 183.6 N \cdot m$$

$$M_C = 9549 \frac{P}{n} = 9549 \times \frac{2}{208} = 91.8 N \cdot m$$

（2）画扭矩图   根据扭矩图的绘制方法画出轴的扭矩图，如图 4-14(b) 所示。最大扭矩为

$$M_{T_{\max}} = M_{T_{AB}} = 183.6 N \cdot m$$

（3）按强度条件设计轴的直径

$$\tau_{\max} = \frac{M_T}{W_T} = \frac{M_T}{\dfrac{\pi d^3}{16}} \leqslant [\tau]$$

即

$$d \geqslant \sqrt[3]{\frac{16 \times 183.6 \times 10^3}{3.14 \times 30}} = 31.5 mm$$

（4）按刚度条件设计轴的直径

$$\theta_{\max} = \frac{M_T}{GI_p} \times \frac{180°}{\pi} = \frac{M_T}{\dfrac{\pi d^4}{32} G} \times \frac{180°}{\pi} \leqslant [\theta]$$

即

$$d \geqslant \sqrt[4]{\frac{32 M_{T\max} \times 180°}{G \pi^2 [\theta]}} = \sqrt[4]{\frac{32 \times 183.6 \times 180°}{80 \times 10^3 \times 10^6 \times 3.14^2 \times 1}} = 34 mm$$

为了满足刚度和强度的要求，应取两个直径中的较大值即取轴的直径 $d = 34mm$。

【例 4-8】 两空心轴通过联轴器用四个螺栓联结，如图 4-13 所示，螺栓对称安排在直径 $D_1 = 140mm$ 的圆周上。已知轴的外径 $D = 80mm$，内径 $d = 60mm$，轴的许用切应力 $[\tau] = 40MPa$，剪切弹性模量 $G = 80MPa$，许用单位长度扭转角 $[\theta] = 1°/m$，螺栓的许用切应力 $[\tau] = 80MPa$。试确定该结构允许传递的最大力矩。

解 （1）此题在例 4-6 中已解出，按强度设计允许传递的最大力矩为

$$M_0 \leqslant 2530 N \cdot m$$

并且在例 4-6 中已解出

$$I_p = 2.75 \times 10^6 \, mm^4$$

（2）按刚度条件确定轴所传递的力矩

$$\theta_{max} = \frac{M_T}{GI_p} \times \frac{180°}{\pi} \leqslant [\theta]$$

得

$$M_T \leqslant \frac{GI_p \pi [\theta]}{180°} = \frac{80 \times 10^3 \times 10^6 \times 2.75 \times 10^6 \times 10^{-12} \times 3.14 \times 1}{180°} = 3838 \, N \cdot m$$

计算结果表明，要使轴的强度、刚度和螺栓的强度同时满足，该结构所传递的最大力矩为

$$M_0 = 2530 \, N \cdot m$$

*4.7 非圆截面杆扭转简介

4.7.1 非圆截面杆和圆截面杆扭转时的区别

以前各节讨论了圆形截面杆的扭转，但有些受扭杆件的横截面并非圆形。例如农业机械中有时采用方轴作为传动轴，又如曲轴的曲柄承受扭转，而其横截面是矩形的。

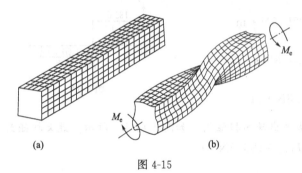

取一横截面为矩形的杆，在其侧面画上纵向线和横向周界线，如图 4-15(a) 所示，扭转变形后发现横向周界线已变为空间曲线，如图 4-15(b) 所示。这表明变形后杆的横截面已不再保持为平面，这种现象称为翘曲。所以，平面假设对非圆截面杆件已不再适用。

图 4-15

非圆截面杆件的扭转可分为自由扭转和约束扭转，等截面直杆两端受扭转力偶作用，且翘曲不受任何限制的情况属于自由扭转。这种情况下杆件各横截面的翘曲程度相同，纵向纤维的长度无变化，故横截面上没有正应力而只有切应力。如图 4-16(a) 所示即表示工字钢的自由扭转。若由于约束条件或受力条件的限制，造成杆件各横截面的翘曲程度不同，这势必引起相邻两截面间纵向纤维的长度改变。于是横截面上除切应力外还有正应力，这种情况称为约束扭转。如图 4-16(b) 所示即为工字钢的约束扭转。像工字钢、槽钢等薄壁杆件，约束扭转时横截面上的正应力是相当大的。但一些实体杆件，如截面为矩形或椭圆的杆件，因约束扭转而引起的正应力很小，与自由扭转并无太大差别。

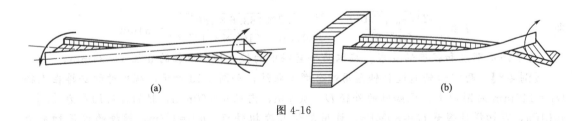

(a)   (b)

图 4-16

4.7.2 矩形截面杆的扭转

非圆截面杆件的扭转，一般在弹性力学中讨论，这里简单介绍弹性力学中关于矩形截面

等直杆自由扭转的主要结论。

由切应力互等定理可以得出，横截面上切应力的分布有下述特点，如图 4-17 所示。

① 截面周边各点处的切应力方向一定与周边平行（或相切）。

② 截面凸角 B 点处的切应力一定为零。

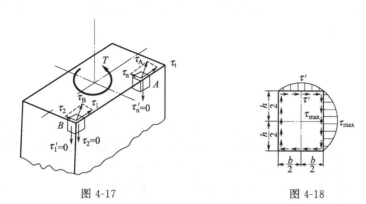

图 4-17　　　　　　　　　　图 4-18

设截面周边某点 A 处的切应力为 τ_A，如其方向与周边不平行，可将其分解为与边线垂直的应力分量 τ_n 和与边线相切的分量 τ_t。由切应力互等定理，与横截面垂直的自由表面上必有大小相等的切应力作用。但实际上自由表面上没有任何应力作用，即 $\tau_n'=0$。所以横截面上应力 $\tau_n=0$。因此横截面边线上的切应力一定与周边平行。同理可以证明凸角处的切应力一定为零。

如图 4-18 所示矩形截面，设 $h>b$。扭转时横截面上最大切应力发生于矩形长边的中点，其最大切应力为

$$\tau_{\max}=\frac{M_T}{\alpha h b^2} \tag{4-20}$$

式中，α 为一个与比值 h/b 有关的系数，其数值如表 4-2 所示。

短边中点的切应力 τ_1 是短边上最大的切应力，并按以下公式计算

$$\tau_1=\gamma\tau_{\max} \tag{4-21}$$

式中，$\tau_{\max}$ 为长边中点的最大切应力。系数 γ 与比值 h/b 有关，表 4-2 已列出其值。矩形截面周边切应力分布如图 4-18 所示。

表 4-2　矩形截面杆扭转时的系数 α、β 和 γ

$\dfrac{h}{b}$	α	β	γ	$\dfrac{h}{b}$	α	β	γ
1.00	0.208	0.141	1.000	1.20	0.219	0.166	0.930
1.50	0.231	0.196	0.858	1.75	0.239	0.214	0.820
2.00	0.246	0.229	0.796	2.50	0.258	0.249	0.767
3.0	0.267	0.263	0.753	4.0	0.282	0.281	0.745
5.0	0.291	0.291	0.744	6.0	0.299	0.299	0.743
8.0	0.307	0.307	0.743	10.0	0.313	0.313	0.743
∞	0.333	0.333	0.743				

杆件两端相对扭转角 φ 的计算公式为

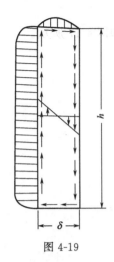

$$\varphi = \frac{M_T l}{G\beta b^3 h} \tag{4-22}$$

式中，系数 β 与比值 h/b 有关，也列于表 4-2 中。

从表 4-2 中可见，当 $h/b > 10$ 时，截面成为狭长矩形，这时 $\alpha = \beta \approx 1/3$。如以 δ 表示狭长矩形短边的长度，则式(4-20)和式(4-22)可分别写为

$$\tau_{max} = \frac{3M_T}{h\delta^2} \tag{4-23}$$

$$\varphi = \frac{3M_T l}{Gh\delta^3} \tag{4-24}$$

在狭长矩形截面上，扭转切应力的变化规律如图 4-19 所示。显然最大切应力在长边的中点，但沿长边各点的切应力实际上变化不大，接近相等。在靠近短边处切应力才迅速减小为零。

图 4-19

【例 4-9】 一钢制矩形截面等直杆，长 $l = 3\text{m}$，横截面尺寸为 $h = 150\text{mm}$，$b = 75\text{mm}$，杆的两端作用一对 $M_e = 5\text{kN·m}$ 的扭转力偶。已知钢的许用切应力 $[\tau] = 40\text{MPa}$，剪切弹性模量 $G = 80\text{GPa}$，单位长度许用扭转角 $[\theta] = 0.5°/\text{m}$，试校核此杆的强度和刚度。

解 该杆内的扭矩为

$$M_T = M_e = 5\text{kN·m}$$

由横截面尺寸求得

$$\frac{h}{b} = \frac{150}{75} = 2$$

查表 4-2，得 $\alpha = 0.246$，$\beta = 0.229$，于是

$$\tau_{max} = \frac{M_T}{\alpha h b^2} = \frac{5 \times 10^3 \times 10^3}{0.246 \times 75^2 \times 150} = 24.1\text{MPa} < [\tau] = 40\text{MPa}$$

$$\theta = \frac{\varphi}{l} = \frac{M_T}{G\beta b^3 h} = \frac{5 \times 10^3}{80 \times 10^9 \times 0.229 \times 75^3 \times 10^{-9} \times 150 \times 10^{-3}}$$

$$= 4.31 \times 10^{-3}\text{rad/m} = 0.247°/\text{m} < [\theta]$$

此杆满足强度和刚度要求。

4.8 扭转超静定问题

前面讨论的各种扭转问题，无论是约束反力偶矩还是任意截面的扭矩仅根据平衡方程就可以求出。这类仅由平衡方程就可确定全部未知力偶矩的轴称为静定轴。

如图 4-20(a)所示实心阶梯圆截面轴 AB，其两端固定，C 截面作用外力偶矩 M_e。设该轴两端的约束反力偶矩分别为 M_A 和 M_B。但轴的有效平衡方程只有一个，显然，仅由方程不能确定上述约束反力偶矩。因此把这种仅根据平衡条件不能确定全部未知力偶矩的轴称为超静定轴。

与拉伸（压缩）超静定问题相似，要分析扭转超静定问题，除了利用静力平衡方程外，还需通过变形协调方程和物理方程来建立足够的补充方程。

现以如图 4-20(a)所示问题为例，确定两端截面的约束反力偶矩，以及 M_e 作用的 C 截面处的扭转角 φ。

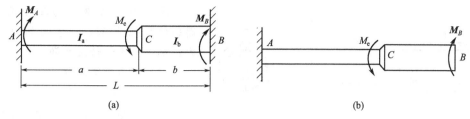

图 4-20

由于轴 AB 上作用有两个未知的约束反力偶矩 M_A、M_B，但只有一个静力平衡方程，故为一次超静定问题。

（1）静力平衡方程　根据平衡方程

$$\sum M_x = 0 \qquad M_A + M_B - M_e = 0 \tag{g}$$

（2）变形协调方程　设轴右端的约束为多余约束，解除多余约束 B，用约束反力偶矩 M_B 代替，如图 4-20(b) 所示。这时 B 端的总转角 φ_B 为 M_B 和 M_e 所产生的转角之和，由于 B 端为固定端，其转角 φ_B 必须等于零。故其变形协调方程为

$$\varphi_B = \varphi_{AC} + \varphi_{CB} = 0 \tag{h}$$

（3）物理方程　分别求出 AC 和 CB 段的扭矩为

$$M_{T_{AC}} = M_e - M_B$$

$$M_{T_{CB}} = -M_B$$

代入圆轴扭转变形计算公式(4-11) 得

$$\varphi_{AC} = \frac{M_{T_{AC}} a}{GI_{AC}} = \frac{M_e a}{GI_{AC}} - \frac{M_B a}{GI_{AC}}$$

$$\varphi_{CB} = \frac{-M_B b}{GI_{CB}} \tag{i}$$

将式(i) 代入式(h)，得补充方程

$$\frac{M_e a}{GI_{AC}} - \frac{M_B a}{GI_{AC}} - \frac{M_B b}{GI_{CB}} = 0 \tag{j}$$

由式(j) 可得

$$M_B = \frac{M_e a I_{CB}}{a I_{CB} + b I_{AC}}$$

代入平衡方程式(g)

$$M_A = M_B \frac{b I_{AC}}{a I_{CB}}$$

M_e 作用的 C 截面处的扭转角 φ_C，可根据轴的左侧或右侧部分求出

$$\varphi_C = \frac{M_A a}{GI_{AC}} = \frac{M_B b}{GI_{CB}} = \frac{M_e ab}{G(b I_{AC} + a I_{CB})}$$

【例 4-10】　如图 4-21 所示一空心圆管 A 套在实心圆轴 B 的一端，两轴的同一截面处各有一直径相同的贯穿孔，两孔中心的夹角为 β，首先在轴 B 上施加外力偶矩，使其扭转到两孔对准的位置，并在孔中装销钉，试求在外力偶解除后两轴所受的扭矩。

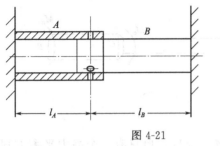

图 4-21

解 设圆管截面的扭矩为 M_{T_A}，圆轴的扭矩为 M_{T_B}。装上销钉后无外力，属于一次超静定问题。

（1）静力平衡方程

$$M_{T_A} = M_{T_B} \qquad (k)$$

（2）变形协调方程　由于安装销钉前两孔的夹角为 β，所以

$$\varphi_A + \varphi_B = \beta \qquad (1)$$

（3）物理方程　根据公式(4-11) 得

$$\varphi_A = \frac{M_{T_A} l_A}{G I_{pA}}$$

$$\varphi_B = \frac{M_{T_B} l_B}{G I_{pB}}$$

将上述关系代入式(l)，即得补充方程

$$\frac{M_{T_A} l_A}{G I_{pA}} + \frac{M_T l_B}{G I_{pB}} = \beta \qquad (m)$$

最后，联立求解平衡方程（k）与补充方程式(m)，得

$$M_{TA} = M_{TB} = \frac{\beta G}{\dfrac{l_A}{I_{pA}} + \dfrac{l_B}{I_{pB}}} = \frac{\beta G I_{pA} I_{pB}}{l_A I_{pB} + l_B I_{pA}}$$

学习方法和要点提示

1. 推导圆轴扭转时的切应力公式，实质上也是一个超静定问题，需要从静力平衡关系、变形协调关系和物理关系三个方面综合考虑。在此基础上推出圆轴扭转时的变形计算公式，进而建立圆轴扭转的强度条件和刚度条件。

2. 本章的重点是圆轴扭转时的强度和刚度计算，在学习中要理解应力和变形两个计算公式中各个量的力学含义，能够熟练运用强度和刚度条件解决工程实际中的三类问题：强度和刚度校核、载荷估计、截面尺寸设计。

3. 纯剪切单元体斜截面上的应力，如图 4-22 所示，截面外法线为 x 轴正向的面上切应力为正，斜截面 α（从 $x \to n$ 为逆时针转向为正）上的应力为

$$\left. \begin{array}{l} \sigma_\alpha = -\tau \sin 2\alpha \\ \tau_\alpha = \tau \cos 2\alpha \end{array} \right\}$$

由式可见

$$\alpha = 0°, \quad \sigma_{0°} = 0 \quad \tau_{0°} = \tau_{max}$$
$$\alpha = 90°, \quad \sigma_{90°} = 0 \quad \tau_{90°} = \tau_{min} = -\tau$$
$$\alpha = -45°, \quad \sigma_{-45°} = \sigma_{max} = \tau \quad \tau_{-45°} = 0$$
$$\alpha = 45°, \quad \sigma_{-45°} = \sigma_{min} = -\tau \quad \tau_{45°} = 0$$

以上讨论可以说明材料在扭转实验中出现的现象。低碳钢试件扭转时的屈服现象是材料沿横截面产生滑移的结果；铸铁试件沿约 $45°$ 的螺旋面断裂，是由于最大拉应力作用的结果。

图 4-22

4. 扭转超静定问题，扭转超静定问题与拉压超静定问题相似，都必须考虑静力平衡关系、变形几何关系和物理关系三个方面，将物理关系代入变形几何关系，得出补充方程。将此补充方程同静力平衡方程联立，从而解出各内力。需要强调的是，扭转中超静定轴的变形几何关系，

往往是与同轴的扭转角相关的。例如由两种材料制成的轴，一种材料的管套在另一种材料的管或实心杆上，两轴刚性连接，整个组合轴受扭矩作用，通常必需要用组合轴的变形几何方程来补充静力平衡方程以使总的方程数目等于未知力（偶）数目。上述情况下未知量是各种材料所承受的扭矩，因此，变形几何关系就应当为各种材料的转角相等，然后，代入物理关系，即得补充方程。

5. 习题分类及解题要点，本章习题大致分为五类。

（1）圆轴扭转外力偶矩的计算，在已知外力和力臂时可以直接计算外力偶矩，已知圆轴传递的功率和转速时，需要利用公式(4-1)求外力偶矩。

（2）圆轴扭转时的内力计算和扭矩图的绘制，内力的求解采用截面法，计算中要注意扭矩的正负号规定。通过绘制扭矩图确定构件的危险截面。

（3）圆轴扭转时的应力计算和变形计算，并在此基础上解决圆轴的强度问题和刚度问题。注意实心圆截面和空心圆截面的极惯性矩和抗扭截面模量的区别，对于空心横截面圆轴特别要注意横截面上切应力的分布规律。

（4）扭转超静定问题，基本思路与拉压超静定相同，应综合考虑静力平衡、变形几何关系和物理关系三个方面。将物理关系带入变形几何关系得到需要的变形补充方程，进而与静力平衡方程联立求解。

（5）其他非圆截面杆的扭转计算问题。

思　考　题

1. 横截面积相同的空心圆轴与实心圆轴，哪一个的强度、刚度较好？工程中为什么使用实心轴较多？

2. 试绘制如图 4-23 所示圆轴的扭矩图，并说明三个轮子应如何布置比较合理。

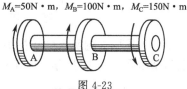

$M_A=50\text{N}\cdot\text{m}$，$M_B=100\text{N}\cdot\text{m}$，$M_C=150\text{N}\cdot\text{m}$

图 4-23

3. 试述切应力互等定律。

4. 变速箱中，为何低速轴的直径比高速轴的直径大？

5. 内、外径分别为 d 和 D 的空心轴，其横截面的极惯性矩为 $I_P=\dfrac{1}{32}\pi D^4-\dfrac{1}{32}\pi d^4$，抗扭截面模量为 $W_T=\dfrac{1}{16}\pi D^3-\dfrac{1}{16}\pi d^3$。以上计算是否正确？何故？

6. 图 4-24(a)、(b) 所示是低碳钢和铸铁试件受扭破坏后的断口，试指出哪个是低碳钢试件，哪个是铸铁试件？并说明为什么会形成这样的断口。

(a)　　　　　　　　　　　　(b)

图 4-24

7. 当圆轴扭转强度不够时，可采取哪些措施？

8. 直径 d 和长度 l 都相同，而材料不同的两根轴，在相同的扭矩作用下，它们的最大切应力 $\tau_{\max}$ 是否相同？扭转角 ϕ 是否相同？为什么？

9. 当轴的扭转角超过许用扭转角时，用什么方法来降低扭转角？改用优质材料的方法好不好？

习　　题

4-1　试求如题 4-1 图所示各轴的扭矩，绘制扭矩图并求最大扭矩值。

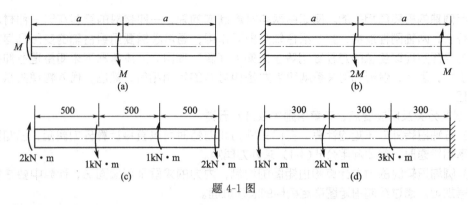

题 4-1 图

4-2　某传动轴如题 4-2 图所示，转速 $n=300$ r/min（转/分），轮 1 为主动轮，输入的功率 $P_1=50$ kW，轮 2、轮 3 与轮 4 为从动轮，输出功率分别为 $P_2=10$ kW，$P_3=P_4=20$ kW。

（1）试画轴的扭矩图，并求轴的最大扭矩。

（2）若将轮 1 与轮 3 的位置对调，轴的最大扭矩变为何值，对轴的受力是否有利。

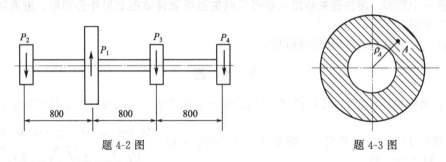

题 4-2 图　　　　　　　　　题 4-3 图

4-3　如题 4-3 图所示空心圆截面轴，外径 $D=40$ mm，内径 $d=20$ mm，扭矩 $M_T=1$ kN·m，试计算横截面上 A 点处（$\rho_A=15$ mm）的扭转切应力 τ_A，以及横截面上的最大与最小扭转切应力。

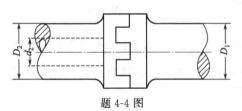

题 4-4 图

4-4　如题 4-4 图所示实心轴和空心轴通过牙嵌式离合器连接在一起。已知轴的转速 $n=100$ r/min，传递的功率 $P=7.5$ kW，材料的许用切应力 $[\tau]=40$ MPa，试选择实心轴的直径 D_1 和内外径比值为 0.5 的空心圆轴外径 D_2。

4-5　如题 4-5 图所示绞车由两人操作，若每人加在手柄上的力 $F=200$ N，已知 AB 轴的许用切应力 $[\tau]=40$ MPa，试按照强度条件设计轴的直径，并确定绞车的最大起重量 W。

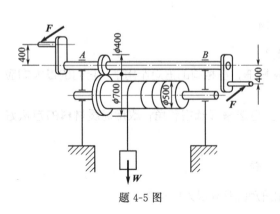

题 4-5 图

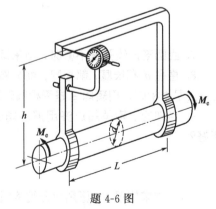

题 4-6 图

4-6　测量扭转角装置如题 4-6 图所示，已知 $L=100\text{mm}$，$d=10\text{mm}$，$h=100\text{mm}$，当外力偶矩增量 $\Delta M_e=2\text{N}\cdot\text{m}$ 时，百分度的读数增量为 25 分度（1 分度 $=0.01\text{mm}$）。试计算材料的剪切弹性模量 G。

4-7　有一外径为 $D=100\text{mm}$、内径为 $d=80\text{mm}$ 的空心圆轴如题 4-7 图所示，它与一直径为 $d=80\text{mm}$ 的实心圆轴用键相连接，这根轴在 A 处由电动机带动，输入功率 $P_1=150\text{kW}$；在 B、C 处分别输出功率 $P_2=75\text{kW}$，$P_3=75\text{kW}$，若已知轴的转速为 $n=300\text{r/min}$，许用切应力 $[\tau]=40\text{MPa}$；键的尺寸为 $10\text{mm}\times10\text{mm}\times30\text{mm}$，键的许用应力 $[\tau]=100\text{MPa}$，$[\sigma]=280\text{MPa}$。试校核轴和键的强度。

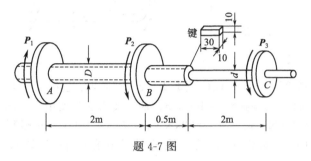

题 4-7 图

4-8　某机器传动轴如题 4-8 图所示，已知轮 B 输入功率 $P_B=30\text{kW}$，轮 A、C、D 分别输出功率为 $P_A=15\text{kW}$，$P_C=10\text{kW}$，$P_D=5\text{kW}$，轴的转速 $n=500\text{r/min}$，轴材料的许用应力 $[\tau]=40\text{MPa}$，许用单位长度扭转角 $[\theta]=1°/\text{m}$，剪切弹性模量 $G=80\text{GPa}$。试按轴的强度和刚度设计轴的直径。

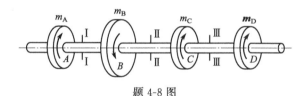

题 4-8 图

4-9　空心钢轴的外径 $D=100\text{mm}$，内径 $d=50\text{mm}$。已知间距为 $l=2.7\text{m}$ 的两横截面的相对扭转角 $\phi=1.8°$，材料的剪切弹性模量 $G=80\text{GPa}$。试求：

（1）轴内的最大切应力；

（2）当轴以 $n=80\text{r/min}$ 的速度旋转时，轴所传递的功率。

4-10　桥式起重机传动轴如题 4-10 图所示，若传动轴内扭矩为 $M_T=1.08\text{kN}\cdot\text{m}$，材料的许用切应力为 $[\tau]=40\text{MPa}$，$G=80\text{GPa}$，同时规定 $[\theta]=0.5°/\text{m}$，试设计轴的直径。

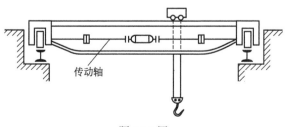

传动轴

题 4-10 图

4-11　如题 4-11 图所示传动轴的转速为 $n=500\text{r/min}$，轮 A 输入功率 $P_1=368\text{kW}$，轮 B、轮 C 分别输出功率 $P_2=147\text{kW}$，$P_3=221\text{kW}$，若 $[\tau]=70\text{MPa}$，$G=80\text{GPa}$，$[\theta]=1°/\text{m}$。

（1）试确定 *AB* 段的直径 d_1 和 *BC* 段的直径 d_2。

（2）若 *AB* 和 *BC* 两段选用同一直径，试确定直径 *d*。

（3）主动轮和从动轮应如何布置才比较合理？

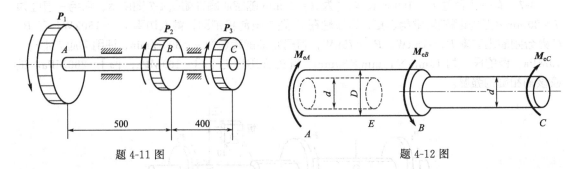

题 4-11 图　　　　　　　　　　题 4-12 图

4-12　如题 4-12 图所示阶梯轴 *ABC*，其 *BC* 段为实心轴，直径 *d*＝100mm，*AB* 段 *AE* 部分为空心轴，外径 *D*＝141mm，内径 *d*＝100mm，轴上装有三个皮带轮。已知作用在皮带轮上的外力偶的力偶矩 M_{eA}＝18kN·m，M_{eB}＝32kN·m，M_{eC}＝14kN·m 材料的剪切弹性模量 *G*＝80GPa，许用切应力 $[\tau]$＝80MPa，单位长度许用扭转角 $[\theta]$＝1.2°/m，试校核轴的强度和刚度。

4-13　直径 *d*＝25mm 的钢圆杆，受轴向拉力 *F*＝60kN 作用时，在标距为 200mm 的长度内伸长了 0.113mm。当其承受一对扭转外力偶矩 M_e＝0.2kN·m 时，在标距为 200mm 的长度内相对扭转了 0.732°的角度。试求钢材的弹性常数 *E*、*G* 和泊松比 *μ*。

第5章

弯曲内力

本章要求：掌握平面弯曲内力的计算方法，利用剪力方程和弯矩方程作剪力图和弯矩图，熟练掌握利用载荷集度、剪力和弯矩间的微分关系画剪力图和弯矩图。

重点：平面弯曲的概念；弯曲内力——剪力和弯矩；熟练准确地列出剪力方程、弯矩方程并绘制剪力图、弯矩图不仅是本章的重点，而且在以后各章的学习中也是十分重要的。因此在掌握内力的正负号规定的基础上，先由内力方程画内力图，在熟悉载荷集度、剪力和弯矩间的微分关系后，直接准确地画出剪力图和弯矩图。

难点：一般初学者对弯曲变形的受拉（压）侧比较抽象，易出现正负画错；利用载荷集度、剪力和弯矩间的微分关系及突变关系不熟练而造成将内力图画错；刚架内力图的画法，特别是段的分与合、力的平移等效、角点弯矩值的等值同侧运用。

5.1 弯曲的概念

在工程实际中，经常遇到受力而发生弯曲变形的构件，如图 5-1(a) 所示矿车轮轴，它在重力和轨道的反力作用下，车轴将变成一条曲线，如图 5-1(b) 所示；又如图 5-1(c) 所示的桥式吊车的横梁，在载荷和梁自重作用下也将发生弯曲变形，如图 5-1(d) 所示；再如变速箱中的齿轮轴，如图 5-1(e) 所示；齿轮的受力作用在齿轮轴上，使齿轮轴发生弯曲变

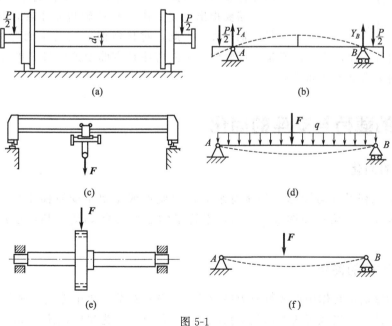

图 5-1

形，如图 5-1(f) 所示。

上述各例中的杆件受力的共同特点是：外力作用线垂直于杆的轴线，或外力偶作用面垂直于横截面。它们的变形特点是：杆件的轴线由原来的直线变成曲线。

杆件承受垂直于其轴线的外力或位于其轴线所在平面力偶作用时，其轴线将弯曲成曲线，这种受力与变形形式称为弯曲；主要承受弯曲的杆件称为梁。在外力作用下，梁的横截面上将产生剪力和弯矩两种内力。

工程中梁的横截面有的具有对称轴（一根对称轴或两根对称轴），有的则没有对称轴。有对称轴的截面，如矩形、工字形、T 形及圆形等，如图 5-2 所示。

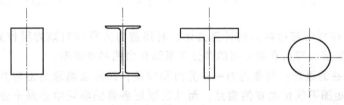

图 5-2

工程中常见的梁，大部分横截面都有一根对称轴，因而整个杆件有一个包含轴线的纵向对称面，如图 5-3(a) 所示，简称对称面。

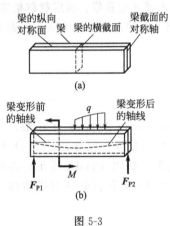

图 5-3

若梁上所有的横向力及力偶均作用在包含该对称轴的纵向对称面内，则弯曲变形后的轴线必定是在该纵向对称面内的平面曲线，这种弯曲形式称为对称弯曲，如图 5-3(b) 所示。梁的横截面如果没有对称轴，载荷只要施加在特定的平面内，梁变形后的轴线也会位于载荷作用面内，这种弯曲称为平面弯曲。所谓特定平面就是横截面的惯性主轴所组成的平面。若梁不具有纵向对称面，或虽具有纵向对称面但横向力或力偶不作用在纵向对称面内，这种弯曲称为非对称弯曲。对称弯曲是弯曲问题中最常见的情况。

需要指出的是，由于对称轴也是主轴，所以对称面也是主轴平面，因此，对称弯曲一定是平面弯曲，而平面弯曲既可以是对称弯曲，也可以不是对称弯曲；平面弯曲是弯曲变形中最简单最常见的情况，本章只限于研究直梁的平面弯曲。

5.2 梁的载荷与支座的简化

5.2.1 梁的简化

为了便于工程设计与计算，将所有承受弯曲变形或主要承受弯曲变形的杆件进行简化，即力学模型——梁；如图 5-1 所示，不管梁的截面形状如何，都可以用梁的轴线来代替。

5.2.2 外载荷的简化

梁所受的载荷按其作用形式可分为集中载荷、分布载荷、集中力偶三种类型。

（1）集中载荷　当载荷的作用范围很小时，可将其简化为集中载荷。如图 5-4(a) 所示，辊轴两端轴承的支座反力分布在远比轴长 l 小很多的轴颈 a 上，此种情况下可将其简化为作用在轴颈长度中点的集中力 F_A 与 F_B，如图 5-4(b) 所示。

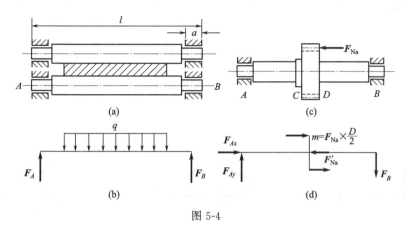

图 5-4

（2）分布载荷　当载荷连续分布在梁的全长或部分长度上时，可将其简化为分布载荷，如图 5-4(a) 所示的作用在辊轴上的压轧力。分布载荷的大小，用单位长度上所受的载荷 q 表示，如图 5-4(b) 所示，它的单位是 N/m 或 kN/m。当载荷均匀分布时，又称为均布载荷，即 q 为常数；当载荷分布不均匀时，q 沿梁的轴线变化，即 $q=q(x)$，q 为 x 的函数。

（3）集中力偶　当梁上很小一段长度上作用力偶时，可将力偶简化为作用在该段长度的中间截面上，称为集中力偶。如图 5-4(c) 所示，装有斜齿轮的传动轴，将其作用于齿轮上的轴向力 F_{Na} 平移到轴线上，得到一个轴向作用力 F'_{Na} 和一个力偶 $m=F_{Na} \times D/2$。由于 CD 段比轴的长度短得多，因此，可简化为作用在 CD 段中点截面的集中力偶，如图 5-4(d) 所示。

5.2.3　常见支座的简化

如图 5-4(a) 所示的辊轴，轴的两端为短滑动轴承。在外力作用下将引起轴的弯曲变形，这将使两端横截面发生很小的角度偏转。由于支撑处的间隙等原因，短滑动轴承并不能约束该处的微小偏转，这样就可把短滑动轴承简化成铰链支座。又因为轴肩与轴承端面的接触限制了轴线方向的移动，故可将两轴承中其中之一简化成固定铰链支座，另一端简化成可动铰链支座。又如火车轮轴，通过车轮置于钢轨之上，钢轨不限制车轮平面的微小偏转，但车轮凸缘与钢轨的接触可约束轮轴轴线方向的位移，所以可将两条钢轨分别简化为一个固定铰链支座，一个可动铰链支座。又如轴向尺寸较大的长轴承，其约束能力远大于短轴承，有时就可视为固定端。

梁的支座结构虽各不相同，按它所具备的约束能力，可将其简化为以下三种形式。

（1）活动铰链支座。如梁在支座处沿垂直于支承面的方向不能移动，可在平行于支承面的方向移动和转动。相应的仅有一个垂直于支承面的支座反力 F_{Ay}，如图 5-5(a) 所示。

（2）固定铰链支座。如梁在支承处只能转动，而不能沿任何方向移动，相应的支座反力为沿轴线方向的反力 F_{Ax} 和沿垂直于支承面的反力 F_{Ay}，如图 5-5(b) 所示。

（3）固定端。这种支座限制了梁在该处任何方向的位移和转动，共有 6 个支座反力。在平面问题中有 3 个分量：沿轴线方向的反力 F_{Ax}、垂直于轴线方向的反力 F_{Ay} 和反力偶 M_A，如图 5-5(c) 所示。

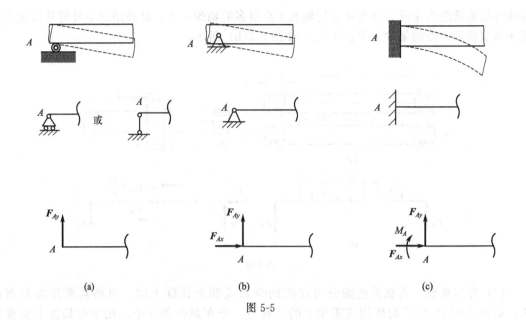

图 5-5

5.2.4　静定梁的基本形式

通过载荷和支座的简化，得出了梁的计算简图，计算简图确定后，若梁的支座反力的方向和大小均可由静力平衡方程完全确定，则称为静定梁。常见的静定梁按照不同的支承，可分为以下三种类型。

（1）简支梁。梁的一端为固定铰链支座，另一端为可动铰链支座（辊轴支座），如图 5-6（a）所示。

（2）外伸梁。当简支梁的一端或两端伸出支座以外，如图 5-6（b）所示。

（3）悬臂梁。梁的一端固定，另一端自由，如图 5-6（c）所示。

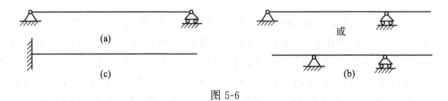

图 5-6

5.3 剪力和弯矩

为建立梁的强度和刚度条件，应先确定梁在外力作用下任一横截面上的内力。根据平衡方程，可求得静定梁在载荷作用下的支座反力，于是作用在梁上的外力均为已知量，进一步利用截面法就可以求某个截面上的内力。

5.3.1　梁的剪力与弯矩

如图 5-7（a）所示的简支梁，其 A、B 两端的支座反力分别为 F_A、F_B，可由梁的静力平衡方程求得。

假想用截面将梁分为两部分，并以截面以左部分为研究对象，如图 5-7（b）所示。由于梁的整体处于平衡状态，因此从中取出的各个部分也应处于平衡状态。据此，截面 $I\text{—}I$ 上将产生内力，这些内力将与外力 P_1、F_A 在梁的左段构成平衡力系。由平衡方程

$$\sum F_y = 0 \qquad F_A - P_1 - F_S = 0$$

得 $\qquad F_S = F_A - P_1 \qquad$ （a）

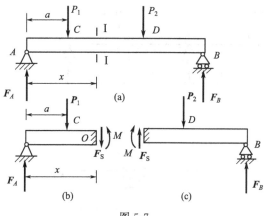

图 5-7

式中，F_S 为与横截面相切的内力，称为横截面 $I\text{—}I$ 上的剪力，它是与横截面相切的分布内力系的合力。

根据平衡条件，若把左段上的所有外力和内力对截面 $I\text{—}I$ 的形心 O 取矩，其力矩总和应为零，即

$$\sum M_O = 0 \qquad M + P_1(x-a) - F_A x = 0$$

则

$$M = F_A x - P_1(x-a) \qquad （b）$$

内力偶矩 M 称为横截面 $I\text{—}I$ 上的弯矩，它是与横截面垂直的分布内力系的合力偶矩。

剪力和弯矩均为梁横截面上的内力，实际上是右段梁对左段梁的作用，根据作用与反作用原理，若取右段梁为研究对象，右段梁在同一横截面上必有数值上分别与式（a）、式（b）相等，而指向和转向相反的剪力和弯矩，如图 5-7(c) 所示。

5.3.2　剪力和弯矩的符号规定

为使以左、右两段梁为研究对象时算得的同一横截面上的剪力和弯矩在正负号上也相同，结合变形情况，对剪力、弯矩的正负号做如下规定。

（1）剪力 F_S：使梁产生顺时针转动的剪力规定为正，反之为负，如图 5-8(a) 所示。

（2）弯矩 M：使梁的下部产生拉伸而上部产生压缩的弯矩（凹面向上）规定为正，反之（凹面向下）为负，如图 5-8(b) 所示。

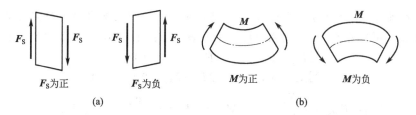

F_S 为正　　F_S 为负　　M 为正　　M 为负

(a)　　　　　　　　　(b)

图 5-8

【例 5-1】　外伸梁受载荷作用如图 5-9(a) 所示。图中截面 1—1 和截面 2—2 都无限接近于截面 A，截面 3—3 和截面 4—4 也都无限接近于截面 D。试求图示各截面的剪力和弯矩。

解　（1）确定约束反力　根据平衡方程

$$\sum M_B = 0 \qquad F_P 6l - F_{Ay} 4l - M_e = 0$$

得 $\qquad F_{Ay} = \dfrac{5}{4} F_P$

$$\sum M_A = 0 \qquad F_P 2l + F_{By} 4l - M_e = 0$$

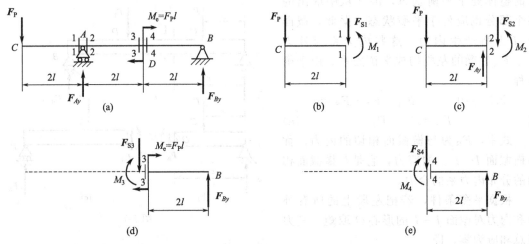

图 5-9

得
$$F_{By} = -\frac{1}{4}F_P$$

（2）求截面 1—1 上的剪力和弯矩　用截面 1—1 将梁截开，选取左半部分为研究对象，在截开的截面上假设正方向的剪力 F_{S1} 和弯矩 M_1，受力图如图 5-9（b）所示。根据平衡方程

$$\sum F_y = 0 \qquad -F_P - F_{S1} = 0$$
$$\sum M_1 = 0 \qquad 2F_P l + M_1 = 0$$

求得
$$F_{S1} = -F_P, \qquad M_1 = -2F_P l$$

（3）求截面 2—2 上的内力　用截面 2—2 将梁截开，选取左半部分为研究对象，在截开的截面上假设正方向的剪力 F_{S2} 和弯矩 M_2，受力如图 5-9（c）所示。根据平衡方程

$$\sum F_y = 0, \qquad F_{Ay} - F_P - F_{S2} = 0$$
$$\sum M_2 = 0, \qquad 2F_P l + M_2 = 0$$

求得
$$F_{S2} = F_{Ay} - F_P = \frac{5}{4}F_P - F_P = \frac{1}{4}F_P \qquad M_2 = -2F_P l$$

（4）求截面 3—3 的内力　用截面 3—3 将梁截开，选取右半部分为研究对象，在截开的截面上假设正方向的剪力 F_{S3} 和弯矩 M_3，受力如图 5-9（d）所示。根据平衡方程

$$\sum F_y = 0, \qquad -F_{S3} + F_{By} = 0$$
$$\sum M_3 = 0, \qquad -M_3 - M_e + 2F_{By} l = 0$$

求得
$$F_{S3} = F_{By} = \frac{-F_P}{4} \qquad M_3 = -F_P l - 2\frac{F_P}{4} l = -\frac{3}{2}F_P l$$

（5）求截面 4—4 的内力　用截面 4—4 将梁截开，选取右半部分为研究对象，在截开的截面上假设正方向的剪力 F_{S4} 和弯矩 M_4，受力如图 5-9（e）所示。根据平衡方程

$$\sum F_y = 0, \qquad -F_{S4} + F_{By} = 0$$
$$\sum M_4 = 0, \qquad -M_4 + 2l F_{By} = 0$$

求得
$$F_{S4} = F_{By} = \frac{-F_P}{4} \qquad M_4 = 2F_{By} l = -\frac{1}{2}F_P l$$

（6）小结

① 用截面法求内力的步骤是：

a. 截开：在需求内力的截面处，用假想的截面将构件截为两部分。

b. 保留：留下一部分为分离体，弃去另一部分。

c. 替代：以内力代替弃去部分对留下部分的作用，绘分离体受力图（包括作用于分离体上的荷载、约束反力、待求内力）。

d. 平衡：由平衡方程来确定内力值。

② 比较所得到的截面 1-1 和截面 2-2 的计算结果

$$F_{S2} - F_{S1} = \frac{F_P}{4} - (-F_P) = \frac{5}{4}F_P = F_{Ay}$$

$$M_2 = M_1$$

可以发现，在集中力作用截面左右两侧无限接近的横截面上弯矩相同，而剪力不同，剪力相差的数值等于该集中力的数值。这表明，在集中力作用截面的两侧截面上，弯矩没有变化，剪力却有突变，突变值等于集中力的数值。

③ 比较截面 3-3 和截面 4-4 的计算结果

$$F_{Q4} = F_{Q3}$$

$$M_4 - M_3 = \frac{-F_P l}{2} - \left(-\frac{3}{2}F_P l\right) = F_P l = M_e$$

可以发现，在集中力偶作用截面左右两侧无限接近的横截面上剪力相同，而弯矩不同。这表明，在集中力偶作用截面的两侧截面上，剪力没有变化，弯矩却有突变，突变值等于集中力偶的数值。

上述结果为以后建立剪力方程与弯矩方程及绘制剪力图和弯矩图提供了重要的启示，在集中力作用处的两侧必须分段建立剪力方程，在集中力偶作用处的两侧必须分段建立弯矩方程。

【例 5-2】 如图 5-10(a) 所示，简支梁受一个集中力 F 和集度为 q 的均布荷载作用。已知 $l = 4\text{m}$，求跨中 C 截面的剪力 F_S 和弯矩 M_C。

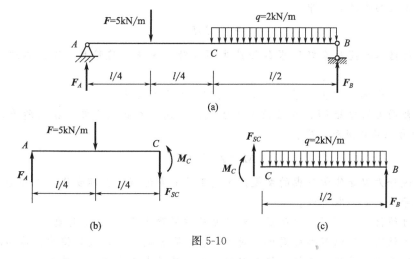

图 5-10

解：（1）求支座反力。考虑梁的整体平衡

$$\sum M_A(F) = 0 \quad F_B l - q \times \frac{l}{2} \cdot \frac{3l}{4} - F \cdot \frac{l}{4} = 0$$

$$F_B = \frac{3}{8}ql + \frac{F}{4} = 4.25\text{kN}$$

$$\sum F_y = 0 \quad F_A + F_B - F - \frac{ql}{2} = 0$$

$$F_A = F + \frac{ql}{2} - F_B = 4.75\text{kN}$$

（2）求截面 C 的剪力 F_{SC} 与弯矩 M_C

取截面 C 左侧梁段为分离体，如图 5-10(b) 所示，由平衡方程，得

$$\sum F_y = 0 \quad F_A - F - F_{SC} = 0$$

$$F_{SC} = F_A - F = -0.25\text{kN}$$

$$\sum M_C(F) = 0 \quad M_C + F\frac{l}{4} - F_A\frac{l}{2} = 0$$

$$M_C = F_A\frac{l}{2} - \frac{Fl}{4} = 4.5\text{kN·m}$$

或者，如图 5-10(c) 所示，取截面 C 右侧梁段为分离体，由平衡方程，得

$$\sum F_y = 0 \quad F_{SC} - q\frac{l}{2} + F_B = 0$$

$$F_{SC} = \frac{ql}{2} - F_B = -0.25\text{kN}$$

$$\sum M_C(F) = 0 \quad -M_C - q\frac{l}{2}\frac{l}{4} + F_B\frac{l}{2} = 0$$

$$M_C = F_B\frac{l}{2} - \frac{ql^2}{8} = 4.5\text{kN·m}$$

总结上例求解过程可以发现梁的内力计算的两个规律：

（1）梁横截面上的剪力 F_S，在数值上等于该截面一侧（左侧或右侧）所有外力在与截面平行方向投影的代数和。即：

$$F_S = \sum F_{yi}$$

若外力使选取研究对象绕所求截面产生顺时针方向转动趋势时，等式右边取正号；反之，取负号。

此规律可简化记为"顺转剪力为正"，或"左上右下为正"。

（2）横截面上的弯矩 M，在数值上等于截面一侧（左侧或右侧）梁上所有外力对该截面形心 C 的力矩的代数和。即：

$$M = \sum M_C(F_i)$$

若外力或外力偶矩使所考虑的梁段产生向下凸的变形（即上部受压，下部受拉）时，等式右方取正号，反之，取负号。

此规律可简化记为"下凸弯曲正"或"左顺右逆弯矩正"，相反为负。

利用上述结论，可以不画分离体的受力图、不列平衡方程，直接得出横截面的剪力和弯矩。这种方法称为直接法。直接法将在以后求指定截面内力中被广泛使用。

5.4 剪力方程和弯矩方程，剪力图和弯矩图

前面计算了指定截面的剪力和弯矩，但为了分析和解决梁的强度和刚度问题，还必须知

道剪力和弯矩沿梁轴线的变化规律，以便确定梁内内力最大的截面，为梁的设计提供依据。

5.4.1　控制截面

根据以上分析，在一段梁上，不同截面的内力是连续变化的。这一段梁的两个端截面称为控制截面。据此，下列截面均可为控制截面：

（1）集中力作用点的两侧截面；

（2）集中力偶作用点的两侧截面；

（3）均布载荷（集度相同）起点和终点处的截面。

5.4.2　剪力方程与弯矩方程的建立

一般受力情形下，梁内剪力和弯矩将随横截面位置的改变而发生变化。若以横坐标 x 表示横截面在梁轴线上的位置，则各横截面上的剪力和弯矩可以表示为 x 的函数，即

$$F_S = F_S(x) \tag{5-1}$$

$$M = M(x) \tag{5-2}$$

上述函数表达式称为梁的剪力方程和弯矩方程，根据剪力方程和弯矩方程绘出的函数图像就是剪力图和弯矩图。

建立剪力方程和弯矩方程时，需要根据梁上的外力（包括载荷和约束反力）作用状况，确定控制截面，从而确定要不要对梁分段，以及分几段建立剪力方程和弯矩方程。确定了分段之后，首先，在每一段中任意取一横截面，假设这一横截面的坐标为 x；然后，从这一横截面处将梁截开，并假设所截开的横截面上的剪力 $F_S(x)$ 和弯矩 $M(x)$ 都是正方向；最后，分别应用力的平衡方程和力矩的平衡方程，即可得到剪力 $F_S(x)$ 和弯矩 $M(x)$ 的表达式，这就是所要求的剪力方程 $F_S = F_S(x)$ 和弯矩方程 $M = M(x)$。

这一方法和过程实际上与前面所介绍的确定指定横截面上的剪力和弯矩的方法和过程是相似的，所不同的是，现在的指定横截面是坐标为 x 的横截面。

需要特别注意的是，在剪力方程和弯矩方程中 x 是变量，而 $F_S(x)$ 和 $M(x)$ 则是 x 的函数。

画剪力图和弯矩图时，一般取梁的左端截面作为 x 坐标的原点，求出控制截面处梁横截面上剪力和弯矩的数值（包括正负号），并将这些数值标在坐标中相应截面位置处。正值的剪力和弯矩画在 x 轴的上侧，负值画在 x 轴的下侧，控制截面之间的剪力图和弯矩图可根据剪力方程和弯矩方程绘出。

【例 5-3】　简支梁受均布载荷作用，如图 5-11（a）所示，试作梁的剪力图和弯矩图。

解　（1）确定支座处的约束反力　由对称关系及平衡条件，可得

$$F_{Ay} = F_{By} = \frac{1}{2}ql$$

（2）建立剪力方程和弯矩方程　以梁左端 A 点为坐标原点，则

$$F_S(x) = F_{Ay} - qx = \frac{1}{2}ql - qx \qquad (0 < x < l) \tag{c}$$

$$M(x) = F_{Ay}x - \frac{1}{2}qx^2 = \frac{1}{2}qlx - \frac{1}{2}qx^2 \qquad (0 \leqslant x \leqslant l) \tag{d}$$

（3）作剪力图和弯矩图　根据式（c），剪力图为一斜直线，只需确定两点连线即得剪力图。当 $x=0$ 时，$F_{SA} = \frac{1}{2}ql$；当 $x=l$ 时，$F_{SB} = -\frac{1}{2}ql$。于是，画出剪力图如图 5-11（b）

所示。

根据式(d)，弯矩图为二次抛物线，求出 x 和 M 的一些对应值后，即作出梁的弯矩图，如图 5-11(c) 所示。

由剪力图和弯矩图可以看出，最大剪力发生在梁的两端，其值为 $F_{\mathrm{Smax}} = \dfrac{1}{2}ql$，而最大弯矩发生在梁的跨度中点，数值为 $M_{\max} = \dfrac{1}{8}ql^2$，而此截面上的剪力 $F_S = 0$。

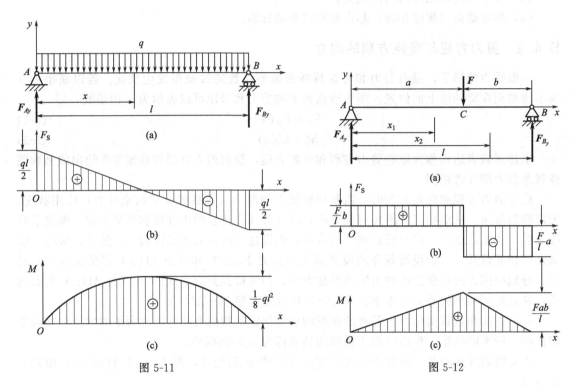

图 5-11 　　　　　　　　　　　　　　　图 5-12

【例 5-4】 简支梁受集中力作用如图 5-12(a) 所示，试作出梁的剪力图和弯矩图。

解　(1) 确定约束反力　由梁整体平衡建立方程

$$\sum M_B = 0 \qquad Fb - F_{Ay}l = 0$$

得

$$F_{Ay} = \frac{Fb}{l}$$

$$\sum M_A = 0 \qquad F_{By}l - Fa = 0$$

得

$$F_{By} = \frac{Fa}{l}$$

(2) 建立剪力方程和弯矩方程　梁在 C 截面处有集中力作用，故 AC 段和 CB 段的剪力方程和弯矩方程不相同，必须分段列出。AC 段和 CB 段均以 A 处为坐标原点，分别在 AC 段和 CB 段距左端为 x 处取一横截面，列出剪力方程和弯矩方程

AC 段：

$$F_S(x) = F_{Ay} = \frac{Fb}{l} \qquad (0 < x < a) \tag{e}$$

$$M(x) = F_{Ay}x = \frac{Fbx}{l} \qquad (0 \leqslant x \leqslant a) \tag{f}$$

CB 段：

$$F_S(x) = F_{Ay} - F = \frac{Fb}{l} - F = -\frac{Fa}{l} \qquad (a < x < l) \qquad \text{(g)}$$

$$M(x) = F_{Ay}x - F(x-a) = \frac{Fa}{l}(l-x) \qquad (a \leqslant x \leqslant l) \qquad \text{(h)}$$

（3）作剪力图和弯矩图　根据式（e）、式（g），两段梁的剪力图均为平行于 x 轴的直线；由式（f）、式（h），两段梁的弯矩图都是斜直线。于是，可以绘出梁的剪力图和弯矩图，如图 5-12（b）、（c）所示。

从剪力图中可以看出，在集中力作用点 C 稍左的截面上

$$F_{SC} = \frac{Fb}{l}$$

C 点稍右的截面上

$$F_{SC} = \frac{-Fa}{l}$$

可见，剪力图在集中力作用截面处发生突变，其突变值为

$$\left| -\frac{Fa}{l} - \frac{Fb}{l} \right| = F$$

即等于该集中力的大小；而弯矩图在截面 C 处发生转折（斜率由正变负），并有极值

$$M_{max} = \frac{Fab}{l}$$

【例 5-5】　简支梁受集中力偶作用，如图 5-13（a）所示，试作梁的剪力图和弯矩图。

解　（1）确定支座处的约束反力　由平衡方程得到

$$F_{Ay} = \frac{M_e}{l} \qquad F_{By} = \frac{M_e}{l}$$

（2）建立剪力方程和弯矩方程　在梁的 C 截面有集中力偶 M_e 作用，需分两段建立弯矩方程，剪力方程不必分段。以 A 点为坐标原点，有

AB 段：$F_S(x) = \dfrac{M_e}{l}$ $\qquad (0 < x < l)$

AC 段：$M(x) = F_{Ay}x = \dfrac{M_e}{l}x$ $\qquad (0 \leqslant x < a)$

CB 段：$M(x) = F_{Ay}x - M_e = \dfrac{M_e}{l}x - M_e$ $\quad (a < x \leqslant l)$

据此，可以绘出剪力图和弯矩图，分别如图 5-13（b）、（c）所示。

从弯矩图看出，在集中力偶 M_e 的作用点 C 处，弯矩图发生突变，突变值为 M_e

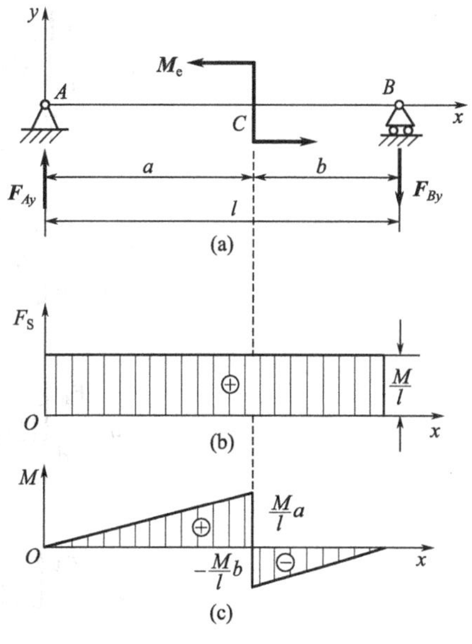

图 5-13

【例 5-6】　如图 5-14（a）所示，已知 $q = 9\text{kN/m}$，$F = 45\text{kN}$，$M_0 = 48\text{kN/m}$，求梁的内力。

解 (1) 求约束反力：如图 5-14(b) 所示。

$$\sum F_x = 0 \quad F_{Ax} = 0$$

$$\sum F_y = 0 \quad F_{Ay} + F_E - F - 4q = 0$$

$$\sum M_A(F) = 0 \quad 12F_F + M_0 - 8F - 2 \times 4q = 0$$

$$F_{Ay} = 49$$

$$F_E = 32$$

(2) 截面法求内力，如图 5-14(c)～(f) 所示。

AB 段：$0 \leqslant x_1 < 4$

$$\sum F_y = 0 \quad F_{Ay} - qx_1 - F_{S1} = 0$$

$$F_{S1} = 49 - 9x_1$$

$$\sum M_C(F) = 0 \quad M_1 + qx_1^2/2 - F_{Ay}x_1 = 0$$

$$M_1 = 49x_1 - 4.5x_1^2$$

BC 段：$4 \leqslant x_2 < 6$

$$\sum F_y = 0 \quad F_{Ay} - 4q - F_{S2} = 0$$

$$F_{S2} = 13$$

(a) 图

(b) 图

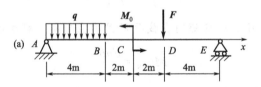

(c) 图

(d) 图

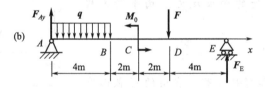

(e) 图

(f) 图

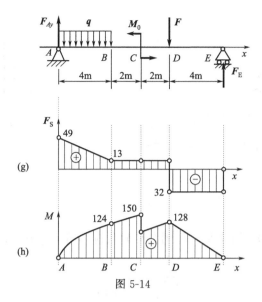

图 5-14

$$\sum M_C(F)=0 \quad M_2+4q(x_2-2)-F_{Ay}x_2=0$$
$$M_2=13x_2+72$$

同理可得

CD 段：$6<x_3<8$

$$F_{S3}=13, \quad M_3=13x_3+24$$

DE 段：$8<x<12$

$$F_{S4}=32, \quad M_4=384-32x_4$$

分段处（控制点）的剪力与弯矩值

$$x_1=0: F_{SA}=49, \quad M_A=0$$
$$x_2=4: F_{SB}=13, \quad M_B=124$$
$$x_{2右}=6: F_{SC}=13, \quad M_C=150$$
$$x_{3左}=6: F_{SC}=13, \quad M_C=102$$
$$x_{3右}=8: F_{SD}=13, \quad M_D=128$$
$$x_{4左}=8: F_{SD}=-32, \quad M_D=128$$

（3）根据上述剪力方程和弯矩方程，绘制剪力、弯矩图如图 5-14(g)、(h) 所示。

5.5 载荷集度、剪力和弯矩间的微分关系

为了直接由一段梁上的外力，判断这一段梁内各横截面上内力的变化规律，即建立外力与内力之间的函数关系，必须考察梁上的微段受力与平衡。

考察仅在 Oxy 平面内作用有外力的情形，如图 5-15(a) 所示，其中分布载荷集度 $q(x)$ 向上为正。在坐标为 x 处取长为 dx 的微段梁，其受力如图 5-15(b) 所示。设左侧截面上的剪力和弯矩分别为 $F_S(x)$ 和 $M(x)$，则右侧截面相应地增加一增量，分别为 $F_S(x)+dF_S(x)$ 和 $M(x)+dM(x)$。作用在微段梁上的分布载荷可视为均匀分布，在 x 处的载荷集度为 $q(x)$。

根据平衡方程

$$\sum F_y=0 \quad F_S(x)+q(x)dx-F_S(x)-dF_S(x)=0$$
$$\sum M_C=0 \quad -M(x)-F_S(x)dx-q(x)dx\frac{dx}{2}+M(x)+dM(x)=0$$

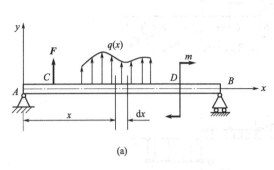 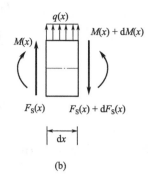

图 5-15

略去上述第二个方程中的二阶微量，得到在平面载荷作用下，剪力、弯矩与载荷集度之间存在的微分关系：

$$\frac{\mathrm{d}F_S(x)}{\mathrm{d}x}=q(x) \tag{5-3}$$

$$\frac{\mathrm{d}M(x)}{\mathrm{d}x}=F_S(x) \tag{5-4}$$

将式(5-4) 再对 x 求一次导数，并利用式(5-3)，得到

$$\frac{\mathrm{d}^2M(x)}{\mathrm{d}x^2}=q(x) \tag{5-5}$$

根据这一关系，在几何上，剪力图在某一点处的斜率等于作用在梁上相应截面处的载荷集度；弯矩图在某一点处的斜率等于对应截面处剪力的数值。

可以得出梁的剪力图和弯矩图有如下特征。

(1) 梁上某段无分布载荷作用，即 $q(x)=0$ 时，则该段梁的剪力图为一段水平直线；弯矩图为一段斜直线：当 $F_S>0$ 时，弯矩图的斜率为正，弯矩图沿 x 轴递增；当 $F_S<0$ 时，弯矩图的斜率为负，弯矩图沿 x 轴递减；当 $F_S=0$ 时，弯矩图是一段平行于 x 轴的水平直线。

(2) 梁上某段有均布载荷 q 作用时，则该段梁的剪力图为一段斜直线，且倾斜方向与均布载荷 q 的方向一致；弯矩图为一段二次抛物线，且抛物线的开口方向与均布载荷 q 的方向一致。

(3) 梁上集中力作用处，剪力图有突变，突变值等于集中力的大小，突变方向与集中力的方向一致 (从左往右画剪力图)；两侧截面上的弯矩值相等，但弯矩图的切线斜率有突变，因而弯矩图在该处有折角。

(4) 梁上集中力偶作用处，两侧截面上的剪力相同，剪力图无变化；弯矩图有突变，突变值等于集中力偶的大小，关于突变方向：若集中力偶为顺时针方向，则弯矩图往正向突变；反之则向负向突变。

(5) 在梁的某一截面上，若 $\frac{\mathrm{d}M(x)}{\mathrm{d}x}=F_S(x)=0$，则在这一截面上弯矩有极值 (极大或极小值)。最大弯矩值不仅可能发生于剪力等于零的截面上，也有可能发生于集中力或集中力偶作用的截面上。

利用以上特征，除可以校核已做出的剪力图和弯矩图是否正确外，还可以利用微分关系

绘制剪力图和弯矩图，而不必再建立剪力方程和弯矩方程，其步骤如下：

(1) 求支座约束反力；

(2) 分段确定剪力图和弯矩图的形状；

(3) 求控制截面上的内力，根据微分关系绘剪力图和弯矩图。

通常将这种利用剪力、弯矩与载荷集度间的微分关系作梁的剪力图和弯矩图的方法，称为简易法。

上述关系可汇总于表 5-1 中。

表 5-1　常见载荷的剪力图、弯矩图特征

载荷	$q=0$	$q<0$	$q>0$	集中力 F 作用处	集中力偶 M 作用处
剪力图上的特征	水平线	\(递减斜直线)	/(递增斜直线)	突变方向与 F 同向，突变值为 F	不变
弯矩图上的特征	斜直线	上凸抛物线	下凸抛物线	有折角	有突变，逆时针转向力偶向下突变，顺时针转向向上突变，突变值为 M
最大弯矩可能的截面位置		剪力为零的截面	剪力为零的截面	剪力突变的截面	弯矩突变的某一侧

【例 5-7】　简支梁受力图如图 5-16(a) 所示。试做出其剪力图和弯矩图，并确定两者绝对值的最大值 $|F_S|_{max}$ 和 $|M|_{max}$。

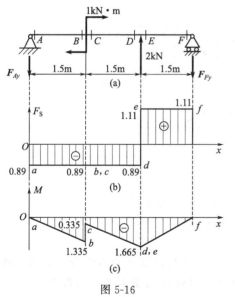

图 5-16

解　(1) 确定约束反力。由平衡方程 $\sum M_A = 0$，$\sum M_F = 0$ 可求得

$$F_{Ay} = 0.89\text{kN} \qquad F_{Fy} = 1.11\text{kN}$$

(2) 建立坐标系。建立 $F_S\text{-}x$、$M\text{-}x$ 坐标系，分别如图 5-16(b)、(c) 所示。

(3) 选择控制截面，并确定其剪力和弯矩值。在集中力和集中力偶作用处的两侧截面，以及支座约束反力内侧截面，均为控制截面，即如图 5-16(a) 所示 A、B、C、D、E、F 各截面均为控制截面。

应用截面法和平衡方程，求得这些控制面上的剪力和弯矩值分别为

A 截面：$F_S = -0.89\text{kN}$，$M = 0$

B 截面：$F_S = -0.89\text{kN}$，$M = -1.335\text{kN·m}$

C 截面：$F_S = -0.89\text{kN}$，$M = -0.335\text{kN·m}$

D 截面：$F_S = -0.89\text{kN}$，$M = -1.665\text{kN·m}$

E 截面：$F_S = 1.11\text{kN}$，$M = -1.665\text{kN·m}$

F 截面：$F_S = 1.11\text{kN}$，$M = 0$

将这些值分别标在 $F_S\text{-}x$、$M\text{-}x$ 坐标系中，便得到 a、b、c、d、e、f 各点，如图 5-16(b)、(c) 所示。

(4) 根据平衡微分方程连图线。因为梁上没有分布载荷作用，所以 $F_S(x)$ 图形均为平行于 x 轴的直线；$M(x)$ 图形均为斜直线。于是，顺序连接 $F_S\text{-}x$、$M\text{-}x$ 坐标系中的 a、b、c、d、e、f 各点，便得到梁的剪力图与弯矩图，分别如图 5-16(b)、(c) 所示。

从图中不难得到剪力与弯矩的绝对值的最大值分别为

$$|F_S|_{max}=1.11kN(在 EF 段)$$
$$|M|_{max}=1.665kN \cdot m(在 D、E 截面上)$$

从图中得 AB 段与 CD 段的剪力相等，因而这两段内的弯矩图具有相同的斜率。此外，在集中力作用点两侧截面上的剪力是不相等的，而在集中力偶作用处两侧截面上的弯矩也是不相等的，其差值分别为集中力与集中力偶的数值，这是维持 DE 微段和 BC 微段梁的平衡所必需的。关于这一结论，建议读者自行加以验证。

【例 5-8】 外伸梁及其所受载荷如图 5-17(a) 所示，试作梁的剪力图和弯矩图，并确定 $|F_S|_{max}$ 和 $|M|_{max}$ 值。

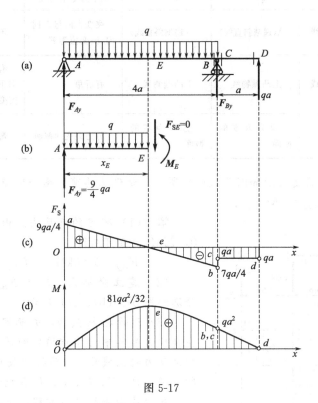

图 5-17

解 (1) 确定约束反力。由平衡方程 $\sum M_A = 0$，$\sum M_B = 0$ 可求得

$$F_{Ay}=\frac{9qa}{4} \qquad F_{By}=\frac{3qa}{4}$$

(2) 确定控制截面及其上的 F_S、M 数值。由于 AB 段上作用连续分布载荷，故 AB 两截面为控制截面，约束反力 F_{By} 右侧的 C 截面及集中力左侧的 D 截面都是控制截面。

应用截面法和平衡方程求得 A、B、C、D 四个控制截面上的 F_S、M 数值分别为

A 截面 $\qquad\qquad\qquad\qquad F_S=\dfrac{9}{4}qa,\ M=0$

B 截面 $\qquad\qquad\qquad\qquad F_S=-\dfrac{7}{4}qa,\ M=qa^2$

C 截面 $\qquad\qquad\qquad\qquad F_S=-qa,\ M=qa^2$

D 截面 $\qquad\qquad\qquad\qquad F_S=-qa,\ M=0$

将其分别标在 $F_S\text{-}x$、$M\text{-}x$ 坐标系中，得到相应的 a、b、c、d 各点，如图 5-17(c)、(d) 所示。

(3) 根据平衡微分方程连图线。

对于剪力图：在 AB 段，因有均布载荷作用，剪力图为一斜直线，于是连接 a、b 两点，即得这一段的剪力图；在 CD 段，因无分布载荷作用，故剪力图为平行于 x 轴的直线，由连接 c、d 两点而得，或者由其中任一点作平行于 x 轴的直线而得。

对于弯矩图：在 AB 段，因为有均布载荷作用，图形为二次抛物线。又因为 q 向下为负，所以有 $\dfrac{\mathrm{d}^2 M}{\mathrm{d}x^2}<0$，故弯矩图为凸向 M 坐标正方向的曲线。这样，AB 段内弯矩图的形状便大致确定。为了确定曲线的位置，除 AB 段上的两个控制面上弯矩数值外，还需确定在这一段内二次抛物线有没有极值点，以及极值点的位置和弯矩数值。从剪力图上可以看出，在 e 点剪力为零。根据 $\dfrac{\mathrm{d}M}{\mathrm{d}x}=F_S=0$，弯矩图在 e 点有极值点。利用 $F_S=0$ 这一条件，可以确定极值点 e 的位置 x_E。

为了确定 x_E 的数值，由图 5-17(b) 所示隔离体的平衡方程

$$\sum F_y=0 \qquad \frac{9}{4}qa-qx_E=0$$

得

$$x_E=\frac{9}{4}a$$

$$\sum M_A=0 \qquad M_E-\frac{qx_E^2}{2}=0$$

由此解得

$$M_E=\frac{qx_E^2}{2}=\frac{81}{32}qa^2$$

将其标在 $M-x$ 坐标系中，得到 e 点，根据 a、b、c 三点，以及图形为凸曲线、并在 e 点取极值，即可画出 AB 段的弯矩图。在 CD 段因无分布载荷作用，故弯矩图为一斜直线，它由两点 c、d 直接连得。

从图中可以看出

$$|F_Q|_{\max}=\frac{9}{4}qa, \quad |M|_{\max}=\frac{81}{32}qa^2$$

注意到在右边支座处，由于约束反力的作用，该处剪力图有突变（支座两侧截面剪力不等），弯矩图在该处出现折角（曲线段在该处的切线斜率不等于斜直线的斜率）。

【例 5-9】 一悬臂梁，梁上荷载如图 5-18(a) 所示。试画此梁的剪力图和弯矩图。

解 该梁分为 AB、BC 两段。

(1) 剪力图 AB 段为均布荷载段，剪力图为斜直线，且

$$F_{SA右}=-qa$$

$$F_{SB左}=-qa+2aq=qa$$

显然，$x=a$ 的截面剪力为零。BC 段为无外力区段，剪力图为水平直线，且

$$F_S=-qa+2aq=0$$

画出剪力图，如图 5-18(b) 所示。注意：A、B 截面有集中力作用，剪力图上有突变。

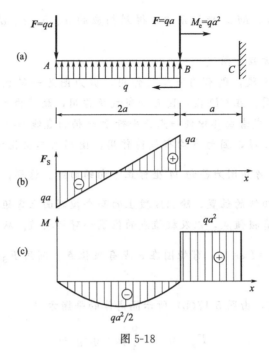

图 5-18

（2）弯矩图　AB 段为均布载荷区段，弯矩图为向下凸的二次抛物线，且

$$M_A = 0$$
$$M_{B左} = -2aF + 2aq \cdot a = 0$$

当 $x = a$ 时，

$$M(a) = -Fa + qa\,\frac{a}{2} = -\frac{1}{2}qa^2$$

BC 段为无外力区段，且剪力为零，因此弯矩图为水平直线

$$M = -2aF + 2aq \cdot a + qa^2 = qa^2$$

5.6 按叠加原理作弯矩图

叠加原理：多个载荷同时作用于结构而引起的内力等于每个载荷单独作用于结构而引起的内力的代数和。

适用条件：所求参数（内力、应力、位移）与荷载满足线性关系。即在弹性限度内满足胡克定律。

梁在小变形条件下，其跨长的改变可略去不计，因而在求梁的支座反力、剪力和弯矩时，均可按其原始尺寸进行计算，得到的结果均与荷载呈线性关系，即满足叠加原理的适用条件。因此，当梁上受几项荷载共同作用时，某一横截面上的弯矩就等于梁在各项荷载单独作用下同一横截面上弯矩的叠加。

按叠加原理作弯矩图步骤：

（1）分别作出各项荷载单独作用下梁的弯矩图；

（2）将其相应的纵坐标叠加即可（注意：不是图形的简单拼凑）。

现以如图 5-19（a）所示的桥式起重机大梁为例加以说明。设 q 为梁的自重引起的均布载荷，P 为起吊的物重，由静力平衡方程求得 A、B 两端的约束反力后，得出 AC 和 CB 两段梁的弯矩方程分别是

AC 段　　　　　　$M(x)=\left(\dfrac{lx}{2}-\dfrac{x^2}{2}\right)q+\dfrac{bx}{l}P$

CB 段　　　　　　$M(x)=\left(\dfrac{lx}{2}-\dfrac{x^2}{2}\right)q+\dfrac{a}{l}(l-x)P$

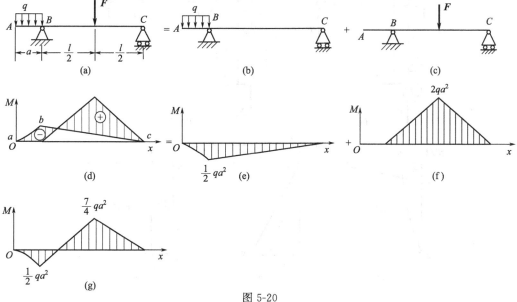

图 5-19

　　在以上两式的右端，第一项代表均布载荷 q 单独作用时的弯矩，第二项代表集中力 P 单独作用时的弯矩。以上两式表明，两者叠加就是两种载荷共同作用时的弯矩。

　　可见，在小变形的前提下，当梁上同时作用几个载荷时，各个载荷所引起的内力是各自独立的，并不互相影响。这时，各个载荷与它所引起的内力呈线性关系，叠加各个载荷单独作用时的内力，就得到这些载荷共同作用时的内力。

　　根据上述原理，可以把如图 5-19(a) 所示的桥式起重机大梁的载荷，分成梁的自重 q [如图 5-19(b) 所示] 和所吊物重 P [如图 5-19(c) 所示] 两种载荷。它们各自单独作用下的弯矩图如图 5-19(e)、(f) 所示。两者叠加得出由图 5-19(d) 所表示的弯矩图，它也就是 q 与 P 共同作用下的弯矩图。

　　显然，上述叠加法也可用于剪力图的绘制。

　　【例 5-10】　外伸梁 ABC 上的载荷如图 5-20(a) 所示。若 $F=2qa$，$l=4a$，试按叠加法

图 5-20

作梁的弯矩图。

解 首先把梁上的载荷分解成均布载荷 q 和集中力 F 单独作用，如图 5-20(b)、(c) 所示。分别作 q 及 F 单独作用下的弯矩图，如图 5-20(e)、(f) 所示。叠加时把 q 和 F 引起的弯矩都画在 x 轴的上方，但标明正负号，如图 5-20(d) 所示，正负抵消后，剩下画阴影线的部分即为所需要的弯矩图。这时弯矩图的基线为 bc，如将基线改水平线，就得到如图 5-20(g) 所表示的弯矩图。

5.7 刚架的内力

由两根或两根以上的杆件组成的、并在连接处采用刚性连接的结构，称为刚架或框架。当杆件变形时，两杆连接处保持刚性，即两杆轴线的夹角（一般为直角）保持不变，刚架中的横杆一般称横梁，竖杆称为立柱，两者连接处称为刚节点。

前面所述求解直梁的剪力和弯矩以及作直梁剪力图和弯矩图的方法，同样适用于刚架。在平面载荷作用下，组成刚架的杆件横截面上一般存在轴力、剪力和弯矩三个内力分量。

由于弯矩的正负号与观察者所处的位置有关，同一弯矩，在杆件一侧视之为正，另一侧视之为负。这将给刚架弯矩图的绘制带来不必要的麻烦。

注意到，弯矩的作用将使杆件轴线一侧的材料沿轴线方向受拉、另一侧的材料受压。而且，这种性质不会因观察者的位置不同而改变。根据这一特点，绘制刚架弯矩图时，可以不考虑弯矩的正负号，只需确定杆横截面上弯矩的实际方向，根据弯矩的实际方向，判断杆的哪一侧受拉（刚架的内侧还是外侧），然后将控制面上的弯矩值标在受拉的一侧，控制面之间曲线的大致形状，依然由平衡微分方程确定。

剪力和轴力的正负号则与观察者的位置无关。剪力图和轴力图画在哪一侧都可，但需标出它们的正负号。

【例 5-11】 刚架的支承与受力如图 5-21(a) 所示。竖杆承受集度为 q 的均布载荷作用。

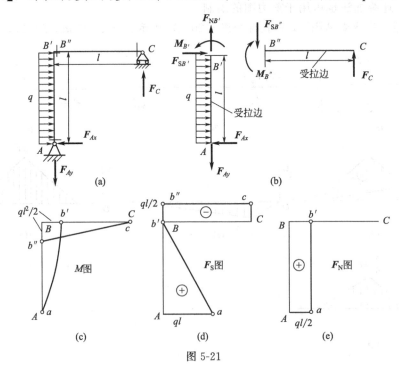

图 5-21

若已知 q、l，试画出刚架的轴力图、剪力图和弯矩图。

解　首先，由刚架的总体平衡方程

$$\sum M_A = 0, \qquad \sum M_C = 0, \quad \sum F_x = 0$$

求得 A、C 两处的约束反力分别为

A 处：　　　$F_{Ax} = ql$

C 处：　　　$F_C = F_{Ay} = \dfrac{1}{2}ql$

然后，确定控制面，除集中力 F_C、F_{Ay}、F_{Ax} 作用处的截面 A、C 外，刚节点 B 处分属于竖杆和横杆的截面 B' 和 B'' 也都是控制面。在 A、C 两处，不难确定其弯矩均为零

$$M_A = 0, \qquad M_C = 0$$

用假想截面 B' 和 B'' 将刚架分别截成竖杆和横杆两部分，两者受力图如图 5-21(b) 所示。由平衡方程不难求得

$$M_{B'} = \frac{ql^2}{2}, \; M_{B''} = \frac{ql^2}{2}$$

根据两者的实际方向，可以判断竖杆和横杆都是内侧材料受拉。

于是，将所得控制面上的弯矩值标在图 5-21(c) 所示的钢架上，得到 a、b'、b''、c 四点。

根据平衡微分方程，横杆上没有均布载荷，故由 $\dfrac{d^2 M}{dx^2} = 0$，B'' 与 C 之间的弯矩图为一直线，由点 b'' 和 c 连线而得。对于竖杆，$\dfrac{d^2 M}{dx^2} = -q$（观察者在内侧）。故弯矩图为凸向观察者的二次抛物线。而且，由于截面 B' 上的剪力为零，所以弯矩图 b' 处应为抛物线的顶点。据此，即可画出竖杆的弯矩图如图 5-21(c) 所示。

从图中可以看出，刚节点的截面 B' 和 B'' 上弯矩最大，其值为 $\dfrac{1}{2}ql^2$。图 5-21(d)、(e) 分别为剪力图和轴力图。

学习方法和要点提示

1. 弯曲变形是材料力学四种基本变形之一，本章弯曲内力计算与分析是后面两章（弯曲应力、弯曲变形）的基础。

2. 弯曲变形构件所受外力的主要特征是：构件承受垂直于其轴线的外力或位于其轴线所在平面内的力偶作用。

3. 梁是主要承受弯曲杆件的力学模型，在外力作用下梁的横截面上将产生剪力和弯矩两种内力。

4. 对简化后梁指定截面上弯曲内力（剪力、弯矩）的计算主要是：运用了一种方法（截面法，截面就是被指定的截面）；研究对象是内力外化后的一平衡体；列得两个方程（剪力与弯矩平衡方程）联解即得所需未知量。但必须注意：剪力、弯矩一般都按正方向假定，这在求解剪力与弯矩方程时亦须遵守。

5. 剪力方程和弯矩方程、剪力图和弯矩图是为了弄清剪力和弯矩沿梁轴线的变化规律，从而确定内力最大的截面，为梁的设计提供依据。控制截面是剪力方程和弯矩方程的分段位置，解题过程与确定指定横截面上的剪力和弯矩的方法和过程是相似的，所不同的是，现在的指定横截面是坐标为 x 的横截面，在剪力方程和弯矩方程中 x 是变量，而 $F_s(x)$ 和 $M(x)$ 则是 x 的函数。许多情形下，确定剪力与弯矩方程是为了画出剪力图与弯矩图，进而找到承受弯矩或剪力最大的截面。

6. 研究载荷集度、剪力与弯矩之间的微分关系主要是为了快速、准确地找到梁上所受弯矩

或剪力最大的截面位置，重在领会其原理。

7. 习题分类及解题要点

(1) 指定截面上剪力与弯矩的计算。这类题目截面位置即是指定截面，可根据截面两侧受载荷情况决定选取哪段为研究对象，列方程求解，列力矩方程时，为直接解出所求弯矩，一般可视截面形心为力矩中心。但必须注意：剪力与弯矩一般都按正方向假定，解题结果如为正，说明与假定正方向相同，否则相反。

(2) 剪力方程和弯矩方程的求解。除掌握解题步骤外，解题的关键往往是：如何分段，具体分段实际上就是找到控制截面，因此控制截面特征必须清楚。

(3) 剪力图、弯矩图的绘制。这类题目是本章最重要的题目，依据不同题目要求剪力图、弯矩图绘制的途径主要有：①通过剪力方程与弯矩方程直接绘制，该法易于掌握，能得到各截面剪力与弯矩的精确解，但比较繁琐；②利用载荷集度、剪力与弯矩之间的微分关系确定剪力图与弯矩图（简易法），主要目的在于确定剪力图与弯矩图的图形形状，一方面达到对已解题目结论验证，另一方面可直接判断承受剪力或弯矩最大的截面；③叠加法，将复杂力系转化为简单力系的组合，进而得到剪力图与弯矩图，此法在工程实际中运用较多。

(4) 最大剪力与弯矩的计算。该类题目往往来源于工程实际，因此这类题目求解一般需要先将实际结构简化为力学模型，再运用前述知识确定出最大受载截面位置，算出最大剪力或弯矩，实际是对本章知识的综合运用。

思 考 题

1. 悬臂梁的 B 端作用有集中力 F，它与 Oxy 平面的夹角如图 5-22 所示。试说明当截面为圆形、正方形和长方形时，梁是否发生平面弯曲？为什么？

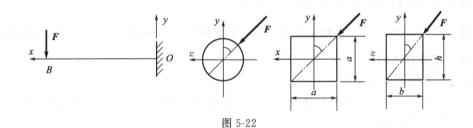

图 5-22

2. 何谓横截面上的剪力和弯矩？剪力和弯矩的大小如何计算？正负如何确定？

3. 如何列出剪力方程和弯矩方程？如何应用剪力方程和弯矩方程画剪力图和弯矩图？

4. 在梁上受集中力和集中力偶作用处，其剪力图和弯矩图在该处如何变化？

5. 弯矩图为二次曲线时，其极值点位置如何确定？$|M_{极值}|$ 是否一定是全梁中弯矩的最大值？

习 题

5-1 平衡微分方程中的正负号由哪些因素所确定？简支梁受力及 Ox 坐标取向如题 5-1 图所示。试分析下列平衡微分方程中哪一个是正确的。

题 5-1 图

(A) $\dfrac{\mathrm{d}F_s}{\mathrm{d}x}=q(x)$，$\dfrac{\mathrm{d}M}{\mathrm{d}x}=F_s$

(B) $\dfrac{\mathrm{d}F_s}{\mathrm{d}x}=-q(x)$，$\dfrac{\mathrm{d}M}{\mathrm{d}x}=-F_s$

(C) $\dfrac{\mathrm{d}F_s}{\mathrm{d}x}=-q(x)$，$\dfrac{\mathrm{d}M}{\mathrm{d}x}=F_s$

（D）$\dfrac{\mathrm{d}F_{\mathrm{s}}}{\mathrm{d}x}=q(x)$，$\dfrac{\mathrm{d}M}{\mathrm{d}x}=-F_{\mathrm{s}}$

正确答案是＿＿＿＿＿＿＿＿＿＿＿。

5-2　试求题 5-2 图所示各梁指定截面上的剪力 F_{s} 和弯矩 M。

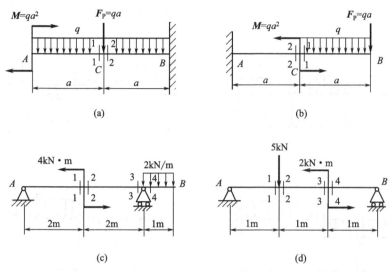

题 5-2 图

5-3　试建立如题 5-3 图所示各梁的剪力方程和弯矩方程。

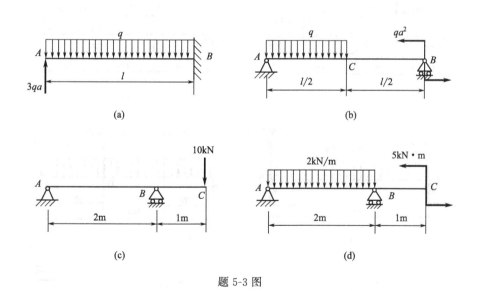

题 5-3 图

5-4　应用平衡微分方程，试画出题 5-4 图所示各梁的剪力图和弯矩图，并确定 $|F_{\mathrm{s}}|_{\max}$、$|M|_{\max}$。

5-5　静定梁承受平面载荷，但无集中力偶作用，其剪力图如题 5-5 图所示。若已知 A 端弯矩 $M_A=0$。试确定梁上的载荷及梁的弯矩图。并指出梁在何处有约束，且为何种约束。

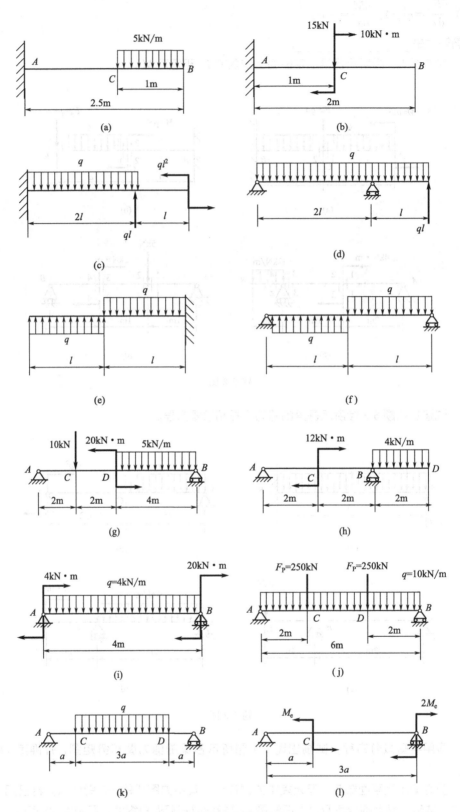

题 5-4 图

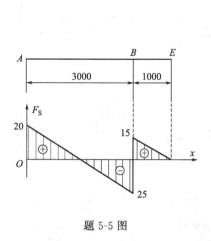

题 5-5 图

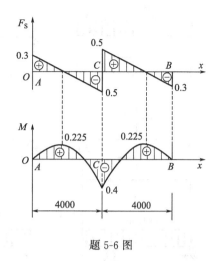

题 5-6 图

5-6　已知静定梁的剪力图和弯矩图如题 5-6 图所示，试确定梁上的载荷及梁的支承。

5-7　试求如题 5-7 图所示各梁的 $|M_{max}|$，并加以比较。

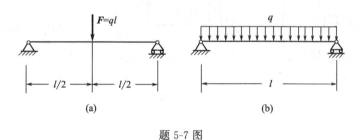

(a)　　　　　　　　　　　　(b)

题 5-7 图

5-8　按题 5-8 图所示起吊一根自重为 ql 的等截面钢筋混凝土构件。问吊装时起吊点位置 x 应为多少才最合适（最不易使构件折断）？

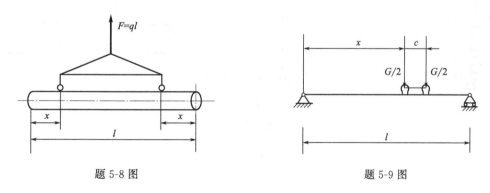

题 5-8 图　　　　　　　　　　　　题 5-9 图

5-9　如题 5-9 图所示的天车梁小车轮距为 c，起重力为 G，问小车走到什么位置时，梁的弯矩最大？并求出 M_{max}。

5-10　试用 q，F_s 及 M 的微分关系作如题 5-10 图所示各梁的剪力图和弯矩图，并求出 $|F_{Smax}|$ 和 $|M_{max}|$。

*5-11　试作如题 5-11 图所示刚架的内力图。

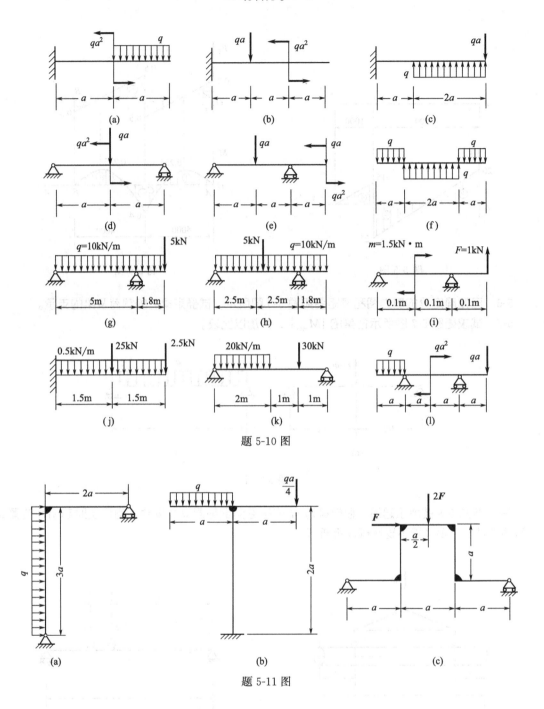

题 5-10 图

题 5-11 图

第6章

弯曲应力

本章要求：理解纯弯曲概念，掌握纯弯曲时的正应力，横力弯曲时的正应力，梁的正应力强度条件，弯曲切应力，梁的切应力强度条件，提高梁弯曲强度的措施。

重点：弯曲强度计算。横力弯曲时，弯曲强度要同时考虑正应力 σ 与弯曲切应力 τ。弯曲正应力的计算，首先要通过弯矩图找出危险截面，其次求出危险截面上的危险点，用该点的应力进行强度计算；不对称截面中性轴位置的确定及距中性轴最远点的确定，中性轴惯性矩的计算对正确得出结果都非常重要；弯曲切应力的计算，确定剪力危险截面，求出危险截面上的危险点，用该点的应力进行剪切强度计算。

难点：本章难点并非两个强度条件的应用，而是正确确定危险截面及危险截面上的危险点，在此基础上正确计算出强度条件中有关诸如 I、y_{max}、W_z、S_z^* 等参数。

6.1 纯弯曲和横力弯曲的概念

6.1.1 纯弯曲和横力弯曲的概念

直梁弯曲变形时横截面上的内力，一般情况下既有弯矩又有剪力，如图 6-1 所示梁的 AC 段和 DB 段，这种弯曲称为横力弯曲或剪切弯曲。但是在某些特殊情况下，梁的某一段内甚至整个梁内，横截面上的内力只有弯矩没有剪力，如图示梁的 CD 段，这种梁段或这个梁的弯曲称为纯弯曲。

6.1.2 纯弯曲试验

纯弯曲在材料试验机上很容易实现，在变形前的杆件侧面画上纵向线 aa 和 bb，并画垂直于纵向线的横向线 mm 和 nn，如图 6-2(a) 所示，施加一对力偶实现纯弯曲，变形后如图 6-2(b) 所示。

观察辅助线加载前后的变化，可以得到如下变形规律：

（1）梁表面的横向线仍为直线，仍与纵向线正交，只是横向线间有相对转动；

（2）纵向线变为曲线，而且靠近梁顶面的纵向线缩短，靠近梁底面的纵向线伸长；

（3）在纵向线伸长区，梁的宽度减小，而在纵向线缩短区内，梁的宽度则增加。

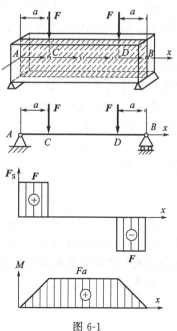

图 6-1

111

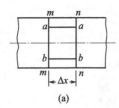
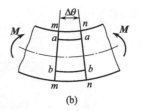

图 6-2

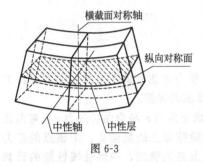

图 6-3

由以上变形规律可以得出推论：直梁在纯弯曲时，变形前为平面的横截面，变形后仍是平面，且仍垂直于变形后梁的轴线，只是各自绕着与弯曲平面垂直的某一根轴转过一个角度，这就是直梁弯曲时的平面假设。

假设梁是由平行于轴线的众多纵向纤维组成。发生弯曲变形后如图 6-3 所示，因为横截面仍保持为平面，所以沿截面高度，应由底面纤维的伸长连续地逐渐变为顶面纤维的缩短，中间必有一层纤维的长度保持不变，这一层纤维称为中性层。中性层与横截面的交线称为中性轴。

6.2 弯曲正应力

6.2.1 纯弯曲梁横截面上的正应力

在纯弯曲情形下，梁横截面上只有正应力。与研究拉（压）杆的正应力和圆轴扭转时的切应力相似，研究梁纯弯曲的正应力，也要从变形几何关系、物理关系和静力学关系三方面予以考虑。

视频：纯弯曲梁
的正应力测定

6.2.1.1 变形几何关系

根据平面假设，用相邻的两个横截面从梁上截取长度为 dx 的一微段，如图 6-4(a) 所示，建立 $Oxyz$ 坐标系，其中 x 轴沿梁的轴线，y 轴与横截面的对称轴重合，z 轴为中性轴（中性轴的位置尚未确定）。从图 6-4(b) 中可以看到，横截面间相对转过的角度为 $d\theta$，中性层 OO 的曲率半径为 ρ，微段上距中性轴为 y 处的纵向层 $b-b$ 弯曲后的长度为

$$b'b' = (\rho + y)d\theta$$

其纵向正应变为

$$\varepsilon = \frac{(\rho + y)d\theta - \rho d\theta}{\rho d\theta} = \frac{y}{\rho} \quad (6-1)$$

即纯弯曲时梁横截面上各点的纵向线应变与它到中性层的距离成正比，梁横截面上各点的纵向线应变沿截面高度线性分布。

由式(6-1)可得

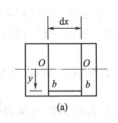

(a)

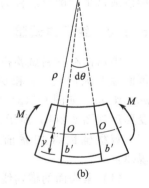

(b)

图 6-4

$$\frac{1}{\rho} = \frac{d\theta}{dx}$$

式中，ρ 为中性层弯曲后的曲率半径。

6.2.1.2　物理关系

小变形情况下，纵向纤维之间的挤压可忽略不计，即纵向纤维之间无正应力，所以可以认为材料受到单向拉伸或压缩，这就是单向受力假设。当横截面上的正应力不超过材料的比例极限 σ_p 时，可由胡克定律得到横截面上坐标为 y 处各点的正应力为

$$\sigma = E\varepsilon = \frac{E}{\rho}y \tag{6-2}$$

上式表明，横截面上各点的正应力 σ 与点的坐标 y 成正比。由于截面上 $\frac{E}{\rho}$ 为常数，这一结果表明，横截面上的弯曲正应力，沿横截面的高度方向从中性轴为零开始呈线性分布。如图 6-5 所示。中性轴 z 上各点的正应力均为零，距中性轴最远的上、下边缘上各点处正应力最大。

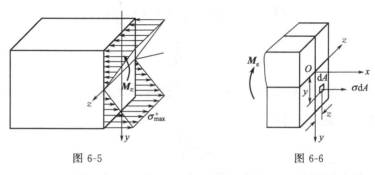

图 6-5　　　　　　　　　　　　　　图 6-6

式 (6-2) 虽然给出了横截面上的应力分布，但仍然不能用于计算横截面上各点的正应力。这是因为：第一，y 坐标是从中性轴开始计算的，中性轴的位置还没有确定；第二，中性层的曲率半径 ρ 也没有确定。

6.2.1.3　静力学关系

为了确定中性轴的位置及中性层的曲率半径，现在需要应用正应力、内力与外力之间的静力学关系，如图 6-6 所示，横截面上的微内力 σdA 组成垂直于横截面的空间平行力系。这一力系可简化为三个内力分量

$$F_N = \int_A \sigma dA$$

$$M_y = \int_A z\sigma dA$$

$$M_z = \int_A y\sigma dA$$

横截面上的内力与截面左侧的外力必须平衡。在纯弯曲情况下，截面左侧的外力只有对 z 轴的力偶矩 M_z。由于内外力必须满足平衡方程，故

(1) $\sum F_x = 0$ $\qquad\qquad F_N = \int_A \sigma dA = 0$

$$F_N = \int_A \sigma dA = \frac{E}{\rho}\int_A y dA = \frac{E}{\rho}S_z = 0$$

式中，$\frac{E}{\rho}$ = 常量，不为零，则必然有 $\int_A y dA = S_z = 0$

在平面图形几何性质一章中，我们曾经得出结论：平面图形对通过形心的坐标轴的静矩等于零；反之，平面图形对某坐标轴的静矩等于零，则坐标轴必通过平面图形的形心。由此得出结论，梁横截面的中性轴（z 轴）通过截面形心。

(2) $\sum M_y = 0$ 　　　　$M_y = \int_A z\sigma \,dA = 0$

$$M_y = \int_A z\sigma \,dA = \frac{E}{\rho}\int_A zy\,dA = \frac{E}{\rho}I_{yz} = 0$$

$$\int_A yz\,dA = I_{yz} = 0$$

根据惯性积的性质，即两个坐标轴中只要有一个轴为图形的对称轴，则图形对这一对坐标轴的惯性积等于零。而 y 轴为梁横截面的对称轴，所以上式自然满足

(3) $\sum M_z = 0$ 　　　　$M_e = M_z = M = \int_A y\sigma \,dA$

$$M_z = \int_A y\sigma \,dA = \frac{E}{\rho}\int_A y^2\,dA = \frac{E}{\rho}I_z$$

可得
$$\frac{1}{\rho} = \frac{M}{EI_z} \tag{a}$$

式中，$\dfrac{1}{\rho}$ 为梁轴线变形后的曲率；EI_z 称为梁的抗弯刚度。

将式(a) 代入式(6-2) 可得

$$\sigma = \frac{My}{I_z} \tag{6-3}$$

式中，M 为截面的弯矩；y 为横截面上任一点到中性轴的距离；I_z 为截面对中性轴的惯性矩。

对图 6-6 所示坐标系，在弯矩为正的情况下，y 为正时 σ 为拉应力，y 为负时 σ 为压应力。一点的正应力是拉应力还是压应力还可以直接由弯曲变形来判断。即以中性层为界，梁在凸出的一侧受拉，凹入的一侧受压。这样在计算正应力时，即可把公式中的 y 看作是一点到中性轴距离的绝对值。

从公式(6-3) 可以看出，中性轴上 $y=0$，故 $\sigma=0$，而最大正应力 σ_{max} 产生在离中性轴最远的边缘，即 $y=y_{max}$，$\sigma=\sigma_{max}$ 即

$$\sigma_{max} = \frac{M}{I_z}y_{max} \tag{6-4}$$

由式(6-4) 可知，对梁上某一横截面来说，最大正应力位于距中性轴最远的地方。
令

$$\frac{I_z}{y_{max}} = W_z$$

于是有

$$\sigma_{max} = \frac{M}{W_z} \tag{6-5}$$

式中，W_z 称为截面图形的抗弯截面模量，它只与截面图形的几何性质有关，单位为 mm^3。

矩形截面和圆截面的抗弯截面模量分别为
对于高度 h、宽为 b 的矩形截面

$$W_z = \frac{I_z}{y_{max}} = \frac{bh^3/12}{h/2} = \frac{bh^2}{6}$$

对于直径为 d 的圆形截面

$$W_z = \frac{I_z}{y_{max}} = \frac{\pi d^4/64}{d/2} = \frac{\pi d^3}{32}$$

对于外径为 D、内径为 d 的空心圆截面，令 $a = d/D$，则

$$W_z = \frac{I_z}{y_{max}} = \frac{\frac{\pi}{64}(D^4 - d^4)}{D/2} = \frac{\pi D^3}{32}\left[1 - \left(\frac{d}{D}\right)^4\right] = \frac{\pi D^3}{32}(1 - \alpha^4)$$

对于各种型钢截面，其抗弯截面模量可从型钢表中查到。

6.2.2　横力弯曲正应力

常见的弯曲问题多为横力弯曲，梁发生横力弯曲时，其横截面上不仅有正应力，还有切应力。由于存在切应力，横截面不再保持平面，而发生"翘曲"现象。进一步的分析表明，对于细长梁（例如矩形截面梁，$l/h \geqslant 5$，l 为梁长，h 为截面高度），切应力对正应力和弯曲变形的影响很小，可以忽略不计，正应力计算公式(6-5)仍然适用。当然式(6-4)和式(6-5)只适用于材料在线弹性范围，并且要求外力满足平面弯曲的受力特点。对于横截面具有对称轴的梁，只要外力作用在对称平面内，梁便产生平面弯曲；对于横截面无对称轴的梁，只要外力作用在形心主轴平面内，实心截面梁便产生平面弯曲。

式(6-5)是根据等截面直梁导出的，对于缓慢变化的变截面梁，以及曲率很小的曲梁（$h/\rho_0 \leqslant 0.2$，ρ_0 为曲梁轴线的曲率半径）也近似适用。

横力弯曲时，弯矩不是常量，随截面位置而变。对等截面梁，一般情况下，最大正应力 σ_{max} 发生在弯矩最大的横截面上，且在距离中性轴最远处。计算最大正应力时，一般以弯矩的最大值 M_{max} 代入公式(6-6)或式(6-7)，即

$$\sigma_{max} = \frac{M_{z\,max} y_{max}}{I_z} \tag{6-6}$$

$$\sigma_{max} = \frac{M_{max}}{W_z} \tag{6-7}$$

通常，σ_{max} 发生于弯矩为 M_{max} 的横截面上离中性轴最远处。但公式(6-4)表明，正应力不仅与弯矩有关，而且还与截面的形状有关，因而在某些情况下，σ_{max} 并不一定发生于弯矩最大的截面上。

【**例 6-1**】已知 $E = 200\text{GPa}$，受力如图 6-7 所示。求：(1) C 截面上 K 点正应力，(2) C 截面上最大正应力，(3) 全梁上最大正应力，(4) C 截面的曲率半径 ρ。

解　(1) 求 C 截面上 K 点正应力

$$F_{Ay} = 90\text{kN}, \quad F_{By} = 90\text{kN}$$

C 截面弯矩：　$M_C = 90 \times 1 - 60 \times 1 \times 0.5 = 60\text{kN} \cdot \text{m}$

梁截面惯性矩：$I_Z = \dfrac{bh^3}{12} = \dfrac{0.12 \times 0.18^3}{12} = 5.832 \times 10^{-5}\text{m}^4$

$$\sigma_K = \frac{M_C y_K}{I_Z} = \frac{60 \times 10^6 \times \left(\dfrac{180}{2} - 30\right)}{5.832 \times 10^{-5} \times 10^{12}} = 61.7\text{MPa}$$

(2) C 截面最大正应力

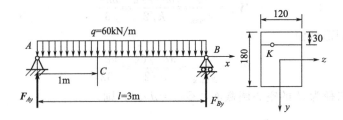

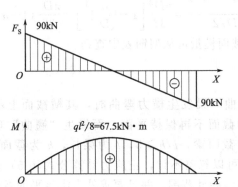

图 6-7

$$\sigma_{C,max}=\frac{M_C y_{max}}{I_Z}=\frac{60\times10^6\times\frac{180}{2}}{5.832\times10^{-5}\times10^{12}}=92.6\text{MPa}$$

（3）全梁最大正应力

最大弯矩　　　$M_{max}=67.5\text{kN}\cdot\text{m}$

$$\sigma_{max}=\frac{M_{max}y_{max}}{I_Z}=\frac{67.5\times10^6\times\frac{180}{2}}{5.832\times10^{-5}\times10^{12}}=104.2\text{MPa}$$

（4）C 截面曲率半径 ρ

由于　　　$\dfrac{1}{\rho}=\dfrac{M}{EI}$

$$\rho=\frac{EI}{M_C}=\frac{200\times10^9\times5.832\times10^{-5}}{60\times10^3}=194.4\text{m}$$

【例 6-2】　如图 6-8 所示槽钢悬臂梁为 No.10，已知 $l=1\text{m}$，$q=6\text{kN/m}$，求此梁的最大拉应力、压应力。

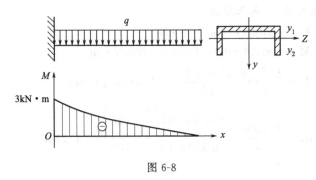

图 6-8

解 （1）画弯矩图

$$|M|_{\max} = 0.5ql^2 = 3\text{kN} \cdot \text{m}$$

（2）查型钢表

$$I_z = 25.6\text{cm}^4 \quad y_1 = 1.52\text{cm} \quad y_2 = 4.8 - 1.52 = 3.28\text{cm}$$

（3）求应力

$$\sigma_{t,\max} = \frac{My_1}{I_z} = \frac{3 \times 10^6 \times 1.52 \times 10}{25.6 \times 10^4} = 178\text{MPa}$$

$$\sigma_{c,\max} = \frac{My_2}{I_z} = \frac{3 \times 10^6 \times 3.28 \times 10}{25.6 \times 10^4} = 384\text{MPa}$$

$$\sigma_{t,\max} = 178\text{MPa} \quad \sigma_{c,\max} = 384\text{MPa}$$

6.2.3 弯曲梁的正应力强度计算

求得最大弯曲正应力后，可建立弯曲梁的强度条件如下

$$\sigma_{\max} = \frac{M_{\max}}{W_z} \leqslant [\sigma] \tag{6-8}$$

对塑性材料，其抗拉和抗压强度相等，所以只要其绝对值最大的正应力不超过许用应力即可。

对脆性材料，其抗拉和抗压强度不等，其拉和压的最大应力都应不超过各自的许用应力。

$$\sigma_{t,\max} = \left| \frac{My_t}{I_z} \right|_{\max} \leqslant [\sigma_t] \tag{6-9}$$

$$\sigma_{c,\max} = \left| \frac{My_c}{I_z} \right|_{\max} \leqslant [\sigma_c] \tag{6-10}$$

式中，y_t 和 y_c 分别表示梁上拉应力最大点和压应力最大点的 y 坐标。$[\sigma_t]$ 和 $[\sigma_c]$ 分别为脆性材料的许用拉应力和许用压应力。

材料的弯曲许用应力，可近似地用单向拉伸（压缩）的许用应力来代替。但实际上两者颇不相同，在有些规范中，弯曲许用应力略高于拉（压）许用应力。这是因为在梁的横截面上，应力并非均匀分布，而强度条件只以离中性轴最远的各点的应力为依据，故许用应力可以比轴向拉伸（压缩）的取得高一些。

【例 6-3】 螺栓压板夹紧装置如图 6-9(a) 所示。已知板长 $3a = 150\text{mm}$，压板材料的弯曲许用应力为 $[\sigma] = 140\text{MPa}$。试确定压板传给工件的最大允许压紧力 F。

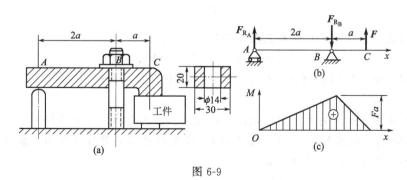

图 6-9

解 压板可简化为如图 6-9(b) 所示的外伸梁。由梁的外伸部分 BC 可以求得截面 B 的

弯矩为 $M_B = Fa$。此外又知 A、C 两截面上的弯矩等于零，从而作出如图 6-9(c) 所示弯矩图。最大弯矩在截面 B 上，且

$$M_{max} = M_B = Fa$$

根据截面 B 的尺寸求出

$$I_z = \frac{3 \times 2^3}{12} - \frac{1.4 \times 2^3}{12} = 1.07 \text{cm}^4$$

$$W_z = \frac{I_z}{y_{max}} = \frac{1.07}{1} = 1.07 \text{cm}^3$$

将强度条件改写为　　　　　　　$M_{max} \leqslant W_z[\sigma]$

于是有

$$Fa \leqslant W_z[\sigma]$$

$$F \leqslant \frac{W_z[\sigma]}{a} = \frac{1.07 \times (10^{-2})^3 \times 140 \times 10^6}{5 \times 10^{-2}} = 2996 \text{N}$$

所以根据压板的强度，最大压紧力不应超过 3kN。

【例 6-4】 T 形截面铸铁梁的载荷和截面尺寸如图 6-10(a) 所示。铸铁的许用拉应力为 $[\sigma_t] = 30\text{MPa}$，许用压应力为 $[\sigma_c] = 60\text{MPa}$。已知截面对形心轴 z 的惯性矩为 $I_z = 763\text{cm}^4$，且 $|y_1| = 52\text{mm}$。试校核梁的强度。

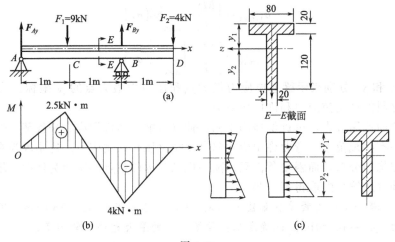

图 6-10

解 由静力平衡方程求出梁的支座反力为

$$F_{Ay} = 2.5\text{kN}, \qquad F_{By} = 10.5\text{kN}$$

作弯矩图如图 6-10(b) 所示。最大正弯矩在截面 C 上，$M_C = 2.5\text{kN} \cdot \text{m}$。最大负弯矩在截面 B 上，$M_B = -4\text{kN} \cdot \text{m}$。

T 形截面对中性轴不对称，同一截面上的最大拉应力和压应力并不相等。计算最大应力时，应以 y_1 和 y_2 分别代入式(6-9)、式(6-10)。在截面 B 上，弯矩是负的，最大拉应力发生于上边缘各点如图 6-10(c) 所示，且

$$\sigma_t = \frac{M_B y}{I_z} = \frac{4 \times 10^6 \times 52}{763 \times 10^4} = 27.3\text{MPa}$$

最大压应力发生于下边缘各点，且

$$\sigma_C = \frac{M_B y_2}{I_z} = \frac{4 \times 10^6 \times (120 + 20 - 52)}{763 \times 10^4} = 46.1 \text{MPa}$$

在截面 C 上，虽然弯矩 M_C 的数值小于 M_B，但 M_C 是正弯矩，最大拉应力发生于下边缘各点，而这些点到中性轴的距离却比较远，因而就有可能发生比截面 B 还要大的拉应力，即

$$\sigma_t = \frac{M_B y_2}{I_z} = \frac{2.5 \times 10^6 \times (120 + 20 - 52)}{763 \times 10^4} = 28.8 \text{MPa}$$

所以，最大拉应力是在截面 C 的下边缘各点处，但从所得结果看出，无论是最大拉应力或最大压应力都未超过许用应力，强度条件是满足的。

【例 6-5】　钢制等截面简支梁受均布载荷 q 作用如图 6-11(a) 所示，梁的横截面为 $h = 2b$ 的矩形，求梁的截面尺寸。已知材料的许用应力 $[\sigma] = 120 \text{MPa}$，$l = 2\text{m}$，$q = 50 \text{kN/m}$。

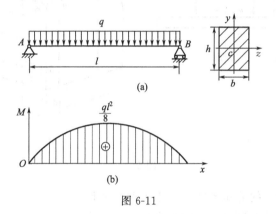

图 6-11

解　作弯矩图如图 6-11(b) 所示，危险截面在梁的中点，其值为 $M_{\max} = \dfrac{ql^2}{8}$

根据强度条件对梁进行正应力强度计算：

$$\sigma_{\max} = \frac{M_{\max}}{W_z} = \frac{\dfrac{ql^2}{8}}{\dfrac{bh^2}{6}} = \frac{3ql^2}{16b^3} \leqslant [\sigma]$$

$$b \geqslant \sqrt[3]{\frac{3ql^2}{16[\sigma]}} = \sqrt[3]{\frac{3 \times 50 \times 10^3 \times 2^2}{16 \times 120 \times 10^6}} = 67.9 \text{mm}$$

$$h = 2b = 136 \text{mm}$$

6.3 弯曲切应力

6.3.1　梁横截面上的切应力

横力弯曲的梁横截面上既有弯矩又有剪力，所以横截面上既有正应力又有切应力。切应力的分布规律与梁的横截面形状有关，现在按梁横截面的形状，分几种情况讨论弯曲切应力。

6.3.1.1 矩形截面梁

分析如图 6-12(a) 所示矩形截面梁截面上某点处的切应力时,先分析截面上切应力的分布规律。矩形截面上,剪力 F_s 与截面的纵向对称轴 y 轴重合,如图 6-12(b) 所示。设想在截面两侧边界处取一单元体(尺寸分别为 $\mathrm{d}x$, $\mathrm{d}y$, $\mathrm{d}z$ 的微小六面体),设在横截面上切应力 τ 的方向与边界成一角度,则可把该切应力分解为平行于边界的分量 τ_y 和垂直于边界的分量 τ_z。根据切应力互等定理,可知在此单元体的侧面必有一切应力 τ_x 和 τ_z 大小相等。但是,此面为梁的侧表面,是自由表面,不可能有切应力,即 $\tau_x = \tau_z = 0$。说明矩形截面周边处切应力的方向必然与周边相切。因对称关系,可以推知左、右边界 y 轴上各点的切应力都平行于剪力 F_s。当截面高度 h 大于宽度 b 时,关于矩形截面上切应力的分布规律,可作如下假设:

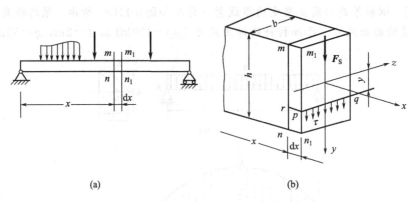

(a)   (b)

图 6-12

关于横截面上切应力的分布规律,作以下两个假设:

(1) 横截面上各点的切应力的方向都平行于剪力 F_s;

(2) 切应力沿截面宽度均匀分布,即切应力的大小只与 y 坐标有关。

以上述假定为基础得到的解,与精确解相比有足够的准确度。按照这两个假设,在距中性轴为 y 的横线 pq 上,各点的切应力 τ 都相等,且都平行于 F_s。再由切应力互等定理可知,在沿 pq 切出的平行于中性层的 pr 平面上,也必有与 τ 相等的 τ' [图 6-12(b) 中未画 τ',画在图 6-13(b) 中],而且沿宽度 b,τ' 也是均匀分布的。

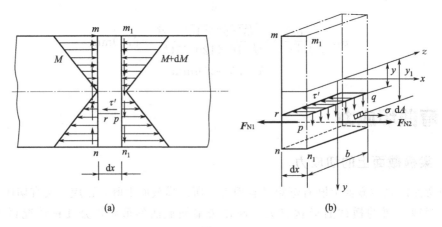

(a)   (b)

图 6-13

从如图 6-12(a) 所示横力弯曲的梁上截取长为 dx 的微段梁，设该微段左、右截面上的弯矩分别为 M 及 $M+dM$，剪力均为 F_s。再在 $m—n$ 和 $m_1—n_1$ 两截面间距离中性层为 y 处用一水平截面将该微段截开，取截面以下部分进行研究。在六面体 $prnn_1$ 上，左侧面上作用着因弯矩 M 引起的正应力 σ_1；而在右侧面上作用着因弯矩 $M+dM$ 引起的正应力 σ_2，左、右两侧面上都有切应力 τ；顶面上有与 τ 互等的切应力 τ'，如图 6-13(a) 所示。左、右侧面上的正应力分别构成了与正应力方向相同的两个合力 F_{N1}、F_{N2}，如图 6-13(b) 所示。

$$F_{N1} = \int_{A^*} \sigma \, dA = \int_{A^*} \frac{M y_1}{I_z} dA = \frac{M}{I_z} \int_{A^*} y_1 \, dA = \frac{M}{I} S_z^* \tag{b}$$

$$F_{N2} = \int_{A^*} \sigma \, dA = \int_{A^*} \frac{(M+dM) y_1}{I_z} dA = \frac{M+dM}{I_z} \int_{A^*} y_1 \, dA = \frac{(M+dM)}{I} S_z^* \tag{c}$$

式中，A^* 为离中性轴为 y 的横线以下面积，$S_z^* = \int_{A^*} y_1 \, dA$ 为面积 A^* 对中性轴之静矩。

考虑到微块顶面上相切的内力系的合力

$$dF'_S = \tau' b \, dx \tag{d}$$

$$\sum F_x = 0 \qquad F_{N2} - F_{N1} - dF'_S = 0 \tag{e}$$

将式(b)、式(c)、式(d) 代入式(e)

有

$$\frac{(M+dM)}{I_z} S_z^* - \frac{M}{I} S_z^* - \tau' b \, dx = 0$$

得

$$\tau' = \frac{dM}{dx} \times \frac{S_z^*}{I_z b} \tag{f}$$

由式(5-4)

$$\frac{dM}{dx} = F_S$$

得

$$\tau' = \frac{F_S S_z^*}{I_z b} \tag{g}$$

由切应力互等定理，横截面上 pq 线处的切应力为

$$\tau = \frac{F_S S_z^*}{I_z b} \tag{6-11}$$

这就是矩形截面梁弯曲切应力的计算公式。F_S 为横截面上的剪力，I_z 为整个截面对中性轴 z 的惯性矩，b 为横截面在所求应力点处的宽度，S_z^* 为截面上距中性轴为 y 的横线以外部分面积对中性轴的静矩。

对于矩形截面如图 6-14 所示，可取 $dA = b \, dy_1$，于是

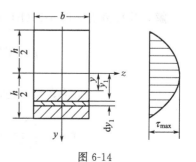

图 6-14

$$S_z^* = \int_{A^*} y_1 \, dA = \int_y^{h/2} b y_1 \, dy_1 = \frac{b}{2}\left(\frac{h^2}{4} - y^2\right)$$

或者

121

$$S_z^* = A^* \left[y + \frac{1}{2}\left(\frac{h}{2} - y\right)\right] = b\left(\frac{h}{2} - y\right) \times \frac{1}{2}\left(\frac{h}{2} + y\right) = \frac{b}{2}\left(\frac{h^2}{4} - y^2\right)$$

则
$$\tau = \frac{F_S}{2I_z}\left(\frac{h^2}{4} - y^2\right)$$

上式表明矩形截面切应力 τ 沿截面高度按抛物线规律变化。

当 $y = \pm\frac{h}{2}$ 时，$\tau = 0$ 在截面上下边缘处切应力为零。

当 $y = 0$ 时，$\tau = \tau_{max} = \frac{F_S h^2}{8I_z}$ 最大切应力发生在中性轴上。

考虑到 $\quad I_z = \frac{bh^3}{12}$，

得
$$\tau_{max} = \frac{3}{2}\frac{F_S}{bh} \tag{6-12}$$

可见矩形截面梁的最大切应力为平均切应力 $\frac{F_S}{bh}$ 的 1.5 倍。

【例 6-6】 矩形截面梁如图 6-15(a) 所示，已知 $l = 3$m，$h = 160$mm，$b = 100$mm，$h_1 = 40$mm，$F = 3$kN，求 m—m 截面上 K 点的切应力。

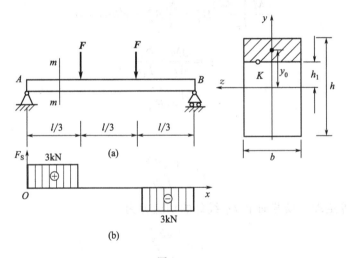

图 6-15

解 作剪力图如图 6-15(b) 所示得 m—m 截面上的剪力 $F_S = 3$kN

$$I_z = \frac{bh^3}{12} = \frac{0.1 \times 0.16^3}{12} = 0.34 \times 10^{-4} \text{m}^4$$

$$S_z^* = A^* y_0 = 0.1 \times 0.04 \times 0.06 = 0.24 \times 10^{-3} \text{m}^3$$

$$\tau_K = \frac{F_S S_z^*}{I_z b} = \frac{3 \times 10^3 \times 0.24 \times 10^{-3} \times 10^9}{0.34 \times 10^{-4} \times 10^{12} \times 100} = 0.21 \text{MPa}$$

6.3.1.2　工字形截面梁

对工字形截面梁，翼板中切应力分布比较复杂，且数值很小，故首先讨论腹板上的切应力。

腹板截面是一个狭长矩形，关于矩形截面上的切应力分布的两个假设仍然适用。可以导出相同的切应力计算公式，即

$$\tau = \frac{F_S S_z^*}{I_z b}$$

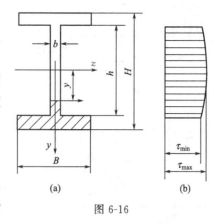

图 6-16

若需要计算梁腹板上距中性轴为 y 处的切应力，则 S_z^* 为图 6-16(a) 所画阴影部分的面积对中性轴的静矩，即

$$S_z^* = B\left(\frac{H}{2} - \frac{h}{2}\right)\left[\frac{h}{2} + \frac{1}{2}\left(\frac{H}{2} - \frac{h}{2}\right)\right] + b\left(\frac{h}{2} - y\right)\left[y + \frac{1}{2}\left(\frac{h}{2} - y\right)\right]$$

$$= \frac{B}{8}(H^2 - h^2) + \frac{b}{2}\left(\frac{h^2}{4} - y^2\right)$$

于是

$$\tau = \frac{F_S}{I_z b}\left[\frac{B}{8}(H^2 - h^2) + \frac{b}{2}\left(\frac{h^2}{4} - y^2\right)\right] \tag{h}$$

可见，沿腹板高度，切应力也是按抛物线规律分布的，如图 6-16(b) 所示。以 $y = 0$ 和 $y = \pm h/2$ 分别代入公式(h)，求出腹板上的最大和最小切应力分别是

$$\tau_{\max} = \frac{F_S}{I_z b}\left[\frac{BH^2}{8} - (B - b)\frac{h^2}{8}\right] \tag{6-13}$$

$$\tau_{\min} = \frac{F_S}{I_z b}\left[\frac{BH^2}{8} - \frac{Bh^2}{8}\right] \tag{6-14}$$

从式(6-13)、式(6-14) 看出，因为腹板的宽度 b 远小于翼板的宽度 B，$\tau_{\max}$ 与 $\tau_{\min}$ 实际上相差不大，所以，可以认为在腹板上切应力大致是均匀分布的。计算结果表明，横截面上的剪力 F_S 绝大部分为腹板所负担。腹板上的总剪力 F_{S_1}，约等于 $(0.95 \sim 0.97)F_S$。既然腹板几乎负担了横截面上的全部剪力，而且腹板上的切应力又接近于均匀分布，这样可用腹板的截面面积除剪力 F_S，近似地得出腹板内的切应力为

$$\tau = \frac{F_S}{bh} \tag{6-15}$$

在翼板上，也应有平行于 F_S 的切应力分量，分布情况比较复杂，且数值很小，并无实际意义，所以通常并不进行计算。此外，翼板上还有平行于翼板宽度 B 的切应力分量，它与腹板内的切应力比较，一般来讲也是次要的。

工字梁翼板的全部面积都在离中性轴最远处，每一点的正应力都比较大，所以翼板负担了横截面上的大部分弯矩。

【例 6-7】　求如图 6-17(a) 所示梁横截面上的最大正应力和最大切应力。

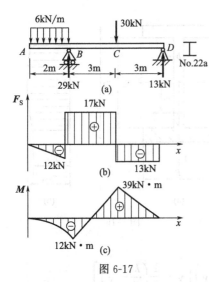

图 6-17

解：（1）查型钢表

$$W_z = 309 \text{cm}^3, \quad b = 7.5 \text{mm}, \quad \frac{I_z}{S_{z\max}^*} = 18.9 \text{cm}$$

（2）求支座反力、作剪力图及弯矩图［图 6-17(b)、(c)］

（3）由图可知：$F_{S\max} = 17 \text{kN}$，$M_{\max} = 39 \text{kN·m}$。

（4）求最大正应力 $\sigma_{\max} = \dfrac{M_{\max}}{W_z} = \dfrac{39 \times 10^6}{309 \times 10^3} = 126 \text{MPa}$

（5）求最大切应力 $\tau_{\max} = \dfrac{F_{S\max}}{b(I_z / S_{z\max}^*)} = \dfrac{17 \times 10^3}{7.5 \times 18.9 \times 10} = 12 \text{MPa}$

6.3.1.3 圆形截面梁

对于圆截面梁，已经不能假设截面上各点的切应力都平行于剪力，由切应力互等定理可知，截面边缘上各点的切应力与圆周相切。

这样，在水平弦 AB 的两个端点上与圆周相切的切应力作用线相交于 y 轴上的某点 F，如图 6-18（a）所示。此外，由于对称，AB 中点 C 的切应力必定与 AB 弦垂直，因而通过 F 点。由此可以假设，AB 弦上各点切应力的作用线都通过 F 点。如再假设 AB 弦上各点切应力的垂直分量 τ_y 是相等的，于是对 τ_y 来说，就与矩形截面所作的假设完全相同，所以可用公式（6-11）来计算。

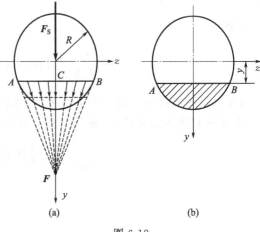

图 6-18

$$\tau_y = \frac{F_S S_z^*}{I_z b} \tag{i}$$

式中，b 为 AB 弦的长度；S_z^* 为如图 6-18(b) 所示画阴影线的面积对 z 轴的静矩。

在中性轴上，切应力为最大值 $\tau_{\max}$，且各点的 τ_y 就是该点的总切应力，对中性轴上的点

$$b = 2R, \quad S_z^* = \frac{\pi R^2}{2} \frac{4R}{3\pi}$$

代入式(i)，并注意到 $I_z = \dfrac{\pi R^4}{4}$，最后得出

$$\tau_{\max} = \frac{4}{3} \frac{F_S}{\pi R^2} \tag{6-16}$$

式中，$\dfrac{F_S}{\pi R^2}$ 为梁横截面上的平均切应力；R 为圆截面的半径。可见最大切应力是平均切应力的 $\dfrac{4}{3}$ 倍。

【例 6-8】 计算图 6-19(a) 所示梁内的最大正应力和最大切应力，并指出它们发生于何处。

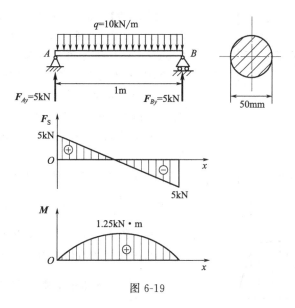

图 6-19

解 （1）求支座反力 F_{Ay}、F_{By}

（2）绘出剪力图与弯矩图，如图 6-19（b）所示

其中：最大剪力 $F_{Smax}=5kN$，最大弯矩 $M_{max}=1.25kN \cdot m$

（3）最大正应力 $\sigma_{max}=\dfrac{M_{max}}{W_z}=\dfrac{1.25\times10^6}{\dfrac{\pi\times50^3}{32}}=102MPa$

最大正应力发生在跨中截面上竖直直径的上、下端点上。

（4）最大切应力 $\tau_{max}=\dfrac{4}{3}\times\dfrac{F_S}{\pi R^2}=\dfrac{4\times5\times10^3}{3\pi\times25^2}=3.4MPa$

最大切应力发生在 A、B 截面的中性轴上。

6.3.2 弯曲切应力的强度计算

由弯曲切应力分析可知，梁在横力弯曲情况下，最大切应力通常发生在中性轴上，而中性轴上的正应力为零。因此，产生最大切应力的各点处于纯剪切应力状态。所以，弯曲切应力的强度条件为

$$\tau_{max}=\frac{F_{Smax}S_z^*}{I_z b}\leqslant[\tau] \tag{6-17}$$

对细长梁来说，强度控制因素通常是弯曲正应力，一般只按正应力强度条件进行强度计算，不需要对弯曲切应力进行强度校核。但是在下述情况下，必须进行弯曲切应力强度校核：

（1）梁的跨度较短，或在梁的支座附近作用较大的载荷，以致梁的弯矩较小，而剪力颇大；

（2）铆接或焊接的工字梁，如腹板较薄而截面高度较大，以致厚度与高度的比值小于型钢的相应比值；

（3）木材顺纹方向的剪切强度较差，在横力弯曲时可能因为中性层上的切应力过大而使梁沿中性层发生剪切破坏；

（4）经焊接、铆接或胶合而成的梁，对焊缝、铆钉或胶合面一般应进行剪切强度计算。

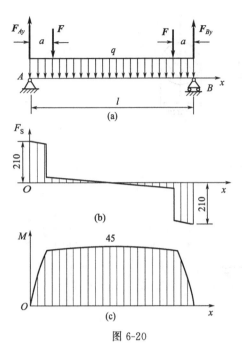

图 6-20

【例 6-9】 简支梁 AB 如图 6-20(a) 所示。$l=2\text{m}$，$a=0.2\text{m}$。梁上的载荷为 $q=10\text{kN/m}$，$F=200\text{kN}$。材料的许用应力为 $[\sigma]=160\text{MPa}$，$[\tau]=100\text{MPa}$。试选择适当的工字钢型号。

解 计算梁的支座反力。然后作剪力图和弯矩图，如图 6-20(b)、(c) 所示。

根据最大弯矩选择工字钢型号，由弯矩图知，$M_{max}=45\text{kN·m}$。

由弯曲正应力强度条件可得

$$W_z=\frac{M_{max}}{[\sigma]}=\frac{45\times10^6}{160}=281250\text{mm}^3=281\text{cm}^3$$

查型钢表，选用 22a 工字钢，其 $W_z=309\text{cm}^3$。现在校核梁的切应力，查表可得

$$\frac{I_z}{S_z^*}=18.9\text{cm}，腹板厚度 d=0.75\text{cm}。$$

由剪力图知，$F_{Smax}=210\text{kN}$。

代入切应力强度条件式(6-17)

$$\tau_{max}=\frac{F_{Smax}S_z^*}{I_z b}=\frac{210\times10^3}{18.9\times10\times0.75\times10}=148\text{MPa}>[\tau]$$

τ_{max} 超过 $[\tau]$ 很多，应重新选择更大的截面。现以 25b 工字钢进行试算。由表查出 $\frac{I_z}{S_z^*}=21.27\text{cm}$，$d=1\text{cm}$，再次进行切应力强度校核

$$\tau_{max}=\frac{210\times10^3}{21.27\times10\times1\times10}=98.6\text{MPa}<[\tau]$$

因此，要同时满足正应力和切应力强度条件，应选用型号为 25b 的工字钢。

6.4 提高梁强度的主要措施

前面曾经指出，弯曲正应力是控制梁强度的主要因素。所以弯曲正应力强度条件

$$\sigma_{max}=\frac{M_{max}}{W_z}\leqslant[\sigma]$$

往往是设计梁的主要依据。从这个条件看出，要提高梁的承载能力，即降低最大工作正应力 σ_{max}，应从两个方面考虑。一方面是合理安排梁的受力情况，以降低 M_{max} 的数值；另一方面则是本着经济的原则，在满足强度要求的前提下，合理设计梁的截面形状和尺寸，以提高抗弯截面模量 W_z。

6.4.1 合理布置载荷和支座，降低 M_{max}

改善梁的受力情况，尽量降低梁内最大弯矩，相对来说也就是提高了梁的强度。为此，首先应合理布置梁的支座。如图 6-21(a) 所示，以均布载荷作用下的简支梁为例

$$M_{max}=\frac{ql^2}{8}=0.125ql^2$$

若将两端支座各向里移动 $0.2l$，如图 6-21(b) 所示，则最大弯矩减小为

$$M_{\max}=\frac{ql^2}{40}=0.025ql^2$$

这只及前者的 1/5。也就是说，按图 6-21(b) 布置支座，载荷还可以提高 4 倍。如图 6-22(a) 所示门式起重机的大梁，如图 6-22(b) 所示锅炉筒体等，其支承点略向中间移动，都可以取得降低 $M_{\max}$ 的效果。

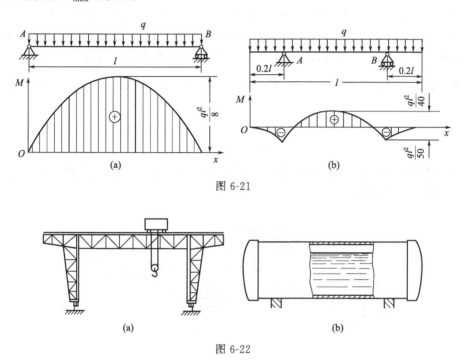

图 6-21

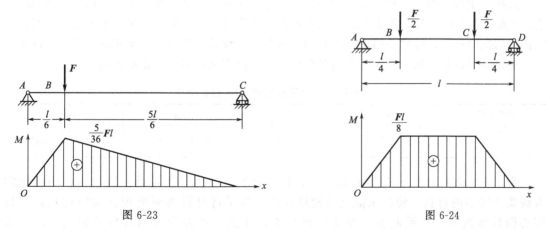

图 6-22

其次，合理布置载荷，也可以收到降低最大弯矩的效果。例如将轴上的齿轮安装位置靠近轴承，就会使齿轮传到轴上的力 F 紧靠支座，从而降低 $M_{\max}$。如图 6-23 所示的情况，轴的最大弯矩仅为：$M_{\max}=\frac{5}{36}Fl$；但如把集中力 F 作用于轴的中点，则 $M_{\max}=Fl/4$。相比之下，前者的最大弯矩就减少很多。

图 6-23

图 6-24

此外，在情况允许的条件下，应尽可能把较大的集中力分散成较小的力，或者改变成分布载荷。例如把作用于跨度中点的集中力 F 分散成如图 6-24 所示的两个集中力，则最大弯

矩将由 $M_{max}=\dfrac{Fl}{4}$ 降低为 $M_{max}=\dfrac{Fl}{8}$ 。

6.4.2 合理选取截面形状，增大 W_z

由弯曲正应力强度条件可知，最大工作正应力 σ_{max} 与抗弯截面模量 W_z 成反比，W_z 越大越有利。另一方面，使用材料的多少和自重的大小，则与截面面积 A 成正比，面积越小越经济，越轻巧。因而合理的截面形状应该是截面面积 A 较小，而抗弯截面模量 W_z 较大。例如使截面高度 h 大于宽度 b 的矩形截面梁，抵抗垂直于平面内的弯曲变形时，如把截面竖放，如图 6-25(a) 所示，则 $W_{z1}=\dfrac{bh^2}{6}$；如把截面平放如图 6-25(b) 所示，则 $W_{z2}=\dfrac{b^2h}{6}$。两者之比是

$$\frac{W_{z1}}{W_{z2}}=\frac{h}{b}>1$$

所以，竖放比平放有较高的抗弯强度，更为合理。因此，房屋和桥梁等建筑物中的矩形截面梁，一般都是竖放的。

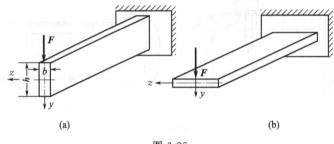

(a)　　　　　　　　　　　　　(b)

图 6-25

截面的形状不同，其抗弯截面模量 W_z 也就不同。可以用比值 W_z/A 来衡量截面形状的合理性和经济性。比值 W_z/A 较大，则截面的形状就较为经济合理。可以算出矩形截面的比值 $W_z/A=\dfrac{1}{6}bh^2/bh=0.167h$；圆形的比值 $W_z/A=\dfrac{\pi d^3/32}{\pi d^2/4}=0.125d$。

几种常用截面的比值 W_z/A 已列入表 6-1 中。从表中所列的数值可以看出，工字钢或槽钢比矩形截面经济合理，矩形截面比圆形截面经济合理。所以桥式起重机的大梁以及其他钢结构中的抗弯杆件，经常采用工字形截面、槽形截面或箱形截面等。从正应力的分布规律来看，这也是可以理解的。因为弯曲时梁截面上的点离中性轴越远，正应力越大。

表 6-1 几种截面的 W_z 和 A 的比值

截面形状	圆形	矩形	槽钢	工字钢
$\dfrac{W_z}{A}$	$0.125d$	$0.167h$	$(0.27\sim0.31)h$	$(0.27\sim0.31)h$

为了充分利用材料，应尽可能地把材料置放到离中性轴较远处。圆截面在中性轴附近聚集了较多的材料，使其未能充分发挥作用。为了将材料移到离中性轴较远处，可将实心圆截面改成空心圆截面。至于矩形截面，如把中性轴附近的材料移植到上、下边缘处，如图 6-26 所示，这就成了工字形截面。采用槽形或箱形截面也是基于同样的思路。

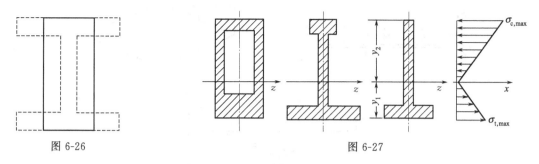

图 6-26　　　　　　　　　　　　　　　图 6-27

以上是从静载抗弯强度的角度讨论问题。但事物往往是复杂的，在讨论截面的合理形状时，还应考虑材料的特性。对抗拉和抗压强度相等的塑性材料（如碳钢），宜采用中性轴对称的截面，如圆形、矩形和工字形等。这样可使截面上、下边缘处的最大拉应力和最大压应力数值相等，同时接近许用应力。对抗拉和抗压强度不等的脆性材料（如铸铁），宜采用中性轴靠近受拉一侧的截面形状，例如图 6-27 所表示的一些截面。对这类截面，如能使 y_1 和 y_2 之比接近于下列关系，即 $\dfrac{\sigma_{t,max}}{\sigma_{c,max}}=\dfrac{M_{max}y_1/I_z}{M_{max}y_2/I_z}=\dfrac{y_1}{y_2}=\dfrac{[\sigma_t]}{[\sigma_c]}$，则最大拉应力和最大压应力便可同时接近许用应力，式中，$[\sigma_t]$、$[\sigma_c]$ 分别表示拉伸和压缩的许用应力。

6.4.3　采用等强度梁

前面讨论的梁都是等截面的，即 $W_z=$ 常数，但梁在各截面上的弯矩却随截面的位置而变化。由 σ_{max} 的计算公式可知，对于等截面的梁来说，只有在弯矩为最大值 M_{max} 的截面上，最大应力才有可能接近许用应力。其余各截面上弯矩较小，应力也就较低，材料没有充分利用。为了节约材料，减轻自重，可改变截面尺寸，使抗弯截面模量随弯矩而变化。在弯矩较大处采用较大截面，而在弯矩较小处采用较小截面。这种截面沿轴线变化的梁，称为变截面梁。变截面梁的正应力计算仍可近似地用等截面梁的公式，如变截面梁各横截面上的最大正应力都相等，且都等于许用应力，就是等强度梁。设梁在任一截面上的弯矩为 $M(x)$，而截面的抗弯截面模量为 $W_z(x)$，根据上述等强度梁的要求，应有

$$\sigma_{max}=\frac{M(x)}{W_z(x)}=[\sigma]$$

或者写成

$$W_z(x)=\frac{M(x)}{[\sigma]} \tag{6-18}$$

这是等强度梁的 $W_z(x)$ 沿梁轴线变化的规律。

若如图 6-28 所示，在集中力 F 作用下的简支梁为等强度梁，截面为矩形，且设截面高度 $h=$ 常数，而宽度 b 为 x 的函数，即 $b=b(x)$（$0\leqslant x\leqslant\frac{1}{2}$），则由公式（6-18）得

$$W_z(x)=\frac{b(x)h^2}{6}=\frac{M(x)}{[\sigma]}=\frac{Fx/2}{[\sigma]}$$

于是

$$b(x)=\frac{3F}{[\sigma]h^2}x \tag{6-19}$$

截面宽度 $b(x)$ 是 x 的一次函数，如图 6-28（b）所示。因为载荷对称于跨度中点，因而截面形状也对称于跨度中点。按照式（6-19）所表示的关系，在梁两端，$x=0$，$b(x)=0$，即

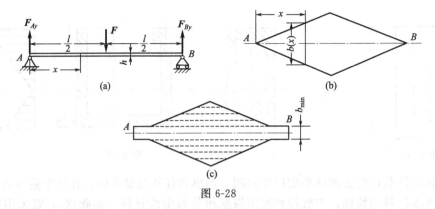

图 6-28

截面宽度等于零。这显然不能满足剪切强度的要求，因而要按剪切强度条件改变支承附近截面的宽度。设所需的最小截面宽度为 b_{min} 如图 6-28(c) 所示，根据剪切强度条件

$$\tau_{max} = \frac{3}{2} \frac{F_{Smax}}{A} = \frac{3F/2}{2b_{min}h} = [\tau]$$

由此得

$$b_{min} = \frac{3F}{4h[\tau]} \tag{6-20}$$

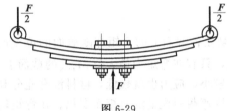

图 6-29

若设想把这一等强度梁分成若干狭条，然后叠置起来，并使其略微拱起，这就成为汽车以及其他车辆上经常使用的叠板弹簧，如图 6-29 所示。

若上述矩形截面等强度梁的截面宽度 $b(x)$ 为常数，而高度 h 为 x 的函数，即 $h = h(x)$，用完全相同的方法可以求得

$$h(x) = \sqrt{\frac{3F_x}{b[\sigma]}} \tag{6-21}$$

$$h_{min} = \frac{3F}{4b[\tau]} \tag{6-22}$$

按式(6-21) 和式(6-22) 所确定的梁的形状如图 6-30(a) 所示。如把梁做成如图 6-30(b) 所示的形式，就成为在厂房建筑中广泛使用的"鱼腹梁"了。使用公式(6-18)，也可求得圆截面等强度梁的截面直径沿轴线的变化规律。但考虑加工的方便及结构上的要求，常用阶梯形状的变截面梁（阶梯轴）来代替理论上的等强度梁，如图 6-31 所示。

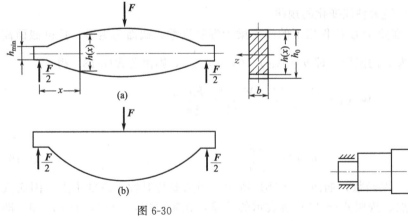

图 6-30　　　　　　　　　　　　　　　　　　图 6-31

学习方法和要点提示

1. 纯弯曲横截面上正应力的计算公式是本章的基础，横力弯曲应力是纯弯曲正应力在细长梁结构的应用与推广，梁的强度计算及其应用是学习本章的重点所在。

2. 纯弯曲特点是梁在该受力段横截面上只有弯矩没有剪力作用，横力弯曲特点是梁横截面上既有弯矩又有剪力作用，因此可将纯弯曲看作横力弯曲的特例。

3. 中性层、中性轴是截面上承受拉应力还是压应力的界面，其主要特征是在该面上材料既不受拉也不受压。

4. 纯弯曲梁横截面上正应力的推导过程能够理解即可，正应力计算公式(6-3)应熟练掌握，最大正应力的计算是公式(6-4)的应用；常用截面对中性轴的惯性矩及抗弯截面模量可通过自己推导掌握，不必死记硬背。

5. 弯曲梁正应力最大值（拉应力或压应力）在截面形状、尺寸相同（即抗弯截面模量为定值）的情况下，危险截面处于弯矩绝对值最大的截面上，最大应力点位于该截面的上下边缘点上；梁在横力弯曲时，最大切应力通常发生在剪力绝对值最大的截面的中性轴处，学习中应总结出各种典型截面切应力分布规律。

6. 梁的合理设计本质上是强度条件在工程实际中的灵活运用，目的在于减小最大应力或在满足强度要求的前提下减少材料占有量以降低成本；这一知识可通过强度条件公式分析得出。

7. 习题分类及解题要点

(1) 任意截面指定点正应力的计算。此时 y 为已知，解题时一般是先算出截面上的弯矩，再参照应力计算公式(6-4)，求出 I_z，带入式(6-4)即可求得未知量。

(2) 最大正应力的计算。对指定截面上的最大正应力位于距中性轴最远的地方，解题基本步骤是：弯矩值，截面图形的抗弯截面模量；带入公式(6-5)或(6-7)求解即可。

(3) 梁横截面上的切应力。首先应清楚各类截面上切应力的分布规律（一般，最大切应力发生在剪力绝对值最大的截面的中性轴处），对各类截面最大切应力的计算公式在学习中应自行推导，在理解基础上掌握其分布规律并学会公式的正确运用。

(4) 工程中基于弯曲正应力的强度问题主要有以下三类：

① 强度校核，需判断危险点，验算相关强度条件。

② 对截面尺寸的设计。若材料的拉、压许用应力相等，可先按最大应力点的强度条件确定所需最小抗弯截面模量；对于材料的拉、压许用应力不相等的脆性材料，则按最大拉应力和最大压应力计算所需的最小抗弯截面模量确定截面尺寸，之后再对其他危险点的强度加以校核。

③ 确定梁的许可载荷，也是先从最大正应力点的强度条件出发，计算出许可载荷值，然后再对其他危险点的强度加以校核。

(5) 危险截面与危险点的判断。一般情况下，弯曲时梁的各个截面上的剪力和弯矩是不相等的，有可能在一个或几个横截面上出现弯矩最大值或剪力最大值；也可能在同一截面上，剪力和弯矩虽然不是最大值，但数值都比较大；这些截面都是可能的危险截面。即承受弯曲杆件的横截面内可能存在三类危险点：

① 正应力最大点；

② 切应力最大点；

③ 正应力和切应力都比较大的点。

(6) 各类应力计算时，一定要注意单位的统一，如长度单位为 mm，力单位为 N，则应力单位为 MPa。

思 考 题

1. 什么是中性层？什么是中性轴？它们之间存在什么关系？

2. 如图 6-32 所示，根据梁的弯曲正应力分析，确定塑性材料和脆性材料各选用哪种截面形状合适。

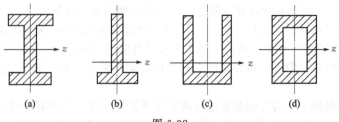

图 6-32

3. 在推导平面弯曲切应力计算公式过程中作了哪些基本假设？

4. 挑东西的扁担常在中间折断，而游泳池的跳水板易在固定端处折断，这是为什么？

5. 选择题：梁的截面为 T 字形，z 轴通过截面形心，其弯矩图如图 6-33 所示。

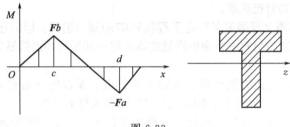

图 6-33

选择：（1）横截面上最大拉应力和最大压应力位于同一截面，即截面 c 或截面 d；

（2）最大拉应力位于截面 c，最大压应力位于截面 d；

（3）最大拉应力位于截面 d，最大压应力位于截面 c。

6. 丁字尺的截面为矩形。设 $\dfrac{h}{b} \approx 12$。由经验可知，当垂直长边 h 加力时如图 6-34(a) 所示，丁字尺很容易变形或折断，若沿长边加力时如图 6-34(b) 所示，则不然，为什么？

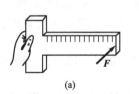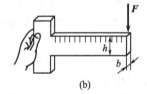

图 6-34

7. 当梁的材料是钢时，应选用_____的截面形状；若是铸铁则采用_____的截面形状。

8. 选择题：两梁的横截面上最大正应力值相等的条件是：

（1）M_{max} 与截面积相等；

（2）M_{max} 与 W_{min}（抗弯截面模量）相等；

（3）M_{max} 与 W_{min} 相等，且材料相同。

习　题

6-1　简支梁的尺寸如题 6-1 图所示，作用有载荷集度为 20kN/m 的均布载荷，梁截面是宽度为 100mm、高为 120mm 的矩形，试求：

（1）1-1 截面的 a、b、c 点的正应力。

（2）梁的最大正应力。

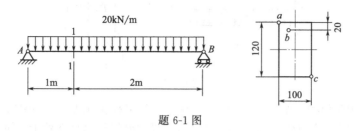

题 6-1 图

6-2　求如题 6-2 图所示 A 截面上 a、b 点的正应力。

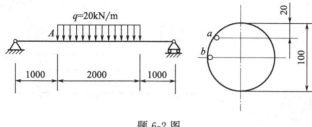

题 6-2 图

6-3　题 6-3(a) 图所示为一矩形截面简支梁。已知 $F = 16\text{kN}$，$b = 50\text{mm}$，$h = 150\text{mm}$。试求：（1）题 6-3(b) 图所示截面 1-1 上 D、E、F、H 各点的正应力；（2）梁的最大正应力；（3）若将截面旋转 90°，如题 6-3(c) 图所示，则最大正应力是原来正应力的几倍？

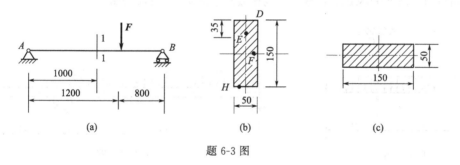

(a)　　　　　(b)　　　　　(c)

题 6-3 图

6-4　简支梁承受均布载荷如题 6-4 图所示。若分别采用截面面积相等的实心和空心圆截面，$D_1 = 40\text{mm}$，$\dfrac{d_2}{D_2} = \dfrac{3}{5}$，试分别计算它们的最大正应力，问空心圆截面比实心圆截面的最大正应力减小了百分之几？

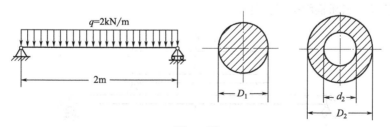

题 6-4 图

6-5　试求如题 6-5 图所示梁的 1-1 截面上 A、B 两点的切应力及最大切应力。

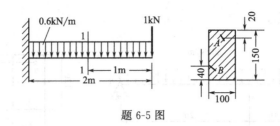

题 6-5 图

6-6 加热炉炉前机械操作装置如题 6-6 图所示，其操作臂由两根无缝钢管所组成。外伸端装有夹具，夹具与所夹持钢料的总重 $F_P = 2200N$，平均分配到两根钢管上。试求梁内最大正应力（不考虑钢管自重）。

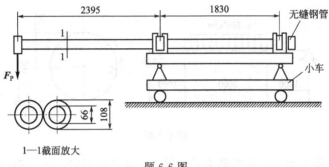

1—1截面放大

题 6-6 图

6-7 梁 AB 为 No. 10 号工字钢，如题 6-7 图所示。B 处由 $d = 20mm$ 的圆杆 BC 吊起，梁和杆的许用应力 $[\sigma] = 160MPa$，试求许可均布载荷集度 q（不计梁自重）。

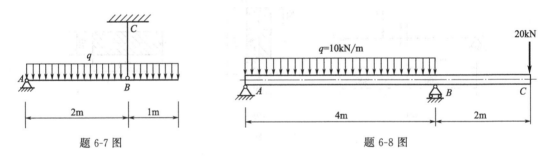

题 6-7 图   题 6-8 图

6-8 如题 6-8 图所示梁的许用正应力 $[\sigma] = 160MPa$，许用切应力 $[\tau] = 100MPa$，试选择工字钢的型号。

6-9 如题 6-9 图所示简支梁 AB，当载荷 F_P 直接作用在梁的跨度中点时，梁内最大弯曲正应力超过许用应力 30%。为减小 AB 梁内的最大正应力，在 AB 梁上配置一辅助梁 CD，CD 也可以看作是简支梁。试求辅助梁的长度 a。

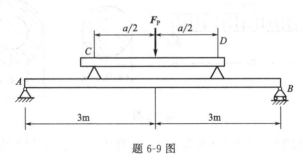

题 6-9 图

6-10　矩形截面梁如题 6-10 图所示，已知 $F=10\mathrm{kN}$，$q=5\mathrm{kN/m}$，材料的许用应力 $[\sigma]=160\mathrm{MPa}$，试确定截面尺寸 h。

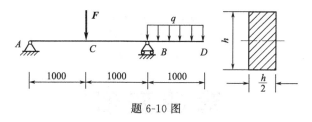

题 6-10 图

6-11　如题 6-11 图所示铸铁外伸梁，截面对中性轴的惯性矩 $I_z=10^3\mathrm{cm^4}$，若材料的 $[\sigma_t]=40\mathrm{MPa}$，$[\sigma_c]=100\mathrm{MPa}$，试校核其正应力强度。

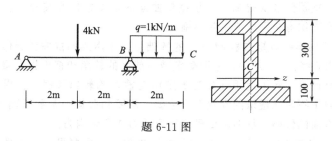

题 6-11 图

6-12　如题 6-12 图所示起重机横梁由两根工字钢组成，起重机的自重 $G=50\mathrm{kN}$，最大起重量 $F_P=10\mathrm{kN}$。钢的许用正应力 $[\sigma]=160\mathrm{MPa}$，许用切应力 $[\tau]=100\mathrm{MPa}$。试先不考虑梁的自重影响，按正应力强度条件选择工字钢型号，然后再考虑梁的自重影响进行强度校核。

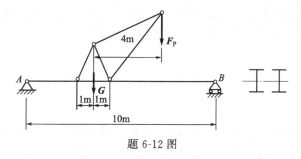

题 6-12 图

6-13　梁的受力及横截面尺寸如题 6-13 图所示。试求：

（1）绘出梁的剪力图和弯矩图；

（2）确定梁内横截面上的最大拉应力和最大压应力；

（3）确定梁内横截面上的最大切应力。

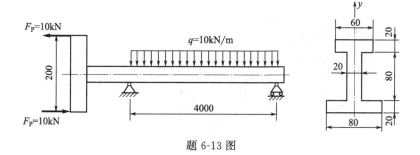

题 6-13 图

第7章

弯曲变形

本章要求：了解弯曲变形的基本概念。掌握挠曲线近似微分方程的建立及指定截面转角、挠度的确定方法，包括积分法及叠加法。掌握弯曲梁的刚度条件及其应用。掌握简单超静定梁的求解方法。牢记提高梁弯曲刚度的主要措施。

重点：在熟练写出梁的弯矩方程 $M(x)$ 的基础上，应用梁的挠曲线近似微分方程求得梁的转角方程 $\theta(x)$ 和挠曲线方程 $w(x)$，进而确定特定截面的转角和挠度以及梁中最大转角和最大挠度，进行梁的刚度计算；熟练运用叠加法确定给定截面的转角和挠度；用变形比较法解简单超静定梁问题，这对于不学能量法的专业尤为重要，问题的关键一是要正确确定变形协调方程，二是准确定出特定截面的位移，从而解出多余约束反力或多余内力。

难点：在正确写出弯矩方程后，积分常数的正确确定，主要是边界条件及光滑连续条件的应用，对于多控制界面，诸多积分常数，通常是比较冗繁，需要细心和耐心；叠加法中"分"与"叠"的技巧。"分"要受载和变形等效，分后变形已知或易于查表。"叠"要将矢量标量化，求其代数和。叠加要全面，特别是刚体位移部分，不可遗漏，叠加要注意正负号，以免盲目相加，造成错误结果；简单超静定问题的关键是相当系统和原结构比较，得出变形协调条件。一旦正确确定了变形协调条件，问题则转化为一般的求指定截面的位移了；简单超静定梁求解的思路和方法的正确运用。

7.1 概述

前面一章讨论了梁的强度计算，工程中对某些受弯杆件除强度要求外，往往还有刚度要求，即要求它变形不能过大。以车床主轴为例，如图 7-1 所示，若其变形过大，将影响齿轮的啮合和轴承的配合，造成磨损不均匀，产生噪声，降低使用寿命，还会影响加工精度。再以吊车梁为例，当变形过大时，将使梁上小车行走困难，出现爬坡现象，还会引起较严重的振动。所以，若变形超过允许值，即使仍然是弹性的，也被认为是一种失效。

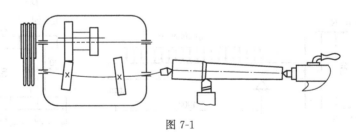

图 7-1

工程中虽然经常是限制弯曲变形，但是在某些情况下，也可利用弯曲变形解决工程问题，以达到某种要求。例如，汽车叠板弹簧如图 7-2 所示，应有较大的变形，才可以更好地起到缓冲作用。弹簧扳手如图 7-3 所示，要有明显的弯曲变形，才可以使测得的力矩更为准确。

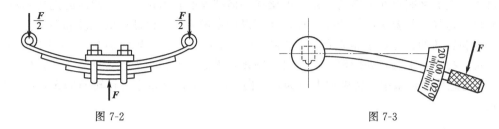

图 7-2　　　　　　　　　　　　　　　　　　图 7-3

弯曲变形计算除用于解决弯曲刚度问题外，还用于求解超静定系统和振动计算。

7.2 梁的挠曲线近似微分方程

7.2.1 挠度和转角

设一悬臂梁 AB，如图 7-4 所示，在载荷作用下，其轴线将弯曲成一条光滑的连续曲线 AB'。在平面弯曲的情况下，这是一条位于载荷所在平面内的平面曲线。梁弯曲后的轴线称为挠曲线。因为这是在弹性范围内的挠曲线，故也称为弹性曲线。

梁的弯曲变形可用挠度和转角来表示。

（1）挠度　由图 7-4 可见，梁轴线上任一点 C（即梁某一横截面的形心），在梁变形后将移至 C'。由于梁的变形很小，变形后的挠曲线是一条平坦的曲线，故 C 点的水平位移可以忽略不计，从而认为线位移 CC' 垂直于变形前梁的轴线。梁变形后，横截面形心，沿 y 方向的位移称为挠度。图中以 y_c 表示，单位为 mm。

图 7-4

（2）转角　梁变形时，横截面还将绕中性轴转动一个角度。梁任一横截面相对于其原来位置所转动的角度称为该截面的转角，以 θ 表示，单位为 rad。图 7-4 中的 θ_c 即为截面 C 的转角。

为描述梁的挠度和转角，取一个直角坐标系。以梁的左端为原点，令 x 轴与梁变形前的轴线重合，方向向右；y 轴与之垂直，方向向上，如图 7-4 所示。这样，变形后梁任一横截面的挠度就可用其形心在挠曲线上的纵坐标 y 表示。根据平面假设，梁变形后横截面仍垂直于梁的轴线，因此，任一横截面的转角，也可用挠曲线在该截面形心处的切线与 x 轴的夹角 θ 来表示。

挠度 y 和转角 θ 随截面位置 x 而变化，即 y 和 θ 是 x 的函数。因此，梁的挠曲线可表示为

$$y = f(x) \tag{7-1}$$

此式称为梁的挠曲线方程。由微分学知，过挠曲线上任意点切线与 x 轴的夹角的正切就是挠曲线在该点处的斜率，即

$$\tan\theta = \frac{\mathrm{d}y}{\mathrm{d}x} = y'$$

由于工程实际中梁的转角 θ 一般很小，$\tan\theta \approx \theta$，故可以认为

$$\theta = \frac{\mathrm{d}y}{\mathrm{d}x} = y' \tag{7-2}$$

可见 y 与 θ 之间存在一定的关系，即梁任一横截面的转角 θ 等于该截面的挠度 y 对 x 的一阶导数。这样，只要求出挠曲线方程，就可以确定梁上任一横截面的挠度和转角。

挠度和转角的符号，是根据所选定的坐标系而定的。与 y 轴正方向一致的挠度为正，反之为负；挠曲线上某点处的斜率为正时，则该处横截面的转角为正，反之为负。例如，在图 7-4 所选定的坐标系中，挠度向上时为正，向下时为负；转角逆时针转向为正，顺时针转向为负。

7.2.2 挠曲线近似微分方程

在 6.2 节中，曾导出梁在纯弯曲时变形的基本公式，即

$$\frac{1}{\rho} = \frac{M}{EI_z}$$

式中，EI_z 为梁的抗弯刚度；ρ 为挠曲线的曲率半径。有时把 I_z 写成 I，于是上式就可写成

$$\frac{1}{\rho} = \frac{M}{EI} \tag{7-3}$$

在横力弯曲的情况下，弯矩和剪力将分别引起弯曲变形，而式(7-3) 只代表由弯矩引起的那一部分。但如梁的跨度远大于横截面高度，与弯矩相比，剪力引起的弯曲变形可以省略。这样，式(7-3) 仍可作为计算梁弯曲变形的基本方程。不过，这时曲率 $\frac{1}{\rho}$ 和弯矩 M 皆为 x 的函数。此外，平面曲线的曲率 $\frac{1}{\rho}$ 可以写成

$$\frac{1}{\rho} = \pm \frac{\dfrac{\mathrm{d}^2 y}{\mathrm{d}x^2}}{\left[1 + \left(\dfrac{\mathrm{d}y}{\mathrm{d}x}\right)^2\right]^{3/2}}$$

因为挠曲线通常是一条极其平坦的曲线，$\frac{\mathrm{d}y}{\mathrm{d}x}$ 的数值很小，在等号右边的分母中，$\left(\frac{\mathrm{d}y}{\mathrm{d}x}\right)^2$ 与 1 相比可以略去不计，于是得到近似式

$$\frac{1}{\rho} = \pm \frac{\mathrm{d}^2 y}{\mathrm{d}x^2}$$

将上式代入式(7-3)，得

$$\pm \frac{\mathrm{d}^2 y}{\mathrm{d}x^2} = \frac{M}{EI} \tag{a}$$

按照 5.3 节关于弯矩符号的规定，当挠曲线向下凸出时，M 为正如图 7-5 所示。另一方面，在我们所选定的坐标系中，向下凸出的曲线的二阶导数 $\frac{\mathrm{d}^2 y}{\mathrm{d}x^2}$ 也为正。同理，当挠曲线向上凸出时，M 为负，而 $\frac{\mathrm{d}^2 y}{\mathrm{d}x^2}$ 也为负。所以，式(a) 等号两边的符号是一致的。这样，可将式(a) 写成

$$\frac{\mathrm{d}^2 y}{\mathrm{d}x^2} = \frac{M}{EI} \tag{7-4}$$

这就是梁弯曲变形挠曲线近似微分方程。将方程（7-4）进行积分，即可求得挠度 y 和截面转角 θ。

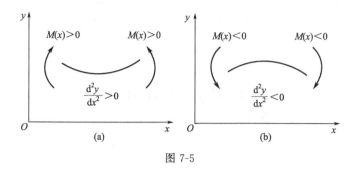

图 7-5

7.3 积分法求梁的弯曲变形

对挠曲线近似微分方程（7-4）进行积分，可求得梁的挠度方程和转角方程。对于等截面梁，其刚度为常数，此时式(7-4) 可改写为

$$EIy'' = M(x) \tag{7-5}$$

将式(7-5) 两边乘以 $\mathrm{d}x$，积分一次得

$$EIy' = \int M(x)\mathrm{d}x + C \tag{b}$$

同样，将式(b) 两边乘以 $\mathrm{d}x$，再积分一次，得

$$EIy = \int \left[\int M(x)\mathrm{d}x + C \right] \mathrm{d}x + D$$

或

$$EIy = \iint M(x)\mathrm{d}x\mathrm{d}x + Cx + D \tag{c}$$

在式(b) 和式(c) 中出现了两个积分常数 C 和 D，它们可由梁的边界条件（即支座对梁的挠度和转角的限制）确定。两种典型的边界条件如下：

(1) 固定端约束限制线位移和角位移，$y=0$ 和 $\theta=0$。

(2) 铰支座只限制线位移，$y=0$。

在第 5 章学习弯矩方程时我们知道，不同的梁段，弯矩方程的表达式可能是不相同的，所以对式(7-5) 需要分段积分，分别解出各段的挠度方程和转角方程。在这种情况下，为了确定各个积分常数，除了需要利用梁的边界条件外，还需要利用梁分段点处的连续性条件。由于梁的挠曲线是一条连续光滑曲线，在分段点处，相邻两段梁交界处的挠度和转角必然相等。于是每增加一段就多提供两个确定积分常数的条件，这就是连续性条件。

上述求梁的挠度和转角的方法，称为积分法。

【例 7-1】 左端固定、右端自由的悬臂梁承受均布载荷，如图 7-6 所示。均布载荷集度为 q，梁的弯曲刚度为 EI、长度为 l。q、EI、l 其值均为已知。试求梁的挠度与转角方程，以及最大挠度和最大转角。

解 (1) 建立 Oyx 坐标系，写弯矩方程 建立 Oyx 坐标系，如图 7-6 所示。因为梁上作用连续分布载荷，所以在梁的全长上，弯矩可以用一个函数描述。

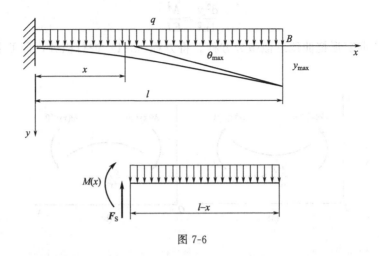

图 7-6

从坐标为 x 的任意截面处截开，因为固定端有两个约束反力，考虑截面左侧平衡时，建立的弯矩方程比较复杂，所以考虑右侧部分的平衡，得到弯矩方程

$$M(x) = -\frac{1}{2}q(l-x)^2 \quad (0 \leqslant x \leqslant l)$$

（2）建立挠曲线微分方程并积分　将上述弯矩方程代入挠曲线近似微分方程，得

$$EIy'' = -M = \frac{1}{2}q(l-x)^2$$

$$EIy' = EI\theta = -\frac{1}{6}q(l-x)^3 + C \tag{d}$$

$$EIy = \frac{1}{24}q(l-x)^4 + Cx + D \tag{e}$$

（3）利用约束条件确定积分常数　固定端处的约束条件为

$$x = 0, \ \theta = \frac{\mathrm{d}y}{\mathrm{d}x} = 0$$

$$x = 0, \ y = 0$$

将其代入式(7-9)和式(7-10)，得到积分常数

$$C = \frac{ql^3}{6}, \ D = -\frac{ql^3}{24}$$

将求出的积分常数代入式(d)、式(e)，得到转角方程与挠度方程，分别为

$$\theta = -\frac{q}{6EI}[(l-x)^3 - l^3] \tag{f}$$

$$y = \frac{q}{24EI}[(l-x)^4 + 4l^3 x - l^4] \tag{g}$$

（4）确定转角与挠度的最大值　从图 7-6 所示挠度曲线可以看出，悬臂梁在自由端处，挠度和转角均为最大值。于是，令转角和挠度方程式(f)、式(g) 中的 $x = l$，得到最大转角和最大挠度分别为

$$\theta_{\max} = \theta_B = \frac{ql^3}{6EI}$$

$$y_{\max} = y_B = \frac{ql^4}{8EI}$$

【例 7-2】　简支梁受集中力 F_P 作用，如图 7-7 所示，F_P、l、EI 均已知。试求梁的转角方程与挠度方程。

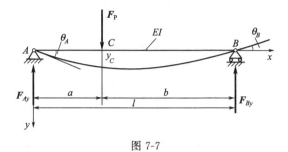

图 7-7

解　(1) 确定约束反力并分段建立弯矩方程　应用平衡方程 $\sum M_B = 0$ 和 $\sum M_A = 0$，得到 A、B 两端的约束反力 F_{Ay}、F_{By} 分别为

$$F_{Ay} = \frac{F_P b}{l}, \qquad F_{By} = \frac{F_P a}{l}$$

因为在 C 点作用集中力，所以必须分成两段建立弯矩方程。AC 和 CB 两段的弯矩方程分别为

$$AC \text{ 段：} \quad M_1(x) = \frac{F_P b}{l} x \qquad\qquad (0 \leqslant x \leqslant a)$$

$$CB \text{ 段：} \quad M_2(x) = \frac{F_P b}{l} x - F_P(x - a) \qquad (a \leqslant x \leqslant l)$$

(2) 建立挠曲线微分方程并积分　将弯矩方程代入公式 (7-5)，并积分两次，得到
AC 段：

$$EIy_1'' = -M_1(x) = -\frac{F_P b}{l} x$$

$$EIy_1' = -\frac{F_P b}{2l} x^2 + C_1 \qquad\qquad\qquad (\text{h})$$

$$EIy_1 = -\frac{F_P b}{6l} x^3 + C_1 x + D_1 \qquad\qquad (\text{i})$$

CB 段：

$$EIy_2'' = -M_2(x) = -\frac{F_P b}{l} x + F_P(x - a)$$

$$EIy_2' = -\frac{F_P b}{2l} x^2 + \frac{1}{2} F_P(x - a)^2 + C_2 \qquad\qquad (\text{j})$$

$$EIy_2 = -\frac{F_P b}{6l} x^3 + \frac{1}{6} F_P(x - a)^3 + C_2 x + D_2 \qquad\qquad (\text{k})$$

(3) 利用约束条件和连续条件确定积分常数　上式中有四个积分常数 C_1、C_2、D_1、D_2，但简支梁两端只能提供两个约束条件，即

$$\left. \begin{array}{l} x = 0, \ y(0) = 0 \\ x = l, \ y(l) = 0 \end{array} \right\}$$

确定积分常数的另外两个条件由 C 点的连续条件提供，因为在弹性范围内，梁的轴线

弯曲成一条连续光滑曲线，因此 AC 和 CB 段的挠度曲线在 C 点处的挠度和转角都相等，即

$$x=a，\; y_1(a)=y_2(a) \Big\}$$
$$x=a，\; \theta_1(a)=\theta_2(a) \Big\}$$

于是，先利用上述连续条件，有

$$-\frac{F_\mathrm{P}b}{2l}a^2+C_1=-\frac{F_\mathrm{P}b}{2l}a^2+\frac{F_\mathrm{P}}{2}(a-a)^3+C_2$$

$$-\frac{F_\mathrm{P}b}{6l}a^3+C_1a+D_1=-\frac{F_\mathrm{P}b}{6l}a^3+\frac{1}{6}F_\mathrm{P}(a-a)^3+C_2a+D_2$$

由此解得

$$C_1=C_2，\; D_1=D_2$$

再利用约束条件，有

$$EIy_1(0)=D_1=D_2=0$$

$$EIy_2(l)=-\frac{F_\mathrm{P}b}{6l}l^3+\frac{1}{6}F_\mathrm{P}(l-a)^3+C_2l=0$$

解得

$$C_1=C_2=\frac{F_\mathrm{P}b}{6l}(l^2-b^2)$$

（4）确定挠度方程　将所得积分常数分别代入式(h)~式(k)，得到 AC 段和 CB 段的转角方程与挠度方程分别为

AC 段 $(0\leqslant x\leqslant a)$：

$$EIy_1'=\frac{F_\mathrm{P}b}{6l}(l^2-b^2-3x^2)$$

$$EIy_1=\frac{F_\mathrm{P}bx}{6l}(l^2-b^2-x^2)$$

CB 段 $(a\leqslant x\leqslant l)$：

$$EIy_2'=\frac{F_\mathrm{P}b}{6l}\left[(l^2-b^2-3x^2)+\frac{3l}{b}(x-a)^2\right]$$

$$EIy_2=\frac{F_\mathrm{P}b}{6l}\left[(l^2-b^2-x^2)x+\frac{l}{b}(x-a)^3\right]$$

【例 7-3】　求图 7-8 所示梁的挠曲线微分方程。

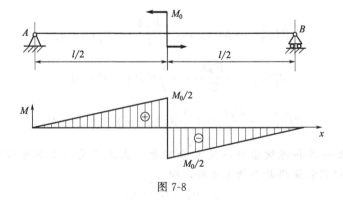

图 7-8

解　（1）画出弯矩图

（2）列出弯矩方程并建立挠曲线微分方程、积分

AC 段

$$M_1(x) = M_0 \frac{x}{l}$$

$$y''_1 = \frac{M_0}{EI} \frac{x}{l}$$

$$y'_1 = \frac{M_0}{2EI} \frac{x^2}{l} + C_1$$

$$y_1 = \frac{M_0}{6EI} \frac{x^3}{l} + C_1 x + D_1$$

BC 段

$$M_2(x) = M_0 \left(\frac{x}{l} - 1 \right)$$

$$y''_2 = \frac{M_0}{EI} \left(\frac{x}{l} - 1 \right)$$

$$y'_2 = \frac{M_0}{EI} \left(\frac{x^2}{2l} - x \right) + C_2$$

$$y_2 = \frac{M_0}{EI} \left(\frac{x^3}{6l} - \frac{x^2}{2} \right) + C_2 x + D_2$$

（3）边界和连续条件

$$x = 0, \quad y_1(0) = 0 \qquad x = \frac{l}{2}, \quad y_1\left(\frac{l}{2}\right) = y_2\left(\frac{l}{2}\right) \quad （连续条件）$$

$$x = l, \quad y_2(l) = 0 \qquad x = \frac{l}{2}, \quad y'_1\left(\frac{l}{2}\right) = y'_2\left(\frac{l}{2}\right) \quad （光滑条件）$$

$$y_1(x) = \frac{M_0 x}{24EIl}(4x^2 - l^2) \qquad y_2(x) = \frac{M_0}{24EIl}(4x^3 - 12x^2 l + 11xl^2 - 3l^3)$$

【例 7-4】 梁 AB 以拉杆 BD 支承，载荷及尺寸如图 7-9（a）所示。已知梁的抗弯刚度为 EI，拉杆的抗拉刚度为 EA，试求梁中点的挠度以及支座处的转角。

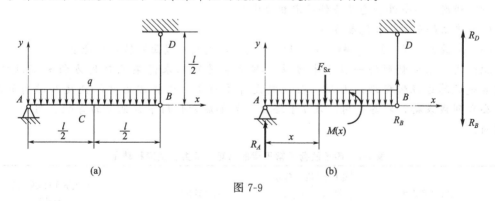

图 7-9

解　（1）求支座反力和弯矩方程　由于是载荷对称梁，所以 A 处的支座反力和 B 处拉杆的拉力是相等的，为：$R_A = R_B = \dfrac{ql}{2}$

建立图 7-9（a）所示的坐标系，运用截面法，如图 7-9（b），则梁中的弯矩方程为：

$$M(x) = \frac{qx(l-x)}{2}(0 \leqslant x \leqslant l)$$

(2) 求转角方程和挠度方程

$$\theta(x) = \int \frac{M(x)}{EI}\mathrm{d}x + C = \frac{qx^2}{2EI}\left(\frac{l}{2} - \frac{x}{3}\right) + C$$

$$y(x) = \int \theta(x)\mathrm{d}x + D = \frac{qx^3}{12EI}\left(l - \frac{x}{2}\right) + Cx + D$$

(3) 确定积分常数

约束条件为:

$$y(0) = 0 \quad y(l) = -\Delta l = -\left(\frac{ql}{2} \times \frac{l}{2}\right)\Big/ EA = -\frac{ql^2}{4EA}$$

代入挠曲线函数表达式得:

$$D = 0 \quad C = -\left(\frac{ql^3}{24EI} + \frac{ql}{4EA}\right)$$

于是转角方程和挠曲线方程为:

$$\theta(x) = \frac{qx^2}{2EI}\left(\frac{l}{2} - \frac{x}{3}\right) - \frac{ql}{4EI}\left(\frac{l^2}{6} + \frac{I}{A}\right)$$

$$y(x) = \frac{qx^3}{12EI}\left(l - \frac{x}{2}\right) - \frac{qlx}{4EI}\left(\frac{l^2}{6} + \frac{I}{A}\right)$$

(4) 求梁中点的挠度以及支座处的转角

梁中点的挠度为

$$y_C = y\left(\frac{l}{2}\right) = \frac{q(l/2)^3}{12EI}\left(l - \frac{l}{4}\right) - \frac{ql^2}{8EI}\left(\frac{l^2}{6} + \frac{I}{A}\right) = -\left(\frac{5ql^4}{384EI} + \frac{ql^2}{8EA}\right)\text{(向下)}$$

支座处的转角

$$\theta_A = \theta(0) = -\frac{ql}{4EI}\left(\frac{l^2}{6} + \frac{I}{A}\right) = -\left(\frac{ql^3}{24EI} + \frac{ql}{4EA}\right)\text{(顺时针)}$$

综合上述各例可见,用积分法求梁变形的步骤是:

(1) 求支座反力,列弯矩方程;

(2) 列出梁的挠曲线近似微分方程,并对其逐次积分;

(3) 利用边界条件和连续条件确定积分常数;

(4) 建立转角方程和挠度方程;

(5) 求最大转角 $|\theta|_{max}$ 和最大挠度 $|y|_{max}$,或指定截面的转角和挠度。

积分法是求梁变形的一种基本方法,其优点是可以求得梁的转角方程和挠度方程;其缺点是运算过程较繁琐。因此,在一般设计手册中,已将常用梁的挠度和转角的有关计算公式列成表格,以备查用。表 7-1 给出了简单载荷作用下常见梁的弯矩、剪力、挠度和转角。

表 7-1　简单载荷下常见梁的弯矩、剪力、挠度和转角

序号	梁的形式及其载荷	最大弯矩 M_{max} (绝对值)	最大剪力 $F_{S,max}$ (绝对值)	挠曲线方程	最大挠度和梁端转角 (绝对值)
1		M_B	0	$y = \dfrac{M_B x^2}{2EI}$	$\theta_{max} = \dfrac{M_B l}{EI}(\text{↷})$ $y_{max} = \dfrac{M_B l^2}{2EI}(\text{↑})$

序号	梁的形式及其载荷	最大弯矩 M_{max} (绝对值)	最大剪力 $F_{S,max}$ (绝对值)	挠曲线方程	最大挠度和梁端转角 (绝对值)
2		Fl	F	$y = -\dfrac{Fx^2}{6EI}(3l-x)$	$\theta_{max} = \dfrac{Fl^2}{2EI}(\searrow)$ $y_{max} = \dfrac{Fl^3}{3EI}(\downarrow)$
3		Fa	F	$y = -\dfrac{Fx^2}{6EI}(3a-x)$ $(0 \leqslant x \leqslant a)$ $y = -\dfrac{Fa^2}{6EI}(3x-a)$ $(a \leqslant x \leqslant l)$	$\theta_{max} = \dfrac{Fa^2}{2EI}(\searrow)$ $y_{max} = \dfrac{Fa^2}{6EI}(3l-a)(\downarrow)$
4		$\dfrac{ql^2}{2}$	ql	$y = -\dfrac{qx^2}{24EI}(x^2+6l^2-4lx)$	$\theta_{max} = \dfrac{ql^3}{6EI}(\searrow)$ $y_{max} = \dfrac{ql^4}{8EI}(\downarrow)$
5		$\dfrac{ql^2}{8}$	$\dfrac{ql}{2}$	$y = \dfrac{qx^2}{24EI}\left(\dfrac{3}{2}l - 2lx + x^2\right)$ $(0 \leqslant x \leqslant l/2)$ $y = \dfrac{ql^3}{192EI}(4x - l/2)$ $(l/2 \leqslant x \leqslant l)$	$\theta_{max} = \dfrac{ql^3}{48EI}(\searrow)$ $y_{max} = \dfrac{7ql^4}{384EI}(\downarrow)$
6		$\dfrac{q_0}{6}l^2$	$\dfrac{1}{2}q_0 l$	$y = -\dfrac{q_0 x^2}{120lEI}(10l^3 - 10l^2 x + 5lx^2 - x^3)$ $(0 \leqslant x \leqslant l)$	$\theta_{max} = \dfrac{q_0 l^3}{24EI}(\searrow)$ $y_{max} = \dfrac{q_0 l^4}{30EI}(\downarrow)$
7		M_B	$\dfrac{M_B}{l}$	$y = -\dfrac{M_B lx}{6EI}\left(1 - \dfrac{x^2}{l^2}\right)$	$\theta_A = \dfrac{M_B l}{6EI}(\searrow)$ $\theta_B = \dfrac{M_B l}{3EI}(\curvearrowleft)$ $y_C = \dfrac{M_B l^2}{16EI}(\downarrow)$ $y_{max} = \dfrac{M_B l^2}{9\sqrt{3}EI}(\downarrow)$ 在 $x = \dfrac{l}{\sqrt{3}}$ 处
8		$\dfrac{ql^2}{8}$	$\dfrac{ql}{2}$	$y = -\dfrac{qx}{24EI}(l^3 - 2lx^2 + x^3)$	$\theta_A = \dfrac{ql^3}{24EI}(\searrow)$ $\theta_B = \dfrac{ql^3}{24EI}(\curvearrowleft)$ $y_{max} = \dfrac{5ql^4}{384EI}(\downarrow)$

序号	梁的形式及其载荷	最大弯矩 M_{max} (绝对值)	最大剪力 $F_{S,max}$ (绝对值)	挠曲线方程	最大挠度和梁端转角 (绝对值)
9		$\dfrac{Fl}{4}$	$\dfrac{F}{2}$	$y=-\dfrac{Fx}{12EI}\left(\dfrac{3}{4}l^2-x^2\right)$ $\left(0\leqslant x\leqslant\dfrac{l}{2}\right)$	$\theta_A=\dfrac{Fl^2}{16EI}(\searrow)$ $\theta_B=\dfrac{Fl^2}{16EI}(\nwarrow)$ $y_{max}=\dfrac{Fl^3}{48EI}(\downarrow)$
10		$\dfrac{Pab}{l}$	$\dfrac{Fa}{l}$ $(a>b)$	$y=-\dfrac{Fbx}{6EIl}(l^2-x^2-b^2)$ $(0\leqslant x\leqslant a)$ $y=-\dfrac{Fb}{6EIl}\left[\dfrac{l}{b}(x-a)^3+(l^2-b^2)x-x^3\right]$ $(a\leqslant x\leqslant l)$	$\theta_A=\dfrac{Fab(l+b)}{6EIl}(\searrow)$ $\theta_B=\dfrac{Fab(l+a)}{6EIl}(\nwarrow)$ $y_C=\dfrac{Fb}{48EI}(3l^2-4b^2)(\downarrow)$ $(a>b)$ $y_{max}=\dfrac{Fb\sqrt{(l^2-b^2)^3}}{9\sqrt{3}EIl}(\downarrow)$ 在 $x=\sqrt{\dfrac{l^2-b^2}{3}}$ 处 $y_D=\dfrac{Pa^2b^2}{3EIl}$
11		$\dfrac{9}{128}ql^2$	$\dfrac{3}{8}ql$	$y=\dfrac{qx}{384EI}(16x^3-24lx^2+9l)$ $(0\leqslant x\leqslant l/2)$ $y=\dfrac{ql}{384EI}(8x^3-24lx^2+17l^2x-l^3)$ $(l/2\leqslant x\leqslant l)$	$\theta_A=\dfrac{3ql^3}{128EI}\searrow$ $\theta_B=\dfrac{7ql^3}{384EI}\nwarrow$ $y_{max}\approx y|_{x=l/2}$ $=\dfrac{5ql^4}{768EI}(\downarrow)$
12		$\dfrac{53}{27}q_0l^2$	$\dfrac{1}{3}q_0l$	$y=\dfrac{-q_0x}{360lEI}(3x^4-10l^2x^2+7l^4)$ $(0\leqslant x\leqslant l)$	$\theta_A=\dfrac{7q_0l^3}{360EI}(\searrow)$ $\theta_B=\dfrac{q_0l^3}{45EI}(\nwarrow)$ $y_{max}=6.52\times10^{-3}\dfrac{q_0l^4}{EI}(\downarrow)$ 在 $x=0.5193l$ 处 $y_C=\dfrac{5q_0l^4}{768EI}$
13		$\dfrac{M_e a}{l}$ $(a>b)$	$\dfrac{M_e}{l}$	$y=\dfrac{M_e}{6EIl}[x^3-x(l^2-3b^2)]$ $(0\leqslant x\leqslant a)$ $y=\dfrac{M_e}{6EIl}[x^3-3(x-a)^2l-x(l^2-3b^2)]$ $(a\leqslant x\leqslant l)$	$\theta_A=\dfrac{M_e}{2EIl}\left(\dfrac{l^2}{3}-b^2\right)(\searrow)$ $\theta_B=\dfrac{M_e}{2EIl}\left(\dfrac{l^2}{3}-a^2\right)(\searrow)$ $\theta_C=\dfrac{M_e}{3EIl}(l^2-3la+3a^2)$,如 $\theta_C>0$ 则为逆时针转

序号	梁的形式及其载荷	最大弯矩 M_{max} (绝对值)	最大剪力 $F_{S,max}$ (绝对值)	挠曲线方程	最大挠度和梁端转角 (绝对值)
14		$\dfrac{qa}{4}$ $\left(l-\dfrac{a}{2}\right)$	$\dfrac{qa}{2}$	$y=\dfrac{qa}{48EI}\left[4x^3-(3l^2-a^2)x\right]$ $\left(0\leqslant x\leqslant\dfrac{l-a}{2}\right)$ $y=\dfrac{q}{48EI}\left[4ax^3-2\left(x-\dfrac{l-a}{2}\right)^4-ax(3l^2-a^2)\right]$ $\left(\dfrac{l-a}{2}\leqslant x\leqslant\dfrac{l+a}{2}\right)$	$\theta_A=\dfrac{qa}{48EI}(3l^2-a^2)\,(\searrow)$ $\theta_B=\dfrac{qa}{48EI}(3l^2-a^2)\,(\nwarrow)$ $y_{max}=\dfrac{qa}{48EI}\left(l^3-\dfrac{a^2l}{2}+\dfrac{a^3}{8}\right)(\downarrow)$ 在梁中点处
15		Fa	F $(l>a)$	$y=\dfrac{Fl^2a}{6EI}\left(\dfrac{x^3}{l^3}-\dfrac{x}{l}\right)$ $(0\leqslant x\leqslant l)$ $y=\dfrac{-F}{6EI}(x-l)[2al+3a(x-l)-(x-l)^2]$ $(l\leqslant x\leqslant l+a)$	$\theta_A=\dfrac{Fla}{6EI}\,(\nwarrow)$ $\theta_B=\dfrac{Fla}{3EI}\,(\searrow)$ $\theta_D=\dfrac{Fa}{6EI}(2l+3a)\,(\searrow)$ $y_C=\dfrac{Fl^2a}{16EI}\,(\uparrow)$ $y_D=\dfrac{Fa^2}{3EI}(l+a)\,(\downarrow)$

7.4　叠加法求梁的弯曲变形

设梁上有 n 个载荷同时作用，任意截面上的弯矩为 $M(x)$，转角为 θ，挠度为 y，则有

$$EI\frac{\mathrm{d}^2 y}{\mathrm{d}x^2}=EIy''=M(x)$$

若梁上只有第 i 个载荷单独作用，截面上弯矩为 $M_i(x)$，转角为 θ_i，挠度为 y_i，则有

$$EIy_i''=M_i(x)$$

由弯矩的叠加原理知

$$\sum_{i=1}^{n}M_i(x)=M(x)$$

所以

$$EI\sum_{i=1}^{n}y_i''=EI\left(\sum_{i=1}^{n}y_i\right)''=M(x)$$

故

$$y''=\left(\sum_{i=1}^{n}y_i\right)''$$

由于梁的边界条件不变，因此

$$\left.\begin{array}{l}y=\displaystyle\sum_{i=1}^{n}y_i\\[2mm]\theta=\displaystyle\sum_{i=1}^{n}\theta_i\end{array}\right\}\qquad(7\text{-}6)$$

梁在若干个载荷共同作用时的挠度或转角，等于在各个载荷单独作用时的挠度或转角的代数和。这就是计算弯曲变形的叠加原理。

在材料服从胡克定律和小变形的条件下，由挠曲线微分方程得到的挠度和转角均与载荷呈线性关系。因此，当梁承受复杂载荷时，可将其分解成几种简单载荷，利用梁在简单载荷作用下的位移计算结果，叠加后得到梁在复杂载荷作用下的挠度和转角，这就是叠加法。

下面举例说明求梁变形的叠加法。

【例 7-5】 如图 7-10(a) 所示的悬臂梁，受集中力 F 和集度为 q 的均布载荷作用。求端点 B 处的挠度和转角。

解 由表 7-1 中查得，因集中力 F 而引起的 B 端的挠度和转角如图 7-10(b) 所示，分别为

$$y_{BF}=\frac{Fl^3}{3EI}, \quad \theta_{BF}=\frac{Fl^2}{2EI}$$

因均布载荷而引起的 B 端的挠度和转角如图 7-10(c) 所示，分别为

$$y_{Bq}=-\frac{ql^4}{8EI}, \quad \theta_{Bq}=-\frac{ql^3}{6EI}$$

则由叠加法得 B 端的总挠度和总转角分别为

$$y_B=y_{BF}+y_{Bq}=\frac{Fl^3}{3EI}-\frac{ql^4}{8EI}, \quad \theta_B=\theta_{BF}+\theta_{Bq}=\frac{Fl^2}{2EI}-\frac{ql^3}{6EI}$$

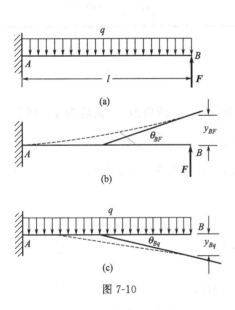

图 7-10

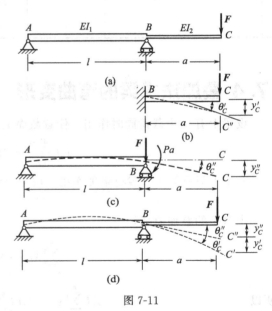

图 7-11

【例 7-6】 一变截面外伸梁如图 7-11(a) 所示，AB 段的刚度为 EI_1，BC 段的刚度为 EI_2，在 C 端受集中力 F 的作用。求截面 C 的挠度和转角。

解 此梁因两段的刚度不同，不能直接用表 7-1 的公式，如用积分法求解，推算比较繁琐，现采用叠加法。

先设梁在 B 点的截面不转动，BC 段视为一悬臂梁，如图 7-11(b) 所示。由表 7-1 查得，此时截面 C 的转角和挠度分别为

$$\theta_C'=-\frac{Fa^2}{2EI_2}, \quad y_C'=-\frac{Fa^3}{3EI_2}$$

再将梁在支座 B 稍右处假想地截开，截面上作用有剪力 $F_{S_B} = F$，弯矩 $M_B = Fa$。其中剪力 F_{S_B} 可由 B 端的支座反力所平衡，不引起梁的变形，而弯矩 M_B 则相当于一个集中力偶。由表 7-1 查得，因 M_B 而使截面 B 产生的转角为

$$\theta_B = -\frac{(Fa)l}{3EI_1}$$

此时 BC 段将转至位置 BC''，截面 C 同时产生与 θ_B 相同的转角，即

$$\theta''_C = \theta_B = -\frac{(Fa)l}{3EI_1}$$

并产生挠度

$$y''_C = \theta_B a = -\frac{(Fa)la}{3EI_1}$$

在此基础上，再考虑因 BC 段的变形而引起的转角 θ'_C 及挠度 y'_C。由叠加法，截面 C 的总转角和总挠度为

$$\theta_C = \theta''_C + \theta'_C = -\frac{(Fa)l}{3EI_1} - \frac{Fa^2}{2EI_z}, \quad y_C = y''_C + y'_C = -\frac{Fa^2 l}{3EI_1} - \frac{Fa^3}{3EI_2}$$

【例 7-7】　用叠加法计算积分法中的例 7-4。

解　例 7-4 中的梁相当于图 7-12(b)、(c) 两梁的叠加。

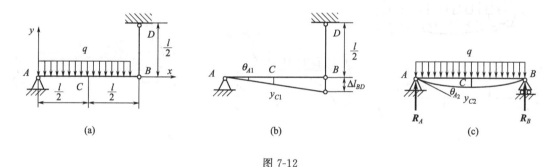

图 7-12

梁的支座反力为：

$$R_A = R_B = \frac{ql}{2}$$

BD 杆中的轴力为：

$$F_N = R_B = \frac{ql}{2} \quad \Delta l_{BD} = \frac{F_N l_{BD}}{EA} = \frac{(ql/2)(l/2)}{EA} = \frac{ql^2}{4EA}$$

所以　　　$y_{C_1} = -\frac{\Delta l}{2} = -\frac{ql^2}{8EA}$（向下）　$\theta_{A_1} = -\frac{\Delta l_{BD}}{l} = -\frac{ql}{4EA}$（顺时针）

查表 7-1 可得：

$$y_{C_2} = -\frac{5ql^4}{384EI}（向下）　\theta_{A_2} = -\frac{ql^3}{24EI}（顺时针）$$

故由叠加法，原梁中点的挠度为：

$$y_C = y_{C_1} + y_{C_2} = -\left(\frac{5ql^4}{384EI} + \frac{ql^2}{8EA}\right)\text{（向下）}$$

原梁支座 A 处截面的转角为：

$$\theta_A = \theta_{A_1} + \theta_{A_2} = -\left(\frac{ql^3}{24EI} + \frac{ql}{4EA}\right)\text{（顺时针）}$$

与例 7-4 中的结果完全一样，可见，求梁在某些特殊点处的挠度和转角采用叠加法比采用积分法要简单方便得多。

【例 7-8】 一抗弯刚度为 EI 的外伸梁受载荷如图 7-13(a) 所示，试按叠加原理并利用表 7-1，求截面 B 的转角 θ_B 以及 A 端和 BC 中点 D 的挠度 y_A 和 y_D。

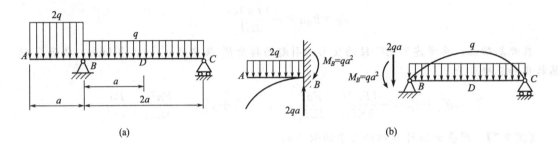

(a)   (b)

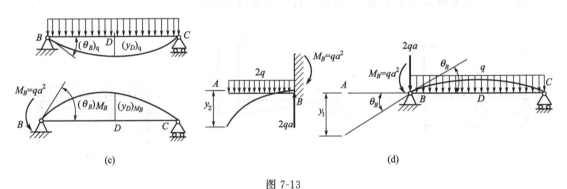

(c)   (d)

图 7-13

解 将外伸梁沿 B 截面截成两段，将 AB 段看成 B 端固定的悬臂梁，BC 段看成简支梁。

B 截面两侧的相互作用为：

$$F_B = 2qa$$

$$M_B = qa^2$$

简支梁 BC 的受力情况与外伸梁 AC 的 BC 段的受力情况相同，由简支梁 BC 求得的 θ_B、y_D 就是外伸梁 AC 的 θ_B、y_D，简支梁 BC 的变形是均布荷载 q 和 M_B 分别引起变形的叠加。

(1) 求 θ_B、y_D

$$(\theta_B)_q = -\frac{ql^3}{24EI} = -\frac{qa^3}{3EI}$$

$$(\theta_B)_{M_B} = \frac{M_B l}{3EI} = \frac{2qa^3}{3EI}$$

$$(y_D)_q = -\frac{5ql^4}{384EI} = -\frac{5qa^4}{24EI}$$

$$(y_D)_{M_B} = \frac{M_B l^2}{16EI} = \frac{qa^4}{4EI}$$

由叠加原理得：

$$y_D = (y_D)_q + (y_D)_{M_B} = \frac{qa^4}{24EI}$$

$$\theta_B = (\theta_B)_q + (\theta_B)_{M_B} = \frac{qa^3}{3EI}$$

（2）求 y_A　悬臂梁 AB 本身的弯曲变形，使 A 端产生挠度 y_2；由于简支梁上 B 截面的转动，带动 AB 段一起做刚体运动，使 A 端产生挠度 y_1。

因此 A 端的总挠度应为

$$y_A = y_1 + y_2 = -\theta_B a + y_2$$

由表 7-1 查得

$$y_2 = \frac{qa^4}{4EI}$$

$$y_A = -\frac{qa^4}{3EI} - \frac{qa^4}{4EI} = -\frac{7qa^4}{12EI}$$

7.5 简单超静定梁

　　前面所讨论的梁中，其约束反力都可以通过静力平衡方程求得，这种梁称为静定梁。但在工程实际中，有时为了降低梁的应力或变形，保证其有足够的强度和刚度，或者因构造上的需要，往往在维持平衡所必需的约束之外，再增加一个或几个约束。这时，未知反力的数目将相应增加，因而多于平衡方程的数目，仅用静力平衡方程已不能完全求解，这样的梁称为超静定梁或静不定梁。

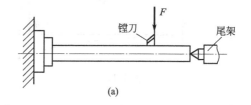
(a)

　　超静定梁在工程实际中是经常遇到的。如图 7-14（a）所示，为减小镗刀处的挠度，提高加工精度，在其自由端用尾架上的顶尖顶住，这就相当于增加了一个支座，如图 7-14（b）所示，这时镗杆上有 4 个约束反力，即 F_{Ax}、F_{Ay}、M_A 和 F_{RB}（顶尖给镗杆的水平力忽略不计）；而可列出的平衡方程只有 3 个，分别是 $\sum F_x = 0$、$\sum F_y = 0$、$\sum M_A(F) = 0$，未知反力数目比平衡方程数目多出一个，这是个一次超静定梁。

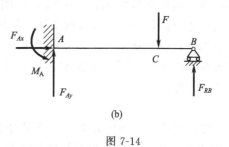
(b)

图 7-14

　　又如由多个支座固定的吊车梁，如图 7-15 所示，为二次超静定梁，一些机器中的齿轮轴，如图 7-16 所示，采用 3 个轴承支撑，这些构件都属于超静定梁。

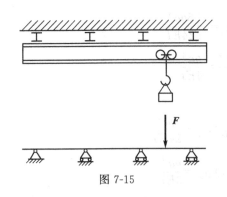

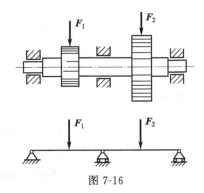

图 7-15   图 7-16

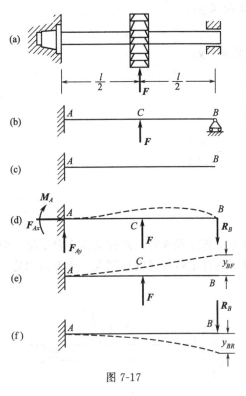

图 7-17

对超静定梁进行强度计算或刚度计算时，首先求出梁的支座反力，求解方法与解拉压超静定问题类似，需要根据梁的变形协调条件和力与变形间的物理关系，建立补充方程，然后用平衡方程联立求解。建立补充方程是解超静定梁的关键，下面以铣床刀杆为例说明超静定梁的解法。

如图 7-17(a) 所示为万能铣床的刀杆，左端与刚性很大的主轴紧固连接，右端以轴承支撑，加工时工件给铣刀的切削力为 F，其计算简图如图 7-17(b) 所示，现求刀杆的支座反力。

根据支座的约束性质，刀杆的支座反力有 4 个，而只能列出 3 个平衡方程，这是一次超静定问题。

在超静定梁中，那些超过维持梁平衡所必需的约束，习惯上称为多余约束。与其对应的支座反力称为多余约束反力或多余支座反力。可以设想，如果解除某超静定梁的多余约束，它将变为一个静定梁。这种静定梁称为原超静定梁的基本静定梁。如图 7-17(b) 所示，如果以 B 端的可动铰支座为多余约束，将其解除后，就可得到如图 7-17(c) 所示的悬臂梁，它就是原超静定梁的基本静定梁。

作用于基本静定梁上的外力，除原来的载荷 F 外，还必须加上多余支座反力 R_B，如图 7-17(d) 所示，使其与原超静定梁的受力情况相同。同时还应满足一个变形协调条件，使基本静定梁的变形情况与原超静定梁一致。

如图 7-17(b) 所示，原超静定梁在 B 端有可动铰支座的约束，不可能产生挠度。因此，就要求基本静定梁在原载荷 F 和多余支座反力 R_B 的作用下，B 端的挠度为零，如图 7-17(d) 所示，即

$$y_B = 0 \tag{1}$$

这样，就将一个集中力 F 作用下的超静定梁，转换为一个在原载荷 F 和多余支座反力 R_B 的作用下，B 端的挠度为零的静定梁了。

根据上述考虑，应用叠加法可得

$$y_B = y_{BF} + y_{BR} \tag{m}$$

这就是基本静定梁应满足的变形协调条件（简称变形条件）。式中的 y_{BF} 和 y_{BR} 分别为

力 F 和 R_B 所引起的 B 端的挠度，如图 7-17(e)、(f) 所示，可由表 7-1 查得

$$y_{BF} = \frac{F\left(\dfrac{l}{2}\right)^2}{6EI}\left(3l - \frac{l}{2}\right) = \frac{5Fl^3}{48EI} \tag{n}$$

$$y_{BR} = -\frac{R_B}{3EI} \tag{o}$$

式(m)、式(o) 即为力与变形间的物理关系，将它们带入式(m)，得

$$\frac{5Fl^3}{48EI} - \frac{R_B l^3}{3EI} = 0$$

这就是所需的补充方程。由此方程可以解出

$$R_B = \frac{5}{16}F(\uparrow)$$

求得多余支座反力后，再利用平衡方程，不难求出其他支座反力。如图 7-17(d) 所示，可列出平衡方程

$$\sum F_x = 0 \qquad F_{Ax} = 0$$
$$\sum F_y = 0 \qquad F_{Ay} - F + R_B = 0$$
$$\sum M_A(x) = 0 \qquad M_A + R_B l - \frac{Fl}{2} = 0$$

将 R_B 之值代入上列各式，解得刀杆的约束反力为

$$F_{Ax} = 0, \quad F_{Ay} = \frac{11}{16}F(\uparrow), \quad M_A = \frac{3}{16}Fl$$

所得结果均为正值，说明各支座反力的方向与原设方向一致。支座反力求出以后，即可如静定梁一样，进行强度和刚度计算。

【例 7-9】 梁 AC 如图 7-18 所示，梁的 A 端用一钢杆 AD 与梁 AC 铰接，在梁受载荷作用前，杆 AD 没有内力，已知梁和杆用同样的钢材制成，材料的弹性模量为 E，钢梁横截面的惯性矩为 I，拉杆横截面的面积为 A，其余尺寸见图，试求钢杆 AD 内的拉力 F_N。

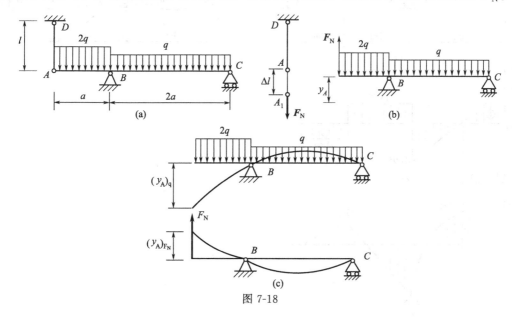

图 7-18

解 这是一次超静定问题。

将 AD 杆与梁 AC 之间的铰看作多余约束，拉力 F_N 为多余反力。基本静定系如图 7-18 (b) 所示。

A 点的变形协调条件是拉杆和梁在变形后仍连接于 A 点，即

$$y_A = \Delta l$$

为便于分析，取挠度向下为正。

根据叠加法 A 端的挠度为

$$y_A = (y_A)_q + (y_A)_{F_N}$$

变形几何方程为

$$(y_A)_q + (y_A)_{F_N} = \Delta l$$

在例题 7-8 中［图 7-13(c)］已求得

$$(y_A)_q = \frac{7qa^4}{12EI}$$

$$(y_A)_{F_N} = -\frac{F_N a^3}{EI}$$

拉杆 AD 的伸长量为：

$$\Delta l = \frac{F_N l}{EA}$$

将上述结果代入变形几何方程得：

$$\frac{7qa^4}{12EI} - \frac{F_N a^3}{EI} = \frac{F_N l}{EA}$$

解之得：

$$F_N = \frac{7qa^4 A}{12(Il + Aa^3)}$$

【例 7-10】 求图 7-19(a) 所示梁的支座反力，并绘梁的剪力图和弯矩图。已知 $EI = 5 \times 10^3 \text{kN} \cdot \text{m}^3$

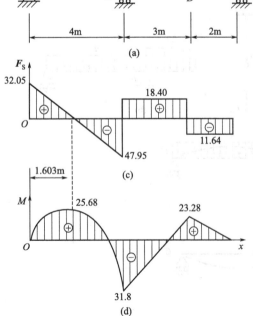

图 7-19

解　这是一次超静定问题。

取支座 B 截面上的相对转动约束为多余约束。

解除多余约束代之以约束反力，得到原超静定梁的基本静定系如图 7-19(b) 所示。多余反力为分别作用于简支梁 AB 和 BC 的 B 端处的一对弯矩 M_B。

变形协调条件为，简支梁 AB 的 B 截面转角和 BC 梁 B 截面的转角相等，即：

$$\theta'_B = \theta''_B$$

由表 7-1 中查得

$$\theta'_B = \frac{20 \times 4^3}{4EI} + \frac{4M_B}{3EI} = \frac{1280}{24EI} + \frac{4M_B}{3EI}$$

$$\theta''_B = -\frac{30 \times 3 \times 2 \times (5+2)}{6EI \times 5} - \frac{5M_B}{3EI} = -\left(\frac{42}{EI} + \frac{5M_B}{3EI}\right)$$

补充方程为

$$\frac{1280}{24EI} + \frac{4M_B}{3EI} = -\left(\frac{42}{EI} + \frac{5M_B}{3EI}\right)$$

解得

$$M_B = -31.80 \text{kN} \cdot \text{m}$$

负号表示 B 截面弯矩与假设相反。

由基本静定系的平衡方程可求得其余反力

$$F_{RA} = 32.05 \text{kN}$$

$$F_{RB} = 66.35 \text{kN}$$

$$F_{RC} = 11.6 \text{kN}$$

在基本静定系上绘出剪力图和弯矩图，如图 7-19(c)、(d) 所示。

由以上分析可见，上述求解超静定梁的方法和步骤如下。

(1) 解除多余约束，选取适当的基本静定梁，在基本静定梁作用有原梁载荷和多余的支座反力。

(2) 列出基本静定梁在所解除约束处的变形条件，这一变形条件要求符合原超静定梁在多余约束处的边界条件。

(3) 分别求出在原载荷和多余支座反力作用下，解除约束处的挠度和转角，将其代入变形条件，建立补充方程。

(4) 由补充方程和平衡方程解出多余支座反力和其他支座反力。

(5) 进行强度或刚度计算。

这种解超静定梁的方法，称为变形比较法。

解超静定梁时，选择哪个约束为多余约束，可根据解题时是否方便而定。若选择的多余约束不同，相应的基本静定梁的形式和变形条件也随之而异。例如图 7-17 中的超静定梁，也可以选择阻止 A 端转动的约束为多余约束，相应的多余支座反力为力偶矩 M_A。解除这一多余约束后，A 端将由固定端支座变为固定铰链支座，相应的基本静定梁则为简支梁，其上作用有原载荷 F 和多余反力偶矩 M_A，如图 7-20(b) 所示。这时的变形条件是 A 端的转角为零，即

$$\theta_A = \theta_{AF} + \theta_{AM} = 0$$

由表 7-1 查得，因集中力 $\boldsymbol{F}$ 和力偶矩 M_A

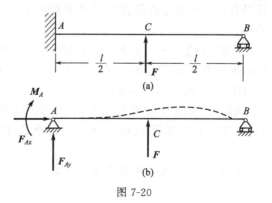

图 7-20

而引起的 A 端的转角分别为

$$\theta_{AF} = \frac{Fl^2}{16EI}, \qquad \theta_{AM} = -\frac{M_A l}{3EI}$$

将其代入变形条件得到补充方程

$$\frac{Fl^2}{16EI} - \frac{M_A l}{3EI} = 0$$

由此解得

$$M_A = \frac{3}{16}Fl$$

最后再利用平衡方程解出其余的支座反力，其结果与前一解法相同。

7.6 梁的刚度条件

在工程实际中，为了使梁有足够的刚度，根据不同的需要，限制梁的最大挠度和最大转角（或特定截面挠度和转角）不可超过某一规定数值，即

$$\left.\begin{array}{r} |y|_{\max} \leqslant [y] \\ |\theta|_{\max} \leqslant [\theta] \end{array}\right\} \tag{7-7}$$

式(7-7)为弯曲梁的刚度条件，式中，$[y]$ 为构件的许用挠度，mm；$[\theta]$ 为构件的许用转角，弧度（rad）。

许用挠度 $[y]$ 和许用转角 $[\theta]$，对不同类别的构件有不同的规定，一般可由设计规范中查得。例如：

对吊车梁

$$[y] = \left(\frac{1}{400} \sim \frac{1}{750}\right)l$$

对架空管道

$$[y] = \frac{l}{500}$$

式中，l 为梁的跨度。在机械中，对轴则有如下的刚度要求：

一般用途的轴 $[y] = (0.0003 \sim 0.0005)l$

刚度要求较高的轴 $[y] = 0.0002l$

安装齿轮的轴 $[y] = (0.01 \sim 0.03)m$

安装蜗轮的轴 $[y] = (0.02 \sim 0.05)m$

式中，l 为支撑间的跨距；m 为齿轮或蜗轮的模数。

对传动轴在支座处的转角，许用值 $[\theta]$ 一般限制在 $0.005 \sim 0.001$rad 范围内。

对一般弯曲构件，如其强度条件能够满足，则刚度方面的要求一般也能达到。所以在设计计算中，通常是根据强度条件或构造上的要求，先确定构件的截面尺寸，然后进行刚度校核。

【例 7-11】 一台起重量为 50kN 的单梁吊车如图 7-21(a) 所示，由 45a 号工字钢制成。已知电葫芦重 5kN，吊车梁跨度 $l = 9.2$m，许用挠度 $[y] = l/500$，材料的弹性模量 $E = 210$GPa。试校核此吊车梁的刚度。

解 将吊车梁简化为如图 7-21(b) 所示的简支梁。梁的自重为均布载荷，其集度为 q。电葫芦的轮压近似地视为一个集中力 F，当它行至梁跨度中点时，所产生的挠度为最大。

(1) 计算变形 电葫芦给吊车梁的轮压为

$$F = 50 + 5 = 55\text{kN}$$

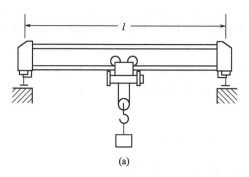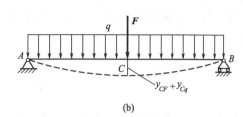

图 7-21

由型钢表查得 45a 号工字钢横截面的惯性矩和自重分别为

$$I=32240\text{cm}^4, \quad q=80.4\text{kgf/m}\approx804\text{N/m}$$

因集中力 $\boldsymbol{F}$ 和均布载荷 q 而引起的最大挠度位于梁的中点 C，由表 7-1 查得

$$|y_{CF}|=\frac{Fl^3}{48EI}=\frac{55\times10^3\times9.2^3}{48\times210\times10^9\times32240\times10^{-8}}=0.01317\text{m}=1.317\text{cm}$$

$$|y_{Cq}|=\frac{5ql^4}{384EI}=\frac{5\times804\times9.2^4}{384\times210\times10^9\times32240\times10^{-8}}=0.0011\text{m}=0.11\text{cm}$$

由叠加法求得梁的最大挠度为

$$|y|_{\max}=(y_{CF}|+|y_{Cq}|)=(1.317+0.11)\text{cm}=1.427\text{cm}$$

（2）校核刚度　吊车梁的许用挠度为

$$[y]=\frac{l}{500}=\left(\frac{9.2\times10^2}{500}\right)\text{cm}=1.84\text{cm}$$

将梁的最大挠度与其比较，知

$$|y|_{\max}=1.427\text{cm}<[y]=1.84\text{cm}$$

可知满足刚度要求。

【例 7-12】　某车床主轴如图 7-22(a) 所示，已知工作时的切削力 $F_1=2\text{kN}$，齿轮所受

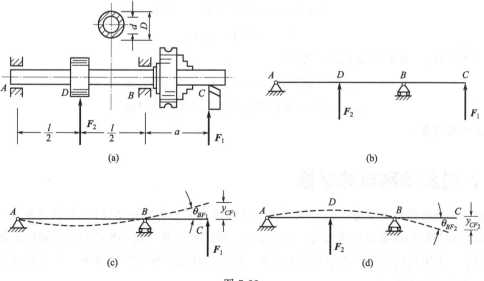

图 7-22

157

的径向啮合力 $F_2=1\text{kN}$，主轴的外径 $D=8\text{cm}$，内径 $d=4\text{cm}$，$l=40\text{cm}$，$a=20\text{cm}$，C 点处的许用挠度 $[y]=0.0001l$，轴承 B 处的许用转角 $[\theta]=0.001\text{rad}$。设材料的弹性模量 $E=210\text{GPa}$，试校核其刚度。

解 将主轴简化为如图 7-22(b) 所示的外伸梁，外伸部分的抗弯刚度 EI 近似地视为与主轴相同。此梁的变形又可视为如图 7-22(c)、(d) 所示两梁的变形叠加。

(1) 计算变形 主轴横截面的惯性矩为

$$I=\frac{\pi}{64}(D^4-d^4)=\frac{\pi}{64}(8^4-4^4)=188.5\text{cm}^4$$

如图 7-22(c) 所示，自表 7-1 查得，因 F_1 而引起的 C 端的挠度为

$$y_{CF_1}=\frac{F_1a^2}{3EI}(l+a)=\frac{2\times10^3\times20^2\times10^{-4}}{3\times210\times10^9\times1885\times10^{-8}}(40\times10^{-2}+20\times10^{-2})$$

$$=4.04\times10^{-3}\text{cm}$$

因 F_1 而引起的 B 处的转角为

$$\theta_{BF_1}=\frac{F_1al}{3EI}=\frac{2\times10^3\times20\times10^{-2}\times40\times10^{-2}}{3\times210\times10^9\times188.5\times10^{-8}}=0.1347\times10^{-3}\text{rad}$$

如图 7-22(d) 所示，因 F_2 而引起的 B 处的转角及 C 端的挠度，可根据简支梁中点受集中力的情况，从表 7-1 中查得

$$\theta_{BF_2}=-\frac{F_2l}{16EI}=\frac{1\times10^3\times40^2\times10^{-2}}{16\times210\times10^9\times188.5\times10^{-8}}=-0.0253\times10^{-3}\text{rad}$$

$$y_{CF_2}=\theta_{CF_2}a=-0.0253\times10^{-3}\times20=-0.506\times10^{-3}\text{cm}$$

最后由叠加法，得 C 处的总挠度为

$$y_C=y_{CF_1}+y_{CF_2}=4.04\times10^{-3}-0.506\times10^{-3}=3.53\times10^{-3}\text{cm}$$

B 处截面的总转角为

$$\theta_B=\theta_{CF_1}+\theta_{CF_2}=0.1347\times10^{-3}-0.0253\times10^{-3}=0.1094\times10^{-3}\text{rad}$$

(2) 校核刚度 主轴的许用挠度和许用转角为

$$[y]=0.0001l=0.0001\times40=4\times10^{-3}\text{cm}$$

$$[\theta]=1\times10^{-3}\text{rad}$$

将主轴的 y_C 和 θ_C 与其比较，可知：

$$y_C=3.53\times10^{-3}\text{cm}<[y]=4\times10^{-3}\text{cm}$$

$$\theta_B=0.1094\times10^{-3}\text{rad}<[\theta]=1\times10^{-3}\text{rad}$$

主轴满足刚度条件。

7.7 提高梁刚度的措施

由梁的挠曲线近似微分方程可以看出，梁的弯曲变形与弯矩 $M(x)$ 及抗弯刚度 EI 有关；而影响弯矩的因素又包括载荷、支承情况、梁的跨长等。这些影响梁变形的因素在本章各例和表 7-1 所列的计算公式中都有所反映。因此，在载荷确定的情况下，主要通过以下途径来提高梁的弯曲刚度。

7.7.1 减小梁的跨度或增加支承

梁的跨长或有效长度对梁的变形影响较大,由表 7-1 中可以看出,梁的挠度和转角是与跨长或有效长度的二次方、三次方甚至四次方成比例的。因此,在可能情况下减小梁的跨长或有效长度,对减小梁的变形会起到显著作用。例如一受均布载荷的简支梁如图 7-23(a) 所示,如将两端的支座向内移动某一距离,减小两支座的跨距如图 7-23(b) 所示,可使梁的变形明显减小。如图 7-24 所示的传动轴,应尽可能地令皮带轮及齿轮靠近支座,减小外伸臂的长度,这样,梁的弯矩和变形都会随之降低。

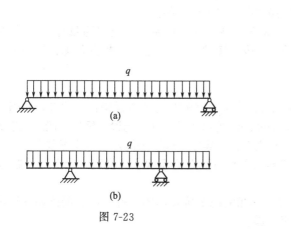

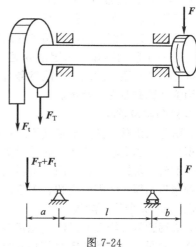

图 7-23

图 7-24

在跨长不允许减小的情况下,为提高梁的刚度,也可增加支座。例如在简支梁的中点处增加一个支座(如图 7-25 所示),也可大大减小梁的挠度和转角。机械加工中的镗杆在镗孔时,为减少镗刀处的挠度,可在镗杆的一端加一个顶尖(如图 7-24 所示)。这些都是增加梁弯曲刚度的有效方法,增加支座后的弯曲梁将变成超静定梁。

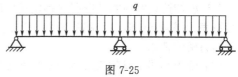

图 7-25

7.7.2 选用合理截面

弯曲梁的变形虽与材料的弹性模量 E 有关,E 值愈大,构件的变形愈小。但就钢材而言,如采用强度较高的钢材来代替强度较低的钢材,并不能起到提高构件刚度的作用,因为各种钢材的弹性模量 E 值非常接近。

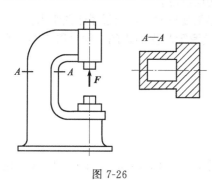

图 7-26

因此,提高梁的弯曲刚度,可选择合理的截面形状和尺寸,主要是为了增大截面的惯性矩 I。即选用合理截面,使用比较小的截面面积获得较大的惯性矩来提高梁的弯曲刚度。所以工程中多采用工字形、圆环形和箱形等截面形式。例如,自行车车架用圆管代替实心圆杆,不仅增加了车架的强度,也提高了车架的抗弯刚度。又如,机床的立柱采用空心薄壁箱形截面(如图 7-26 所示),其目的也是通过增加截面的惯性矩来提高抗弯刚度。

学习方法和要点提示

1. 转角和挠度是衡量梁的弯曲变形程度的量，两者之间的关系是，梁任一横截面的转角 θ 等于该截面的挠度 y 对 x 的一阶导数。在坐标选定的情况下，与 y 轴正方向一致的挠度为正，挠曲线上某点处的切线斜率为正时，则该处横截面的转角为正，反之为负。

2. 挠度是杆件各部分变形累加的结果。位移与变形有着密切联系，但又有严格区别。有变形不一定有位移；有位移也不一定有变形。这是因为杆件横截面的位移不仅与变形有关，而且还与杆件所受约束有关。

3. 本章研究的变形都是在弹性变形范围内，梁轴线在弯曲后都是连续、光滑的曲线，并在约束处满足变形协调条件。

4. 挠曲线的近似微分方程式(7-5)是计算挠度与转角的基本方程，在建立这一方程后，可运用积分运算，借助于约束条件和连续条件求得积分常数，从而得到确定的挠曲线方程，这便是积分法，因此求解积分常数应特别注意约束点处隐含的边界条件。

5. 若材料的应力与变形满足胡克定律，又在弹性范围内加载，则位移与载荷（力或力偶）之间均存在线性关系，因此，不同的载荷在同一处引起的同一种位移可相互叠加，叠加法是工程上常用的计算梁变形的方法。

6. 习题分类及解题要点

(1) 积分法求解弯曲变形量（转角和挠度），此类题目解题主要过程是：①建立近似微分方程式并积分；②确定积分常数；③计算指定截面的转角与挠度或确定出最大转角与挠度及位置。

(2) 积分法解题时，应注意：①当梁上有集中力、集中力偶以及间断性分布荷载作用时，需要分段列弯矩方程；②积分常数，由位移边界条件和分段处的连续条件确定；③当分段数为 n，则积分后出现 $2n$ 个积分常数。

(3) 位移边界（约束）条件是指挠曲线上已知的挠度或转角的条件，这主要体现在铰链支座处的挠度为零、固定端的挠度和转角都等于零。

(4) 连续条件主要指分段处挠曲线所应满足的连续、光滑条件，即在相邻梁段的交接处，相连的两截面具有相同的挠度和相同的转角。

(5) 叠加法求解弯曲变形量（转角和挠度），关键在于：①载荷合理分解；②由梁的简单载荷变形表，得到简单载荷引起的变形；③叠加。这在工程实际中应用较多，应理解其原理，掌握载荷分解的技巧。

(6) 简单超静定梁的求解首先是解除多余约束（用约束反力替代原约束），然后借助于变形协调条件得到补充方程，解得多余约束处的约束反力，从而将超静定问题转化为静定问题，本章讨论的超静定问题一般都是一次超静定问题。

(7) 建议初学者解题时，严格按本章介绍的解题步骤求解。

思 考 题

1. 什么叫转角和挠度，它们之间有什么关系？其符号如何规定？

2. 什么叫梁变形的边界条件和连续条件？用积分法求梁的变形时，它们起了什么作用？

3. 梁的变形和弯矩有什么关系？正弯矩产生正转角，负弯矩产生负转角。弯矩最大的地方转角最大，弯矩为零的地方转角为零。这种说法对吗？

4. 叠加原理的适用条件是什么？

5. 试述用变形比较法解超静定梁的方法和步骤。

习　　题

7-1　与挠曲线微分方程 $\dfrac{\mathrm{d}^2 y}{\mathrm{d}x^2} = -\dfrac{M}{EI}$ 对应的坐标系有如题 7-1 图 (a)、(b)、(c)、(d) 所示的

四种形式。试判断哪几种是正确的。

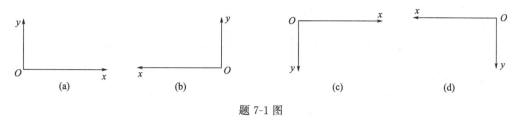

题 7-1 图

（A）图（b）和图（c）　　（B）图（b）和图（a）　　（C）图（b）和图（d）　　（D）图（c）和图（d）

正确答案是_____。

7-2　具有中间铰的梁受力如题 7-2 图所示。试画出挠度曲线的大致形状，并说明需要分几段建立挠曲线微分方程？积分常数有几个？确定积分常数的条件是什么？

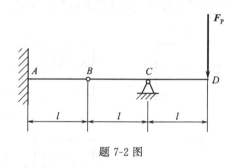

题 7-2 图

7-3　试画出如题 7-3 图所示各梁挠曲线的大致形状。

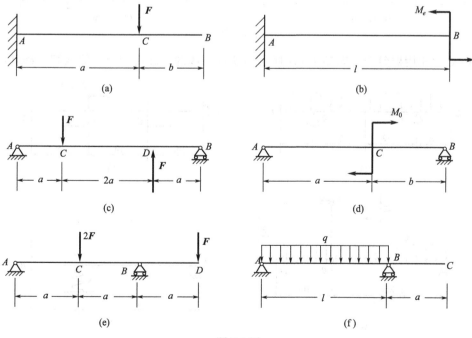

题 7-3 图

7-4 用积分法求如题 7-4 图所示各梁的转角方程、挠曲线方程以及指定的转角和挠度。已知 EI 为常数。

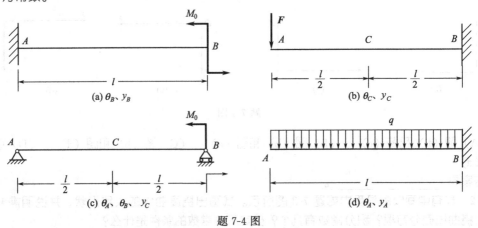

题 7-4 图

7-5 用叠加法求如题 7-5 图所示各梁指定的转角和挠度。已知 EI 为常数。

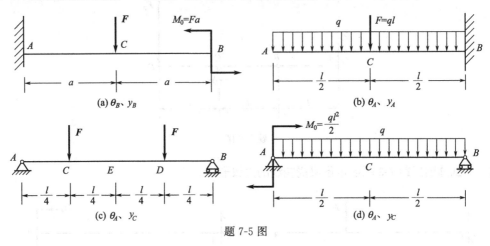

题 7-5 图

7-6 试写出用积分法求如题 7-6 图所示各梁挠曲线时，确定积分常数的约束条件和连续

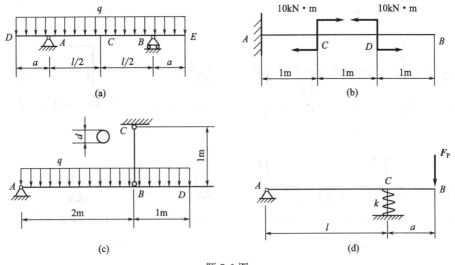

题 7-6 图

条件。

7-7 已知弯曲刚度为 EI 的简支梁的挠曲线方程为

$$y(x)=\frac{q_0 x}{24EI}(l^3-2lx^2+x^3)$$

据此推知的弯矩图有四种答案，如题 7-7 图所示。试分析哪一种是正确的。

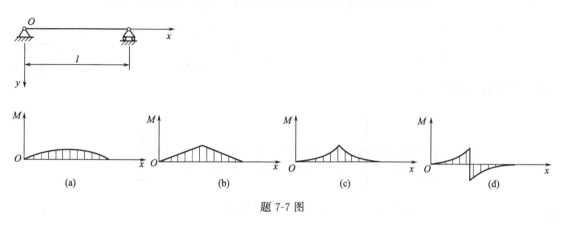

题 7-7 图

*7-8 在简支梁的一半跨度内作用均布载荷 q，如题 7-8(a) 图所示，试求跨度中点的挠度。设 EI 为常数［提示：把图（a）的载荷看作是图（b）和图（c）的叠加，但在图（b）所示载荷作用下，跨度中点的挠度等于零］。

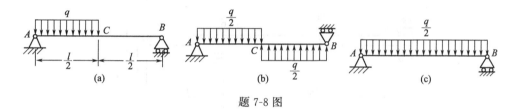

题 7-8 图

7-9 简支梁受载荷作用，如题 7-9 图所示。试用叠加法求跨度中点的挠度。设 EI 为常数。

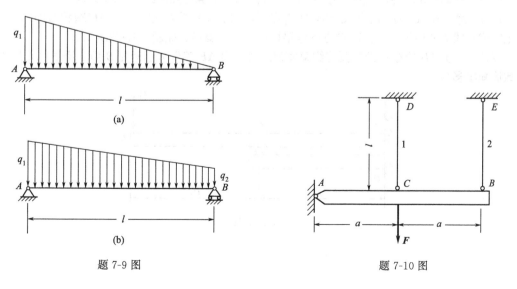

题 7-9 图

题 7-10 图

7-10 如题 7-10 图所示结构中，1、2 两杆的抗拉刚度同为 EA，若：(1) 将横梁 AB 视为刚体，试求 1、2 两杆的内力；(2) 考虑横梁的变形，且抗弯刚度为 EI，试求 1、2 两杆的拉力。

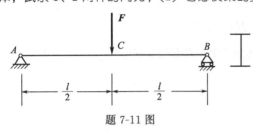

题 7-11 图

7-11 一简支梁如题 7-11 图所示，已知 $F = 22$kN，$l = 4$m。若许用应力 $[\sigma] = 160$MPa，许用挠度 $[y] = \dfrac{1}{400}l$，试选择工字钢的型号。

7-12 某轴受力如题 7-12 图所示，已知 $F_P = 1.6$kN，$d = 32$mm，$E = 200$GPa。若要求加力点的挠度不大于许用挠度 $[y] = 0.05$mm，试校核该轴是否满足刚度要求。

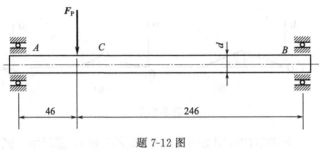

题 7-12 图

7-13 如题 7-13 图所示，一端外伸的轴在飞轮重量作用下发生变形，已知飞轮重 $W = 20$kN，轴材料的 $E = 200$GPa，轴承 B 处的许用转角 $[\theta] = 0.5°$，试设计轴的直径。

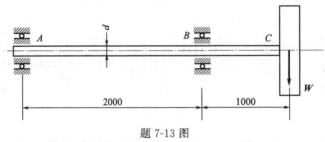

题 7-13 图

7-14 两端简支的输气管道，外径 $D = 11.4$mm，壁厚 $t = 4$mm，单位长度的重量 $q = 106$N/m，弹性模量 $E = 210$GPa，管道的许用挠度 $[y] = l/500$，试确定允许的最大跨度 l。

7-15 悬臂梁 AB 在自由端受集中力 F_P 作用。为增加其强度和刚度，用材料和截面均与 AB 梁相同的短梁 DE 加固，两者在 C 处的连接可视为简支支承，如题 7-15 图所示。

试求：(1) AB 梁在 C 处所受的约束反力。(2) 梁 AB 的最大弯矩和 B 点的挠度比无加固时的数值减小多少？

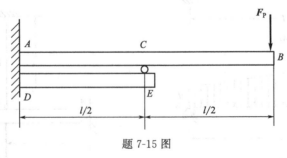

题 7-15 图

第8章

应力状态分析和强度理论

本章要求：掌握一点处应力状态的概念及其研究方法，会从受力杆件中截取单元体并标明单元体上的应力情况；熟练掌握用解析法和图解法求平面应力状态下任意斜截面上的应力的方法；掌握主应力、主平面方位及最大切应力的计算，了解主应力的排列顺序；了解广义胡克定律的应用条件，掌握复杂应力状态下通过广义胡克定律求解应力和应变的关系；了解复杂应力状态形状改变比能和主应力迹线的概念；理解强度理论的基本概念、相应的强度条件及应用范围，能正确地按材料可能发生的破坏形式，选择适当的强度理论进行强度计算。

重点：平面应力状态下任意斜截面上的应力及应力极值计算；主应力及主平面方位的计算；最大切应力的计算，广义胡克定律及其应用；强度理论及其选用。

难点：应力状态的概念，从具体受力杆件中截取单元体并标明单元体上的应力情况；斜截面上的应力计算公式中关于正负符号的规定；主应力、主平面方位的确定；主应力迹线的概念；广义胡克定律及其应用。

8.1 应力状态概述

在前面的章节中，讨论了杆件在受轴向拉伸（压缩）、扭转和弯曲等几种基本变形下，构件横截面上的应力，并依据横截面上的应力及相应的实验结果，建立了只有正应力或只有切应力作用时的强度条件。但这些对进一步分析构件的强度问题是远远不够的。

例如，如图 8-1（a）所示的简支梁，在危险截面上距中性轴最远的点正应力最大，切应力等于零，即处于单向拉伸（压缩）状态，如图 8-1（c）所示。在中性轴的各点切应力最大而正应力等于零，即处于纯剪切应力状态，如图 8-1（d）所示。而腹板与翼缘的交接点处，既有正应力又有切应力，当需要考虑这些点处的强度时，应该如何进行强度计算？在某些情况下，材料的破坏并不沿横截面。例如，在拉伸试验中，低碳钢在屈服时表面会出现与轴线成 45° 的滑移线；铸铁圆轴扭转时，会沿 45° 螺旋面破坏。上述实验表明，构件的破坏还与斜截面上的应力有关。因此，有必要全面地研究受力构件内一点处的应力变化规律。

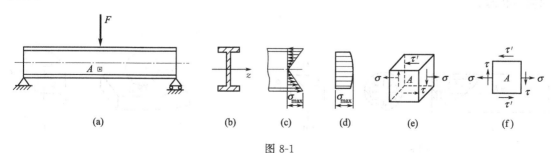

(a) (b) (c) (d) (e) (f)

图 8-1

在 1.3 中分析拉伸（压缩）杆斜截面上的应力时，杆内任意点处的应力随着所在截面的方位而变化。一般情况下，通过受力构件内不同方位截面上的应力是不同的。受力构件内一点处不同方位的截面上应力的集合，称为一点的应力状态。研究一点的应力状态，目的在于寻找该点处应力的最大值及其所在截面的位置，为解决复杂应力状态下杆件的强度问题提供理论依据。

为了研究受力构件内某一点的应力状态，可以围绕该点截取一微小正六面体，称为单元体。当单元体的各边长趋近于零时，便代表一个点。由于单元体在三个方向上的尺寸均为无穷小量，故可以认为，单元体各个面上的应力都是均匀分布的，且在单元体的相互平行的截面上，应力的大小和性质都是相同的。例如，研究如图 8-1（a）所示梁内 A 点的应力状态，围绕 A 点用一对横截面和两对与杆件轴线平行的纵向截面切出一个单元体，如图 8-1（e）所示。由于该单元体的前、后两个面上的应力等于零，可用平面图形表示，如图 8-1（f）所示。

围绕受力构件内一点取单元体，在单元体的三个相互垂直的平面上都无切应力，如图 8-2（a）所示，这种切应力等于零的平面称为主平面，主平面上的正应力称为主应力，主平面的法线方向称为主方向。已经证明：过受力构件内的任意点一定可以找到三个相互垂直的主平面组成的单元体，称为主单元体，其上三个主应力用 σ_1、σ_2 和 σ_3 表示，且规定按代数值大小的顺序来排列，即 $\sigma_1 \geqslant \sigma_2 \geqslant \sigma_3$。对于轴向拉伸（压缩），三个主应力中只有一个不等于零，如图 8-2（b）所示，称为单向应力状态。若三个主应力中有两个不等于零，则称为二向或平面应力状态。当三个主应力皆不等于零时，称为三向或空间应力状态。单向应力状态也称为简单应力状态，二向和三向应力状态统称为复杂应力状态。应该注意的是，一点的应力状态的类型必须是在计算主应力之后根据主应力的情况确定的。

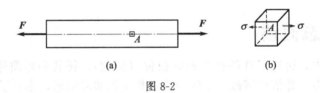

图 8-2

在实际构件中，复杂应力状态是最常见的。例如，充压气瓶与气缸如图 8-3（a）所示，在内压的作用下，筒壁的纵向和横向截面同时受拉，筒壁表面上 K 点的应力如图 8-3（b）所示，所取单元体三个垂直的面皆为主平面，三个主应力中有两个不为零，所以 K 点处于二向应力状态。又如，在滚珠轴承中，围绕滚珠与外圈的接触点 A 如图 8-4（a）所示，以平行和垂直于压力 F 的平面截取单元体。在滚珠与外圈的接触面上，有压应力 σ_3，单元体向周围膨胀，于是引起周围材料对它的约束应力 σ_1 和 σ_2。因而，所取单元体三个垂直的面皆为主平面，且三个主应力皆不为零，所以 A 点处于三向应力状态，如图 8-4（b）所示。与此相似，火车车轮与钢轨的接触处，桥式起重机的大梁两端的滚动轮与轨道的接触处，也都是三向应力状态。

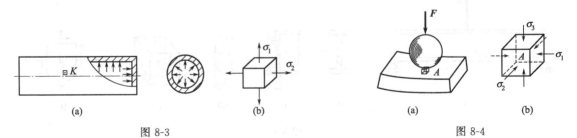

图 8-3   图 8-4

8.2 平面应力状态分析

8.2.1 解析法

如图 8-5(a) 所示单元体为平面应力状态的一般情况。在 x 截面（垂直于 x 轴的截面）上作用正应力 σ_x 和切应力 τ_{xy}，在 y 截面（垂直于 y 轴的截面）上作用正应力 σ_y 和切应力 τ_{yx}，在前、后的两个截面上正应力和切应力均为零。为了简化，可用如图 8-5(b) 所示的平面图形来表示。根据切应力互等定理，τ_{xy} 和 τ_{yx} 的数值相等。因此，独立的应力分量只有三个：σ_x、σ_y 和 τ_{xy}。

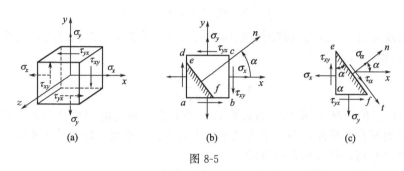

图 8-5

切应力 τ_{xy}（或 τ_{yx}）有两个下标，第一个下标 x（或 y）表示切应力作用平面的法线方向；第二个下标 y（或 x）则表示切应力的方向平行于 y（或 x）轴。关于应力的正负号规定：正应力以拉应力为正，压应力为负；切应力 τ_{xy}（或 τ_{yx}）以其对单元体内任一点的矩为顺时针转向为正，逆时针转向为负。

本节研究在 σ_x、σ_y 和 τ_{xy} 皆已知的情况下，如何用解析法确定平面应力状态单元体内任意斜截面上的应力，从而确定主应力和主平面。

8.2.1.1　任意斜截面上的应力

考虑与 xy 平面垂直的任一斜截面 ef，如图 8-5(b) 所示，设其外法线 n 与 x 轴的夹角为 α，简称为 α 截面，并规定：从 x 轴逆时针转到截面的外法线 n 时为正；反之为负。利用截面法，沿截面 ef 将单元体切成两部分，任取 aef 部分为研究对象，如图 8-5(c) 所示，利用平衡条件来求此斜截面上的应力。设斜截面 ef 上正应力和切应力分别为 σ_α 和 τ_α，ef 面的面积为 $\mathrm{d}A$。将作用于 aef 部分上的力分别向 ef 面的外法线 n 和切线 t 上投影，得

$\sum F_n = 0$ 　　$\sigma_\alpha \mathrm{d}A + (\tau_{xy} \mathrm{d}A\cos\alpha)\sin\alpha - (\sigma_x \mathrm{d}A\cos\alpha)\cos\alpha + (\tau_{yx} \mathrm{d}A\sin\alpha)\cos\alpha - (\sigma_y \mathrm{d}A\sin\alpha)\sin\alpha = 0$

$\sum F_t = 0$ 　　$\tau_\alpha \mathrm{d}A - (\tau_{xy} \mathrm{d}A\cos\alpha)\cos\alpha - (\sigma_x \mathrm{d}A\cos\alpha)\sin\alpha + (\tau_{yx} \mathrm{d}A\sin\alpha)\sin\alpha + (\sigma_y \mathrm{d}A\sin\alpha)\cos\alpha = 0$

由于 τ_{xy} 和 τ_{yx} 在数值上相等，以 τ_{xy} 替换 τ_{yx}，并简化上述两平衡方程，即得 α 斜截面上的应力计算公式

$$\sigma_\alpha = \frac{\sigma_x + \sigma_y}{2} + \frac{\sigma_x - \sigma_y}{2}\cos2\alpha - \tau_{xy}\sin2\alpha \tag{8-1}$$

$$\tau_\alpha = \frac{\sigma_x - \sigma_y}{2}\sin2\alpha + \tau_{xy}\cos2\alpha \tag{8-2}$$

可见，斜截面上的应力（σ_α 和 τ_α）随 α 角的改变而变化，它反映了在平面应力状态下，

一点不同方位斜截面上的应力变化规律，即一点的应力状态。

8.2.1.2 主平面和主应力

利用式(8-1)和式(8-2)可以确定正应力和切应力的极值，并确定它们所在平面的位置。将式(8-1)对 α 求导数，得

$$\frac{\mathrm{d}\sigma_\alpha}{\mathrm{d}\alpha}=-2\left(\frac{\sigma_x-\sigma_y}{2}\sin2\alpha+\tau_{xy}\cos2\alpha\right) \tag{a}$$

对于斜截面上的正应力 σ_α，设 $\alpha=\alpha_0$ 时，能使 $\frac{\mathrm{d}\sigma_\alpha}{\mathrm{d}\alpha}=0$，则在 α_0 所在的截面上，正应力取得极值。即

$$\frac{\sigma_x-\sigma_y}{2}\sin2\alpha_0+\tau_{xy}\cos2\alpha_0=0 \tag{b}$$

与式(8-2)比较可知，正应力极值所在截面上的切应力等于零，即正应力极值所在的截面为主平面。由式(b)得出

$$\tan2\alpha_0=\frac{-2\tau_{xy}}{\sigma_x-\sigma_y} \tag{8-3}$$

由式(8-3)可以求出相差 $90°$ 的两个方位角 α_0，在它们所确定的两个互相垂直的平面上，一个为最大正应力所在的平面，另一个为最小正应力所在的平面。即，处于平面应力状态的单元体上有两个主平面，且是互相垂直的。

将式(8-1)、式(8-2)整理，两边平方后相加可得：

$$\left(\sigma_\alpha-\frac{\sigma_x+\sigma_y}{2}\right)^2+\tau_\alpha^2=\left[\sqrt{\left(\frac{\sigma_x-\sigma_y}{2}\right)^2+\tau_{xy}^2}\right]^2 \tag{c}$$

因在主平面上的切应力为零，且在主平面上的正应力 σ_{α_0} 和 $\sigma_{\alpha_0+90°}$ 就是主应力 σ_1 和 σ_2，故可将 $\tau_\alpha=0$ 和 $\sigma_\alpha=\begin{cases}\sigma_1\\\sigma_2\end{cases}$ 代入式(c)，求得最大及最小主应力

$$\left.\begin{array}{c}\sigma_1\\\sigma_2\end{array}\right\}=\frac{\sigma_x+\sigma_y}{2}\pm\sqrt{\left(\frac{\sigma_x-\sigma_y}{2}\right)^2+\tau_{xy}^2} \tag{8-4}$$

应用式(8-3)和式(8-4)，就可以直接计算出两个主应力及主平面所在的位置。在平面应力状态中，有一个主应力已知为零，比较 $\sigma_{\max}$、$\sigma_{\min}$ 和 0 的代数值大小，便可以确定三个主应力 σ_1、σ_2 和 σ_3。

在以上的分析中，并没有确定与 $\sigma_{\max}$ 和 $\sigma_{\min}$ 所对应的主平面。如约定用 σ_x 表示两个正应力中代数值较大的一个，即 $\sigma_x\geqslant\sigma_y$，则式(8-3)中所确定的两个角度 α_0 中，绝对值较小的一个确定 $\sigma_{\max}$ 所在的主平面。

8.2.1.3 最大切应力及所在平面

按照与上述类似的方法，可以确定切应力的极值及所在平面。将式(8-2)对 α 求导数，得

$$\frac{\mathrm{d}\tau_\alpha}{\mathrm{d}\alpha}=(\sigma_x-\sigma_y)\cos2\alpha-2\tau_{xy}\sin2\alpha \tag{d}$$

设 $\alpha=\alpha_1$ 时，导数 $\frac{\mathrm{d}\tau_\alpha}{\mathrm{d}\alpha}=0$，即

$$(\sigma_x-\sigma_y)\cos2\alpha_1-2\tau_{xy}\sin2\alpha_1=0 \tag{e}$$

则 α_1 所确定的斜截面上，切应力取得极值。由此求得

$$\tan 2\alpha_1 = \frac{\sigma_x - \sigma_y}{2\tau_{xy}} \qquad (8\text{-}5)$$

式 (8-5) 可以得到两个相差 90° 的 α_1 截面，从而可以确定两个相互垂直的平面，分别作用最大和最小切应力。由式 (e) 可得

$$\frac{\sigma_x - \sigma_y}{2}\cos 2\alpha - \tau_{xy}\sin 2\alpha = 0$$

带入式 (8-1)，可得在切应力作用平面上的正应力

$$\sigma_\alpha = \frac{\sigma_x + \sigma_y}{2} \qquad (f)$$

将式 (f) 带入式 (c) 可求得 τ_α，即为最大切应力

$$\tau_{\max}^2 = \left(\frac{\sigma_x - \sigma_y}{2}\right)^2 + \tau_{xy}^2 \qquad (g)$$

求得切应力的最大值和最小值为

$$\left.\begin{array}{c}\tau_{\max}\\ \tau_{\min}\end{array}\right\} = \pm\sqrt{\left(\frac{\sigma_x - \sigma_y}{2}\right)^2 + \tau_{xy}^2} \qquad (8\text{-}6)$$

比较式 (8-3) 和式 (8-5) 可知，α_0 和 α_1 相差 45°，这说明切应力极值所在平面与主平面成 45° 角。

【例 8-1】　已知构件内某点处的应力单元体如图 8-6 所示，应力单位为 MPa，试求斜截面上的应力。

解　各应力分量分别为 $\sigma_x = 60\text{MPa}$，$\sigma_y = -80\text{MPa}$，$\tau_{xy} = -20\text{MPa}$，$\alpha = -30°$
由式 (8-1) 和式 (8-2) 得

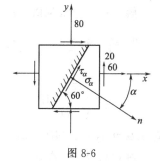

图 8-6

$$\begin{aligned}
\sigma_\alpha &= \frac{\sigma_x + \sigma_y}{2} + \frac{\sigma_x - \sigma_y}{2}\cos 2\alpha - \tau_{xy}\sin 2\alpha \\
&= \frac{60 + (-80)}{2} + \frac{60 - (-80)}{2}\cos(-60°) - (-20)\sin(-60°) \\
&= 7.68\text{MPa}
\end{aligned}$$

$$\tau_\alpha = \frac{\sigma_x - \sigma_y}{2}\sin 2\alpha + \tau_{xy}\cos 2\alpha = \frac{60 - (-80)}{2}\sin(-60°) + (-20)\cos(-60°) = -70.6\text{MPa}$$

【例 8-2】　圆轴扭转试验的破坏现象如下：铸铁试件从表面开始沿与轴线成 45° 倾角的螺旋曲面破坏，如图 8-7(a) 所示。试分析并解释破坏原因。

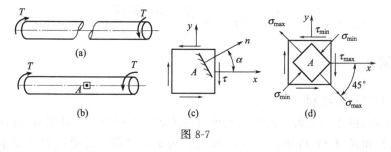

图 8-7

解　圆轴扭转时，试件横截面最外缘上点的切应力最大，故铸铁试件从表面开始破坏。为了解释断口的形状，需要确定最大正应力和最大切应力所在的截面。从受扭试件表面上任取一点 A，如图 8-7(b) 所示，其应力状态如图 8-7(c) 所示，该单元体为纯剪切应力状态，

将 $\sigma_x=0$，$\sigma_y=0$，$\tau_{xy}=\tau$，代入式(8-1) 和式(8-2)，可得

$$\sigma_\alpha=-\tau\sin2\alpha，\quad \tau_\alpha=\tau\cos2\alpha$$

可知，当 $\alpha=-45°$ 时，正应力取得最大值，$\sigma_{max}=\tau$；当 $\alpha=0°$ 时，切应力取得最大值，$\tau_{max}=\tau$。最大正应力和最大切应力如图 8-7(d) 所示。铸铁试件沿与轴线成 45°倾角的螺旋曲面破坏，该截面的正应力出现最大值。说明铸铁的抗拉能力较差，在扭转试验中铸铁试件是被拉断的。

【例 8-3】 飞机机身表面 K 点的应力状态可用如图 8-8(a) 所示的单元体表示，应力单位为 MPa。试求：(1) 主应力大小，主平面位置；(2) 在单元体上绘出主平面位置及主应力方向；(3) 最大切应力。

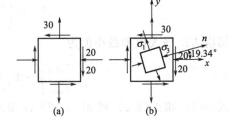

图 8-8

解 $\sigma_x=-20\text{MPa}$，$\sigma_y=30\text{MPa}$，$\tau_{xy}=20\text{MPa}$。由式(8-4) 求出主应力

$$\left.\begin{array}{c}\sigma_{max}\\[4pt]\sigma_{min}\end{array}\right\}=\frac{\sigma_x+\sigma_y}{2}\pm\sqrt{\left(\frac{\sigma_x-\sigma_y}{2}\right)^2+\tau_{xy}^2}=\frac{-20+30}{2}\pm\sqrt{\left(\frac{-20-30}{2}\right)^2+(20)^2}$$

$$=\begin{cases}37\\-27\end{cases}\text{MPa}$$

则主应力 $\sigma_1=37\text{MPa}$，$\sigma_2=0\text{MPa}$，$\sigma_3=-27\text{MPa}$。

再由式(8-3) 求 α_0。

$$\tan2\alpha_0=\frac{-2\tau_{xy}}{\sigma_x-\sigma_y}=\frac{-2\times20}{-20-30}=0.8$$

解得 $$\alpha_0=19.34°\text{或}109.34°$$

因 $\sigma_x<\sigma_y$，则由 $\alpha_0=19.34°$ 所确定的主平面上作用主应力 σ_3，如图 8-8(b) 所示。

最大切应力

$$\tau_{max}=\sqrt{\left(\frac{\sigma_x-\sigma_y}{2}\right)^2+\tau_{xy}^2}=\sqrt{\left(\frac{-20-30}{2}\right)^2+20^2}=32\text{MPa}$$

8.2.2 图解法

8.2.2.1 应力圆及其绘制

平面应力状态除了采用解析法外，也可采用图解法进行分析，且图解法简明直观，易掌握。由式(8-1) 和式(8-2) 可知，应力 σ_α 和 τ_α 均为 α 的函数，说明 σ_α 和 τ_α 之间存在确定的函数关系。为了建立 σ_α 和 τ_α 之间的直接关系式，将式(8-1) 和式(8-2) 改写为

$$\sigma_\alpha-\frac{\sigma_x+\sigma_y}{2}=\frac{\sigma_x-\sigma_y}{2}\cos2\alpha-\tau_{xy}\sin2\alpha$$

$$\tau_\alpha = \frac{\sigma_x - \sigma_y}{2}\sin2\alpha + \tau_{xy}\cos2\alpha$$

将以上两式等号两边各自平方，然后相加便可消去 α，得

$$\left(\sigma_\alpha - \frac{\sigma_x + \sigma_y}{2}\right)^2 + \tau_\alpha^2 = \left(\sqrt{\left(\frac{\sigma_x - \sigma_y}{2}\right)^2 + \tau_{xy}}\right)^2 \tag{h}$$

因为 σ_x、σ_y 和 τ_{xy} 皆为已知量，所以，在以 σ 为横坐标轴、τ 为纵坐标轴的坐标平面内，式 (h) 的轨迹为圆，其圆心为 $\left(\dfrac{\sigma_x + \sigma_y}{2},\ 0\right)$，半径为 $\sqrt{\left(\dfrac{\sigma_x - \sigma_y}{2}\right)^2 + \tau_{xy}^2}$。圆周上任一点的横、纵坐标则分别代表单元体内方位角为 α 的斜截面上的正应力 σ_α 和切应力 τ_α。此圆称为应力圆，是德国的 K. 库尔曼 1866 年首先证明，1882 年德国工程师克里斯蒂安 O. 莫尔 (Christian Otto Mohr) 对应力圆作了进一步的研究，提出借助应力圆确定一点的应力状态的几何方法，后人就称应力圆为莫尔应力圆，简称莫尔圆。

现以如图 8-9(a) 所示的平面应力状态为例，进一步说明应力圆的绘制及应用。

如图 8-9(b) 所示，在 σ-τ 直角坐标系中，按一定的比例尺量取横坐标 $\overline{OA} = \sigma_x$，纵坐标 $\overline{AD} = \tau_{xy}$，确定 D 点，该点坐标代表以 x 轴为法线的面上的应力。量取横坐标 $\overline{OB} = \sigma_y$，纵坐标 $\overline{BD'} = \tau_{yx}$，确定 D' 点，τ_{yx} 和 τ_{xy} 数值相等，故该点坐标代表以 y 轴为法线的面上的应力。直线 DD' 与坐标轴 σ 的交点为 C 点，以 C 点为圆心，以 $\overline{CD}$ 或 $\overline{CD'}$ 为半径作圆，即为应力圆，这就是应力圆的一般画法。

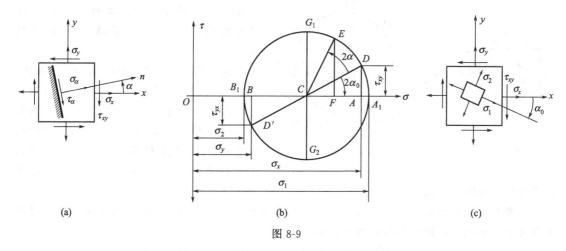

(a)　　　　　　　　　(b)　　　　　　　　　(c)

图 8-9

可以证明，单元体内任意斜截面上的应力都对应应力圆上的一个点。例如，由 x 轴到任意斜截面的外法线 n 的夹角为逆时针的 α 角。对应地，在应力圆上，从 D 点沿应力圆逆时针转 2α 得 E 点，则 E 点的坐标就代表外法线为 n 的斜截面上的应力。建议读者自行证明。

用图解法对平面应力状态进行分析时，需强调的是应力圆上的点与单元体上的面之间的相互对应关系，即：应力圆上一点的坐标对应着单元体上某一截面上的应力值；应力圆上两点之间的圆弧所对应的圆心角为 2α，对应着单元体上该两截面外法线之间的夹角为 α，且旋转方向相同。故应力圆上的点与单元体内面的对应关系可概括为：点面对应，基准一致，转向相同，倍角关系。

利用应力圆同样可以方便地确定主应力和主平面。如图 8-9(b) 所示，应力圆与坐标轴

σ 交于 A_1 点和 B_1 点，两点的横坐标分别为最大值和最小值，而纵坐标等于零。这表明：在平行于 z 轴的所有截面中，最大与最小正应力所在的截面相互垂直，且最大与最小正应力分别为

$$\left.\begin{array}{c}\sigma_{\max}\\\sigma_{\min}\end{array}\right\}=\overline{OC}\pm\overline{CA_1}=\frac{\sigma_x+\sigma_y}{2}\pm\sqrt{\left(\frac{\sigma_x-\sigma_y}{2}\right)^2+\tau_{xy}^2} \tag{i}$$

上式与式 (8-4) 完全吻合。而最大主应力所在截面的方位角 α_0，也可从应力圆中得到

$$\tan2\alpha_0=\frac{\overline{DA}}{\overline{CA}}=-\frac{\tau_{xy}}{\dfrac{\sigma_x-\sigma_y}{2}}=-\frac{2\tau_{xy}}{\sigma_x-\sigma_y} \tag{j}$$

式中，负号表示由 x 截面至最大正应力作用面为顺时针方向。若在应力圆上，由 D 点到 A 点所对应的圆心角为顺时针的 $2\alpha_0$，则由点面对应关系可知，在单元体上，由 x 轴按顺时针转向量取 α_0，即得 $\sigma_{\max}$ 所在的主平面位置。

由图 8-9(b) 还可以看出，应力圆上还存在另外两个极值点 G_1 和 G_2，它们的纵坐标分别代表切应力极大值 $\tau_{\max}$ 和极小值 $\tau_{\min}$。这表明：在平行于 z 轴的所有截面中，切应力的最大值与最小值分别为

$$\left.\begin{array}{c}\tau_{\max}\\\tau_{\min}\end{array}\right\}=\pm\sqrt{\left(\frac{\sigma_x-\sigma_y}{2}\right)^2+\tau_{xy}^2} \tag{k}$$

与式 (8-6) 完全吻合。其所在截面也相互垂直，并与正应力极值截面成 45°角。

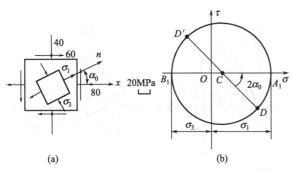

图 8-10

【例 8-4】 已知单元体的应力状态如图 8-10(a) 所示，应力单位为 MPa。试用图解法求主应力，并确定主平面的位置。

解 已知 $\sigma_x=80\text{MPa}$，$\sigma_y=-40\text{MPa}$，$\tau_{xy}=-60\text{MPa}$。在 σ-τ 平面内，按图 8-10 (b) 选定的比例尺，以 $(80,-60)$ 为坐标，确定 D 点；以 $(-40,60)$ 为坐标，确定 D' 点。连接 D 和 D' 点，与横坐标轴交于 C 点。以 C 为圆心，以 $\overline{CD}$ 为半径作应力圆，如图 8-10(b) 所示。

为确定主平面和主应力，在图 8-10(b) 所示的应力圆上，A_1 和 B_1 点的横坐标分别对应主应力 $\sigma_{\max}$ 和 $\sigma_{\min}$，按选定的比例尺量出

$$\sigma_{\max}=\overline{OA_1}=104.9\text{MPa}, \quad \sigma_{\min}=\overline{OB_1}=-64.9\text{MPa}$$

故三个主应力分别为：$\sigma_1=104.9\text{MPa}$，$\sigma_2=0$，$\sigma_3=-64.9\text{MPa}$。在应力圆上，由 D 点至 A_1 点为逆时针方向，且 $\angle DCA_1=2\alpha_0=45°$，所以，在单元体中，从 x 轴以逆时针方向量取 $\alpha_0=22.5°$，确定了 σ_1 所在主平面的外法线。而 D 至 B_1 点为顺时针方向，$\angle DCB_1=135°$，所以，在单元体中从 x 轴以顺时针方向量取 $\alpha_0=67.5°$，从而确定了 σ_3 所在主平面的法线方向。

8.2.2.2 梁的主应力迹线的概念

梁在横力弯曲时，除了梁横截面上、下边缘各点处于单向拉伸或压缩状态外，横截面上其他各点处的正应力都不是主应力。在利用解析法或图解法求出梁横截面上一点处的主应力方向后，把其中一个主应力方向延长与相邻横截面相交，求出交点的主应力方向，再将其延

长与下一个相邻横截面相交。依次类推，将得到一条折线，它的极限为一条曲线。曲线上任一点处切线的方向就是该点处主应力的方向，该曲线称为梁的主应力迹线。经过任一点都有两条相互垂直的主应力迹线。图 8-11(a) 给出的是均布载荷作用的简支梁的两组主应力迹线。实线表示主拉应力迹线，虚线表示主压应力迹线。所有的迹线与梁轴线的夹角均为 45°。

明确梁的主应力方向的变化规律，在工程设计中是很有用的。例如在钢筋混凝土梁中，按照主应力的迹线可判断裂缝发生的方向，适当的配置钢筋，以承担梁内各点的最大拉应力。故在钢筋混凝土梁中，不但要配置纵向的抗拉钢筋，还要配置斜向的弯起钢筋，如图 8-11(b) 所示。

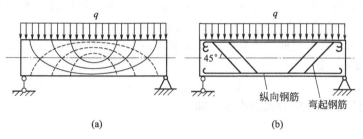

图 8-11

8.3 空间应力状态简介

受力构件内一点处的应力状态，最一般的情况是所取单元体的三对平面上都有正应力和切应力，而切应力可以分解为沿坐标轴方向的两个分量，如图 8-12 所示。这种单元体所代表的应力状态，称为一般的空间应力状态。

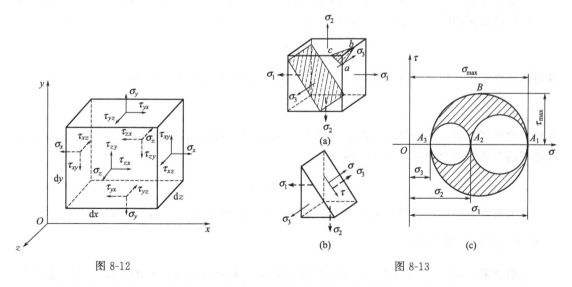

图 8-12　　　　　　　　　　　　　　图 8-13

在空间应力状态的 9 个应力分量中，由切应力互等定理可知，独立的应力分量只有 6 个，即 σ_x、σ_y、σ_z、τ_{xy}、τ_{yz} 和 τ_{zx}。可以证明，在受力构件内的任一点处一定可以找到一个单元体，其三对相互垂直的平面均为主平面，三对主平面上的应力均为主应力，分别为 σ_1、σ_2 和 σ_3。

对于空间应力状态，本节只讨论受力构件内一点处的三个主应力 σ_1、σ_2、σ_3 均已知时，来确定该点处的最大正应力和最大切应力，如图 8-13(a) 所示。

首先研究与其中一个主应力（例如 σ_3）平行的斜截面上的应力。利用截面法，假想沿该截面将单元体截成两部分，并研究左半部分的平衡，如图 8-13(b) 所示。由于主应力 σ_3 所在的两平面上的力自相平衡，故斜截面上的应力仅与 σ_1 和 σ_2 有关，可由 σ_1 和 σ_2 所作的应力圆上的点来表示。同理，单元体内与 σ_1 平行的斜截面上的应力与 σ_1 无关，只取决于 σ_2 和 σ_3，可由 σ_2 和 σ_3 所决定的应力圆确定；与 σ_2 平行的斜截面上的应力与 σ_2 无关，只取决于 σ_1 和 σ_3，可由 σ_1 和 σ_3 所决定的应力圆确定。这样就得到三个两两相切的应力圆，称为三向应力圆，如图 8-13(c) 所示。

进一步研究表明，与 σ_1、σ_2、σ_3 三个主应力方向均不平行的任意斜截面上的应力，在 σ-τ 平面内对应的点必位于由上述三个应力圆所构成的阴影区域内。

根据以上分析可知，空间应力状态的最大和最小正应力分别等于最大应力圆上 A_1 和 A_3 点的横坐标 σ_1 和 σ_3，即

$$\sigma_{\max}=\sigma_1, \quad \sigma_{\min}=\sigma_3 \tag{8-7}$$

而最大切应力则等于最大应力圆的半径，即

$$\tau_{\max}=\frac{\sigma_1-\sigma_3}{2} \tag{8-8}$$

最大切应力所在的截面与主应力 σ_2 平行，并与主应力 σ_1 和 σ_3 的主平面均成 45°角。

式(8-7) 和式(8-8) 同样适用于单向或二向应力状态，只需将具体问题中的主应力求出，并按代数值 $\sigma_1 \geqslant \sigma_2 \geqslant \sigma_3$ 的顺序排列即可。

8.4 广义胡克定律

根据实验结果，可知轴向拉伸或压缩时的应力-应变关系，当杆件横截面上的正应力未超过材料的比例极限时，正应力和线应变成线性关系，即

$$\sigma=E\varepsilon \text{ 或 } \varepsilon=\frac{\sigma}{E}$$

这就是胡克定律。同时，由于轴向变形还会引起横向变形，横向线应变 ε' 为

$$\varepsilon'=-\mu\varepsilon=-\mu\frac{\sigma}{E}$$

在纯剪切的情况下，实验结果表明，当切应力不超过材料的剪切比例极限时，切应力和切应变之间的关系服从剪切胡克定律。即

$$\tau=G\gamma \text{ 或 } \gamma=\frac{\tau}{G}$$

本节研究各向同性材料在复杂应力状态下，弹性范围内的应力-应变关系。

8.4.1 广义胡克定律

在最普遍的情况下，描述一点的应力状态需要 9 个应力分量，如图 8-12 所示，它可以看作是三组单向应力状态和三组纯剪切状态的组合。可以证明，对于各向同性材料，在小变形及线弹性范围内，线应变只与正应力有关，而与切应力无关；切应变只与切应力有关，而与正应力无关。因此，可利用单向应力状态和纯剪切应力状态的胡克定律，分别求出各应力分量对应的应变，然后再进行叠加。例如，在 σ_x、σ_y、σ_z 单独作用下如图 8-14 所示，在 x

方向引起的线应变分别为

$$\varepsilon'_x=\frac{\sigma_x}{E}, \quad \varepsilon''_x=-\mu\frac{\sigma_y}{E}, \quad \varepsilon'''_x=-\mu\frac{\sigma_z}{E}$$

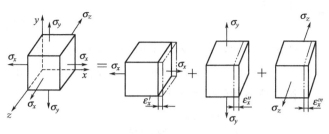

图 8-14

则在 σ_x、σ_y、σ_z 共同作用下，叠加上述结果，得到沿 x 方向引起的线应变为

$$\varepsilon_x=\frac{\sigma_x}{E}-\mu\frac{\sigma_y}{E}-\mu\frac{\sigma_z}{E}=\frac{1}{E}[\sigma_x-\mu(\sigma_y+\sigma_z)]$$

同理，可求出沿 y 和 z 方向的线应变 ε_y 和 ε_z，最终有

$$\left.\begin{aligned}\varepsilon_x&=\frac{1}{E}[\sigma_x-\mu(\sigma_y+\sigma_z)]\\[4pt]\varepsilon_y&=\frac{1}{E}[\sigma_y-\mu(\sigma_x+\sigma_z)]\\[4pt]\varepsilon_z&=\frac{1}{E}[\sigma_z-\mu(\sigma_x+\sigma_y)]\end{aligned}\right\}\tag{8-9}$$

根据剪切胡克定律，在 xy、yz、zx 三个平面内的切应变分别为

$$\left.\begin{aligned}\gamma_{xy}&=\frac{\tau_{xy}}{G}\\[4pt]\gamma_{yz}&=\frac{\tau_{yz}}{G}\\[4pt]\gamma_{zx}&=\frac{\tau_{zx}}{G}\end{aligned}\right\}\tag{8-10}$$

式(8-9) 和式(8-10) 称为一般应力状态下的广义胡克定律。

当所取单元体为主单元体时，使 x、y、z 的方向分别与主应力 σ_1、σ_2 和 σ_3 的方向一致。则，$\sigma_x=\sigma_1$，$\sigma_y=\sigma_2$，$\sigma_z=\sigma_3$，$\tau_{xy}=\tau_{yz}=\tau_{zx}=0$，广义胡克定律简化为

$$\left.\begin{aligned}\varepsilon_1&=\frac{1}{E}[\sigma_1-\mu(\sigma_2+\sigma_3)]\\[4pt]\varepsilon_2&=\frac{1}{E}[\sigma_2-\mu(\sigma_1+\sigma_3)]\\[4pt]\varepsilon_3&=\frac{1}{E}[\sigma_3-\mu(\sigma_1+\sigma_2)]\end{aligned}\right\}\tag{8-11}$$

式中，ε_1、ε_2 和 ε_3 分别表示沿着三个主应力 σ_1、σ_2 和 σ_3 方向的主应变。式(8-11) 是由主应力表示的广义胡克定律。需要强调指出，只有当材料处于各向同性，且处于线弹性范围内时，上述定律才成立。

8.4.2　体积应变

如图 8-15 所示的主单元体，沿 σ_1、σ_2 和 σ_3 方向的边长分别为 $\mathrm{d}x$，$\mathrm{d}y$ 和 $\mathrm{d}z$，则变形前

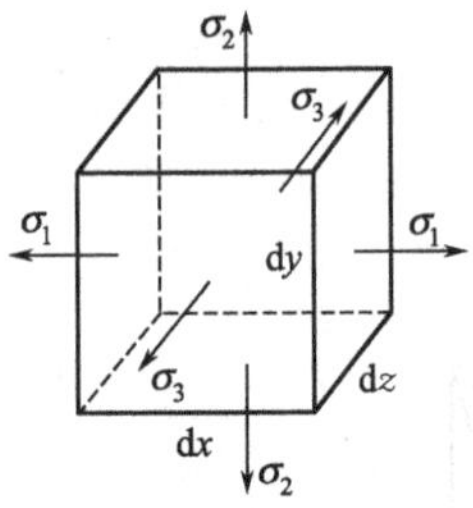

单元体的体积为

$$V_0 = \mathrm{d}x\,\mathrm{d}y\,\mathrm{d}z$$

受力变形后，单元体的三个棱边的线应变分别为 ε_1、ε_2 和 ε_3，其体积变为

$$V_1 = \mathrm{d}x(1+\varepsilon_1)\mathrm{d}y(1+\varepsilon_2)\mathrm{d}z(1+\varepsilon_3)$$

将上式展开，并略去高阶项 $\varepsilon_1\varepsilon_2$、$\varepsilon_2\varepsilon_3$、$\varepsilon_3\varepsilon_1$、$\varepsilon_1\varepsilon_2\varepsilon_3$，得

$$V_1 \approx (1+\varepsilon_1+\varepsilon_2+\varepsilon_3)\mathrm{d}x\,\mathrm{d}y\,\mathrm{d}z$$

图 8-15

则单位体积的体积应变为

$$\theta = \frac{V_1 - V_0}{V_0} = \varepsilon_1 + \varepsilon_2 + \varepsilon_3$$

将式(8-11)代入上式，整理得

$$\theta = \varepsilon_1 + \varepsilon_2 + \varepsilon_3 = \frac{1-2\mu}{E}(\sigma_1 + \sigma_2 + \sigma_3) \tag{8-12}$$

式(8-12)可改写为

$$\theta = \frac{3(1-2\mu)}{E}\frac{(\sigma_1+\sigma_2+\sigma_3)}{3} = \frac{\sigma_{\mathrm{m}}}{K} \tag{8-13}$$

其中

$$K = \frac{E}{3(1-2\mu)}, \quad \sigma_{\mathrm{m}} = \frac{(\sigma_1+\sigma_2+\sigma_3)}{3}$$

式中，K 为体积弹性模量；σ_{m} 为三个主应力的平均值。式(8-13)说明，单位体积的体积改变 θ 只与三个主应力的和有关，而与三个主应力之间的比值无关。例如，在纯剪切应力状态中，$\sigma_1 = -\sigma_3 = \tau$，$\sigma_2 = 0$，故 $\theta = 0$，说明单元体只有形状改变而无体积改变。

8.4.3 复杂应力状态下的应变能密度

弹性固体受外力作用而变形。弹性固体在外力作用下，因变形而储存的能量称为应变能，用 V_ε 表示。单位体积内的应变能称为应变能密度，用 v_ε 表示。考虑如图 8-15 所示单元体，在主应力 σ_1、σ_2 和 σ_3 作用下，单元体沿 x、y 与 z 轴方向的伸长分别为 $\varepsilon_1\mathrm{d}x$、$\varepsilon_2\mathrm{d}y$ 与 $\varepsilon_3\mathrm{d}z$，在线弹性范围内应力 σ_1、σ_2 和 σ_3 分别与应变 ε_1、ε_2 及 ε_3 成正比，参看第 11 章能量法中外力做功的计算，作用在单元体上的外力所作之功或单元体的应变能为

$$\mathrm{d}W = \mathrm{d}V_\varepsilon = \frac{\sigma_1\mathrm{d}y\,\mathrm{d}z\varepsilon_1\mathrm{d}x}{2} + \frac{\sigma_2\mathrm{d}z\,\mathrm{d}x\varepsilon_2\mathrm{d}y}{2} + \frac{\sigma_3\mathrm{d}x\,\mathrm{d}y\varepsilon_3\mathrm{d}z}{2}$$

由此得应变能密度为

$$v_\varepsilon = \frac{1}{2}\sigma_1\varepsilon_1 + \frac{1}{2}\sigma_2\varepsilon_2 + \frac{1}{2}\sigma_3\varepsilon_3 \tag{8-14}$$

将式(8-11)代入式(8-14)，整理后得

$$v_\varepsilon = \frac{1}{2E}\left[\sigma_1^2 + \sigma_2^2 + \sigma_3^2 - 2\mu(\sigma_1\sigma_2 + \sigma_2\sigma_3 + \sigma_3\sigma_1)\right] \tag{8-15}$$

应变能密度的常用单位为 $\mathrm{J/m^3}$。

由于单元体的变形一方面表现为体积的改变，另一方面表现为形状的改变。因此，认为应变能密度也由两部分组成：①因体积改变而储存的应变能密度 υ_V。体积改变指的是单元体的各棱边变形相同，变形后仍为正方体，只是体积有所增减。υ_V 称为体积改变能密度。②体积不变，由正方体变为长方体而储存的应变能密度 υ_d。υ_d 称作形状改变比能。因此

$$\upsilon_\varepsilon = \upsilon_V + \upsilon_d$$

其中

$$\upsilon_V = \frac{1-2\mu}{6E}(\sigma_1 + \sigma_2 + \sigma_3)^2 \tag{8-16}$$

$$\upsilon_d = \frac{1+\mu}{6E}\left[(\sigma_1 - \sigma_2)^2 + (\sigma_2 - \sigma_3)^2 + (\sigma_3 - \sigma_1)^2\right] \tag{8-17}$$

【例 8-5】　空心圆轴扭转时测得表面 K 点与轴线成 45°方向上的线应变为 $\varepsilon_{45°} = -340 \times 10^{-6}$。如图 8-16(a)、(b) 所示，已知材料的弹性模量 $E = 210\text{GPa}$，泊松比 $\mu = 0.3$，其他尺寸如图所示。试求圆轴所受的外力偶矩 M。

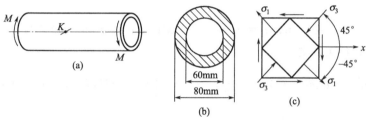

图 8-16

解　包含 K 点取单元体，如图 8-16(c) 所示，单元体的左右、上下面上只有切应力 τ，故为纯剪切应力状态。且

$$\sigma_x = \sigma_y = 0, \quad \tau_{xy} = \frac{M_T}{W_t}$$

由式(8-4) 得

$$\left.\begin{array}{c}\sigma_{\max}\\\sigma_{\min}\end{array}\right\} = \frac{\sigma_x + \sigma_y}{2} \pm \sqrt{\left(\frac{\sigma_x - \sigma_y}{2}\right)^2 + \tau_{xy}^2} = \pm\tau_{xy} = \pm\frac{M_T}{W_t}$$

主应力所在平面由式(8-3) 得

$$\tan 2\alpha_0 = \frac{-2\tau_{xy}}{\sigma_x - \sigma_y} \rightarrow -\infty$$

则

$$\alpha_0 = -45° \text{ 或 } -135°$$

故 $\sigma_{-45°} = \sigma_1 = \dfrac{M_T}{W_t}$，$\sigma_{-135°} = \sigma_3 = -\dfrac{M_T}{W_t}$，将其代入式(8-11)，得

$$\varepsilon_{45°} = \frac{1}{E}(\sigma_{45°} - \mu\sigma_{-45°}) = \frac{1}{E}(\sigma_{-135°} - \mu\sigma_{-45°}) = -\frac{1+\mu}{E}\frac{M_T}{W_t}$$

故 $M_T = -\dfrac{E}{1+\mu}W_t\varepsilon_{45°} = -\dfrac{210\times 10^3}{1+0.3} \times \dfrac{1}{16}\pi \times 80^3 \times \left[1 - \left(\dfrac{60}{80}\right)^4\right] \times (-340\times 10^{-6})\text{N}\cdot\text{mm}$

$\qquad = 3.77\text{kN}\cdot\text{m}$

圆轴所受的外力偶矩 $M = M_T = 3.77\text{kN}\cdot\text{m}$。

【例 8-6】 钢块上开有深度和宽度均为 10mm 的钢槽，钢槽内嵌入边长为 $a=10$mm 的立方体铝块，铝块的顶面承受 $F=6$kN 的压力作用，如图 8-17(a) 所示。已知铝的弹性模量 $E=70$GPa，泊松比 $\mu=0.33$。若不计钢块的变形，求铝块的三个主应力及主应变。

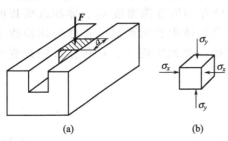

图 8-17

解 铝块横截面上的压应力为

$$\sigma_y = -\frac{F}{A} = -\frac{6\times10^3}{10\times10} = -60\text{MPa}$$

显然有 $\sigma_z=0$。在压力 F 的作用下，铝块产生膨胀，但又受到钢槽的阻碍，使得铝块沿 x 方向的线应变为零。由式(8-9) 得

$$\varepsilon_x = \frac{1}{E}[\sigma_x-\mu(\sigma_y+\sigma_z)] = \frac{1}{70\times10^3}[\sigma_x-0.33\times(-60)] = 0$$

解得

$$\sigma_x = -19.8\text{MPa}$$

因为铝块的三个相互垂直的平面上不存在切应力，故 σ_x、σ_y、σ_z 为主应力，如图 8-17(b) 所示。即

$$\sigma_1=\sigma_z=0, \quad \sigma_2=\sigma_x=-19.8\text{MPa}, \quad \sigma_3=\sigma_y=-60\text{MPa}$$

由式(8-11)，得主应变

$$\varepsilon_1 = \frac{1}{E}[\sigma_1-\mu(\sigma_2+\sigma_3)] = \frac{1}{70\times10^3}[0-0.33\times(-19.8-60)] = 376\times10^{-6}$$

$$\varepsilon_2 = 0$$

$$\varepsilon_3 = \frac{1}{E}[\sigma_3-\mu(\sigma_1+\sigma_2)] = \frac{1}{70\times10^3}[-60-0.33\times(0-19.8)] = -764\times10^{-6}$$

8.5 四种常用的强度理论

8.5.1 强度理论概述

在前面的各章中，介绍了在基本变形情况下构件的正应力和切应力的强度条件

$$\sigma_{\max}\leqslant[\sigma], \quad \tau_{\max}\leqslant[\tau]$$

式中，$\sigma_{\max}$ 和 $\tau_{\max}$ 分别为构件危险截面上的最大正应力和最大切应力；$[\sigma]$ 和 $[\tau]$ 分别为构件材料的许用正应力和许用切应力，是通过材料单向拉伸（压缩）试验或纯剪切试验得到的极限应力除以相应的安全系数得到的。试验中，试件危险点的应力状态与实际构件危险点的应力状态类似，具备可比性。可见，上述强度条件是直接根据试验结果建立的。

实践证明，根据试验结果直接建立起来的正应力强度条件只适用于单向应力状态，而切应力强度条件只适用于纯剪切应力状态。然而，工程实际中常遇到一些组合变形的构件，其危险点一般不再处于单向应力或纯剪切应力状态，而是处于复杂应力状态。

实现复杂应力状态下的试验，要比单向的拉伸（压缩）试验或纯剪切试验困难得多。并且，复杂应力状态下的主应力 σ_1、σ_2、σ_3 之间存在着无数种数值的组合和比例，要测出每一种情况下相应的极限应力是难以实现的。因此，完全依靠直接试验的方法来建立复杂应力状态下的强度条件是不现实的，因为不可能直接通过试验来获得复杂应力状态下强度的完整

数据。为解决此类问题，可在研究复杂应力状态下材料的破坏或失效规律的基础上，寻找破坏的原因，以建立更有效的理论和方法。

大量的试验结果表明，无论应力状态多么复杂，材料在常温静载作用下失效形式主要有两种：一种为脆性断裂，如铸铁在拉伸时，没有明显的塑性变形就发生突然的断裂；另一种为塑性屈服，如低碳钢在拉伸时，发生显著的塑性变形，并出现明显的屈服现象。不同的破坏形式有不同的破坏原因。此外，构件在外力的作用下，任何一点都同时存在应力和应变，并储存了应变能。因此，可以设想材料之所以按照某种方式破坏（脆性断裂或塑性屈服），与危险点处的应力、应变或应变能等因素中的某一个或几个因素有关。

长期以来，人们通过对破坏现象的观察和分析，提出了各种关于破坏原因的假说。按照这种假说，无论是简单应力状态还是复杂应力状态，引起失效的因素是相同的，即造成失效的原因与应力状态无关。这一类假说统称为强度理论。因此，可以用简单应力状态的试验结果，建立复杂应力状态的强度条件。

强度理论既然是推测强度失效原因的一些假说，它正确与否，以及适用于什么情况，都必须由试验和生产实践来检验。实际上，也正是在反复试验和生产实践的基础上，这些假说才能逐步得到发展并日趋完善。本节主要介绍工程上常用的四种强度理论。

8.5.2 四种常用的强度理论

材料破坏形式主要有两种，即脆性断裂和塑性屈服。因而，强度理论相应地也分为两类。一类是解释材料脆性断裂破坏的强度理论，有最大拉应力理论和最大伸长线应变理论。另一类是解释材料塑性屈服破坏的强度理论，有最大切应力理论和形状改变比能理论。强度理论在常温、静载条件下，适用于均匀、连续、各向同性材料。

（1）最大拉应力理论（第一强度理论） 这一理论认为最大拉应力是引起材料断裂的主要因素。即认为无论是什么应力状态，只要最大拉应力 σ_1 达到材料的某一极限值时，材料就会发生断裂失效。这个极限值可以根据材料单向拉伸发生断裂时的试验确定，即材料的强度极限 σ_b。根据这一理论，材料发生脆性断裂破坏的条件为

$$\sigma_1 = \sigma_b$$

将极限应力 σ_b 除以安全系数得许用应力 $[\sigma]$。于是，按照第一强度理论建立的强度条件为

$$\sigma_1 \leqslant [\sigma] \tag{8-18}$$

这一理论是由英国科学家兰金（W. J. M. Rankine）于 1858 年提出的。试验表明，该强度理论较好地解释了石料、铸铁等脆性材料沿最大拉应力所在截面发生断裂的现象。该理论的不足之处在于没有考虑其他两个主应力对材料强度的影响，而且对于没有拉应力的应力状态（如单向受压或三向受压等）无法应用。

（2）最大伸长线应变理论（第二强度理论） 这一理论认为最大拉应变是引起材料断裂的主要因素。即认为无论是什么应力状态，只要最大伸长线应变 ε_1 达到材料的某一极限值时，材料即发生断裂失效。这个极限值可以根据材料单向拉伸断裂时发生脆性断裂的试验确定。在简单拉伸下，假定材料断裂前均服从胡克定律，则材料在单向拉伸至断裂时最大伸长线应变的极限值 $\varepsilon_u = \dfrac{\sigma_b}{E}$。按照这个理论，在复杂应力状态下，最大拉应变 ε_1 达到 ε_u 时，材料就发生断裂破坏。即破坏条件为

$$\varepsilon_1 = \varepsilon_u = \frac{\sigma_b}{E} \tag{1}$$

由广义胡克定律式(8-11) 知，$\varepsilon_1 = \dfrac{1}{E}[\sigma_1 - \mu(\sigma_2 + \sigma_3)]$

将其代入式(l)，整理得脆性断裂的破坏条件

$$\sigma_1 - \mu(\sigma_2 + \sigma_3) = \sigma_b$$

将 σ_b 除以安全系数得材料的许用应力 $[\sigma]$，于是按第二强度理论建立的强度条件为

$$\sigma_1 - \mu(\sigma_2 + \sigma_3) \leqslant [\sigma] \tag{8-19}$$

这一理论由法国科学家马里奥（E. Mariotte）于 1682 年提出的最大线应变理论修正而来。试验表明，该强度理论与石料、混凝土等脆性材料受轴向压缩时沿垂直于压力的方向发生断裂破坏现象是一致的。并且，铸铁在双向拉伸、压缩应力状态下，且压应力较大，试验结果与理论接近。该理论综合考虑了三个主应力的影响，从形式上看比第一强度理论完善。但是，有时并不一定总能给出满意的解释。例如，按照该理论，铸铁在二向拉伸时比单向拉伸时更安全，而试验结果不能证实这一点。

（3）最大切应力理论（第三强度理论） 这一理论认为最大切应力是引起材料屈服的主要因素。即认为无论什么样的应力状态，只要材料内一点处的最大切应力 $\tau_{\max}$ 达到材料的某一极限值时，材料就发生屈服。该极限值是材料在单向拉伸试验中达到屈服时，与轴线成 45° 的斜截面上的最大切应力，即屈服极限 $\tau_s = \dfrac{\sigma_s}{2}$。按照这一理论，任意应力状态下，只要 $\tau_{\max}$ 达到 τ_s 就会引起材料的屈服。即屈服条件为

$$\tau_{\max} = \tau_s = \frac{\sigma_s}{2}$$

复杂应力状态下最大切应力为

$$\tau_{\max} = \frac{\sigma_1 - \sigma_3}{2}$$

则破坏条件为

$$\sigma_1 - \sigma_3 = \sigma_s$$

将 σ_s 除以安全系数得材料的许用应力 $[\sigma]$，于是按第三强度理论建立的强度条件为

$$\sigma_1 - \sigma_3 \leqslant [\sigma] \tag{8-20}$$

法国科学家 C. A. de 库仑于 1773 年，H. 特雷斯卡于 1868 年分别提出和研究过这一理论。实验证明，这一强度理论较好地解释了塑性材料出现塑性变形的现象。但是，由于没有考虑 σ_2 的影响，使得在二向应力状态下，按这一理论设计的构件偏于安全，经试验证实最大影响可达 15%。此外此理论不能解释材料在三向均匀拉应力状态下可能发生断裂的现象。由于该理论形式简单，概念明确，所以在工程中得到广泛应用。

（4）形状改变比能理论（第四强度理论） 这一理论认为形状改变比能是引起材料屈服的主要因素，即认为不论什么应力状态，只要形状改变比能 v_d 达到某一极限值，材料就发生屈服。同样，该形状改变比能的极限值是通过材料单向拉伸试验得到。材料在单向拉伸下屈服时的极限应力为 σ_s，相应的形状改变比能 v_{ds} 由式(8-17) 求得。按照这一理论，不论什么应力状态，只要形状改变比能 v_d 达到 v_{ds}，便引起材料屈服。由式(8-17) 知

$$v_{ds} = \frac{1+\mu}{6E}(2\sigma_s^2) \tag{m}$$

在复杂应力状态下

$$v_d = \frac{1+\mu}{6E}[(\sigma_1 - \sigma_2)^2 + (\sigma_2 - \sigma_3)^2 + (\sigma_3 - \sigma_1)^2] \tag{n}$$

将式(n) 代入式(m) 整理得破坏条件为

$$\sqrt{\frac{1}{2}\left[(\sigma_1-\sigma_2)^2+(\sigma_2-\sigma_3)^2+(\sigma_3-\sigma_1)^2\right]}=\sigma_s$$

将 σ_s 除以安全系数得材料的许用应力 $[\sigma]$，于是按第四强度理论建立的强度条件为

$$\sqrt{\frac{1}{2}\left[(\sigma_1-\sigma_2)^2+(\sigma_2-\sigma_3)^2+(\sigma_3-\sigma_1)^2\right]}\leqslant[\sigma] \tag{8-21}$$

这个强度理论是 1904 年波兰科学家胡伯（M. T. Huber）根据意大利力学家贝尔特拉密（E. Beltrami）在 1885 年提出的能量理论修正的，后来德国科学家塞密斯（R. Von. Moses）在 1913 年、亨基（H. Hencky）在 1925 年又先后独立提出。根据几种塑性材料（钢、铜、铝）的薄管试验资料表明，形状改变比能理论比第三强度理论更符合实验结果。

综合以上四个强度理论的强度条件，可以把它们写成如下的统一形式：

$$\sigma_r\leqslant[\sigma] \tag{8-22}$$

式中，σ_r 称为相当应力。四个强度理论的相当应力分别为

$$\left. \begin{aligned} \sigma_{r1}&=\sigma_1 \\ \sigma_{r2}&=\sigma_1-\mu(\sigma_2+\sigma_3) \\ \sigma_{r3}&=\sigma_1-\sigma_3 \\ \sigma_{r4}&=\sqrt{\frac{1}{2}\left[(\sigma_1-\sigma_2)^2+(\sigma_2-\sigma_3)^2+(\sigma_3-\sigma_1)^2\right]} \end{aligned} \right\} \tag{8-23}$$

一般情况，在常温、静载下，脆性材料如铸铁、混凝土、石料等，抵抗断裂的能力低于抵抗滑移的能力，通常以断裂的形式失效，宜采用第一或第二强度理论；而塑性材料如各类钢材，抵抗滑移的能力低于抵抗断裂的能力，通常以屈服的形式失效，宜采用第三或第四强度理论。

应该指出，构件的破坏形式不仅与材料的性质有关，也与其工作状态（如应力状态的形式，温度等）有关。例如，碳钢在单向拉伸下以屈服形式失效，但由碳钢制成的螺杆拉伸时，由于螺纹根部的应力集中将引起三向拉伸，这部分材料以断裂的形式破坏。又如，铸铁在单向拉伸时以断裂的形式破坏，当将淬火钢球压在铸铁板上时，接触点处于三向压应力状态，随着压力的增大，铸铁板上会出现明显的凹坑，这是塑性变形。因此，不论脆性材料还是塑性材料，在三向拉应力接近相等的情况下，都以断裂的形式破坏，所以应选用第一或第二强度理论；在三向压应力接近相等的情况下，都会发生塑性屈服破坏，所以应选用第三或第四强度理论。

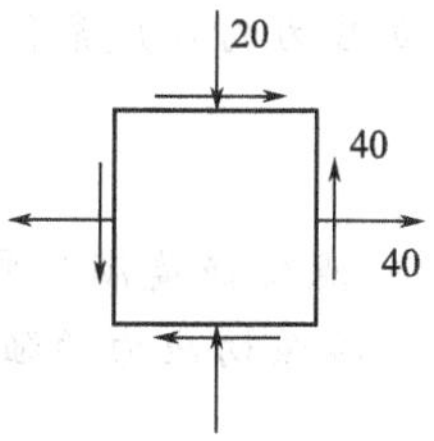

【例 8-7】 某钢制构件，其危险点的应力状态如图 8-18 所示，应力单位为 MPa。已知材料的许用应力 $[\sigma]=120MPa$，试按第三强度理论校核该构件的强度。

解　钢制构件是塑性材料，且危险点处于二向应力状态，首先由解析法求主应力。

将 $\sigma_x=40MPa$，$\sigma_y=-20MPa$，$\tau_{xy}=-40MPa$ 代入式(8-4)，得

图 8-18

$$\left. \begin{aligned} \sigma_{max} \\ \sigma_{min} \end{aligned} \right\} = \frac{\sigma_x+\sigma_y}{2}\pm\sqrt{\left(\frac{\sigma_x-\sigma_y}{2}\right)^2+\tau_{xy}^2}$$

$$=\frac{40+(-20)}{2}\pm\sqrt{\left[\frac{40-(-20)}{2}\right]^2+(-40)^2}=\left\{ \begin{aligned} &60 \\ &-40 \end{aligned} \right. MPa$$

所以，三个主应力分别为 $\sigma_1=60MPa$，$\sigma_2=0$，$\sigma_3=-40MPa$

按照第三强度理论

$$\sigma_{r3} = \sigma_1 - \sigma_3 = 60 - (-40) = 100\text{MPa} < [\sigma]$$

故该构件满足强度要求。

【例 8-8】 由 20a 号工字钢制成的简支梁，如图 8-19(a) 所示。已知 $F = 120\text{kN}$，材料的许用应力 $[\sigma] = 140\text{MPa}$，$[\tau] = 100\text{MPa}$。试对梁作全面的校核。

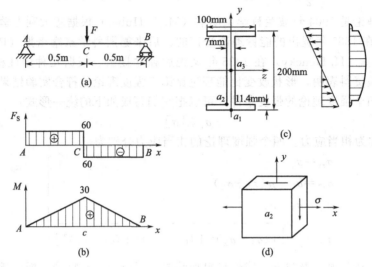

图 8-19

解 A、B 支座处的约束反力为

$$F_A = F_B = \frac{F}{2} = 60\text{kN}$$

作梁的剪力图和弯矩图，如图 8-19(b) 所示。由图可见，C 截面为危险截面。且

$$F_{S,max} = 60\text{kN}, \quad M_{max} = 30\text{kN} \cdot \text{m}$$

C 截面的应力分布情况如图 8-19(c) 所示，可见，C 截面的上下边缘点（如 a_1 点）正应力最大，切应力等于零；该截面中性轴上各点处（如 a_3 点）切应力最大，正应力等于零。而在腹板与翼缘的交接点处，正应力和切应力都比较大，围绕 a_2 点取单元体，如图 8-19(d) 所示。以上各点均可能为危险点，其强度均该校核。

查附录，20a 工字钢的 $W_z = 237\text{cm}^3$，$I_z = 2370\text{cm}^4$，$d = 7\text{mm}$，$I_z/S_z^* = 17.2\text{cm}$。按照正应力的强度条件校核 a_1 点处的强度。

$$\sigma_{max} = \frac{M_{max}}{W_z} = \frac{30 \times 10^6}{237 \times 10^3} = 126.6\text{MPa} < [\sigma]$$

故 a_1 点处强度满足要求。

按照切应力的强度条件校核 a_3 点处的强度。

$$\tau_{max} = \frac{F_{S,max} S_{z,max}^*}{I_z d} = \frac{60 \times 10^3}{17.2 \times 10 \times 7} = 49.8\text{MPa} < [\tau]$$

故 a_3 点处强度满足要求。

a_2 点的单元体为一般的平面应力状态，材料为塑性材料，应按第三或第四强度理论校核该点的强度。a_2 点的应力为

$$\sigma = \frac{M_C y_2}{I_z} = \frac{30 \times 10^6 \times 88.6}{2370 \times 10^4} = 112.2\text{MPa}$$

$$\tau=\frac{F_{SC}S_{zk_2}^*}{I_z d}=\frac{60\times10^3\times\left[100\times11.4\times\left(100-\frac{11.4}{2}\right)\right]}{2370\times10^4\times7}=38.9\text{MPa}$$

由图 8-19(d) 可知，$\sigma_x=112.2\text{MPa}$，$\sigma_y=0$，$\tau_{xy}=38.9\text{MPa}$。按式(8-4) 计算主应力

$$\left.\begin{array}{l}\sigma_{\max}\\\sigma_{\min}\end{array}\right\}=\frac{\sigma_x+\sigma_y}{2}\pm\sqrt{\left(\frac{\sigma_x-\sigma_y}{2}\right)^2+\tau_{xy}^2}=\frac{112.2}{2}\pm\sqrt{\left(\frac{112.2}{2}\right)^2+38.9^2}=\left\{\begin{array}{l}124.4\\-12.2\end{array}\right.\text{MPa}$$

主应力为 $\sigma_1=124.4\text{MPa}$，$\sigma_2=0$，$\sigma_3=-12.2\text{MPa}$

按第三强度理论校核

$$\sigma_{r3}=\sigma_1-\sigma_3=124.4-(-12.2)=136.6\text{MPa}<[\sigma]$$

按第四强度理论校核

$$\sigma_{r4}=\sqrt{\frac{1}{2}\left[(\sigma_1-\sigma_2)^2+(\sigma_2-\sigma_3)^2+(\sigma_3-\sigma_1)^2\right]}$$

$$=\sqrt{\frac{1}{2}\left[124.4^2+12.2^2+(-12.2-124.4)^2\right]}=130.9\text{MPa}<[\sigma]$$

梁满足强度要求。

【例 8-9】　如图 8-20 所示铸铁薄壁圆筒承受内压 $p=6\text{MPa}$，两端受力偶矩 $M_e=1\text{kN}\cdot\text{m}$ 的作用。已知内径 $d=60\text{mm}$，壁厚 $\delta=1.5\text{mm}$，试确定圆筒外壁一点 A 处的以下各量：

(1) 主应力及主平面（用主单元体表示）；

(2) 最大切应力；

(3) 若圆筒发生破坏时，它是由什么因素引起破坏的，破坏面发生在何方向？

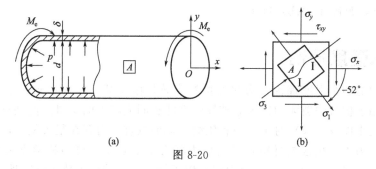

图 8-20

解　根据小变形条件下的叠加原理进行应力分析时，圆筒可看成是单独受内压和单独承受扭转变形的叠加，如图 8-20(a) 所示，围绕 A 点用一对横截面、一对径向面和一对圆柱面（包括外表面）截取应力单元体，如图 8-20(b) 所示。

(1) 薄壁圆筒受内压其轴向应力与周向应力分别为

$$\sigma_x=\frac{p\frac{\pi d^2}{4}}{\pi d\delta}=\frac{pd}{4\delta}=\frac{6\times60}{4\times1.5}=60\text{MPa}$$

由例 1-9 式(n)可得薄壁圆筒受内压，其周向应力为

$$\sigma_y=\frac{pd}{2\delta}=\frac{6\times60}{2\times1.5}=120\text{MPa}$$

注意到，在 $\delta\ll d$ 时，忽略 δ/d 的高次项后

$$I_P=\frac{\pi}{32}\left(D^4-d^4\right)\approx\frac{\pi\delta d^3}{4}$$

$$W_T = \frac{I_P}{D/2} \approx \frac{\pi \delta d^2}{2}$$

扭转切应力为

$$\tau_{xy} = \frac{M_T}{W_T} = \frac{2M_T}{\pi \delta d^2} = \frac{2 \times 10^3 \times 10^3}{\pi (1.5 \times 60)^2} = 118 \text{MPa}$$

主应力为

$$\left. \begin{array}{c} \sigma_{\max} \\ \sigma_{\min} \end{array} \right\} = \frac{\sigma_x + \sigma_y}{2} \pm \sqrt{\left(\frac{\sigma_x - \sigma_y}{2}\right)^2 + \tau_{xy}^2} = \frac{60+120}{2} \pm \sqrt{\left(\frac{60-120}{2}\right)^2 + 118^2} = \left. \begin{array}{c} 212 \\ -32 \end{array} \right\} \text{MPa}$$

主应力依次排列为

$$\sigma_1 = \sigma_{\max} = 212 \text{MPa} \quad \sigma_2 = 0 \quad \sigma_3 = \sigma_{\min} = -32 \text{MPa}$$

主平面方位

$$\tan 2\alpha_0 = -\frac{2 \times 118}{60 - 120} = 3.93$$

故

$$\alpha_0 \approx 38° \quad \alpha_0' \approx -52°$$

由图 8-20(b) 所示单元体切应力方向，可判断 α_0 对应 σ_3 所在平面，α_0' 对应 σ_1 所在平面，主单元体如图 8-20(b) 所示。

(2) 最大切应力

$$\tau_{\max} = \frac{\sigma_1 - \sigma_3}{2} = \frac{212 - (-32)}{2} = 122 \text{MPa}$$

(3) 确定容器破坏的方向　因制作容器的材料是铸铁，属于脆性材料，又处于二向应力状态，由第一强度理论，容器因最大拉应力作用而引起破坏。若容器发生破坏时，则破坏面与主平面 I 平行，如图 8-20(b) 所示。

8.6 莫尔强度理论

前一节介绍的四个强度理论，均假设材料失效是由于某一因素达到某个极限值所引起的，并且只适用于抗拉伸破坏和抗压缩破坏的性能相同或相近的材料。但是有些材料（如岩石、铸铁、混凝土以及土壤）对于拉伸和压缩破坏的抵抗能力存在很大差别，抗压强度远远大于抗拉强度。为了校核这类材料在二向应力状态下的强度，德国科学家莫尔（O. Mohr）于 1900 年提出一个理论，对最大切应力理论作了修正，后被称为莫尔强度理论。

莫尔强度理论认为，材料发生屈服或剪切破坏，不仅与该截面上的切应力大小有关，而且还与该截面上的正应力有关。由于剪切的结果会使剪切开裂面之间有相对滑移，因而就会在开裂面之间产生摩擦，而摩擦力的大小又与截面上的正应力有关。当截面上的正应力为压应力时，压应力越大，摩擦力也越大，材料越不易沿该截面滑移破坏。因此推测，若最大切应力作用面上还存在较大的压应力，材料就不一定沿着最大切应力所在的面滑移破坏，滑移发生在切应力与正应力组合最不利的截面上。因此，莫尔强度理论的极限条件为

$$\tau_\mu = f(\sigma)$$

式中，τ_μ 为材料的极限切应力，它是破坏面上压应力的函数。这一函数关系需要通过不同应力状态下的试验来确定。

为测定材料的极限切应力 τ_μ，莫尔认为可做材料的轴向拉伸、轴向压缩、扭转等一系列破坏试验。如图 8-21 所示，以 OA' 为直径的圆为单向拉伸时的极限应力圆，应力圆的直

径 OA' 等于单向拉伸时的极限应力,该圆称为极限应力圆。同理,以 OB' 为直径的圆为单向压缩时的极限应力圆,以 OC' 为半径的圆为纯剪切极限应力圆。在其他应力状态下,使主应力按一定比例增加,直到破坏,又可以得到相应的极限应力圆。根据试验结果画出一系列对应破坏值的极限应力圆,再绘出这些极限应力圆的包络线。显然,包络线的形状与材料的强度有关,对于不同的材料其包络线不同。

莫尔强度理论认为,对于某一种材料,上述这些极限应力圆有唯一的包络线,对于同材料制成的受力构件中的主单元体,如果由 σ_1 和 σ_3 所画的应力圆与上述包络线相切,则这一应力状态将引起材料的破坏。

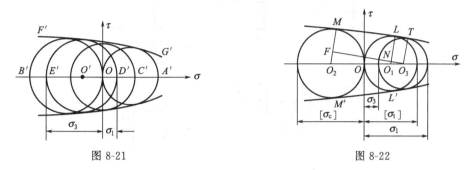

图 8-21　　　　　　　　　　　　　图 8-22

在实际应用中,为了简化计算,用单向拉伸和单向压缩的两个极限应力圆的公切线代替包络线,再除以安全系数,得到如图 8-22 所示的许用情况。图中 $[\sigma_t]$ 为材料的单向拉伸许用应力,$[\sigma_c]$ 为单向压缩许用应力。由图 8-22 可知,当主应力 σ_1 和 σ_3 所画的应力圆与两个极限应力圆的公切线相切时,得

$$\frac{\overline{O_1N}}{\overline{O_2F}}=\frac{\overline{O_1O_3}}{\overline{O_2O_3}} \tag{o}$$

式中

$$\begin{cases} \overline{O_1N}=\overline{O_1L}-\overline{O_3T}=\dfrac{[\sigma_t]}{2}-\dfrac{\sigma_1-\sigma_3}{2} \\[2mm] \overline{O_2F}=\overline{O_2M}-\overline{O_3T}=\dfrac{[\sigma_c]}{2}-\dfrac{\sigma_1-\sigma_3}{2} \\[2mm] \overline{O_1O_3}=\overline{OO_3}-\overline{OO_1}=\dfrac{\sigma_1+\sigma_3}{2}-\dfrac{[\sigma_t]}{2} \\[2mm] \overline{O_2O_3}=\overline{OO_3}+\overline{OO_2}=\dfrac{\sigma_1+\sigma_3}{2}+\dfrac{[\sigma_c]}{2} \end{cases} \tag{p}$$

将式(p)代入式(o),经简化后得

$$\sigma_1-\frac{[\sigma_t]}{[\sigma_c]}\sigma_3=[\sigma_t]$$

考虑适当的强度储备,并引入相当应力的概念,莫尔强度理论的强度条件为

$$\sigma_{rM}=\sigma_1-\frac{[\sigma_t]}{[\sigma_c]}\sigma_3\leqslant[\sigma_t] \tag{8-24}$$

对于抗拉和抗压相等的材料,即 $[\sigma_t]=[\sigma_c]$,则式(8-24)化为

$$\sigma_1-\sigma_3\leqslant[\sigma]$$

这就是第三强度理论的强度条件。可见,与第三强度理论相比较,莫尔强度理论考虑了材料抗拉和抗压强度不等的情况。它可以用于铸铁等脆性材料,也适用于弹簧钢等塑性较差的材

料。该理论的不足之处在于没有考虑中间主应力 σ_2 的影响。

【例 8-10】 某 T 形截面铸铁梁，载荷情况和尺寸如图 8-23(a)、(b) 所示。载荷 $F_1=$ 10kN，$F_2=4$kN，材料的许用拉应力 $[\sigma_t]=30$MPa，许用压应力 $[\sigma_c]=160$MPa。已知截面对形心轴 z 轴的惯性矩 $I_z=763$cm^4，且 $y_1=52$mm。试按莫尔理论校核 B 截面上 b 点处的强度。

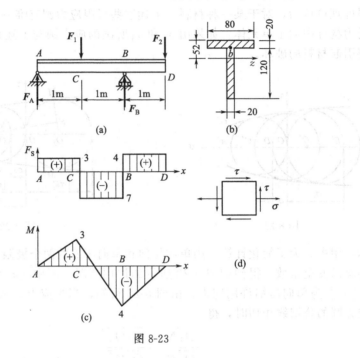

图 8-23

解 由静力平衡条件求出梁 A、B 支座处的约束反力。

$$F_A=3\text{kN}, \ F_B=11\text{kN}$$

作剪力图和弯矩图，如图 8-23(c) 所示。B 截面上的剪力和弯矩分别为 $F_S=7$kN 和 $M_B=$ 4kN·m，是危险截面。根据截面尺寸，得

$$S_{z,b}^*=80\times20\times\left(52-\frac{20}{2}\right)=67200\text{mm}^3$$

B 截面上 b 点的正应力和切应力分别为

$$\sigma=\frac{M_By_b}{I_z}=\frac{4\times10^6\times(52-20)}{763\times10^4}=16.8\text{MPa}$$

$$\tau=\frac{F_SS_{z,b}^*}{I_zb}=\frac{7\times10^3\times67200}{763\times10^4\times20}=3.08\text{MPa}$$

B 截面上 b 点的应力状态如图 8-23(d) 所示。求该单元体的主应力

$$\left.\begin{array}{r}\sigma_{\max}\\\sigma_{\min}\end{array}\right\}=\frac{\sigma}{2}\pm\sqrt{\left(\frac{\sigma}{2}\right)^2+\tau^2}=\frac{16.8}{2}\pm\sqrt{\left(\frac{16.8}{2}\right)^2+3.08^2}=\left\{\begin{array}{c}17.3\\-0.5\end{array}\right.\text{MPa}$$

故主应力 $\sigma_1=17.3$MPa，$\sigma_2=0$，$\sigma_3=-0.5$MPa。

由莫尔强度理论

$$\sigma_{rM}=\sigma_1-\frac{[\sigma_t]}{[\sigma_c]}\sigma_3=17.3-\frac{30}{160}\times(-0.5)=17.4\text{MPa}<[\sigma_t]$$

所以满足莫尔强度理论的强度条件。

学习方法和要点提示

1. 二向应力状态下斜截面上应力的计算，实际上是应用截面法考虑所截单元体部分的静力平衡。而主应力、面内最大切应力的计算采用的是数学中求极值的方法，在方法上并无新的内容。

2. 在学习中不必刻意去强记涉及的公式。在分析二向应力状态时，最直观、最形象的方法是图解法，应力圆是类比思维和形象思维的杰作，它既可独立求解二向应力状态分析的问题，也可作为解析法的校核手段。需要注意的是，除专门强调外，一般不将应力圆作为图解工具，因而无需绘图仪器画出精确的应力圆，只要画出草图，根据应力圆中的几何关系，就可得到所需答案。即由点（应力圆）确定面（单元体），解析算值。两种方法并用，直观准确解题。

3. 应力圆是作为一种思考问题的工具，用以分析和解决一些难度较大的应力状态问题，请大家在分析本章中的某些习题时，注意充分利用应力圆这种工具。例如主平面方位的判断。当用解析法求主平面方位时，结果有两个相差 90°的方位角，一般不容易直接判断出它们分别对应哪一个主应力，除去直接将两个方位角带入式(8-1)、式(8-2)中验算确定的方法外，最简明直观的方法是利用应力圆判定，即使用应力圆草图。

4. 要注意区分面内最大切应力和一点的最大切应力。无论何种应力状态，最大切应力均为式(8-8)，而由式(8-2) 求导数 $\dfrac{\mathrm{d}\tau_\alpha}{\mathrm{d}\alpha}=0$ 得到的切应力只是单元体的极值切应力，也称为面内最大切应力，它仅对垂直于 Oxy 坐标平面的方向而言。面内最大切应力不一定是一点的所有方位面中切应力的最大值，在解题时要特别注意，不要掉入"陷阱"之中。为此，对二向应力状态，要正确确定主应力 σ_1、σ_2、σ_3，然后根据 $\tau_{\max}=\dfrac{\sigma_1-\sigma_3}{2}$ 计算一点的最大切应力。

5. 应力-应变分析，主要是广义胡克定律的应用。在学习中，往往认为广义胡克定律在复杂应力状态下才成立，实际上当截取的单元体上有两个垂直方向的正应力时，即使该单元体为单向应力状态，也必须用广义胡克定律。而应变分析可在应力分析结果上加以推广，不必花费太多的时间。

6. 对于强度理论，首先要清楚简单试验测试已无法建立复杂应力状态下的强度条件。注意理解强度理论是推测强度失效原因的一些假说，故具有一定的局限性，要掌握每个强度理论的使用条件。

7. 习题分类及解题要点

（1）从构件中截取单元体。这类题目一般沿构件截面截取一正六面体，根据轴力、弯矩判断横截面上的正应力方向，由扭矩、剪力判断切应力方向，单元体其他侧面上的应力分量由静力平衡和切应力互等定理画出。特别是当单元体包括构件表面（自由面）时，其上应力分量为零。

（2）复杂应力状态分析。一般题目不会限制采用哪一种方法解题，故最好采用应力圆分析，它常常能快速而有效地解决一些复杂的问题。

（3）广义胡克定律的应用。在求解应力与应变关系的题目中，不论构件的状态如何，均采用广义胡克定律，即可避免产生不必要的错误，因为广义胡克定律中包含了其他形式的胡克定律。

（4）强度理论的应用。对分析破坏原因的概念题，一般先分析危险点的应力状态，根据应力状态和材料性质，判断可能发生哪种类型的破坏，并选择相应的强度理论加以解释。计算题一般是横截面与纵向截面上的正应力，由于容器的对称性，两平面上无切应力，故该应力即为主应力，并选择第三或第四强度理论进行强度计算。

思 考 题

1. 什么叫一点处的应力状态？为什么要研究一点处的应力状态？应力状态的研究方法是什么？

2. 何为主平面？何为主应力？如何确定主应力的大小和方位？主应力与正应力有什么区别？

3. 平面应力状态任一斜截面的应力公式是如何建立的？关于应力与方位角的正负符号有何规定？如果应力超出弹性范围，或材料为各向异性材料，上述公式是否仍适用？

4. 二向应力状态中，互相垂直的两个截面上的正应力有何关系？

5. 如何确定纯剪切状态的最大正应力和最大切应力？并说明扭转破坏形式与应力间的关系。与轴向拉压相比，它们之间有何共同点？

6. 对于一个单元体，在最大正应力所作用的平面上有无切应力？在最大切应力所作用的平面上有无正应力？

7. 如图 8-24 所示，图中（a）、（b）和（c）应力圆，分别表示什么应力状态？

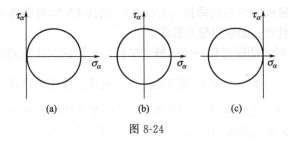

图 8-24

8. 何谓单向、二向与三向应力状态？何谓复杂应力状态？二向应力状态与平面应力状态的含义是否相同？

9. 二向及三向应力状态中最大切应力的数值与主应力的关系如何？各发生在哪些平面（用单元体表示）？

10. 三向等拉和三向等压单元体的最大切应力各为何值？

11. 何谓广义胡克定律？该定律是如何建立的？有几种形式？应用条件是什么？

12. 构件中某一点主应力所在方位与主应变所在方位有何关系？

13. 试用强度理论解释低碳钢与铸铁两种材料的扭转破坏现象。

14. 举例说明同一种材料在不同应力状态下会发生不同形式的破坏。

15. 自来水管在冬季结冰时，常因受内压力膨胀而破裂，而水管内的冰也受到大小相等、方向相反的压力作用，为什么冰不破坏？试用应力状态加以解释。

习 题

8-1 一受拉等截面直杆，直径 $d=20$mm，当在 45°斜截面上的切应力 $\tau=150$MPa 时，其表面上将出现滑移线。试求此时试件的拉力 F。

8-2 平面弯曲矩形截面梁，力 F 作用于跨中处，尺寸及载荷如题 8-2 图所示。试用单元体

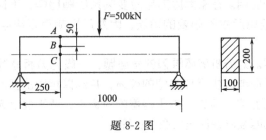

题 8-2 图

表示 A、B、C 各点的应力状态。

8-3　在如题 8-3 图所示应力状态中，应力单位为 MPa，试用解析法和图解法求指定截面上的应力。

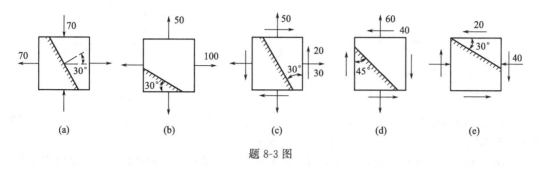

(a)　　　(b)　　　(c)　　　(d)　　　(e)

题 8-3 图

8-4　已知一点的应力状态如题 8-4 图所示，应力单位为 MPa，试用解析法和图解法求：（1）主应力的数值；（2）在单元体中绘出主平面的位置及主应力的方位。

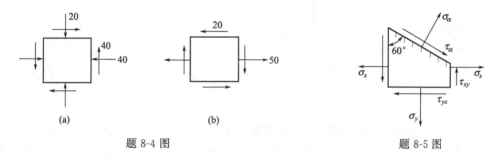

(a)　　　　　　(b)　　　　　　　　

题 8-4 图　　　　　　　　题 8-5 图

8-5　如题 8-5 图所示的单元体为平面应力状态。已知：$\sigma_x = 80\text{MPa}$，$\sigma_y = 40\text{MPa}$，α 斜截面上的正应力 $\sigma_\alpha = 50\text{MPa}$，试求主应力。

8-6　矩形截面钢块，紧密地夹在两块固定刚性厚板之间，受压力 $F = 100\text{kN}$ 作用，如题 8-6 图所示。已知 $a = 30\text{mm}$，$b = 20\text{mm}$，$l = 60\text{mm}$，固定刚性厚板所受压力 $F_1 = 45\text{kN}$，钢块的弹性模量 $E = 200\text{GPa}$，试求钢块的压缩量 Δl 及泊松比 μ。

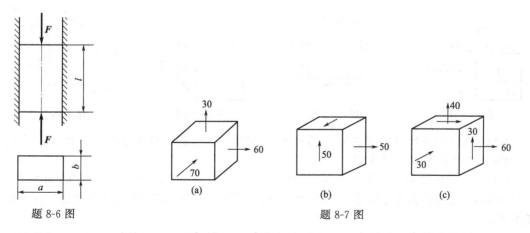

题 8-6 图　　　　　　　　　题 8-7 图

8-7　空间应力状态如题 8-7 图所示，应力单位为 MPa，试求主应力及最大切应力。

8-8　拉伸试件如题 8-8 图所示，已知横截面上的正应力为 σ，材料的弹性模量和泊松比分别为 E 和 μ。试求与轴线成 45°方向和 135°方向上的线应变 $\varepsilon_{45°}$ 和 $\varepsilon_{135°}$。

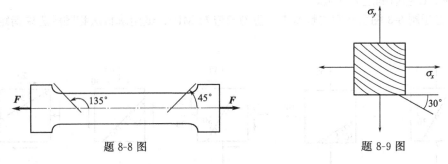

题 8-8 图　　　　　　　　　　　　　题 8-9 图

8-9　如题 8-9 图所示一粗纹木块，如果沿木纹方向的切应力 $\tau > 5\mathrm{MPa}$ 时，就会沿木纹断裂。若 $\sigma_y = 8\mathrm{MPa}$，试问不使木块发生断裂，σ_x 的值应在什么范围内？

8-10　No. 20a 工字钢简支梁受力如题 8-10 图所示，已知钢材的弹性模量 $E = 200\mathrm{GPa}$，泊松比 $\mu = 0.3$。由试验测得中性层上 K 点处沿与轴线成 $45°$ 方向上线应变 $\varepsilon_{45°} = -260 \times 10^{-6}$，试求梁承受的载荷 F。

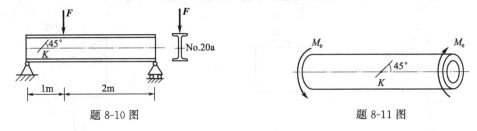

题 8-10 图　　　　　　　　　　　　　题 8-11 图

8-11　某空心钢轴如题 8-11 图所示，其表面上 K 点与母线成 $45°$ 方向的线应变 $\varepsilon_{45°} = 200 \times 10^{-6}$，已知轴的转速 $n = 120\mathrm{r/min}$，轴的外径 $D = 120\mathrm{mm}$，内径 $d = 80\mathrm{mm}$，材料的弹性模量 $E = 210\mathrm{GPa}$，泊松比 $\mu = 0.3$。求轴所传递的功率 P。

8-12　已知某单元体如题 8-12 图所示，材料的弹性模量 $E = 210\mathrm{GPa}$，泊松比 $\mu = 0.3$。试求该单元体的形状改变比能。

8-13　已知一点的应力状态如题 8-13 图所示，应力单位为 MPa，试写出第一、三、四强度理论的相当应力。

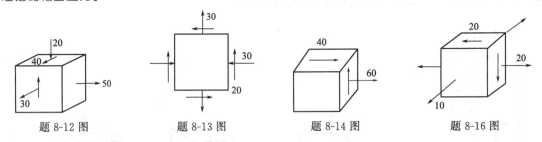

题 8-12 图　　　　题 8-13 图　　　　题 8-14 图　　　　题 8-16 图

8-14　构件中危险点的应力状态如题 8-14 图所示。已知材料为钢材，许用应力 $[\sigma] = 160\mathrm{MPa}$，试对该点进行强度校核。

8-15　已知钢轨与火车车轮接触点处的主应力为 $\sigma_1 = -800\mathrm{MPa}$，$\sigma_2 = -900\mathrm{MPa}$，$\sigma_3 = -1100\mathrm{MPa}$，如果钢轨的许用应力 $[\sigma] = 300\mathrm{MPa}$，试用第三强度理论和第四强度理论校核该点的强度。

8-16　某铸铁构件，其危险点的应力状态如题 8-16 图所示，应力单位为 MPa。已知材料的许用拉应力 $[\sigma_t] = 30\mathrm{MPa}$，许用压应力 $[\sigma_c] = 120\mathrm{MPa}$，泊松比 $\mu = 0.25$。试用第二强度理论和莫尔强度理论校核此构件的强度。

第9章

组 合 变 形

本章要求：在前述各种基本变形的基础上理解组合变形的概念和基本分析方法，能够正确地辨别组合变形的种类；掌握外载荷的分解简化方法，学习时要着重理解叠加原理的应用，能将组合变形问题分解为几个基本变形形式的组合；能正确判断危险截面的位置和危险点的位置，熟练地分析计算危险点处的应力状态并能够进行强度计算。

重点：叠加原理的应用；拉（压）与弯曲的组合变形；弯曲与扭转的组合变形；强度计算。

难点：对组合变形的分解、危险截面和危险点的确定。将组合变形分解为若干基本变形的方法有载荷分解法、截面法和内力分解法。载荷分解的前提是不能改变研究局部的内力。对受组合变形的构件各内力分量不一定在同一截面上达到最大值，所以对内力较大、截面较小的截面都应该试算，确定危险截面。危险点则是危险截面上产生最大应力的点，一般情况在截面的边缘点。特别要注意组合变形下杆件的危险截面、危险点往往不止一个，切勿遗漏。

9.1 组合变形的概念

前面各章节中讨论了杆件在拉伸（压缩）、扭转与弯曲等基本变形时的强度计算和刚度计算。工程实际问题中，构件或零件在载荷作用下的变形往往比较复杂，常常有两种或两种以上的基本变形同时发生。如果其中有一种变形是主要的，其余变形引起的应力（或变形）很小，则构件可以按主要的基本变形计算。如果几种变形对应的应力（或变形）是同一量级，此时构件的变形称为组合变形。基本变形的外力特点归纳如表 9-1 所示。

表 9-1　几种常见的基本变形及其外力特点

基本变形	外力	外力的特点
轴向拉伸(压缩)	力	外力作用线与杆件轴线重合
扭转	力偶	力偶作用面与杆件轴线垂直
对称弯曲	力 力偶	外力位于纵向对称面内且与杆件轴线垂直 力偶作用面位于纵向对称面内

如图 9-1 所示为工程中组合变形的实例。如图 9-1(a) 所示桥式起重机大梁，在加载行进时由于载荷方向偏离铅垂线，因此产生不只是纵向对称面内的弯曲变形；如图 9-1(b) 所示单臂起重机的横梁，在起吊重物时产生弯曲与压缩变形；如图 9-1(c) 所示厂房立柱，受到与立柱轴线平行的压力作用，产生弯曲与轴向压缩变形；如图 9-1(d) 所示绞盘轴，同时产生扭转与弯曲变形；如图 9-1(e) 所示钻机手柄轴，各部分可能产生扭转、弯曲及轴向压缩变形。

对于组合变形的构件，在满足线弹性、小变形的条件下，可以按照构件的原始尺寸计算

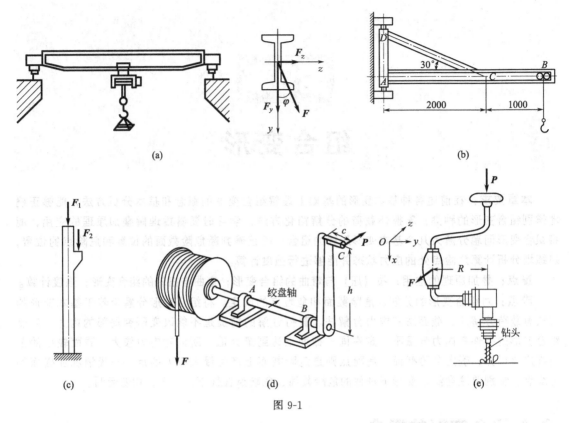

图 9-1

（此为原始尺寸原理）。解决组合变形构件的强度问题采用叠加法。具体可以分为以下 4 个步骤。

（1）外力分析：把不满足产生基本变形的外力，通过分解或平移，使其成为满足基本变形条件的外力（外力偶），然后将产生同一基本变形的力和力偶分为一组，结果分为几组外力，每组外力对应产生一种基本变形，明确组合变形的种类。

（2）内力分析：对几种基本变形逐一分析内力，做出内力图，综合判断危险截面。

（3）应力分析：对危险截面上的应力分布进行分析，综合判断危险点。

（4）强度计算：对危险点的应力状态进行分析，利用相应的强度理论进行强度计算。

基本变形时的内力及应力归纳如表 9-2 所示。

表 9-2　几种常见基本变形的内力及应力

基本变形	内力	应　　力
轴向拉伸(压缩)	轴力 F_N	$\sigma = \dfrac{F_N}{A}$
扭转	扭矩	$\tau = \dfrac{M_T \rho}{I_p}$
对称弯曲(对称轴 y)	弯矩 剪力	$\sigma = \dfrac{M_z y}{I_z}$　　(由剪力引起的 τ 在计算组合变形问题时一般可以忽略)

下面分别讨论工程中常见的几种组合变形。

（1）斜弯曲。两相互垂直平面内同时发生的弯曲。

（2）拉伸（压缩）与弯曲的组合变形。包括偏心压缩（拉伸）以及拉伸（压缩）与弯曲。

（3）弯曲与扭转的组合变形。

（4）拉伸（压缩）、弯曲与扭转的组合变形。

9.2　斜弯曲

对横截面具有对称轴的梁，当横向外力或外力偶作用于梁的纵向对称面内时，梁产生的弯曲变形为对称弯曲。此时，变形后的梁轴线为位于纵向对称面内的一条曲线。在工程实际问题中，梁的弯曲也会发生在不是纵向对称面内，例如杆件的外力（可以分解为分力）分别作用于矩形和槽型截面梁的铅垂平面时，如图 9-2 所示，此时杆件是在两个相互垂直的主惯性平面内同时发生平面弯曲。弯曲变形后的挠曲线不在外力作用的平面内，这种弯曲称为斜弯曲。

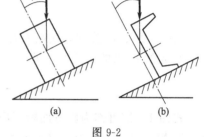

图 9-2

现以矩形截面悬臂梁为例，如图 9-3（a）所示，分析斜弯曲时的强度计算。梁的自由端作用有集中力 F，通过截面形心，与 y 轴夹角为 φ，将力 F 沿 y 轴和 z 轴分解，得

$$F_y = F\cos\varphi$$
$$F_z = F\sin\varphi$$

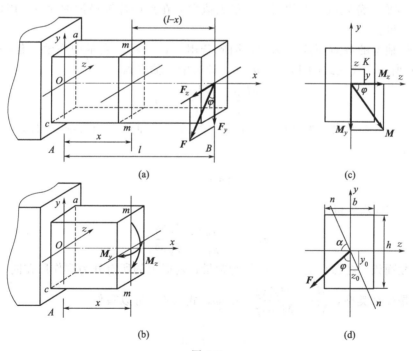

图 9-3

F_y 可使梁在 xy 平面内产生平面弯曲，F_z 可使梁在 xz 平面内产生平面弯曲，梁 m—m 截面上的弯矩如图 9-3（b）所示，为

$$M_z = F_y(l-x) = F(l-x)\cos\varphi = M\cos\varphi$$
$$M_y = F_z(l-x) = F(l-x)\sin\varphi = M\sin\varphi$$

式中，$M = F(l-x)$ 表示力 F 在 m—m 截面上产生的总弯矩，$M = \sqrt{M_y^2 + M_z^2}$，称为

合成弯矩。

弯矩 M_y、M_z 和总弯矩 M 也可以按右手法则，用矢量在截面上表示出来，如图 9-3(c) 所示。

应用弯曲时的正应力计算公式，可求得截面 m—m 上任一点 $K(y，z)$ 处的正应力。分别为

$$\sigma' = \frac{M_z y}{I_z}$$

$$\sigma'' = \frac{M_y z}{I_y}$$

式中，I_z、I_y 分别为横截面对 z 轴和 y 轴的惯性矩。根据叠加原理，σ' 和 σ'' 的代数和为由 F 引起的 K 点的正应力，即

$$\sigma = \sigma' + \sigma'' = \frac{M_z y}{I_z} + \frac{M_y z}{I_y} \tag{9-1}$$

式(9-1) 即可作为斜弯曲梁正应力计算的一般公式。至于正应力的正负号，可以直接观察弯矩 M_y、M_z 的作用。以正号表示拉应力，负号表示压应力。由于梁上由剪力引起的切应力数值一般很小，因此常常忽略不计。

分析该梁的强度应先计算梁内最大的正应力。首先，最大正应力发生在弯矩最大的截面即危险截面上，危险截面的确定可以由 xy 平面和 xz 平面内的弯矩图（此处略）综合确定，为 A 截面；其次，危险截面上的正应力最大值发生在离中性轴最远的地方，因此下面先确定中性轴的位置。

由于中性轴上的各点正应力为零，因此若用 $(y_0，z_0)$ 表示中性轴上任一点的坐标，如图 9-3(d) 所示。代入式(9-1)，令 $\sigma = 0$，即得中性轴方程

$$\frac{M_z y_0}{I_z} + \frac{M_y z_0}{I_y} = 0 \tag{9-2}$$

由式(9-2) 可以看出，中性轴 n—n 为一条通过截面形心的直线，如图 9-3(d) 所示。由图可以看出

$$\tan\alpha = \left| \frac{y_0}{z_0} \right|$$

将式(9-2) 代入可得

$$\tan\alpha = \left| \frac{y_0}{z_0} \right| = \frac{I_z M_y}{I_y M_z} \tag{9-3}$$

对于等截面梁，各截面的 I_z、I_y 均为常量；若梁上的所有外力都作用在同一个平面内，则无论约束是什么类型，$\frac{M_y}{M_z} = \frac{M\sin\varphi}{M\cos\varphi} = \tan\varphi$，式(9-3) 可以写作

$$\tan\alpha = \frac{I_z}{I_y} \tan\varphi \tag{9-4}$$

上式说明了两个问题：①中性轴的位置仅取决于载荷 F 与 y 轴的夹角 φ 及截面的形状和尺寸；②一般情况下，梁截面的 $I_z \neq I_y$，故 α 和 φ 不相等，即中性轴和外力作用面不垂直。这与平面弯曲的情况是不同的。如果梁的截面为正方形、圆形或某些特殊组合截面，$I_z = I_y$，α 和 φ 相等，此时中性轴和外力作用面是垂直的，产生的只是平面弯曲，而不是斜弯曲。

确定中性轴的位置后，很容易看出截面上距离中性轴最远点的正应力值最大。只要作与

中性轴平行且与截面边界相切的直线，切点即是最大正应力所在的点。如图 9-3(a) 所示，A 截面上的 a 点和 c 点即为正应力最大值的点。

$$\frac{\sigma_{\max}}{\sigma_{\min}}=\frac{\sigma_a}{\sigma_c}=\pm\frac{M_z}{W_z}\pm\frac{M_y}{W_y}$$

工程中常见的矩形、工字形等截面的梁，横截面有两个对称轴且有棱角。此种截面上的最大正应力计算较为简单，可以直接观察判断正应力最大的点，无须确定中性轴。

正应力最大的点即危险点，为单向应力状态，因此梁的强度条件为

$$\sigma_{\max}=\left|\frac{M_z}{W_z}\right|+\left|\frac{M_y}{W_y}\right|\leqslant[\sigma] \tag{9-5}$$

【例 9-1】　矩形截面的悬臂梁承受载荷如图 9-4(a) 所示。(1) 试确定危险截面、危险点所在位置，并计算梁内最大正应力。(2) 若将截面改为直径 $D=50\text{mm}$ 的圆形，试确定危险点的位置，并计算最大正应力。

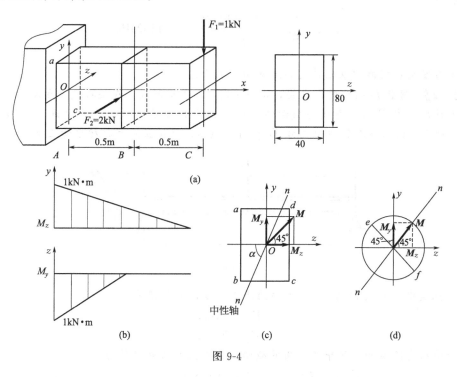

图 9-4

解　(1) 梁在 F_1 的作用下将产生 Oxy 平面内的平面弯曲，在 F_2 的作用下将产生 Oxz 平面内的平面弯曲，此梁为斜弯曲变形。

分别作 Oxy 平面和 Oxz 平面内的弯矩图 M_z 和 M_y，如图 9-4(b) 所示，两个平面内的弯矩最大值发生在固定端 A 截面上，其值分别为

$$M_z=1\times1=1\text{kN}\cdot\text{m}\ (z\ \text{轴以上受拉，}z\ \text{轴以下受压})$$

$$M_y=2\times0.5=1\text{kN}\cdot\text{m}\ (y\ \text{轴以左受拉，}y\ \text{轴以右受压})$$

该截面即为梁的危险截面。

危险截面上的中性轴 $n—n$ 如图 9-4(c) 所示，

$$\tan\alpha=\frac{I_z}{I_y}\frac{M_y}{M_z}=\frac{40\times80^3}{12}\times\frac{12}{80\times40^3}\times\frac{1\times10^3}{1\times10^3}=4$$

$$\alpha=76°$$

危险点即应力最大值的点为距离中性轴最远的点 a 和点 c,其应力分别为

$$\begin{aligned}\sigma_{a}\\\sigma_{c}\end{aligned}=\pm\frac{M_z}{W_z}\pm\frac{M_y}{W_y}=\pm\frac{1\times10^3\times10^3}{\frac{1}{6}\times40\times80^2}\pm\frac{1\times10^3\times10^3}{\frac{1}{6}\times80\times40^2}=\pm70.2\text{MPa}$$

需要注意的是:α 角是中性轴与 z 轴之间的夹角,中性轴与合成弯矩 $M=\sqrt{M_y^2+M_z^2}$ 矢量位于同一象限,但并不重合。

(2)若将截面改为直径 $D=50\text{mm}$ 的圆形,则通过形心的任意轴都是形心主轴,即任意方向的弯矩都产生平面弯曲,其合成弯矩矢量与该截面的中性轴一致,如图 9-4(d) 所示。故可先求出合成弯矩,然后再根据平面弯曲的正应力计算公式计算最大正应力。

合成弯矩

$$M=\sqrt{M_y^2+M_z^2}=\sqrt{1^2+1^2}=1.41\text{kN}\cdot\text{m}$$

最大正应力

$$\sigma_{\max}=\frac{M}{W}=\frac{1.41\times10^3\times10^3}{\frac{\pi}{32}\times50^3}=115\text{MPa}$$

最大正应力发生在距离中性轴最远的点 e 和点 f 上。

【例 9-2】 跨长 $l=4\text{m}$ 的简支梁,由 No.32a 工字钢制成。在梁跨度中点处受 $F=30\text{kN}$ 的集中力作用,力 F 的作用线与截面铅垂对称轴间的夹角 $\varphi=15°$,而且通过截面的形心,如图 9-5 所示。已知材料的许用应力 $[\sigma]=160\text{MPa}$,试按正应力校核梁的强度。

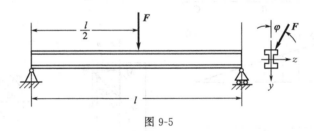

图 9-5

解 把集中力 F 分解为 y,z 方向的两个分量,其数值为

$$F_y=F\cos\varphi$$
$$F_z=F\sin\varphi$$

这两个分量在危险截面(集中力作用的截面)上产生的弯矩数值为

$$M_y=\frac{F_z}{2}\frac{l}{2}=\frac{Fl}{4}\sin15°=\frac{30\times10^3\times4}{4}\times0.259=7770\text{N}\cdot\text{m}$$

$$M_z=\frac{F_y}{2}\frac{l}{2}=\frac{Fl}{4}\cos15°=\frac{30\times10^3\times4}{4}\times0.966=28980\text{N}\cdot\text{m}$$

从梁的实际变形情况可以看出,工字形截面的左下角具有最大拉应力,右上角具有最大压应力,其值均为

$$\sigma_{\max}=\frac{M_y}{W_y}+\frac{M_z}{W_z}$$

对于 No.32a 工字钢,由附录 B 型钢表查得

$$W_y=70.8\text{cm}^3$$
$$W_z=692\text{cm}^3$$

带入得

$$\sigma_{\max} = \frac{7770 \times 10^3}{70.8 \times 10^3} + \frac{28980 \times 10^3}{692 \times 10^3} = 151.6\text{MPa} < [\sigma]$$

在此例中，如果力 F 作用线与 y 轴重合，即 $\varphi = 0°$，则梁中的最大正应力为

$$\sigma_{\max} = \frac{M_{\max}}{W_z} = \frac{\dfrac{Fl}{4}}{W_z} = \frac{30 \times 10^3 \times 4 \times 10^3}{4 \times 692 \times 10^3} = 43.4\text{MPa}$$

由此可知，对于用工字钢制成的梁，当外力偏离 y 轴一个很小的角度时，就会使最大正应力增加很多。产生这种结果的原因是由于工字钢截面的 W_z 远大于 W_y。对于这一类截面的梁，由于横截面对两个形心主惯性轴的抗弯截面模量相差较大，所以应该注意使外力尽可能作用在梁的形心主惯性平面 xy 内，避免因斜弯曲而产生过大的正应力。

9.3 轴向拉伸（压缩）与弯曲组合变形

轴向拉伸（压缩）与弯曲组合变形，简称拉（压）弯组合变形，是工程构件常见的组合变形形式之一。如图 9-1(b) 所示悬臂式起重机的横梁 AB 发生拉弯组合变形，图 9-1(c) 所示的厂房立柱，它所受的重力和横向风力分别可以引起轴向压缩变形和平面弯曲变形。此时杆的内力有轴力 F_N 和弯矩 M。

横截面上的应力由轴向拉（压）应力

$$\sigma = \frac{F_N}{A}$$

及弯曲应力

$$\sigma = \frac{M_z y}{I_z} \quad \left(\text{或 } \sigma = \frac{M_y z}{I_y}\right)$$

两部分组成，中性轴不再通过截面形心。

下面以图 9-6(a) 所示的构件为例，说明杆件在拉（压）弯组合变形时的强度计算。

内力分析：如果只考虑轴向拉力 F_1 的作用，则杆件内各个横截面上有相同的轴力（$F_N = F_1$），其轴力图如图 9-6(b) 所示，杆件发生拉伸变形。如果只考虑集中力 F 的作用，杆件发生弯曲变形，其剪力图、弯矩图如图 9-6(c)、(d) 所示。因此，当 F_1 和 F 共同作用下，杆件同时发生轴向拉伸变形和弯曲变形。此时的内力有轴力 F_N、剪力 F_S 和弯矩 M，但在工程实际问题中，一般不考虑剪力 F_S 对强度的影响。

应力分析：杆件内的轴力 F_N 和弯矩 M 在横截面上产生正应力。

m—m 截面上由轴力 F_N 引起的正应力在横截面上均匀分布如图 9-6(e) 所示，用 σ_N 表示，则

$$\sigma_N = \frac{F_N}{A}$$

式中，F_N 和 σ_N 均规定拉为正，压为负。

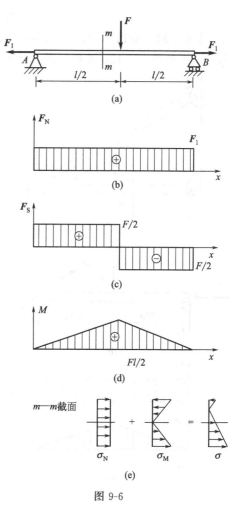

图 9-6

弯矩 M 引起的正应力用 σ_M 表示，则

$$\sigma_M = \pm \frac{My}{I_z}$$

式中，M、y 以绝对值代入，正应力的正负号直接由杆件弯曲变形判断；拉应力为正，压应力为负。

由叠加法，将上述两部分的正应力相加，得该杆件在任意横截面 $m—m$ 上，离中性轴的距离为 y 处的正应力为

$$\sigma = \frac{F_N}{A} \pm \frac{My}{I_z}$$

横截面上的正应力分布规律如图 9-6(e) 所示。

强度条件：由正应力的分布图很容易看出，最大拉应力和最大压应力发生在弯矩最大的横截面上离中性轴最远的下边缘和上边缘处，分别为

$$\begin{matrix} \sigma_{max} \\ \sigma_{min} \end{matrix} = \frac{F_N}{A} \pm \frac{M_{max}}{W_z}$$

横截面的上、下边缘处危险点均为单向应力状态，因此拉（压）弯组合变形杆件的强度条件可以表示为

$$\begin{matrix} \sigma_{max} \\ \sigma_{min} \end{matrix} = \frac{F_N}{A} \pm \frac{M_{max}}{W_z} \leqslant [\sigma] \tag{9-6}$$

【例 9-3】 如图 9-7(a) 所示起重机的最大起吊重量（包括电葫芦等）为 $F=40\text{kN}$，横梁 AC 由两根 No.18b 槽钢组成，材料为 A3 钢，许用应力 $[\sigma]=120\text{MPa}$。试校核该横梁的强度。

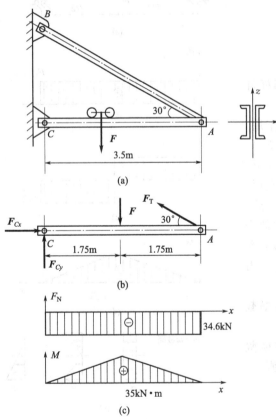

图 9-7

解 查型钢表，No.18b 槽钢的

$A=29.30\text{cm}^2$，$I_y=1370\text{cm}^4$，$W_y=152\text{cm}^3$。

如图 9-7(b) 所示，当载荷 F 移至 AC 梁中点时，根据静力学平衡方程，AC 梁的约束反力为

$$F_T = F，\quad F_{Cy} = F_T\sin30° = F\sin30°$$

梁 AC 为压弯组合变形。当载荷 F 移至 AC 梁中点时梁内弯矩最大如图 9-7(c) 所示，所以 AC 中点处的横截面为危险截面。危险点在梁横截面的上边缘。

危险截面上的内力分量为

$$F_N = F_{Cx} = F\cos30° = (40 \times \cos30°) = 34.6\text{kN}$$

$$M = F_{Cy} \times \frac{3.5}{2} = F\sin30° \times \frac{3.5}{2} = 35\text{kN} \cdot \text{m}$$

危险点的最大应力

$$\begin{aligned}
\sigma_{max} &= \frac{F_N}{A} + \frac{M_y}{W_y} \\
&= \frac{34.6 \times 10^3}{2 \times 29.3 \times 10^2} + \frac{35 \times 10^6}{2 \times 152 \times 10^3} \\
&= 120\text{MPa} = [\sigma]
\end{aligned}$$

故横梁满足强度条件。

9.4 偏心拉伸（压缩）

当外力与轴线平行但不重合时，发生的拉（压）弯组合变形称为偏心拉伸（压缩），简称偏心拉压。如图 9-1（d）所示厂房立柱，以及桥墩、钻床或汽锤的机架都是偏心拉压构件。如图 9-8（a）所示受压柱，y 和 z 是形心主轴，力 F 作用在点（z_F，y_F），力 F 不满足轴向压缩变形的载荷条件。应用力的平移定理，将力 F 平移到形心，并产生附加力偶矩

$$M_z = F y_F$$

及

$$M_y = F z_F$$

如图 9-8（b）所示。

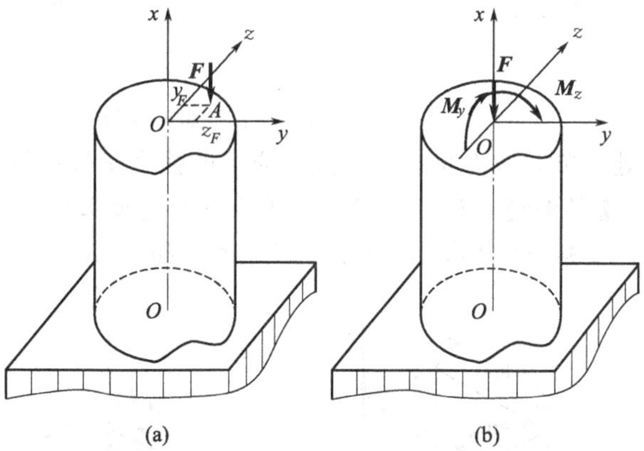

图 9-8

在 M_z 作用下，柱底 y 轴正半轴方向受压，在 M_y 作用下，柱底 z 轴正半轴方向受压，如图 9-9（a）所示。柱底面任一点（y、z）处的应力为

$$\sigma = -\frac{F}{A} - \frac{M_z y}{I_z} - \frac{M_y z}{I_y} = -\frac{F}{A} - \frac{F y_F y}{I_z} - \frac{F z_F z}{I_y} \tag{a}$$

若记 $I_z = A \times i_z^2$，$I_y = A \times i_y^2$（i_z、i_y 为惯性半径）代入式（a），得

$$\sigma = -\frac{F}{A}\left(1 + \frac{y_F y}{i_z^2} + \frac{z_F z}{i_y^2}\right) \tag{b}$$

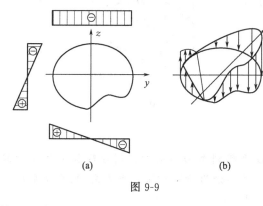

图 9-9

式（b）表明正应力在横截面上按线性规律变化，如图 9-9（b）所示。应力为零的平面与横截面相交的直线（令 $\sigma = 0$）即为中性轴。令 y_0、z_0 代表中性轴上的任一点坐标，则中性轴的方程为

$$1 + \frac{y_F}{i_z^2}y_0 + \frac{z_F}{i_y^2}z_0 = 0 \tag{c}$$

中性轴为一条不通过形心的斜直线。确定中性轴的位置，可以求出直线方程在 y、z 轴上的截距 a_y、a_z，分别为

$$a_y = -\frac{i_z^2}{y_F}, \quad a_z = -\frac{i_y^2}{z_F} \tag{9-7}$$

力 F 作用点在第一象限时，y_F、z_F 为正值，此时 a_y、a_z 为负值，所以，中性轴位于和力 F 相对的象限内。

对于周边无棱角的截面，可以作两条与中性轴平行的直线与横截面的周边相切，切点即

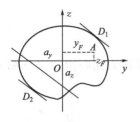

为横截面上最大拉应力和最大压应力所在的危险点，如图 9-10 所示，D_1 点为最大压应力，D_2 点为最大拉应力。对于周边有棱角的截面，其危险点必在截面的棱角处，其位置可根据杆件的变形来确定。

$$\begin{matrix} \sigma_{t,max} \\ \sigma_{c,max} \end{matrix} = -\frac{F}{A} \pm \frac{Fz_F}{W_y} \pm \frac{Fy_F}{W_z} \qquad (9\text{-}8)$$

图 9-10

式（9-8）对于箱形、工字形等具有棱角的截面都是适用的。危险点处于单向应力状态，可按正应力的强度条件进行强度计算。

【例 9-4】 如图 9-11(a) 所示矩形截面立柱，在角点上受到与立柱轴线平行的压力 F 作用。已知 $F=40\text{kN}$，试分析横截面 $ABCD$ 上的正应力分布。

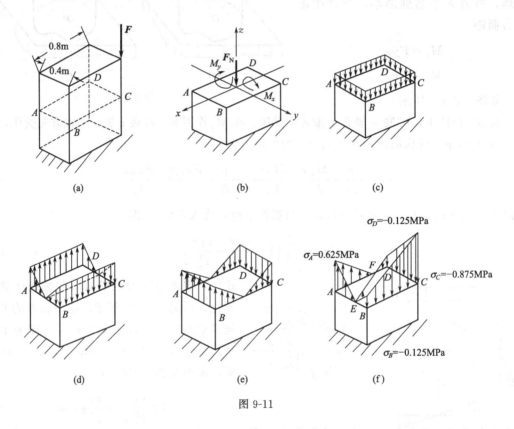

图 9-11

解 从静力平衡的需要出发，若把力 F 等效平移到截面的形心，则应附加上关于主轴 x 和 y 的两个力偶矩。沿 $ABCD$ 截面截开，取下半部分为研究对象，可看到 $ABCD$ 截面上的内力有轴力 F_N 和两个弯矩 M_x 和 M_y，如图 9-11(b) 所示，其中

$$F_N = 40\text{kN}$$

$$M_x = 40 \times 0.2 = 8\text{kN} \cdot \text{m}$$

$$M_y = 40 \times 0.4 = 16\text{kN} \cdot \text{m}$$

由轴向压力产生的正应力在截面上是均匀分布的，如图 9-11(c) 所示，其值为

$$\sigma = \frac{F_N}{A} = \frac{40 \times 10^3}{800 \times 400} = 0.125\text{MPa}$$

弯矩 M_x 在截面上产生弯曲正应力，如图 9-11(d) 所示，在边线 AD 上有最大拉应力，边线 BC 上有最大压应力，其值为

$$\sigma_{\max}=\frac{M_x y_{\max}}{I_x}=\frac{8\times10^6\times200}{\dfrac{1}{12}\times800\times400^3}=0.375\text{MPa}$$

弯矩 M_y 在截面上也产生弯曲正应力，如图 9-11(e) 所示，在边线 AB 上有最大拉应力，边线 CD 上有最大压应力，其值为

$$\sigma_{\max}=\frac{M_y y_{\max}}{I_y}=\frac{16\times10^6\times400}{\dfrac{1}{12}\times400\times800^3}=0.375\text{MPa}$$

叠加后，截面上的应力分布如图 9-11(f) 所示，4 个角点上的应力分别为

$$\sigma_A=-0.125+0.375+0.375=0.625\text{MPa}$$
$$\sigma_B=-0.125-0.375+0.375=-0.125\text{MPa}$$
$$\sigma_C=-0.125-0.375-0.375=-0.875\text{MPa}$$
$$\sigma_D=-0.125+0.375-0.375=-0.125\text{MPa}$$

从图 9-11(f) 可以看出，中性轴 EF 把截面上的应力分为两个区域，一为压应力区，一为拉应力区。这是由于压力 F 过度偏离截面形心造成的。对于抗压能力比抗拉能力强的材料，如砖石、混凝土等材料制成的构件，其横截面上最好不要出现拉应力。这就要求压力 F 必须作用在截面形心附近的一个范围内，当压力作用在这个范围内时，构件横截面内只有压应力而无拉应力，这个范围称为截面核心。

现在讨论比较特殊的情况，由式(9-7) 可以看出，当力 F 的作用点距截面形心较近的时候，杆截面上可能不出现异号的应力。土建工程中常要求承压的构件如混凝土构件和砖、石砌体等不应该受拉，这就要求构件在受偏心压力时，横截面上不出现拉应力，即应使中性轴不与横截面相交。

由式(9-7) 可见，偏心压力 F 逐渐向截面形心靠近，y_F、z_F 值越小，a_y、a_z 值越大，即力 F 作用点离形心越近，中性轴距形心就越远。当外力作用点位于截面形心附近的一个区域内时，可以保证中性轴不与横截面相交，这个区域称为截面核心。当外力作用在截面核心的边界上时，相对应的中性轴正好与截面的周边相切。利用这一关系可确定截面核心的边界。

现以如图 9-12 所示矩形截面为例说明确定截面核心的方法。依次将与截面周边相切的直线①、②、③、④视作中性轴，计算其在 y、z 轴上的截距 a_y、a_z，并由式(9-7) 确定与该中性轴对应的各外力作用点坐标 $(z_F，y_F)$

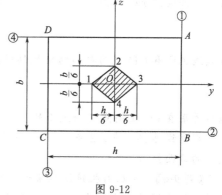

图 9-12

$$y_F=-\frac{i_z^2}{a_y}，\quad z_F=-\frac{i_y^2}{a_z} \tag{9-9}$$

这些点位于截面核心边界上。数据列在表 9-3 中。

表 9-3 截距及坐标数据

中性轴	中性轴在 y、z 轴的截距		截面核心边界点的坐标	
	a_y	a_z	y_F	z_F
①	$\dfrac{h}{2}$	∞	$-\dfrac{h}{6}$	0
②	∞	$-\dfrac{b}{2}$	0	$\dfrac{b}{6}$
③	$-\dfrac{h}{2}$	∞	$\dfrac{h}{6}$	0
④	∞	$\dfrac{b}{2}$	0	$-\dfrac{b}{6}$

连接这些点得到的一条封闭曲线，即为所求截面核心的边界。截面核心边界范围内的区域即为截面核心。

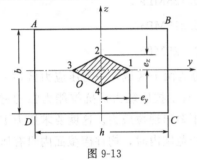

图 9-13

【例 9-5】 试求如图 9-13 所示边长为 b 和 h 的矩形截面立柱的截面核心。

解 设偏心压力 F 作用在形心主轴 Oy 上的点 1，偏心距为 e_y，立柱的内力有轴力 $F_N = F$，弯矩 $M_z = Fe_y$。弯矩 M_z 使 z 轴左侧区域受拉，边线 AD 上的拉应力最大。叠加上轴力 F_N 后，边线 AD 上的应力为

$$\sigma = \frac{M}{W_z} - \frac{F}{A} = \frac{6Fe_y}{bh^2} - \frac{F}{bh}$$

若边线 AD 上的应力为零，即 AD 成为截面的中性轴，则整个截面都无拉应力。令上式的 $\sigma = 0$，即

$$\frac{M}{W_z} - \frac{F}{A} = \frac{6Fe_y}{bh^2} - \frac{F}{bh} = 0$$

得到

$$e_y = \frac{h}{6}$$

同理，若边线 BC 成为截面的中性轴，则压力 F 作用在 Oy 上的点 3，因此

$$e_y = \pm\frac{h}{6}$$

当边线 AB 和 CD 成为截面的中性轴时，同样可求得

$$e_z = \pm\frac{b}{6}$$

压力作用在 Oz 上的点 2 和点 4 处。

用直线连接 1 点、2 点、3 点、4 点，所形成的菱形（图中打阴影线的部分）即为矩形截面的截面核心。

【例 9-6】 某压力机铸铁框架如图 9-14(a) 所示，立柱截面尺寸如图 9-14(b) 所示。已知材料的许用拉应力和许用压应力分别为 $[\sigma_t] = 30\text{MPa}$ 和 $[\sigma_c] = 120\text{MPa}$，试按立柱强度计算许可压力 F。

解 (1) 求截面的形心位置 从横截面形状可见，截面上下对称，取对称轴为 z 轴，形心在 z 轴上，选取 y_1 轴为参考轴，于是

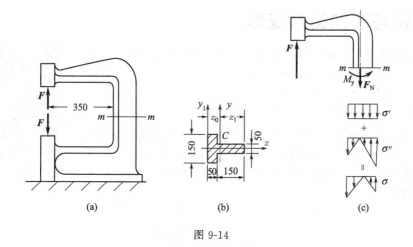

图 9-14

$$z_0 = \frac{\sum S_{y_1}}{\sum A} = \frac{150 \times 50 \times 25 + 150 \times 50 \times 125}{150 \times 50 + 150 \times 50} = 75\text{mm}$$

（2）内力分析　如图 9-14（c）所示，根据 $m—m$ 截面以上部分的平衡条件，可求得该截面上内力为

$$F_N = F$$

$$M_y = F(350 + z_0) \times 10^{-3} = F(350 + 75) \times 10^{-3} = 425 \times 10^{-3} F$$

可见，框架的立柱是拉伸与弯曲的组合变形。

（3）应力计算　先计算 $m—m$ 截面面积 A 和惯性矩 I_y，其值为

$$A = (150 \times 50 + 150 \times 50) \times 10^{-6} = 0.015\text{m}^2$$

$$I_y = \left[\frac{1}{12} \times 150 \times 50^3 + 150 \times 50 \times \left(75 - \frac{50}{2}\right)^2 + \frac{1}{12} \times 50 \times 150^3 + 150 \times 50 \times \left(50 + \frac{150}{2} - 75\right)^2 \right] \times 10^{-12}$$

$$= 5.31 \times 10^{-5}\text{m}^4$$

在横截面左边缘有最大拉应力，其值为

$$\sigma_{t,max} = \frac{F}{A} + \frac{M_y |z_0|}{I_y} = \frac{F}{0.015} + \frac{425F \times 10^{-3} \times 75 \times 10^{-3}}{5.31 \times 10^{-5}} = 667F$$

在横截面右边缘有最大压应力，其值为

$$\sigma_{c,max} = \frac{M_y |z_1|}{I_y} - \frac{F}{A} = \frac{425F \times 10^{-3} \times 125 \times 10^{-3}}{5.31 \times 10^{-5}} - \frac{F}{0.015} = 934F$$

（4）求压力 F　由拉应力强度条件

$$\sigma_{t,max} = 667F \leqslant [\sigma_t] = 30 \times 10^6$$

求得

$$F \leqslant 45 \times 10^3 \text{N} = 45\text{kN}$$

再由压应力强度条件

$$\sigma_{c,max} = 934F \leqslant [\sigma_c] = 120 \times 10^6$$

求得

$$F \leqslant 128.5 \times 10^3 \text{N} = 128.5\text{kN}$$

最后，压力机的许可压力应为 $F \leqslant 45\text{kN}$。

9.5 扭转与弯曲组合变形

机械设备的传动轴、曲柄轴等，多数处于弯曲与扭转组合变形或者弯拉（压）扭组合变形的状态。现以如图 9-15 所示的圆截面轴 AB 为例，介绍强度计算的方法。

视频：弯扭组合变形全应力的测定试验

圆轴 AB，在截面 E 安装有直径为 D 的皮带轮，设轮所受拉力均为水平方向，且带轮围包角为 180°，皮带紧边和松边的张力分别为 F_N、F'_N，且 $F_N > F'_N$。将力 F_N 和 F'_N 向轴 AB 上简化，得到作用于圆轴横截面 E 上的横向力 F 与力偶 M_1，如图 9-16（a）所示，其值分别为

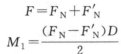

$$F = F_N + F'_N$$

$$M_1 = \frac{(F_N - F'_N)D}{2}$$

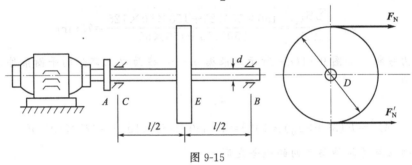

图 9-15

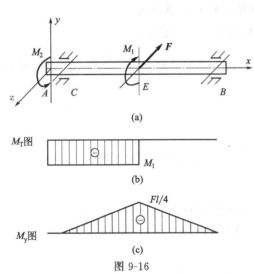

(a)

M_T图

(b)

M_y图

(c)

图 9-16

此外，轴 AB 还受到由左边的联轴器传来的主动力偶 M_2。由平衡知

$$M_2 = M_1$$

横向力 F 使轴产生弯曲变形，力偶 M_1 和 M_2 使轴产生扭转变形。分别作出扭矩图，如图 9-16（b）所示和弯矩图，如图 9-16（c）所示。由图可判断内力最大值截面 E 即为危险截面。该截面的弯矩与扭矩分别为

$$M = \frac{Fl}{4}$$

$$M_T = M_1 = \frac{(F_N - F'_N)D}{2}$$

危险截面 E 上，同时存在由弯曲引起的正应力和扭转引起的切应力，其分布如图 9-17（a）所示。由图可见，截面上的 a 点（水平直径的内端点）和 b 点（水平直径的外端点）为应力最大值的点，即危险点。a 点和 b 点处的弯曲正应力及扭转切应力均达到最大值，分别为

$$\sigma_M = \frac{M}{W_z}$$

$$\tau = \frac{M_T}{W_T} = \frac{M_T}{2W_z}$$

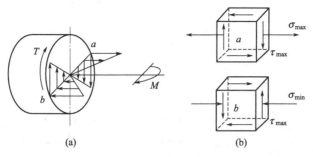

图 9-17

将 a 点和 b 点处的单元体取出，如图 9-17(b) 所示，为单向拉（压）和纯剪切的组合应力状态。如果轴是塑性材料制成，则可按第三强度理论或第四强度理论进行强度计算

$$\sigma_{r3} = \sqrt{\sigma^2 + 4\tau^2} \leqslant [\sigma] \qquad \text{(d)}$$

$$\sigma_{r4} = \sqrt{\sigma^2 + 3\tau^2} \leqslant [\sigma] \qquad \text{(e)}$$

σ_M 和 τ 的表达式分别代入以上两式，可以得到塑性材料圆截面轴弯扭组合变形时的强度条件

$$\sigma_{r3} = \frac{\sqrt{M^2 + M_T^2}}{W_z} \leqslant [\sigma] \qquad \text{(9-10)}$$

$$\sigma_{r4} = \frac{\sqrt{M^2 + 0.75M_T^2}}{W_z} \leqslant [\sigma] \qquad \text{(9-11)}$$

式(9-10)、式(9-11) 分别适用于实心和空心的圆截面轴。若在轴的铅垂面（x-y 平面）和水平面（x-z 平面）内都有弯曲变形时，式(9-10) 和式(9-11) 中的 M 为合成弯矩，$M = \sqrt{M_y^2 + M_z^2}$。对于塑性材料制成的轴，找到危险截面后即可直接利用以上两式进行强度计算，不需再进行应力分析。

有些轴，除发生弯扭组合变形外，同时还承受轴向拉伸或轴向压缩的作用，处于弯拉扭或弯压扭的组合变形状态。对于这类轴，如果是塑性材料制成，仍可利用式(d) 和式(e) 进行强度计算，只需将式中的弯曲正应力改为弯曲正应力和轴向正应力之和即可，其强度条件为

$$\sigma_{r3} = \sqrt{(\sigma_M + \sigma_N)^2 + 4\tau^2} \leqslant [\sigma] \qquad \text{(9-12)}$$

$$\sigma_{r4} = \sqrt{(\sigma_M + \sigma_N)^2 + 3\tau^2} \leqslant [\sigma] \qquad \text{(9-13)}$$

【例 9-7】 在 xy 平面内放置的折轴杆 ABC，如图 9-18(a) 所示，已知 $F = 120\text{kN}$，$q = 8\text{kN/m}$，$a = 2\text{m}$；在 yz 平面内有 $M_e = qa^2$；杆直径 $d = 150\text{mm}$，$[\sigma] = 140\text{MPa}$。试按第四强度理论校核此轴的强度。

解 对折轴杆进行受力分析 BC 段仅有弯曲变形，而 AB 段受拉伸、弯曲和扭转的组合变形，且 A 截面弯矩最大，由此判断 A 截面为危险截面，该截面上的内力分量为

$$F_N = F = 120\text{kN}$$

$$M_T = M_e + \frac{1}{2}q(0.8a)^2 = 42.24\text{kN} \cdot \text{m}$$

$$M = 0.8qa^2 = 25.6\text{kN} \cdot \text{m}$$

由应力分布知，危险点在 A 截面最上边缘点，该点的应力分量为

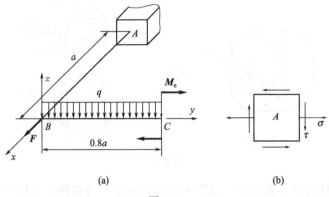

图 9-18

$$\sigma = \frac{F_N}{A} + \frac{M}{W} = \frac{120 \times 10^3 \times 4}{\pi \times 150^2} + \frac{25.6 \times 10^6 \times 32}{\pi \times 150^3} = 84.1 \text{MPa}$$

$$\tau = \frac{M_T}{W_T} = \frac{42.24 \times 10^6 \times 16}{\pi \times 150^3} = 63.7 \text{MPa}$$

按第四强度理论校核强度，即

$$\sigma_{r4} = \sqrt{\sigma^2 + 3\tau^2} = \sqrt{84.1^2 + 63.7^2} = 138.7 \text{MPa} < [\sigma] = 140 \text{MPa}$$

故折轴杆强度足够。

讨论：（1）由应力分析可知，危险截面上危险点的应力状态如图 9-18(b) 所示，虽然杆件横截面是圆截面，但正应力由拉弯组合而成，故不可用式(9-11)。

（2）对于空间问题，应该注意力、力矩的转化，特别是弯矩、扭矩的转化。必要时需画出弯矩图和扭矩图，以清晰直观地判断危险截面。

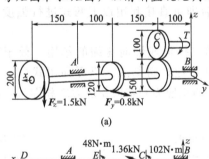

(a)

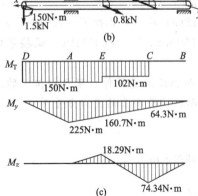

(b)

(c)

图 9-19

【例 9-8】 齿轮传动机构如图 9-19(a) 所示，支承 A、B 可分别简化为可动铰链支座和固定铰链支座，C 处两个齿轮的啮合力可简化为只有切向力。试求机构在平衡状态时，上轴所需扭矩 M_T。若材料的 $[\sigma]=120 \text{MPa}$，试用第三强度理论设计下轴的直径。

解 由题意知，求传动机构的平衡内力并设计直径，已知各齿轮的直径 D 及 F_y、F_z 的大小，可由下轴的平衡求出 C 轮的啮合力，其次是力由齿轮的切向向轴线作简化，分出哪个面内哪个方向的力，分平面作出内力图，比较并确定危险截面。略去剪力影响，问题为典型的弯扭组合。

（1）外力分析 设 C 处两齿轮间的啮合力为 F（沿 y 轴负向），列出下轴平衡方程

$$\sum M_x = 0 \qquad 100F_z - 60F_y - 75F = 0$$

将 $F_z=1.5 \text{kN}$，$F_y=0.8 \text{kN}$ 代入上式，解得

$$F = 1.36 \text{kN}$$

列上轴平衡方程

$$\sum M_x = 0 \qquad M_T - 50F = 0$$

$$M_{\mathrm{T}} = 1.36 \times 10^3 \times 50 \times 10^{-3} = 68\mathrm{N} \cdot \mathrm{m}$$

所以上轴扭矩 $M_{\mathrm{T}} = 68\mathrm{N} \cdot \mathrm{m}$。

将 F、F_y、F_z 向下轴截面形心简化得到下轴受力图，如图 9-19(b) 所示。

（2）内力分析　根据下轴受力情况作扭矩图、xy 平面及 xz 平面的弯矩图 M_z、M_y，如图 9-19(c) 所示。分析各个可能的危险截面内力。

A 截面：　　　　　　　　$M_{\mathrm{TA}} = 150\mathrm{N} \cdot \mathrm{m}$，$M_A = 225\mathrm{N} \cdot \mathrm{m}$

E 截面左侧：　　　$M_{\mathrm{TE}} = 150\mathrm{N} \cdot \mathrm{m}$，$M_E = \sqrt{160.7^2 + 18.29^2} = 161.7\mathrm{N} \cdot \mathrm{m}$

C 截面左侧：　　　$M_{\mathrm{TC}} = 102\mathrm{N} \cdot \mathrm{m}$，$M_C = \sqrt{64.3^2 + 74.3^2} = 64.9\mathrm{N} \cdot \mathrm{m}$

比较 3 个截面的内力分量，知 A 截面为危险截面。

（3）设计直径　按照第三强度理论，由式(9-10)

$$\sigma_{\mathrm{c3}} = \frac{\sqrt{M^2 + M_{\mathrm{T}}^2}}{W_z} \leqslant [\sigma]$$

则　　　$d^3 \geqslant \dfrac{32}{\pi[\sigma]}\sqrt{M^2 + M_{\mathrm{T}}^2} = \dfrac{32}{\pi \times 120 \times 10^6}\sqrt{225^2 + 150^2} = 2.295 \times 10^{-5}\mathrm{m}^3$

得　　　　　　　　　　　$d \geqslant 28.4\mathrm{mm}$

可取直径 $d \geqslant 29\mathrm{mm}$。

讨论：（1）圆轴受弯扭组合变形解题的关键是受力分析，当危险截面上内力确定以后，可直接由式(9-10)［第四强度理论时为式(9-11)］求出相当应力作强度分析或设计。

（2）危险截面的确定，应为同一截面上不同面内力矩的合成，并进行综合比较。为了明晰，可分别画出不同面内弯矩图、扭矩图进行比较。

学习方法和要点提示

1. 学习过程中要注意理解用叠加原理求解组合变形的基本方法和求解步骤，要注重内力分析，理解载荷分解、简化等的前提是不改变研究段的内力，此时理论力学中力的平移定理、力系的等效替换等基本原理仍然适用。

2. 将叠加原理推广到组合变形的普遍形式，要根据叠加后危险点的应力状态形式，选择适当的强度理论，要通过例题、习题分析，学会举一反三，不要死记公式。

3. 分析和求解组合变形习题的关键就是分与合。分就是将同时作用的几组载荷分解成若干个基本载荷，并分别计算杆件的应力。合则是将各基本变形引起的应力叠加起来，但不是简单的代数相加，而应是同一截面正应力和切应力的矢量和。

4. 在学习时应注意分析方法和步骤，具体问题具体分析，在使用已给出的公式时要注意适用条件，如此教材讨论的扭转与弯曲的组合变形仅针对圆截面轴，对非圆截面轴虽然公式不再适用，但分析方法与圆截面轴相同。

5. 两相互垂直平面内的对称弯曲，叠加原理仍然适用。对圆截面杆，可直接合成两个弯矩，危险点在横截面外边缘的某点，危险点为单向应力状态，其强度条件为 $\sigma_{\max} = \dfrac{\sqrt{M_y^2 + M_z^2}}{W} \leqslant [\sigma]$。

对矩形截面，危险点在横截面的尖角处，其强度条件为 $\sigma_{\max} = \dfrac{M_y}{W_y} + \dfrac{M_z}{W_z} \leqslant [\sigma]$。一般情况下矩形截面 $I_y \neq I_z$，故挠度将不在合成弯矩的平面内，这种情况称为"斜弯曲"。只有图形为正多边形时，两个平面弯曲的合成仍为平面弯曲。

6. 本教材主要研究组合变形下构件的强度计算，若要进行刚度计算，先计算各基本变形情况下的变形，然后根据叠加原理进行叠加。但对复杂结构组合变形下的变形计算建议采用能量法（第 11 章）则更为简便。

7. 习题分类及解题要点

（1）拉（压）弯曲组合变形　这类题目可先绘出杆件的轴力图和弯矩图，以此确定出危险截面，然后计算出轴力和弯矩对应的正应力，并画出两类内力对应的正应力分布图，叠加正应力后可确定出危险点的位置。显然，危险点为单向应力状态，可直接利用强度条件进行强度计算。这类题目可根据应力分布图判断叠加情况，不需要套公式。

（2）偏心拉（压），这类题目在土木工程中常见　一般是确定截面核心。可由公式(9-7)截取周边相切的中性轴截距，计算与其对应的截面核心边界上一点（外力作用点）的坐标，将这些坐标连接起来即可得到截面核心（一条封闭曲线）。

（3）受扭弯组合变形的圆截面轴（空心或实心）　先画出轴的受力简图，并根据受力图画出轴的扭矩图和弯矩图，对两个平面弯曲要计算合成弯矩，确定危险截面。这类轴常用塑性材料，可直接用式(9-10)、式(9-11)由扭矩和弯矩表示的第三或第四强度理论进行强度计算。

（4）其他形式的组合变形或受扭弯组合变形的矩形截面杆　可先分解横截面上的内力，判定杆件发生哪几种基本变形，注意一定是横截面上的内力，不要误算成斜截面上的内力。叠加危险截面上基本变形对应的应力，若危险点的单元体是一对正应力和切应力的平面应力状态，则可直接用式(d)、式(e)计算强度。若为复杂应力状态，则还需计算三个主应力，并以此选择合适的强度条件或强度理论进行计算。

思　考　题

1. 当圆轴处于拉（压）弯组合及扭弯组合变形时，横截面上存在哪些内力？应力如何分布？危险点处于何种应力状态？如何根据强度理论建立相应的强度条件？

2. 采用叠加原理解决组合变形问题应具备什么条件？

3. 如图 9-20 所示，各梁的横截面上，画出了外力的作用平面 $a—a$，试指出哪些梁发生斜弯曲？

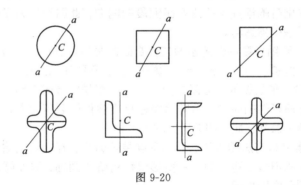

图 9-20

4. 如图 9-21 所示，压力机的机架由铸铁制成，机架立柱的横截面有（a）、（b）、（c）三种设计方案，你认为哪一种合理？为什么？

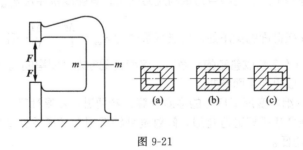

图 9-21

5. 如图 9-22 所示，直角曲拐固定端截面上有哪些内力？试在该截面上画出每一内力产生的应力分布图。

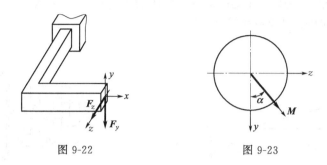

图 9-22　　　　　　　　　　　图 9-23

6. 直径为 d 的圆截面梁，弯矩 M 的矢量如图 9-23 所示，截面上的危险点在何处？危险点的弯曲正应力如何表达？

7. 如图 9-24 所示，槽钢受力 F 作用于 A 点时，试分析其危险截面和危险点在何处？

8. 如图 9-25 所示矩形截面梁，试写出固定端截面上 A 点和 B 点处的应力表达式；确定出危险点的位置并画出其应力状态。

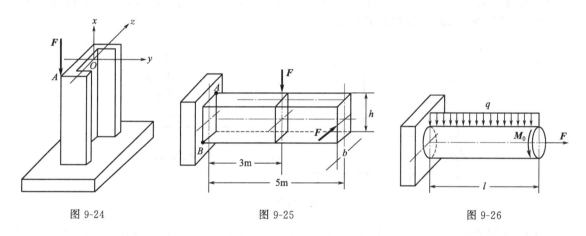

图 9-24　　　　　　　　　　图 9-25　　　　　　　　　　图 9-26

9. 扭弯组合变形时，为什么要用强度理论进行强度计算？可否用 $\sigma_{\max}=\dfrac{\sqrt{M_y^2+M_z^2}}{W_z}\leqslant[\sigma]$，$\tau_{\max}=\dfrac{M_{\mathrm{T}}}{W_{\mathrm{T}}}\leqslant[\tau]$ 分别校核？

10. 圆形截面悬臂梁如图 9-26 所示，若梁同时受到轴向拉力 F 横向均布载荷 q 和力矩 M_0 共同作用，试指出：

（1）危险截面、危险点的位置；

（2）危险点的应力状态；

（3）下面两个强度条件哪一个正确？

$$\sigma_{\max}=\frac{F}{A}+\sqrt{\left(\frac{M}{W_z}\right)^2+4\left(\frac{M_0}{W_{\mathrm{T}}}\right)^2}\leqslant[\sigma]$$

$$\sigma_{\max}=\sqrt{\left(\frac{F}{A}+\frac{M}{W_z}\right)^2+4\left(\frac{M_0}{W_{\mathrm{T}}}\right)^2}\leqslant[\sigma]$$

习　题

9-1　如题 9-1 图所示简易吊车的横梁 AC 由 16 号工字钢制成，已知力 $F=10\mathrm{kN}$，若材料的许用应力 $[\sigma]=160\mathrm{MPa}$，试校核横梁 AC 的强度。

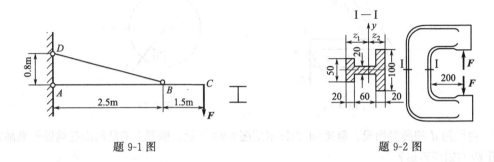

题 9-1 图　　　　　　　　　　　　题 9-2 图

9-2　材料为铸铁的压力机框架如题 9-2 图所示，许用拉应力 $[\sigma_\mathrm{t}]=30\mathrm{MPa}$，许用压应力 $[\sigma_\mathrm{c}]=80\mathrm{MPa}$，已知力 $F=12\mathrm{kN}$。试校核该框架的强度。

9-3　如题 9-3 图所示简支梁，拟由普通热轧工字钢制成。在梁跨度中点作用一集中载荷 F_P，其作用线通过截面形心并与铅垂对称轴的夹角为 $20°$。已知：$l=4\mathrm{m}$，$F_\mathrm{P}=7\mathrm{kN}$，材料的许用应力 $[\sigma]=160\mathrm{MPa}$。试确定工字钢的型号。

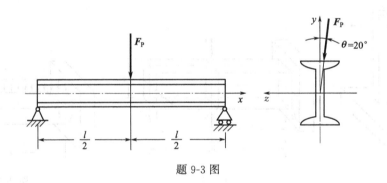

题 9-3 图

9-4　链环直径 $d=50\mathrm{mm}$，受大小为 $F=10\mathrm{kN}$ 的拉力作用，如题 9-4 图所示，试求链环的最大正应力及其位置。如果链环的缺口焊好后，则链环的正应力将是原来最大正应力的几倍？

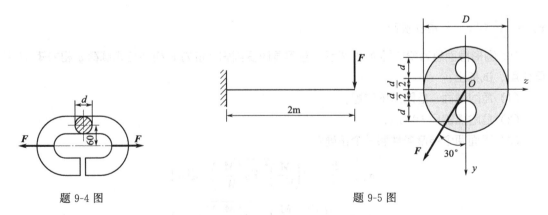

题 9-4 图　　　　　　　　　　　　　　题 9-5 图

9-5　悬臂梁受集中力 F 作用，如题 9-5 图所示。已知横截面的直径 $D=120\mathrm{mm}$，$d=$

30mm，材料的许用应力 $[\sigma]=160$MPa。试求中性轴的位置，并按照强度条件求梁的许可载荷 $[F]$。

9-6　求如题 9-6 图所示矩形截面杆在 $P=100$kN 作用下的最大拉应力的数值，并指明其所在位置。

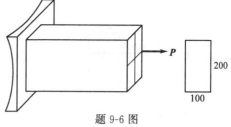

题 9-6 图

9-7　如题 9-7 图所示一带槽钢板，已知钢板宽度 $b=8$cm，厚度 $\delta=1$cm，槽半径 $r=1$cm，$P=80$kN，$[\sigma]=140$MPa。试对此钢板进行强度校核。

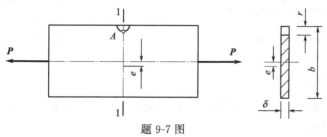

题 9-7 图

9-8　如题 9-8 图所示为一传动轴，直径 $d=6$cm，$[\sigma]=140$MPa，传动轮直径 $D=80$cm，重量为 2kN，设传动轮所受拉力均为水平方向，其值分别为 8kN 和 2kN，试按最大切应力强度理论校核该轴的强度，并画出危险点的应力状态。

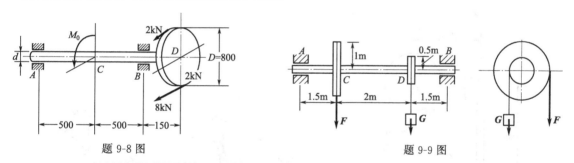

题 9-8 图　　　　　　　　　　　　題 9-9 图

9-9　如题 9-9 图所示的轴 AB 上装有两个轮子，作用在轮子上的力有 $F=3$kN 和 G，如果作用在 AB 轴上的力系平衡，轴的许用应力 $[\sigma]=60$MPa，试按最大切应力强度理论设计轴的直径。

9-10　试确定如题 9-10 图所示截面图形的截面核心边界。

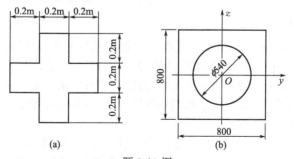

题 9-10 图

9-11　如题 9-11 图所示，水塔盛满水时连同基础总质量为 G，在离地面 H 处受一水平风力合力为 P 作用，圆形基础直径为 d，基础埋深为 h，若基础土壤的许用应力为 $[\sigma]=3\times10^5$Pa，试校核该基础的承载能力。

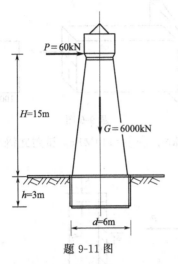

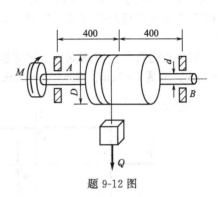

题 9-11 图　　　　　　　　题 9-12 图

9-12　如题 9-12 图所示，已知手摇绞车 $d=30\text{mm}$，$D=360\text{mm}$，$[\sigma]=80\text{MPa}$。按第三强度理论计算最大起重量 Q。

9-13　如题 9-13 图所示铁路圆形信号板，装在外径 $D=60\text{mm}$ 的空心圆柱上。若信号板上所受的最大风载荷 $P=2000\text{N/m}^2$，空心圆柱的许用应力 $[\sigma]=60\text{MPa}$。试按第三强度理论选择空心圆柱的壁厚 δ。

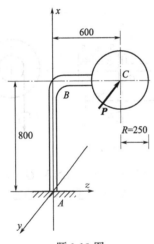

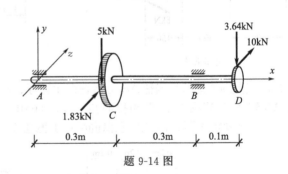

题 9-13 图　　　　　　　　题 9-14 图

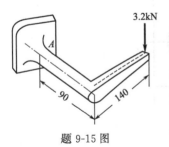

题 9-15 图

9-14　如题 9-14 图所示钢制实心圆轴，其齿轮 C 上作用铅直切向力 5kN，径向力 1.83kN；齿轮 D 上作用有水平切向力 10kN，径向力 3.64kN。齿轮 C 的直径 $d_C=400\text{mm}$，齿轮 D 的直径 $d_D=200\text{mm}$。圆轴的许用应力 $[\sigma]=100\text{MPa}$。试按第四强度理论求轴的直径。

9-15　曲拐受力如题 9-15 图所示，其圆杆部分的直径 $d=50\text{mm}$。试画出表示 A 点处应力状态的单元体。并求其主应力及最大切应力。

第10章

压 杆 稳 定

本章要求：掌握压杆稳定、临界力、临界应力、长度系数和柔度的基本概念，明确弹性体稳定平衡与不稳定平衡；了解细长压杆临界力欧拉公式推导过程，欧拉公式的适用范围，临界应力总图；熟练掌握利用欧拉公式、经验公式对压杆的稳定计算，学会对受压杆件进行合理设计；了解提高压杆稳定性的措施。

重点：在理解压杆稳定概念的基础上，明确压杆的柔度、长度系数、临界压力和临界应力的概念；计算柔度并判断压杆的类型；熟练掌握常见支座条件下各种压杆的临界压力和临界应力的计算；正确地利用欧拉公式、经验公式对压杆进行稳定计算。

难点：首先能够正确判断压杆失稳平面。一般求压杆的临界应力时，首先根据其尺寸和约束条件计算柔度 λ，判断压杆的类型，然后选用相应的临界应力公式进行计算。但是有一些比较特殊的压杆，由于截面不对称或约束不对称等一些特殊因素，压杆可能有几个柔度值，即可能出现几种失稳情况。建立压杆力学模型，细长压杆临界力欧拉公式推导过程。

10.1 压杆稳定的概念

在轴向拉伸与压缩这一章中，我们曾经讨论了杆件的压缩问题。当杆件受压缩时，只要满足强度条件，杆件就能够安全可靠地工作。但是，这个结论仅仅对于粗短杆件才是正确的，对于承受轴向压力的细长杆来说，仅仅满足强度条件是不够的。细长杆件受压，不是强度问题，而是一个稳定性问题。从下面这个简单的实验就能够说明这个问题。

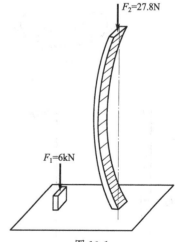

图 10-1

两根横截面面积 A 均为 150mm^2 的松木直杆，它们的长度分别为 20mm 与 1000mm，强度极限 $\sigma_b = 40$MPa。沿它们的轴线施加压力 F，如图 10-1 所示。根据强度条件计算，只有当它们的压应力达到了材料的强度极限才会发生破坏，此时压力为

$$F = \sigma_b A = 150 \times 10^{-6} \times 40 \times 10^6 = 6\text{kN}$$

实验结果表明，长度为 20mm 的杆件符合要求，而且在破坏前始终保持直线平衡状态。但是，长度为 1000mm 的杆件，当压力仅仅达到 $F = 27.8$N 时就开始弯曲，然后丧失稳定。如果继续增大压力 F，则杆件的弯曲变形急剧增加而破坏，此时轴力 F 远小于 6kN。这种压杆不能保持其原有的直线平衡状态而发生突然弯曲的现象，称为压杆丧失稳定性，简称压杆失稳。

综上所述，细长压杆的失稳破坏与粗短压杆的强度破坏是完全不同的，粗短压杆的强度

破坏是破坏前压杆的直线平衡状态是稳定的，它的破坏原因是应力达到了材料的强度极限。细长压杆的失稳破坏是由于它的原有直线平衡状态失去了稳定性，此时按强度条件计算出的应力远远大于材料的极限应力。所以，对于细长压杆必须进行稳定性计算。

历史上曾经发生过许多桥梁突然倒塌的严重事故，究其原因是人们对工程中的压杆稳定性缺乏足够认识，对桥梁桁架中的某些细长压杆只进行了强度计算，而没有进行稳定性计算。

工程中有许多细长压杆，例如千斤顶的螺杆（如图 10-2 所示）和三脚架中的压杆（如图 10-3 所示），都必须保证有足够的稳定性，才能正常工作。

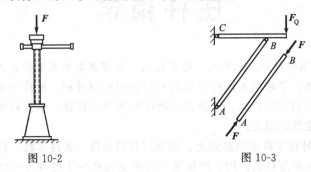

图 10-2   图 10-3

为了研究细长压杆的失稳过程，下面先以小球为例介绍平衡的三种状态。

如果小球受到微小干扰而稍微偏离它原有的平衡位置，当干扰消除以后，它能够回到原有的平衡位置，这种平衡状态称为稳定平衡状态，如图 10-4(a) 所示。

如果小球受到微小干扰而稍微偏离它原有的平衡位置，当干扰消除以后，它不能回到原有的平衡位置，但能够在附近新的位置维持平衡，原有的平衡状态称为随机平衡状态，如图 10-4(b) 所示。

如果小球受到微小干扰而稍微偏离它原有的平衡位置，当干扰消除以后，它不但不能回到原有的平衡位置，而且继续远离，那么原有的平衡状态称为不稳定平衡状态，如图 10-4(c) 所示。

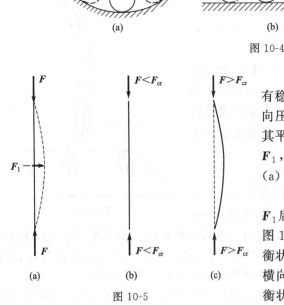

(a)   (b)   (c)

图 10-4

细长直杆两端受轴向压力作用，其平衡也有稳定性的问题。设有一等截面直杆，受一轴向压力作用，杆件处于直线平衡状态。为判断其平衡的稳定性，可以加一微小的横向干扰力 F_1，使杆件产生微小的弯曲变形，如图 10-5(a) 所示，然后撤掉此横向干扰力 F_1。

当轴向压力 F 较小时，撤掉横向干扰力 F_1 后杆件能够恢复到原来的直线平衡状态，如图 10-5(b) 所示，则原有的平衡状态是稳定平衡状态；当轴向压力 F 增大到一定值时，撤掉横向干扰力 F_1 后杆件不能恢复到原来的直线平衡状态，如图 10-5(c) 所示，则原有的平衡状

图 10-5

态是不稳定平衡状态。压杆由稳定平衡过渡到不稳定平衡时所受轴向压力的临界值称为临界压力，或简称临界力，用 F_{cr} 表示，它是压杆丧失工作能力的危险载荷。

当 $F = F_{cr}$ 时，压杆处于稳定平衡与不稳定平衡的临界状态，称为临界平衡状态。这种状态的特点是不受横向干扰时，压杆可在直线位置保持平衡；若受微小横向干扰并将干扰撤掉后，压杆又可在微弯位置维持平衡，因此临界平衡状态具有两重性。压杆的临界状态是压杆不稳定平衡状态的开始，它可能处于微弯的平衡状态，因此临界力也是压杆在微弯状态下保持平衡的最小轴向力。

当 $F \geqslant F_{cr}$ 时，压杆处于不稳定平衡状态时，称为丧失稳定性（失稳）。显然结构中的受压杆件绝不允许失稳。

应该指出，即使没有干扰力作用，当轴向力 $F \geqslant F_{cr}$ 时，压杆也会失稳，这是由于对压杆起干扰作用的因素常常是不可避免的，如加载的偏心，周围环境的变化，都会起到一个干扰力的作用。

10.2 细长压杆的临界力

10.2.1　两端铰支细长压杆的临界力

临界力的大小是判断压杆是否稳定的依据，现以两端铰支等截面细长压杆为例，说明临界力的计算方法。

设有一长度为 l、两端铰支的压杆 AB，如图 10-6(a) 所示。在临界力作用下，杆件保持微弯状态并处于平衡，此时压杆 AB 可以看成梁的弯曲。在此坐标系中，坐标为 x 的截面的挠度为 y，如图 10-6(b) 所示，由截面法得该截面的弯矩为

$$M(x) = -Fy \qquad (a)$$

因压杆处于微弯状态，变形很小，所以应用前面建立的梁的挠曲线近似微分方程得

$$EI \frac{\mathrm{d}^2 y}{\mathrm{d}x^2} = M(x) = -Fy \qquad (b)$$

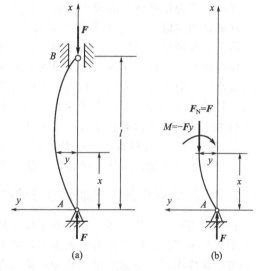

图 10-6

若令　$k^2 = \dfrac{F}{EI}$　或　$k = \sqrt{\dfrac{F}{EI}}$

代入式(b) 得

$$\frac{\mathrm{d}^2 y}{\mathrm{d}x^2} + k^2 y = 0 \qquad (c)$$

式(e) 为二阶常系数线性齐次微分方程，它的通解是

$$y = C_1 \sin kx + C_2 \cos kx \qquad (d)$$

式(d) 中，C_1 和 C_2 为两个待定的积分常数。因为临界力还没有确定，所以式中 k 也是一个待定值。

下面根据压杆的边界条件来确定积分常数 C_1、C_2 和 k 值。

由 A 端，$x=0$，$y=0$ 代入式(d)，得 $C_2=0$，于是式(d) 可写为

$$y=C_1 \sin kx \tag{e}$$

由 B 端，$x=l$，$y=0$ 代入式(e)，得

$$C_1 \sin kl = 0 \tag{f}$$

为了满足式(f)，要求 $C_1=0$ 或 $\sin kl=0$。若 $C_1=0$，则由式(e) 得 $y\equiv0$，即压杆各点的挠度都等于零，表明杆件无弯曲，这与压杆处于微弯状态（临界状态）矛盾。因此，只有 $\sin kl=0$，满足这一条件的 kl 值为

$$kl=n\pi \quad (n=0, 1, 2, 3, \cdots)$$

由此得

$$k=\frac{n\pi}{l}=\sqrt{\frac{F}{EI}}$$

或

$$F=\frac{n^2\pi^2 EI}{l^2} \tag{g}$$

式(g) 表明，若 $n=0$，$F=0$，与实际情况不相符；只有当 $n=1$ 时，轴向压力才是杆有微小弯曲时的最小值，即临界力

$$F_{cr}=\frac{\pi^2 EI}{l^2} \tag{10-1}$$

式中，E 为压杆材料的弹性模量；I 为压杆横截面对中性轴的惯性矩；l 为压杆的长度。

这就是两端球形铰支（简称两端铰支）等截面细长中心受压直杆临界力 F_{cr} 的计算公式。由于上式最早由欧拉（L. Euler）导出，故又称为欧拉公式。

应当注意，当杆端在各个方向的约束情况相同时（如球形铰等），压杆总是在它的抗弯能力最小的纵向平面内失稳，所以，式中的 EI 是压杆的最小抗弯刚度，即式中的惯性矩 I 应取压杆横截面的最小形心主惯性矩；当杆端在不同方向的约束情况不同时（如柱形铰），则 I 应取弯曲时横截面对其中性轴的惯性矩。

从式(10-1) 中可以看出，临界力 F_{cr} 与压杆的抗弯刚度 EI 成正比，与压杆长度 l 的平方成反比。也就是说，压杆愈细长，其临界力愈小，愈容易失稳，这和实际经验完全相符。

10.2.2 其他支承条件下细长压杆的临界力

在工程实际中，除上述两端铰支压杆之外，还可能有其他形式约束的压杆。不同杆端约束下中心受压细长直杆临界力的表达式，可通过类似的方法推导，只是相应挠曲线的弯矩方程和边界条件不同。下面给出了几种典型的理想支承约束条件下，中心受压细长直杆的欧拉公式表达式。

(1) 一端固定、一端自由，如图 10-7(a) 所示

$$F_{cr}=\frac{\pi^2 EI}{(2l)^2} \tag{10-2}$$

(2) 两端固定，如图 10-7(b) 所示

$$F_{cr}=\frac{\pi^2 EI}{(0.5l)^2} \tag{10-3}$$

(3) 一端固定、一端铰支，如图 10-7(c) 所示

$$F_{cr}=\frac{\pi^2 EI}{(0.7l)^2} \tag{10-4}$$

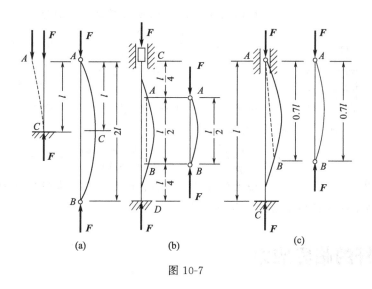

图 10-7

综上所述，可以得到欧拉公式的一般形式

$$F_{cr} = \frac{\pi^2 EI}{(\mu l)^2} \qquad (10\text{-}5)$$

式中，μ 为长度系数；μl 为压杆的相当长度。长度系数 μ 值，取决于压杆的支承情况，四种支承情况的长度系数 μ 值如下

两端铰支：$\mu = 1$

两端固定：$\mu = 0.5$

一端固定、一端自由：$\mu = 2$

一端固定、一端铰支：$\mu = 0.7$

由此可见，若压杆两端约束愈稳定，则 μ 值愈小，相应的压杆临界力愈大；反之，若压杆两端约束愈不稳定，则 μ 值愈大，相应的压杆临界力愈小（表 10-1）。

表 10-1　各种支承约束条件下细长压杆的临界力欧拉公式及长度系数

约束条件	两端铰支	两端固定	一端固定另一端自由	一端固定另一端铰支
失稳时挠曲线形状				
临界力 F_{cr} 欧拉公式	$F_{cr} = \dfrac{\pi^2 EI}{l^2}$	$F_{cr} = \dfrac{\pi^2 EI}{(0.5l)^2}$	$F_{cr} = \dfrac{\pi^2 EI}{(2l)^2}$	$F_{cr} = \dfrac{\pi^2 EI}{(0.7l)^2}$
长度系数 μ	$\mu = 1$	$\mu = 0.5$	$\mu = 2$	$\mu = 0.7$

【例 10-1】　有一矩形截面压杆如图 10-8 所示，一端固定，另一端自由。已知 $b = 2\text{cm}$，$h = 4\text{cm}$，$l = 100\text{cm}$。材料为低碳钢，弹性模量 $E = 200\text{GPa}$，试计算压杆的临界力。

解　由表 10-1 查得 $\mu = 2$。

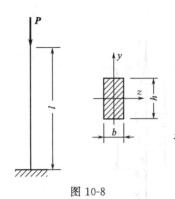

图 10-8

截面对于 y 和 z 两轴的惯性矩分别为

$$I_y = \frac{hb^3}{12} = \frac{0.04 \times 0.02^3}{12} = 2.67 \times 10^{-8} \, \text{m}^4$$

$$I_z = \frac{bh^3}{12} = \frac{0.02 \times 0.04^3}{12} = 10.67 \times 10^{-8} \, \text{m}^4$$

因 $I_y < I_z$，压杆必定先绕 y 轴弯曲而丧失稳定，因此应将 I_y 代入公式 (10-5) 计算临界力。

$$F_{cr} = \frac{\pi^2 EI}{(\mu l)^2} = \frac{\pi^2 \times 200 \times 10^9 \times 2.67 \times 10^{-8}}{(2 \times 1)^2} = 13163 \text{N} \approx 13.2 \text{kN}$$

由上例可见，当压杆两个方向约束情况相同，而惯性矩不相同时，应用值小的惯性矩 $I_{\min}$ 来计算临界力。

10.3 压杆的临界应力

10.3.1 临界应力与柔度

当压杆在临界力作用下处于从稳定平衡过渡到不稳定平衡的临界状态时，用临界压力除以压杆的横截面面积 A，得到压杆处于临界状态时横截面上的压应力，称为临界应力，用 σ_{cr} 表示。于是，各种支承情况下压杆横截面上的临界应力为

$$\sigma_{cr} = \frac{F_{cr}}{A} = \frac{\pi^2 EI}{(\mu l)^2 A} \tag{h}$$

因压杆处于微弯状态，故临界应力只具有平均应力的含义。

把截面的惯性半径

$$i = \sqrt{\frac{I}{A}}$$

代入式 (h) 得

$$\sigma_{cr} = \frac{\pi^2 E i^2}{(\mu l)^2} = \frac{\pi^2 E}{\left(\dfrac{\mu l}{i}\right)^2}$$

令

$$\lambda = \frac{\mu l}{i} \tag{10-6}$$

则得

$$\sigma_{cr} = \frac{\pi^2 E}{\lambda^2} \tag{10-7}$$

上式称为临界应力的欧拉公式。式中 λ 称为压杆的柔度，是一个无因次量，它反映了压杆的支承情况、长度、截面的大小和形状等因素对临界力的影响。

由式 (10-6) 和式 (10-7) 可以看出，压杆越细长，其柔度 λ 越大，压杆的临界应力越小，压杆越容易失稳。所以，压杆的柔度 λ 值是压杆稳定计算中的一个重要参数。

10.3.2 欧拉公式的适用范围

由于临界力的欧拉公式是根据梁的挠曲线近似微分方程推导来的，该微分方程必须在材料符合胡克定律的条件下才成立，因此，欧拉公式的适用条件也应该是临界应力 σ_{cr} 不超过材料的比例极限 σ_p，即

$$\sigma_{cr} = \frac{\pi^2 E}{\lambda^2} \leqslant \sigma_p$$

或写成

$$\lambda \geqslant \sqrt{\frac{\pi^2 E}{\sigma_p}} = \lambda_p \qquad (10\text{-}8)$$

式中，λ_p 是对应于材料比例极限时的柔度值，如 A3 钢的 $E = 206\mathrm{GPa}$，$\sigma_p = 200\mathrm{MPa}$，则得

$$\lambda_p = \sqrt{\frac{\pi^2 E}{\sigma_p}} = \sqrt{\frac{\pi^2 \times 206 \times 10^9}{200 \times 10^6}} = 101$$

这就说明对于 A3 钢制成的压杆，只有当 $\lambda \geqslant 101$ 时（一般称为大柔度杆或细长杆），才能用欧拉公式计算临界应力。在欧拉公式范围内的失稳，一般称为弹性失稳。

10.3.3　临界应力的经验公式、临界应力总图

工程实际中，许多常见压杆的柔度 $\lambda < \lambda_p$，这样的压杆为非细长压杆，其临界应力 $\sigma_{cr} > \sigma_p$，欧拉公式已不再适用，此时问题属于超过比例极限的非弹性稳定问题。这类压杆的临界应力，工程中一般采用以试验结果为依据的经验公式进行计算。下面介绍两种常用的经验公式：机械工程中常用的直线经验公式和钢结构中常用的抛物线经验公式。

（1）直线公式　对于由合金钢、铝合金、铸铁与松木等材料制作的非细长压杆，可采用直线经验公式计算临界应力，该公式的一般表达式为

$$\sigma_{cr} = a - b\lambda \qquad (10\text{-}9)$$

式中，a 和 b 为与材料性能有关的常数，单位为 MPa。几种常用材料的 a 值和 b 值如表 10-2 所示。

表 10-2　几种常用材料压杆的有关常数

材料（σ_b、σ_s 的单位为 MPa）	a/MPa	b/MPa	λ_p	λ_s
Q235 钢　$\sigma_b \geqslant 372$　$\sigma_s = 235$	304	1.12	100	61.4
优质碳钢　$\sigma_b \geqslant 471$　$\sigma_s = 306$	461	2.57	100	60
硅钢　$\sigma_b \geqslant 510$　$\sigma_s = 353$	578	3.74	100	60
铬钼钢	980	5.29	55	0
铸铁	332	1.45	80	—
硬铝	392	3.26	50	0
松木	28.7	0.19	110	40

在使用上述直线公式时，柔度 λ 存在一个最低界限值 λ_s。这是因为，压杆的稳定性随柔度的减小而逐渐提高，当柔度小于一定数值 λ_s 时，压杆不会失稳出现弯曲变形，而会因应力达到屈服极限（塑性材料）或强度极限（脆性材料）而失效。这是一个强度问题，杆件的承载能力完全由抗压强度决定。这类压杆称为短粗压杆或小柔度压杆，其"临界应力"就是材料的极限应力 σ_s 或 σ_b。所以，对塑性材料，按式（10-8）算出的应力最高只能等于 σ_s，

相应的柔度

$$\lambda_s \geqslant \frac{a - \sigma_s}{b} \tag{10-10}$$

λ_s 就是用直线公式时的最小柔度。显然，直线公式的适用范围为柔度介于 λ_s 和 λ_p 之间的压杆，这类压杆称为中长压杆或中柔度压杆。

对于 Q235 钢来说，$\sigma_s = 235\text{MPa}$，$a = 304\text{MPa}$，$b = 1.12\text{MPa}$，可求得

$$\lambda_s = \frac{304 - 235}{1.12} = 61.4$$

如 $\lambda < \lambda_s$，应按压缩的强度计算，即

$$\sigma_{cr} = \sigma_s$$

对于脆性材料，只需把以上两式中的 σ_s 改为 σ_b 即可。

综上所述，根据压杆的柔度可将其分为三类，并按不同的公式计算临界应力。$\lambda \geqslant \lambda_p$ 的

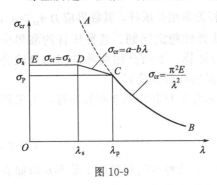

图 10-9

压杆属于细长压杆或大柔度压杆，按欧拉公式计算其临界应力；$\lambda_s \leqslant \lambda < \lambda_p$ 的压杆，属于中长压杆或中柔度压杆，可按直线公式（10-9）计算其临界应力；$\lambda < \lambda_s$ 的压杆，属于短粗压杆或小柔度压杆，不会失稳，应按强度问题计算其临界应力。在上述三种情况下，临界应力随柔度变化的曲线如图 10-9 所示，称为压杆的临界应力总图。

（2）抛物线公式　对于由结构钢与低合金结构钢等材料制作的非细长压杆，可采用抛物线经验公式计算临界应力，该公式的一般表达式为

$$\sigma_{cr} = a_1 - b_1 \lambda^2 \tag{10-11}$$

式中，a_1 和 b_1 是与材料性能有关的常数。该经验公式的适用范围是 $\sigma_{cr} > \sigma_p$。我国钢结构规范中采用的抛物线经验公式为

$$\sigma_{cr} = \sigma_s \left[1 - \alpha \left(\frac{\lambda}{\lambda_c} \right)^2 \right], \quad \lambda \leqslant \lambda_c \tag{10-12}$$

式中，σ_s 为钢材的屈服极限；α 为与材料性能有关的系数；$\lambda_c = \sqrt{\dfrac{\pi^2 E}{0.57\sigma_s}}$ 为细长压杆与

非细长压杆柔度的分界值，该值与 λ_p 是有差异的，λ_p 是由理论公式算出的，而 λ_c 是考虑压杆的初曲率、载荷的偏心、材料的非均匀等因素的影响，所得到的经验结果。不同的材料，α 和 λ_c 各不相同。例如，对于 Q235 钢，$\alpha = 0.43$，$\sigma_s = 235\text{MPa}$，$E = 206\text{GPa}$，则 $\lambda_c = 123$。将有关数据代入式（10-12），可得 Q235 钢非细长压杆简化形式的抛物线公式为

$$\sigma_{cr} = 235 - 0.00668\lambda^2, \quad \lambda \leqslant \lambda_c = 123 \tag{10-13}$$

根据欧拉公式和上述抛物线公式绘制的临界应力总图，如图 10-10 所示。$\lambda > \lambda_c$ 的压杆为细长压杆，按欧拉公式计算其临界应力；$\lambda \leqslant \lambda_c$ 的压

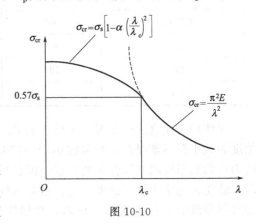

图 10-10

杆为非细长压杆,按抛物线公式(10-12)计算其临界应力。

【例 10-2】　一端固定,一端自由的矩形截面钢柱,长度 $l=1\text{m}$,截面尺寸为 $60\text{mm}\times100\text{mm}$,钢的弹性模量 $E=200\text{GPa}$,比例极限 $\sigma_p=250\text{MPa}$。试求此钢柱的临界力。

解　横截面的最小惯性矩为

$$I_{\min}=\frac{hb^3}{12}=\frac{100\times10^{-3}\times60^3\times10^{-9}}{12}$$

$$=1.8\times10^{-6}\text{m}^4$$

最小惯性半径

$$i_{\min}=\sqrt{\frac{I_{\min}}{A}}=\sqrt{\frac{1.8\times10^{-6}}{60\times100\times10^{-6}}}=1.732\times10^{-2}\text{m}$$

钢柱的柔度为

$$\lambda=\frac{\mu l}{i_{\min}}=\frac{2\times1}{1.732\times10^{-2}}=115.5$$

而

$$\lambda_p=\sqrt{\frac{\pi^2 E}{\sigma_p}}=\sqrt{\frac{\pi^2\times200\times10^9}{250\times10^6}}=89$$

所以
$$\lambda\geqslant\lambda_p$$

此钢柱属于细长杆,宜采用欧拉公式计算临界力

$$F_{cr}=\frac{\pi^2 EI}{(\mu l)^2}=\frac{\pi^2\times200\times10^9\times1.8\times10^{-6}}{(2\times1)^2}=8.88\times10^5\text{N}=888\text{kN}$$

【例 10-3】　一个 $12\text{cm}\times20\text{cm}$ 的矩形截面木杆,在最大刚度平面内弯曲为两端铰支,如图 10-11(a) 所示。在最小刚度平面内弯曲为两端固定,如图 10-11(b) 所示。木材的弹性模量 $E=10\text{GPa}$,$\lambda_p=110$,试求木杆的临界力和临界应力。

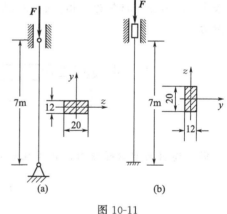

图 10-11

解　(1) 计算最大刚度平面内的临界力和临界应力　木杆在最大刚度平面内失稳,y 轴为中性轴,截面对 y 轴的惯性矩为

$$I_y=\frac{12\times20^3}{12}=8000\text{cm}^4$$

截面对 y 轴的惯性半径为

$$i_y=\sqrt{\frac{I_y}{A}}=\sqrt{\frac{8000}{12\times20}}=5.77\text{cm}$$

两端铰支,$\mu=1$,其柔度为

$$\lambda_y=\frac{\mu l}{i_y}=\frac{1\times700}{5.77}=121>\lambda_p=110$$

应用欧拉公式计算临界力

$$F_{cr}=\frac{\pi^2 EI_y}{(\mu l)^2}=\frac{\pi^2\times10\times10^9\times8000\times10^{-8}}{(1\times7)^2}=161\text{kN}$$

应用欧拉公式计算临界应力

$$\sigma_{cr}=\frac{\pi^2 E}{\lambda_y^2}=\frac{\pi^2\times10\times10^3}{121^2}=6.73\text{MPa}$$

（2）计算最小刚度平面内的临界力和临界应力　木杆在最小刚度平面内失稳，z 轴为中性轴，截面对 z 轴的惯性矩为

$$I_z = \frac{20 \times 12^3}{12} = 2880 \text{cm}^4$$

截面对 z 轴的惯性半径为

$$i_z = \sqrt{\frac{I_z}{A}} = \sqrt{\frac{2880}{12 \times 20}} = 3.46 \text{cm}$$

两端固定，$\mu = 0.5$，其柔度为

$$\lambda_z = \frac{\mu l}{i_z} = \frac{0.5 \times 700}{3.46} = 101 < \lambda_p = 110$$

应用经验公式计算临界应力，查表 10-2 得，$a = 28.7 \text{MPa}$，$b = 0.19 \text{MPa}$，利用直线公式得

$$\sigma_{cr} = a - b\lambda = 28.7 - 0.19 \times 101 = 9.5 \text{MPa}$$

临界力为　　　　　　$F_{cr} = \sigma_{cr}A = 9.5 \times 10^6 \times 0.12 \times 0.2 = 228 \text{kN}$

通过该例题可以看出，第一种情况临界力和临界应力都较小，所以木柱将首先在最大刚度平面内产生弯曲。当在最小和最大刚度平面内的支承情况不相同时，压杆不一定在最小刚度平面内丧失稳定，必须经过严格的计算之后才能确定。

【例 10-4】　如图 10-12 所示两端铰支的圆截面连杆，外径 $D = 38 \text{mm}$，内径 $d = 34 \text{mm}$，杆长 $l = 600 \text{mm}$，材料为硬铝，$a = 392 \text{MPa}$，$b = 3.26 \text{MPa}$，$\lambda_p = 50$，$\lambda_s = 0$。试求连杆的临界应力。

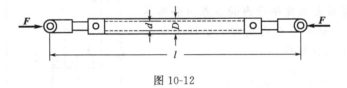

图 10-12

解　连杆为空心圆截面，其惯性矩为

$$I = \frac{\pi}{64}(D^4 - d^4)$$

面积为　　　　　　　　$A = \frac{\pi}{4}(D^2 - d^2)$

于是惯性半径为

$$i = \sqrt{\frac{I}{A}} = \sqrt{\frac{\frac{\pi}{64}(D^4 - d^4)}{\frac{\pi}{4}(D^2 - d^2)}} = \frac{\sqrt{D^2 + d^2}}{4} = \frac{\sqrt{38^2 + 34^2}}{4} = 12.75 \text{mm}$$

连杆的柔度为

$$\lambda = \frac{\mu l}{i} = \frac{1 \times 600}{12.75} = 47.1$$

由于 $\lambda_s < \lambda < \lambda_p$，所以连杆的临界应力应按式(10-9)进行计算，即

$$\sigma_{cr} = a - b\lambda = 392 - 3.26 \times 47.1 = 238\text{MPa}$$

【例 10-5】　如图 10-13 所示为一两端铰支的压杆，材料为 A3 钢，截面为一薄壁圆环。如 $l = 2.5\text{m}$，平均半径 $r_0 = 4\text{cm}$，试计算其临界应力。对中、小柔度杆要求用抛物线公式计算。

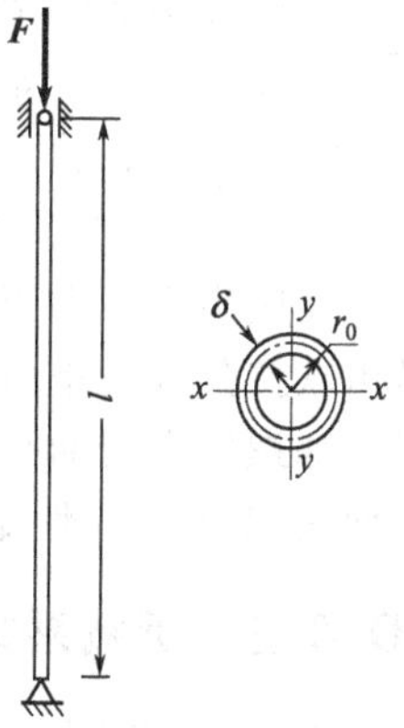

解　对薄壁圆环截面，惯性矩为

$$I = \frac{\pi}{64}(D^4 - d^4) = \frac{\pi}{64}(D^2 + d^2)(D + d)(D - d) \approx \pi r_0^3 \delta$$

式中，δ 为薄壁圆环的壁厚，面积为

$$A = \frac{\pi}{4}(D^2 - d^2) = \frac{\pi}{4}(D + d)(D - d) \approx 2\pi r_0 \delta$$

上述近似计算中忽略了圆环壁厚 δ 的高次项。

惯性半径

$$i = \sqrt{\frac{I}{A}} = \sqrt{\frac{\pi r_0^3 \delta}{2\pi r_0 \delta}} = \frac{r_0}{\sqrt{2}} = \frac{40}{\sqrt{2}} = 28.3\text{mm}$$

图 10-13

相应的柔度值为

$$\lambda = \frac{\mu l}{i} = \frac{1 \times 2.5 \times 10^3}{28.3} = 88.4$$

A3 钢的 $\lambda_c = 123$，因为 $\lambda < \lambda_c$，采用抛物线经验公式，由式(10-13)得

$$\sigma_{cr} = 235 - 0.00668\lambda^2 = 235 - 0.00668 \times 88.4^2 = 183\text{MPa}$$

10.4　压杆的稳定校核

工程中的压杆在工作过程中存在着失稳破坏的可能性，失稳破坏与压杆的临界应力有关，临界应力是压杆丧失工作能力的危险应力。为了使压杆能够安全可靠地工作，必须对压杆进行稳定性计算。工程中常见的方法有稳定安全系数法和折减系数法。

10.4.1　稳定安全系数法

为了使压杆能够不丧失稳定，压杆所受的轴向力应当小于临界力，或者压杆的工作应力小于临界应力。考虑到压杆应有一定的安全储备，压杆的稳定条件为

$$F \leqslant \frac{F_{cr}}{[n_{st}]} \quad \text{或} \quad \sigma \leqslant \frac{\sigma_{cr}}{[n_{st}]}$$

式中，$[n_{st}]$ 为规定的稳定安全系数。

若令 $n_{st} = \dfrac{F_{cr}}{F} = \dfrac{\sigma_{cr}}{\sigma}$ 为压杆实际工作的稳定安全系数，于是得压杆的稳定条件

$$n_{st} = \frac{F_{cr}}{F} \geqslant [n_{st}] \quad \text{或} \quad n_{st} = \frac{\sigma_{cr}}{\sigma} \geqslant [n_{st}] \tag{10-14}$$

由于压杆的初曲率、加载的偏心、材料的不均匀、支座的缺陷等因素对临界力的影响，所以规定的稳定安全系数 $[n_{st}]$ 的值一般比强度安全系数大。在静载荷作用下其值为

钢类：　　　　$[n_{st}] = 1.8 \sim 3.0$

铸铁：　　　　$[n_{st}] = 4.5 \sim 5.5$

木材：　　　　$[n_{st}] = 2.5 \sim 3.5$

几种常见压杆的稳定安全系数见表 10-3。

表 10-3　几种常见压杆的稳定安全系数

机械类型	稳定安全系数 n_{st}	机械类型	稳定安全系数 n_{st}
金属结构中的压杆	1.8～3.0	起重螺旋杆	3.5～6.0
矿山和冶金设备中的压杆	4.0～8.0	低速发动机挺杆	4.0～6.0
机床的丝杆	2.5～4.0	高速发动机挺杆	2.0～5.0

还应指出，由于压杆的稳定性取决于整根杆件的抗弯刚度，因此，在稳定计算中，无论是由欧拉公式还是由经验公式所确定的临界应力，都是以杆件的整体变形为基础的。局部削弱（如螺钉孔或油孔等）对整体变形影响很小，所以计算临界应力时，可采用未经削弱的横截面面积 A 和惯性矩 I。当进行强度计算时，应该使用削弱后的横截面面积。

10.4.2　折减系数法

在工程实际中，也常采用折减系数法进行稳定性计算。由于稳定许用应力 $[\sigma_{st}]$ 总是

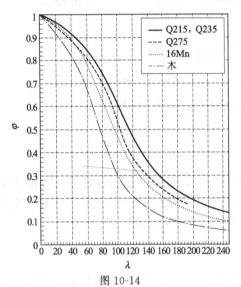

图 10-14

小于强度许用应力 $[\sigma]$，在工程中常将稳定许用应力 $[\sigma_{st}]$ 表示为强度许用应力 $[\sigma]$ 与一个小于 1 的系数 φ 的乘积，即

$$[\sigma_{st}] = \varphi[\sigma] \qquad (10\text{-}15)$$

式中，φ 是一个小于 1 的系数，称为折减系数，其值与压杆的柔度及所用材料有关。结构钢（Q215，Q235，Q275）、低合金钢（16Mn）以及木质压杆的 $\varphi\text{-}\lambda$ 曲线如图 10-14 所示。

引入折减系数后，压杆的稳定性条件为

$$\sigma = \frac{F}{A} \leqslant \varphi[\sigma] \qquad (10\text{-}16)$$

由于局部削弱对整个杆件的稳定性影响不大，故式中的 A 为杆件未削减的截面面积。按稳定条件式(10-16)对压杆进行的稳定计算称为折减系数法。

【例 10-6】　如图 10-15 所示的千斤顶，若螺杆旋出的最大长度 $l=38\text{cm}$，内径 $d=4\text{cm}$，材料为 Q235 钢，最大起重量 $F=80\text{kN}$，规定的稳定安全系数 $[n_{st}]=3$，试校核该螺杆的稳定性。

解　(1) 求柔度　螺杆可简化为下端固定，上端自由的压杆，故长度系数 $\mu=2$。螺杆的惯性半径为

$$i = \sqrt{\frac{I}{A}} = \sqrt{\frac{\dfrac{\pi d^4}{64}}{\dfrac{\pi d^2}{4}}} = \frac{d}{4} = \frac{4}{4} = 1\text{cm}$$

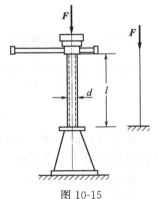

图 10-15

螺杆的柔度为

$$\lambda = \frac{\mu l}{i} = \frac{2 \times 38}{1} = 76 < \lambda_p = 101$$

属于中、小柔度杆

（2）求临界应力，校核稳定性

$$\sigma_{cr}=235-0.00668\times76^2=196.4\mathrm{MPa}$$

螺杆的工作应力

$$\sigma=\frac{F}{A}=\frac{80\times10^3}{\dfrac{\pi\times40^2}{4}}=63.66\mathrm{MPa}$$

螺杆的稳定安全系数

$$n_{st}=\frac{\sigma_{cr}}{\sigma}=\frac{196.4}{63.66}=3.08>[n_{st}]=3$$

故千斤顶螺杆是稳定的。

【例 10-7】　机车连杆 AB 如图 10-16 所示。已知它受的轴向压力 $P=120\mathrm{kN}$，$l=200\mathrm{cm}$，$l_1=180\mathrm{cm}$，$b=2.5\mathrm{cm}$，$h=7.6\mathrm{cm}$，材料为 A3 钢，$E=206\mathrm{GPa}$。若规定的稳定安全系数 $[n_{st}]=2$，试校核此连杆的稳定性。

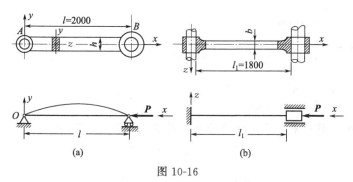

图 10-16

解　（1）求柔度　连杆的支座情况，在图示平面（xoy 平面）内可简化为两端铰链，如图 10-16(a) 所示，在垂直于图示平面（xoz 平面）内则简化为两端为固定端，如图 10-16(b) 所示。

在 xOy 平面内失稳时，中性轴为 z 轴，

$$I_z=\frac{bh^3}{12}\qquad \mu=1$$

则

$$i_1=\sqrt{\frac{I_z}{A}}=\sqrt{\frac{\dfrac{bh^3}{12}}{bh}}=\frac{h}{\sqrt{12}}=\frac{7.6}{\sqrt{12}}=2.194\mathrm{cm}$$

$$\lambda_1=\frac{\mu l}{i_1}=\frac{1\times200}{2.194}=91.2$$

在 xOz 平面内失稳时，中性轴为 y 轴，

$$I_y=\frac{hb^3}{12}\qquad \mu=0.5$$

则

$$i_2=\sqrt{\frac{I_y}{A}}=\sqrt{\frac{\dfrac{hb^3}{12}}{bh}}=\frac{b}{\sqrt{12}}=\frac{2.5}{\sqrt{12}}=0.7217\mathrm{cm}$$

$$\lambda_2=\frac{\mu l_1}{i_2}=\frac{0.5\times180}{0.7217}=124.7$$

（2）求临界应力，校核稳定性　由于 $\lambda_1<\lambda_2$，所以先在 xOz 平面内失稳。又因 $\lambda_2>\lambda_p$，应用欧拉公式计算其临界应力

$$\sigma_{cr}=\frac{\pi^2 E}{\lambda^2}=\frac{\pi^2\times206\times10^3}{124.7^2}=130.7\text{MPa}$$

连杆的工作应力为

$$\sigma=\frac{P}{bh}=\frac{120\times10^3}{25\times76}=63.16\text{MPa}$$

连杆的实际安全系数为

$$n_{st}=\frac{\sigma_{cr}}{\sigma}=\frac{130.7}{63.16}=2.07>[n_{st}]=2$$

所以连杆满足稳定条件。

【例 10-8】 如图 10-17 所示托架中杆 AB 的直径 $d=20\text{mm}$，长度 $l=0.8\text{m}$，两端可视为铰支，材料是 Q235 钢，$\lambda_p=100$，$E=200\text{GPa}$。若已知载荷 $F=7\text{kN}$，稳定安全系数 $[n_{st}]=2$，试校核 AB 杆的稳定性。

解 （1）求 AB 杆的临界荷载

$$i=\sqrt{\frac{I}{A}}=\frac{d}{4}=\frac{20}{4}=5\text{mm}$$

$$\lambda=\frac{\mu l}{i}=\frac{1\times800}{5}=160 \qquad \lambda>\lambda_p \qquad \text{属大柔度杆，由欧拉公式得}$$

$$F_{cr}=\sigma_{cr}A=\frac{\pi^2 E}{\lambda^2}A=\frac{\pi^2\times200\times10^3}{160^2}\times\frac{\pi}{4}\times20^2=24.2\text{kN}$$

（2）求托架的工作荷载　取 CD 杆为研究对象，假设 $\angle CBA=\alpha$

$$\sum m_c(F)=0 \qquad -7\times0.9+F_{AB}\times\sin\alpha\times0.6=0$$

$$\sin\alpha=\frac{\sqrt{0.8^2-0.6^2}}{0.8}=0.66$$

$$F_{AB}=\frac{0.9\times7}{0.6\times0.66}=15.9\text{kN}$$

（3）校核 AB 杆的稳定性

$$n_{st}=\frac{F_{cr}}{F_{AB}}=\frac{24.2}{15.9}=1.52<[n_{st}]$$

故 AB 杆是不稳定的。

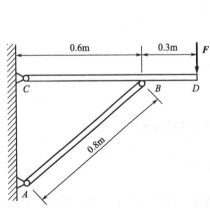

图 10-17

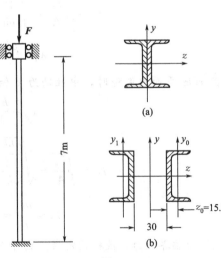

图 10-18

【例 10-9】　钢柱长 $l=7\text{m}$，两端固定，材料为 A3 钢，$E=200\text{GPa}$，规定的稳定安全系数 $n_{\text{st}}=3$，横截面由两个 10 号槽钢组成，如图 10-18 所示。试求当两槽钢靠紧，如图 10-18(a) 所示和离开，如图 10-18(b) 所示时钢柱的许可载荷。

解　(1) 两槽钢靠紧的情形。从型钢表中查得

$$A=12.748\times 2=25.5\text{cm}^2$$

$$I_y=54.9\times 2=109.8\text{cm}^4$$

$$i_y=i_{\min}=\sqrt{\frac{I_y}{A}}=\sqrt{\frac{109.8}{25.5}}=2.08\text{cm}$$

柔度为

$$\lambda_y=\frac{\mu l}{i_y}=\frac{0.5\times 700}{2.08}=168.3$$

查表 10-2，A3 钢的 $\lambda_{\text{p}}=100$。$\lambda_y>\lambda_{\text{p}}$，故该钢柱为大柔度杆。由式(10-5) 计算临界力

$$F_{\text{cr}}=\frac{\pi^2 EI}{(\mu l)^2}=\frac{\pi^2\times 200\times 10^9\times 109.8\times 10^{-8}}{(0.5\times 7)^2}=1.769\times 10^5\text{N}=176.9\text{kN}$$

由式(10-14) 计算钢柱的许可载荷 F，则

$$F\leqslant\frac{F_{\text{cr}}}{n_{\text{st}}}=\frac{176.9}{3}=59\text{kN}$$

(2) 两槽钢离开的情形。从附录 B 型钢表中可查得

$$I_z=198\times 2=396\text{cm}^4$$

$$i_z=3.95\text{cm}$$

$$I_{y1}=25.6\text{cm}^4$$

$$z_0=1.52\text{cm}$$

根据平行移轴公式

$$I_y=2\left[I_{y1}+\frac{A}{2}\left(z_0+\frac{3}{2}\right)^2\right]=2[25.6+12.748\times(1.52+1.5)^2]=284\text{cm}^4$$

$$i_y=\sqrt{\frac{I_y}{A}}=\sqrt{\frac{284}{25.5}}=3.34\text{cm}$$

比较以上数值，应取

$$i_{\min}=i_y=3.34\text{cm}$$

柔度为

$$\lambda_y=\frac{\mu l}{i_y}=\frac{0.5\times 700}{3.34}=104.8>\lambda_{\text{p}}=100$$

由式(10-5) 计算临界力

$$F_{\text{cr}}=\frac{\pi^2 EI}{(\mu l)^2}=\frac{\pi^2\times 200\times 10^9\times 284\times 10^{-8}}{(0.5\times 7)^2}=4.58\times 10^5\text{N}=458\text{kN}$$

由式(10-14) 计算钢柱的许可载荷 F，则

$$F\leqslant\frac{F_{\text{cr}}}{n_{\text{st}}}=\frac{458}{3}=152.7\text{kN}$$

将这两种情形进行比较，可知两槽钢靠紧时许可载荷要小很多。因此，为了提高压杆的稳定性，可将两槽钢离开一定距离，以增加它对 y 轴的惯性矩 I_y；离开的距离，最好能使

I_y 与 I_x 相等，使压杆的两个方向有相同的抵抗失稳的能力。根据这样的原则来设计压杆的截面形状是合理的。

【例 10-10】 如图 10-19(a) 所示结构的四根立柱每根承受 $F/4$ 的压力，已知立柱由 A3

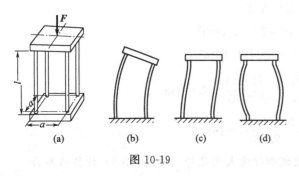

图 10-19

钢制成，弹性模量 $E=210\text{GPa}$，立柱长度 $l=3\text{m}$，作用于上板中心的集中力 $F=1000\text{kN}$，规定稳定安全系数 $n_{st}=4$。试按稳定条件设计立柱的直径 d。

解 为了确定如图 10-19(a) 所示结构的长度系数，应首先分析压杆可能的弯曲状态，可能的弯曲状态如图 10-19(b)～(d) 所示。实际上只要载荷不严重偏心，如图 10-19(b) 所示失稳状态是不可能出现的，这是由于每根立柱的承载情况相同，支承条件及立柱的刚度均相同所致。如图 10-19(d) 所示的状态也不可能出现，因为对于这种状态，有 $\mu=0.5$，其临界应力是如图 10-19(c) 所示状态的 4 倍，因此不可能按图 10-19(d) 的形状弯曲，只能按如图 10-19(c) 所示的形状弯曲。而图 10-19(c) 的形状是正弦波形的一半，故取 $\mu=1$。

(1) 确定每根立柱的临界力。由题意知，每根立柱承受的压力

$$F=\frac{1000}{4}=250\text{kN}$$

故其临界力

$$F_{cr}=n_{st}F=4\times250=1000\text{kN}$$

(2) 确定立柱的直径。要确定立柱的直径，首先确定临界力的公式，由于直径尚未确定，无法求出立柱的柔度，也就无法判定使用欧拉公式还是使用经验公式。为此，在计算时先用欧拉公式确定立柱的直径，进而验证看其是否满足欧拉公式的使用条件。

先由欧拉公式求出临界压力

$$F_{cr}=\frac{\pi^2 EI}{(\mu l)^2}=\frac{\pi^2\times210\times10^9\times\pi d^4}{64\times(1\times3)^2}=1000\text{kN}$$

由此解出 $d=97.5\text{mm}$，取 $d=98\text{mm}$。

(3) 验证是否满足欧拉公式使用条件。对圆形截面 $i=\dfrac{d}{4}$，故立柱的柔度为

$$\lambda=\frac{\mu l}{i}=\frac{1\times3000}{\frac{1}{4}\times98}=122.4$$

对于 A3 钢

$$\lambda_p=\sqrt{\frac{\pi^2 E}{\sigma_p}}=\sqrt{\frac{\pi^2\times206\times10^9}{220\times10^6}}=96.1$$

$\lambda>\lambda_p$，用欧拉公式计算临界压力是正确的。

10.5 提高压杆稳定性的措施

压杆临界力的大小，直接反映了压杆稳定性的好坏。要想提高压杆的稳定性，可从提高

压杆临界力着手。压杆的临界力与截面形状尺寸、长短、支承、材料等因素有关，下面就根据这几个因素来讨论提高压杆稳定性的主要措施。

10.5.1　选择合理的截面形状

由临界应力总图可以看出，临界应力 σ_{cr} 是随柔度 λ 的减小而增大，而柔度 λ 又与惯性半径 i 成反比。因此，要提高压杆的稳定性，应尽量增大惯性半径 i。由于 $i = \sqrt{\dfrac{I}{A}}$，所以在不增加面积的情况下，要尽量增加截面惯性矩 I。例如，可以把实心截面做成空心截面，如图 10-20 所示。

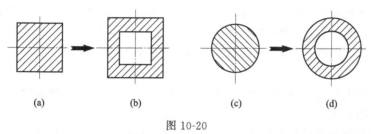

(a)　　　　(b)　　　　(c)　　　　(d)

图 10-20

压杆总是在柔度 λ 较大的纵向平面内失稳，为了充分发挥压杆在稳定性方面的潜力，应使各个纵向平面内的柔度 λ 值相同或基本相同，根据 $\lambda = \dfrac{\mu l}{i}$ 可见，当压杆两端的支座是固定端或球铰链时，各纵向平面内的约束情况就相同，即 μl 相同。所以要求截面相对各形心轴的惯性半径 i 相同，即惯性矩 I 相同。这样采用圆形或方形截面比较合理。当压杆两端是柱铰链时，则采用矩形或工字形截面较为合理。

10.5.2　改变压杆的约束条件

因压杆两端固定得越牢固，μ 值越小，相当长度 μl 就越小，临界应力就越大，故采用 μ 值小的支座形式，可以提高压杆的稳定性，但实际上很难达到理想的固定端约束。

10.5.3　减小压杆的长度

在其他条件相同的情况下，杆长 l 越小，则 λ 值越小，临界应力就越高。因此，在可能的情况下，尽量减小压杆的长度，以提高其稳定性。如工作条件不允许减小压杆的长度时，可以采用增加中间支承的办法，如图 10-21 所示。

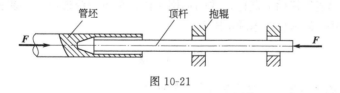

管坯　　　顶杆　抱辊

图 10-21

10.5.4　合理选择材料

关于压杆的材料对稳定性的影响，应该具体问题具体分析。对于 $\lambda > \lambda_p$ 的大柔度杆来说，临界应力 $\sigma_{cr} = \dfrac{\pi^2 E}{\lambda^2}$。压杆材料的弹性模量 E 越大，则压杆的临界应力 σ_{cr} 就越大，故选

用 E 值较大的材料能提高细长压杆的稳定性。但由于压杆的临界应力 σ_{cr} 值与材料的强度指标无关，故在 E 值相同的材料中，就没有必要选用高强度材料。例如，合金钢与普通碳钢的 E 值都在 200GPa 左右，若选用合金钢做细长压杆，除了造成浪费外是毫无意义的。对于细长杆如采用普通钢材制造，既经济又合理。

对于中小柔度杆，无论是根据经验公式还是理论分析，都说明临界应力与材料的强度有关。对于这一类压杆采用高强度钢制造，可以提高其稳定性。

学习方法和要点提示

压杆稳定中的临界压力（应力）与强度问题计算中的强度极限应力相似，只不过强度极限应力是通过实验测量得到的，而临界应力是根据压杆的材料、长度、约束条件和截面几何性质计算出来的，也是客观存在的。在计算临界应力时一定要先计算柔度，根据 λ 值选择正确的计算公式，切忌不计算压杆的柔度就乱套公式。若大柔度杆错误地选用了中柔度杆的经验公式，其结果是偏于危险的。而对于中柔度杆应选用经验公式，若错误地选择了欧拉公式计算，其结果也是偏于危险的。

1. 压杆的稳定性是对于原来直线平衡状态而言的，即对原来的直线平衡状态，是稳定的平衡，或是不稳定的平衡。

2. 对于一定的压杆及其约束条件，压杆的稳定性取决于压杆所受的压力值，即当 $F<F_{cr}$，压杆的平衡是稳定的；当 $F \geq F_{cr}$，压杆的平衡是不稳定的；而当 $F=F_{cr}$ 时，压杆将在微弯状态下保持平衡，丧失了压杆原有的直线平衡状态。

3. 压杆的稳定性与杆件的最小抗弯刚度 EI、杆件的长度 l 和约束条件有关，压杆丧失稳定总是首先在最小弯曲刚度平面内失稳。

4. 研究压杆的弹性稳定问题，虽然仍限制在线弹性范围、小变形条件下，但需对其变形后的形态进行分析。因此，力作用的叠加原理不再适用。

5. 习题分类及解题要点

(1) 临界压力的计算　首先确定压杆的柔度，判断属于哪一类杆件，选择合适的公式计算临界力，中柔度压杆先计算临界应力，再乘以横截面面积得到临界压力。

(2) 稳定性计算　单根压杆可直接由公式 $n_{st}=\dfrac{F_{cr}}{F} \geq [n_{st}]$ 或 $n_{st}=\dfrac{\sigma_{cr}}{\sigma} \geq [n_{st}]$ 计算压杆的工作安全系数，并由稳定条件判断压杆是否满足稳定性设计准则。对于简单结构，则需对结构进行受力分析，确定哪些杆承受轴向压缩，计算出轴向压力后再进行稳定性计算。

(3) 设计压杆横截面的几何尺寸　这类题目因为截面尺寸未知，故无法求出柔度，也无法选择适当的临界应力计算公式。因此，要采用试算法，先由欧拉公式确定截面尺寸，待确定压杆尺寸后，检查是否满足使用的欧拉公式的适用条件，有时要经过反复多次的试算才能得到正确的答案。这类题型一般很少在考题中出现。

思　考　题

1. 构件的稳定性与强度、刚度的主要区别是什么？

2. 怎样判断压杆是否稳定？

3. 压杆失稳而发生弯曲与梁在横向力作用下产生的弯曲变形，在性质上有何区别？

4. 什么是柔度？它的大小由哪些因素决定？

5. 压杆在弹性阶段和塑性阶段，各用什么公式计算？为什么？

6. 如图 10-22 所示的截面，若压杆两端均用球形铰链，失稳时截面绕哪根轴转？

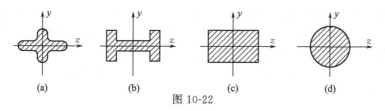

图 10-22

7. 如图 10-23 所示，四个角钢所组成的焊接截面，当压杆两端均为球铰支座时，哪种截面较为合理？为什么？

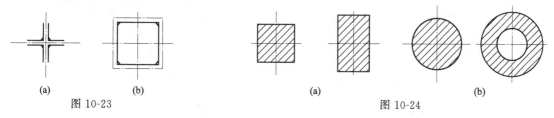

(a)　　　　(b)　　　　　　　　　　　(a)　　　　　　　　(b)

图 10-23　　　　　　　　　　　　　　　图 10-24

8. 如图 10-24 所示为两组截面，每一组中的两截面面积相同，试问作为压杆（两端为球铰），各组中哪一种截面形状合理？

9. 由 A3 钢制成的圆柱，两端为球铰支座，试问圆柱长度应比直径大多少倍时，才能用欧拉公式计算？

习　题

10-1　铸铁压杆，已知直径 $d=5\text{cm}$，长度 $l=1\text{m}$，压杆一端固定，一端自由，材料 $E=108\text{GPa}$，试求压杆的临界力。

10-2　由 A3 钢制成的 22a 工字钢压杆，$A=42.128\text{cm}^2$，$I_x=3400\text{cm}^4$，$I_y=225\text{cm}^4$，两端为球铰支座。已知压杆长 $l=4\text{m}$，$E=206\text{GPa}$，试求压杆的临界力和临界应力。

10-3　有一 25a 号工字钢支柱，柱长 700cm，两端固定，稳定安全系数 $[n_{\text{st}}]=2$，材料是 A3 钢，$E=206\text{GPa}$。试求支柱能承担的轴向载荷。

10-4　机车连杆两端是柱铰链，形状如题 10-4 图所示。已知材料是 A3 钢，$E=206\text{GPa}$，$P=300\text{kN}$，$A=44\text{cm}^2$，$I_y=120\text{cm}^4$，$I_z=797\text{cm}^4$。若稳定安全系数 $[n_{\text{st}}]=2$，试校核此连杆的稳定性。

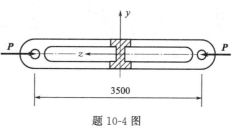

题 10-4 图

10-5　如题 10-5 图所示支架，斜杆 BC 为圆截面杆，直径 $d=40\text{mm}$、长度 $l=3.25\text{m}$，材料为优质碳钢，$\sigma_p=200\text{MPa}$，$E=200\text{GPa}$，若 $[n_{\text{st}}]=4$，试按 BC 杆的稳定性确定支架的许可载荷。

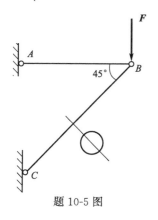

题 10-5 图

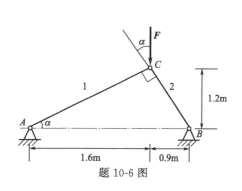

题 10-6 图

10-6 如题 10-6 图所示桁架，承受集中力 F 作用，两压杆均为直径 56mm 的圆形截面，材料的 $E=70$GPa，$\lambda_p=88$。若失稳只能发生在桁架平面内，试确定引起桁架失稳的 F 值。

10-7 如题 10-7 图所示结构受载荷 P 作用，横梁 AB 为刚性梁，支承杆 CD 的直径 $d=20$mm，A、C、D 处为铰支，已知 $E=206$GPa，$\lambda_p=100$，规定稳定安全系数 $[n_{st}]=2.0$，试确定结构的许可载荷 P。

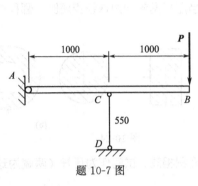
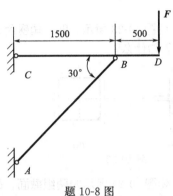

题 10-7 图 　　　　题 10-8 图

10-8 如题 10-8 图所示托架，AB 杆是圆管，外径 $D=50$mm，内径 $d=40$mm，两端为球铰，材料为 A3 钢，$E=206$GPa，$\lambda_p=100$。若规定稳定安全系数 $[n_{st}]=3$，试确定许可荷载 F。

10-9 截面为圆形、直径为 d 两端固定的细长压杆和截面为正方形、边长为 d 两端铰支的细长压杆，材料及柔度都相同，求两杆的长度之比及临界力之比。

10-10 有两根两端均为铰支的压杆，其长度、横截面面积、弹性模量均相同，一根是直径为 d 的实心圆截面，另一根是边长为 a 的正方形截面，试求两者临界力之比值。

10-11 两根以铰链连接的圆杆 AB、AC，长度、弹性模量 E、直径 D 都相等，并作用给定的集中力 P，如题 10-11 图所示。如果 BC 距离不变，试按稳定条件（设给定条件已满足大柔度压杆）确定使用材料最少的高度 h 和直径 D。

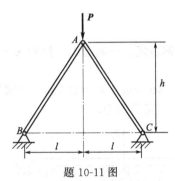

题 10-11 图

第11章

能 量 法

本章要求：掌握变形能的基本概念，熟练掌握杆件在基本变形和组合变形下的变形能计算，掌握利用卡氏定理和莫尔积分法计算构件的位移。了解用能量法求解系统的超静定问题。

重点：在掌握功能原理和变形能的计算基础上，重点掌握用卡氏定理和莫尔积分法计算位移。

难点：卡氏定理和莫尔积分法的推导过程，应该深刻理解。用能量法在求解超静定结构中的应用问题，能量法在动载荷问题中的应用。

11.1 概述

当弹性体在外力作用下产生弹性变形时，各点产生位移。随着变形的增加，外力的作用点也要产生位移，外力必然要做功，弹性体因变形而存储了一定的能量，这种能量叫弹性变形能。如果外力是从零逐渐缓慢地增加的，对杆件进行逐步加载，认为无动能变化，可以忽略变形过程中的能量损失，而且物体的变形是弹性的，则可以认为弹性体在外力作用下始终处于平衡状态而没有动能，于是，外力所做的功 W 全部转化为弹性变形能 U 而储存于弹性体内，也就是说，储存在弹性体内的变形能 U 在数值上等于外力的功。即

$$U=W$$

利用功、能关系求弹性体某点或某截面的位移，这种方法称为能量法。利用能量法求弹性体的位移，使计算更加简捷有效，利用能量法还可以求解超静定问题。

11.2 变形能的计算

11.2.1 杆件拉伸（压缩）时的变形能

等截面直杆，长度为 l，横截面积为 A，在力 F 作用下，杆的伸长为 Δl，如图 11-1(a)所示。给力 F 一个增量 $\mathrm{d}F$，杆的伸长 Δl 也有一个增量 $\mathrm{d}(\Delta l)$，功的增量为

$$\mathrm{d}W=F\mathrm{d}(\Delta l)$$

当杆的应力不超过材料的比例极限时，F 与 Δl 是线性关系，$\mathrm{d}W$ 就是阴影中的微面积，如图 11-1(b) 所示，整个外力的功就是三角形的面积，即

$$W=\int_0^{\Delta l_1} F\mathrm{d}(\Delta l)=\frac{1}{2}F_1\Delta l_1$$

注意到 $F=F_\mathrm{N}$，得

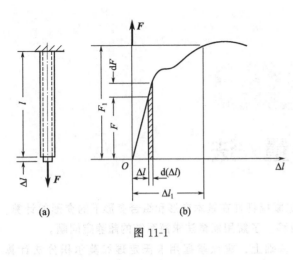

$$U = \frac{1}{2} F_N \Delta l$$

将胡克定律代入得

$$U = W = \frac{1}{2} F_N \Delta l = \frac{F_N^2 l}{2EA}$$

若轴力为变量，在微段 dx 内的变形能为

$$dU = \frac{F_N^2(x)}{2EA} dx$$

整个杆件的变形能

$$U = \int_l \frac{F_N^2(x)}{2EA} dx \qquad (11\text{-}1)$$

图 11-1

11.2.2 圆轴扭转时的变形能

圆轴扭转变形能也可以通过外力的功来计算，计算过程与等截面直杆拉伸（压缩）时的变形能计算相类似。

设圆轴两端作用有外力偶矩 M_0，两端面的相对扭转角为 φ，如图 11-2(a) 所示，在弹性范围内外力偶矩 M_0 与扭转角 φ 成线性关系，如图 11-2(b) 所示，力偶矩 M_0 在角位移 φ 上所做的功为

$$W = \frac{1}{2} M_0 \varphi$$

截面扭矩 $M_T = M_0$，而 $\varphi = \dfrac{M_T l}{GI_p}$，圆轴的变形能为

$$U = W = \frac{M_T^2 l}{2GI_p}$$

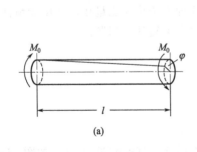
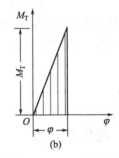
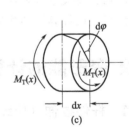

图 11-2

若扭矩为变量，如图 11-2(c) 所示，在微段 dx 内的变形能为

$$dU = \frac{M_T^2(x)}{2GI_p} dx$$

整个圆轴的变形能

$$U = \int_l \frac{M_T^2(x)}{2GI_p} dx \qquad (11\text{-}2)$$

11.2.3　梁弯曲时的变形能

梁在弯曲时的变形能计算，分两种情况进行讨论。

（1）纯弯曲梁　设梁的长度为 l，两端面的相对转角为 θ，横截面上的弯矩为 M，如图 11-3(a) 所示，在弹性范围内，弯矩与转角成线性关系，如图 11-3(b) 所示，梁的弯曲变形能为

$$U = W = \frac{1}{2}M\theta$$

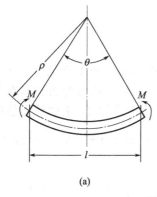
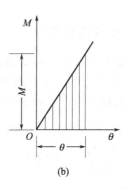

(a)　　　　　　　　(b)

图 11-3

在弯曲中有关系式 $\theta = \dfrac{l}{\rho}$，$\dfrac{1}{\rho} = \dfrac{M}{EI}$，所以 $\theta = \dfrac{Ml}{EI}$

梁在纯弯曲时的变形能为

$$U = W = \frac{M^2 l}{2EI} \tag{11-3}$$

（2）横力弯曲梁　梁在横弯曲时由于横截面上存在剪力和弯矩，所以横截面上有剪切变形能和弯曲变形能。在梁上取微段 $\mathrm{d}x$，如图 11-4(a) 所示，在微段 $\mathrm{d}x$ 的两端面上的剪力为 $F_S(x)$ 和 $F_S(x) + \mathrm{d}F_S(x)$，弯矩为 $M(x)$ 和 $M(x) + \mathrm{d}M(x)$，如图 11-4(b) 所示，弯矩在相应的弯曲变形 $\mathrm{d}\theta$ 上做功，而剪力在相应的剪切变形 $\mathrm{d}r$ 上做功，如图 11-4(c)、(d) 所示。但是，当梁的跨度比较大的时候，切应力远远小于弯曲正应力，剪力所做的功远小于弯矩所做的功，一般可以忽略不计。另外，再略去弯矩增量 $\mathrm{d}M(x)$ 所做的功，微段 $\mathrm{d}x$ 与纯弯曲情况一样，变形能为

$$\mathrm{d}U = \mathrm{d}W = \frac{1}{2}M(x)\mathrm{d}\theta$$

梁的曲率为

$$\frac{\mathrm{d}\theta}{\mathrm{d}x} = \frac{1}{\rho(x)} = \frac{M(x)}{EI}$$

$$\mathrm{d}\theta = \frac{M(x)}{EI}\mathrm{d}x$$

于是

$$U = \int_l \frac{M^2(x)\mathrm{d}x}{2EI}$$

整个梁的弯曲变形能为

$$U = \int_l \frac{M^2(x)\mathrm{d}x}{2EI} \tag{11-4}$$

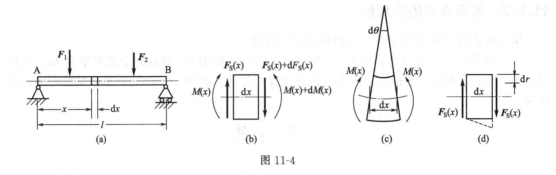

图 11-4

11.2.4 组合变形时的变形能

在一产生组合变形的杆件内截取微段 $\mathrm{d}x$，设微段截面上有轴力、扭矩和弯矩作用，剪力已经略去，如图 11-5 所示。这些内力对微段而言均可视为外力且只在其相应的位移上做功，各外力做功相互独立而互不影响，于是，作用在微段 $\mathrm{d}x$ 上的外力总功可以写成

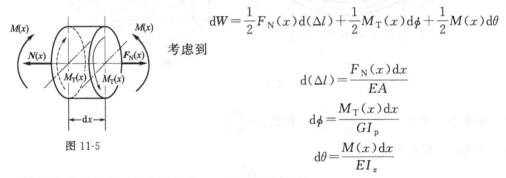

$$\mathrm{d}W = \frac{1}{2}F_N(x)\mathrm{d}(\Delta l) + \frac{1}{2}M_T(x)\mathrm{d}\phi + \frac{1}{2}M(x)\mathrm{d}\theta$$

考虑到

$$\mathrm{d}(\Delta l) = \frac{F_N(x)\mathrm{d}x}{EA}$$

$$\mathrm{d}\phi = \frac{M_T(x)\mathrm{d}x}{GI_p}$$

图 11-5

$$\mathrm{d}\theta = \frac{M(x)\mathrm{d}x}{EI_z}$$

此功在数值上等于储存在微段 $\mathrm{d}x$ 内的变形能

$$\mathrm{d}U = \mathrm{d}W = \frac{F_N^2(x)\mathrm{d}x}{2EA} + \frac{M_T^2(x)\mathrm{d}x}{2GI_p} + \frac{M^2(x)\mathrm{d}x}{2EI_z}$$

若将上式对全梁积分，得梁在组合变形时的变形能

$$U = \int_l \frac{F_N^2(x)\mathrm{d}x}{2EA} + \int_l \frac{M_T^2(x)\mathrm{d}x}{2GI_p} + \int_l \frac{M^2(x)\mathrm{d}x}{2EI_z} \tag{11-5}$$

这里应该特别指出，变形能与外力是二次函数关系，不符合叠加原理，可以通过下面杆件的拉伸加以说明。

设有一直杆，长度为 l，拉压刚度为 EA，分别在力 F_1、F_2 和 $(F_1 + F_2)$ 作用下，如图 11-6 所示其变形能为

$$U_a = \frac{F_1^2 l}{2EA}$$

$$U_b = \frac{F_2^2 l}{2EA}$$

$$U_c = \frac{(F_1 + F_2)^2 l}{2EA} = \frac{F_1^2 l}{2EA} + \frac{F_2^2 l}{2EA} + \frac{F_1 F_2 l}{EA}$$

通过上例可以明显地看出以下两点。

（1）变形能与外力是二次函数关系，故在计算变形

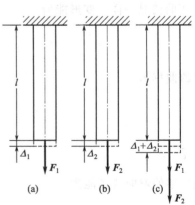

图 11-6

能时不能应用叠加原理。也就是说，载荷 F_1、F_2 单独作用时产生的变形能之和不等于两载荷（F_1+F_2）共同作用时产生的变形能，即

$$U_a+U_b \neq U_c$$

由于常力做功

$$W=F_1\Delta l_2$$

$$\Delta l_2=\frac{F_2 l}{EA}$$

所以

$$U=W=F_1\frac{F_2 l}{EA}$$

先加的载荷 F_1 在后加的载荷 F_2 所产生的位移 Δl_2 上所做的功。

（2）变形能的大小只与载荷的最终值有关，而与载荷的加载次序无关。

设 Δ_1、Δ_2 分别为杆件在力 F_1、F_2 单独作用时产生的变形，先加载荷 F_1，后加载荷 F_2，此时有

$$U=W=\frac{1}{2}F_1\Delta_1+\frac{1}{2}F_2\Delta_2+F_1\Delta_2=\frac{F_1^2 l}{2EA}+\frac{F_2^2 l}{2EA}+\frac{F_1 F_2 l}{EA}$$

现在反过来，先加载荷 F_2，后加载荷 F_1，此时有

$$U=W=\frac{1}{2}F_2\Delta_2+\frac{1}{2}F_1\Delta_1+F_2\Delta_1=\frac{F_2^2 l}{2EA}+\frac{F_1^2 l}{2EA}+\frac{F_2 F_1 l}{EA}$$

显然，两种加载方式不同，但是最终结果完全相同。变形能的大小只与载荷的最终值有关，而与载荷的加载次序无关，这一结论对于其他情况的变形也是成立的，这里就不再一一赘述。

【例 11-1】　一受集中力 P 作用的悬臂梁 AB 如图 11-7 所示，设其抗弯刚度 EI 为已知常数，试求此梁的弯曲变形能。

解　梁的任一截面的弯矩为

$$M(x)=Px$$

$$U=\int_l \frac{M^2(x)\mathrm{d}x}{2EI}=\frac{1}{2EI}\int_0^l (Px)^2\mathrm{d}x=\frac{P^2 l^3}{6EI}$$

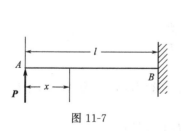

图 11-7

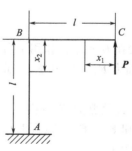

图 11-8

【例 11-2】　一机架简化成如图 11-8 所示的钢架，若所有截面的抗弯刚度 EI 均相同，试计算其变形能。

解　整个刚架的变形能为杆 AB 和杆 BC 的变形能的总和，即

$$U=U_{AB}+U_{BC}$$

在 BC 杆上

$$M(x_1)=Px_1$$

在 AB 杆上

$$M(x_2) = Pl \qquad F_N(x_2) = P$$

$$U = \int_0^l \frac{(Px_1)^2}{2EI}\mathrm{d}x_1 + \int_0^l \frac{(Pl)^2}{2EI}\mathrm{d}x_2 + \int_0^l \frac{P^2}{2EA}\mathrm{d}x_2$$

$$= \frac{P^2l^3}{6EI} + \frac{P^2l^3}{2EI} + \frac{P^2l}{2EA} = \frac{2P^2l^3}{3EI} + \frac{P^2l}{2EA}$$

11.3 莫尔积分法

直接利用变形能等于外力做功这一关系式求弹性体某点的位移时，要求该点必须有相应的外力作用（如图 11-9 所示），否则，在外力的表达式中就不会出现所求点的位移，位移就不能求出。莫尔利用积分变换的方法，很好地解决了这个问题。

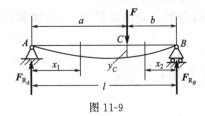

图 11-9

设有一梁 AB，在力 F_1、F_2 和 F_3 作用下产生弯曲变形，如图 11-10(a) 所示，材料服从胡克定律，求梁上任一点 C 处的挠度 y_C。

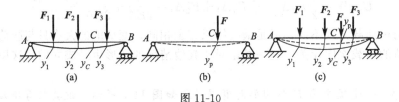

图 11-10

在力 F_1、F_2 和 F_3 作用下所产生的弯矩为 $M(x)$，整个梁的弯曲变形能为

$$U = \int_l \frac{M^2(x)\mathrm{d}x}{2EI}$$

在加载荷之前，首先在 C 点处加一力 F，如图 11-10(b) 所示，此时梁的变形能为

$$U_F = \int_l \frac{M_F^2(x)\mathrm{d}x}{2EI}$$

$M_F(x)$ 为梁在力 F 单独作用下所产生的弯矩。

然后再加力 F_1、F_2 和 F_3，此时梁总的变形能为

$$U_{总} = U_F + U + Fy_C$$

式中，Fy_C 为常力 F 做功。

设力 F 和 F_1、F_2、F_3 同时作用在梁上时，任一截面的弯矩为 $M(x) + M_F(x)$，此时梁的总变形能为

$$U_{总} = \int_l \frac{[M(x) + M_F(x)]^2\mathrm{d}x}{2EI}$$

变形能的大小取决于载荷的最终值，而与加载的先后次序无关

$$U_F + U + Fy_C = \int_l \frac{[M(x) + M_F(x)]^2\mathrm{d}x}{2EI}$$

$$= \int_l \frac{M^2(x)\mathrm{d}x}{2EI} + \int_l \frac{M(x)M_F(x)\mathrm{d}x}{EI} + \int_l \frac{M_F^2(x)\mathrm{d}x}{2EI}$$

其中

$$U = \int_l \frac{M(x)\mathrm{d}x}{2EI}$$

$$U_F = \int_l \frac{M_F^2(x)\mathrm{d}x}{2EI}$$

所以

$$F y_C = \int_l \frac{M(x)M_F(x)\mathrm{d}x}{EI}$$

两边同除以 F

$$\left(\frac{F}{F}\right) y_C = \int_l \frac{M(x)\dfrac{M_F(x)}{F}\mathrm{d}x}{EI}$$

单位力 $F_0 = \dfrac{F}{F} = 1$，单位力所产生的弯矩 $M^0(x) = \dfrac{M_F(x)}{F}$，于是

$$y_C = \int_l \frac{M(x)M^0(x)\mathrm{d}x}{EI} \tag{11-6}$$

$M(x)$ 为梁在外力作用下任一截面上的弯矩，$M^0(x)$ 为梁在单位力 $F_0 = 1$ 作用下任一截面上的弯矩。

从上式可以看出，求哪一点的位移，就在哪一点加一单位力。此式就是莫尔定理，又称为莫尔积分。

同理，如果需要计算梁内某截面的转角 θ_C，可以在该截面处加一个单位力偶 $M_0 = 1$，于是，莫尔定理可以写成

$$\theta_C = \int_l \frac{M(x)M^0(x)\mathrm{d}x}{EI} \tag{11-7}$$

式中，$M^0(x)$ 为梁在单位力偶 $M_0 = 1$ 作用下任一截面上的弯矩。

为了便于计算，可以将式(11-6)、式(11-7) 写成统一形式，即

$$\Delta = \int_l \frac{M(x)M^0(x)}{EI}\mathrm{d}x \tag{11-8}$$

式中，Δ 为广义位移，即线位移或角位移。

以上莫尔定理是根据弯曲变形推导出的公式，对于圆截面杆在组合变形情况下同样适用。设圆形截面杆任一截面上的内力为轴力 $F_N(x)$、弯矩 $M(x)$、扭矩 $M_T(x)$，于是其上任一点的广义位移为

$$\Delta = \int_l \frac{F_N(x)F_N^0(x)}{EA}\mathrm{d}x + \int_l \frac{M_T(x)M_T^0(x)}{GI_p}\mathrm{d}x + \int_l \frac{M(x)M^0(x)}{EI}\mathrm{d}x \tag{11-9}$$

若结构是由 n 个杆件组成，则结构的总变形能应该包括 n 个杆件的变形能总和，于是其相应的莫尔定理为

$$\Delta = \sum_{i=1}^n \int_{li} \frac{F_{Ni}(x)F_{Ni}^0(x)}{EA_i}\mathrm{d}x + \sum_{i=1}^n \int_{li} \frac{M_{Ti}(x)M_{Ti}^0(x)}{GI_{pi}}\mathrm{d}x + \sum_{i=1}^n \int_{li} \frac{M_i(x)M_i^0(x)}{EI_i}\mathrm{d}x \tag{11-10}$$

【例 11-3】　悬臂梁 AB 如图 11-11(a) 所示，已知梁的抗弯刚度 EI 为常量，试求梁端点 A 的挠度 y_A 和截面 A 的转角 θ_A。

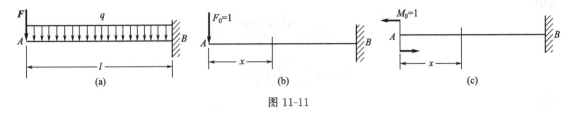

图 11-11

解 （1）求 A 点的挠度 y_A　梁在外力作用下的弯矩方程为

$$M(x) = -Fx - \frac{1}{2}qx^2$$

在 A 点加一单位力 $F_0 = 1$，如图 11-11(b) 所示，梁在单位力作用下的弯矩方程为
$$M^0(x) = -1 \times x = -x$$

代入莫尔定理得

$$y_A = \int_l \frac{M(x)M^0(x)\mathrm{d}x}{EI} = \int_0^l \frac{-\left(Fx + \frac{1}{2}qx^2\right)(-x)}{EI}\mathrm{d}x = \frac{1}{EI}\left(\frac{Fl^3}{3} + \frac{ql^4}{8}\right)$$

A 点的挠度方向铅垂向下。

（2）求 A 截面的转角 θ_A　在 A 截面加一单位力偶 $M_0 = 1$，如图 11-11(c) 所示，一般设为逆时针转向，梁在单位力偶作用下的弯矩方程为
$$M^0 = -1$$

代入莫尔定理得

$$\theta_A = \int_l \frac{M(x)M^0(x)}{EI}\mathrm{d}x = \int_0^l \frac{-\left(Fx + \frac{1}{2}qx^2\right)(-1)}{EI}\mathrm{d}x = \frac{1}{EI}\left(\frac{Fl^2}{2} + \frac{ql^3}{6}\right)$$

A 截面的转角 θ_A 沿逆时针方向旋转。

【例 11-4】 如图 11-12(a) 所示简支梁，承受集中力 F 作用，梁的抗弯刚度为 EI。试求横截面 A 的转角。

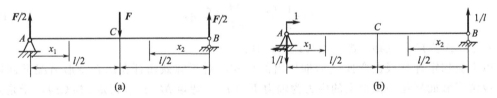

图 11-12

解 为了计算截面 A 的转角，在简支梁的截面 A 处加一单位力偶，如图 11-12(b) 所示。应该注意的是，由于式(11-8) 中的被积函数为 $M^0(x)$ 与 $M(x)$ 的乘积，因此在建立 $M^0(x)$ 与 $M(x)$ 的表达式时，梁段的划分与坐标 x 的选取应完全一致。按此原则，将梁划分为 AC 与 CB 两段，并选坐标 x_1 与 x_2，如图 11-12(b) 所示，由此得各梁段的弯矩方程如下

AC 段

$$M(x_1) = \frac{1}{2}Fx_1$$

$$M^0(x_1) = 1 - \frac{x_1}{l}$$

CB 段

$$M(x_2) = \frac{1}{2}Fx_2$$

$$M^0(x_2) = \frac{x_2}{l}$$

将上述方程带入式(11-8)，即得截面 A 的转角为

$$\theta_A = \frac{1}{EI}\int_0^{l/2}\frac{1}{2}Fx_1\left(1-\frac{x_1}{l}\right)\mathrm{d}x_1 + \frac{1}{EI}\int_0^{l/2}\frac{1}{2}Fx_2\left(\frac{x_2}{l}\right)\mathrm{d}x_2 = \frac{Fl^3}{16EI}$$

所得 θ_A 为正，说明其方向与所加单位力偶的方向相同，即截面 A 沿顺时针方向转动。

【例 11-5】　如图 11-13 所示桁架，在节点 C 处承受铅垂集中力 **F** 作用，设杆 1 和杆 2 均为等截面直杆，且抗拉（压）刚度 EA 相同。试计算节点 C 处的水平位移 Δ_C。

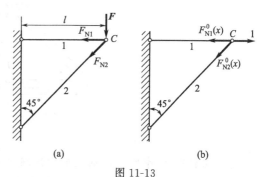

图 11-13

解　为了计算节点 C 处的水平位移，在该节点沿水平方向施加一单位力，如图 11-13(b) 所示。

在载荷 F 作用下，杆 1 与杆 2 的轴力分别为

$$F_{\mathrm{N1}}(x) = F$$

$$F_{\mathrm{N2}}(x) = -\sqrt{2}\,F$$

在单位力作用下，杆 1 与杆 2 的轴力分别为

$$F_{\mathrm{N1}}^0(x) = 1$$

$$F_{\mathrm{N2}}^0(x) = 0$$

由于杆内只有轴力，没有扭矩和弯矩，式(11-10) 可写为

$$\Delta_C = \frac{F_{\mathrm{N1}}(x)F_{\mathrm{N1}}^0(x)l_1}{E_1A_1} + \frac{F_{\mathrm{N2}}(x)F_{\mathrm{N2}}^0(x)l_2}{E_2A_2} = \frac{Fl\times1}{EA} + \frac{(-\sqrt{2}F)\times0\times\sqrt{2}l}{EA} = \frac{Fl}{EA}$$

所得 Δ_C 为正，说明其方向为水平向右。

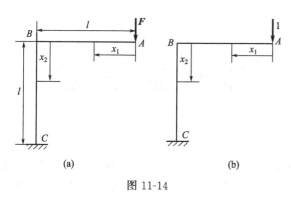

图 11-14

【例 11-6】　如图 11-14(a) 所示刚架，自由端承受铅垂载荷 **F** 作用，杆 AB 与杆 BC 均为等截面直杆，且抗弯刚度为 EI 相同。试计算横截面 A 的铅垂位移。

解　可以看出，AB 段弯曲，而 BC 段则处于弯压组合变形状态。但分析表明，与弯矩相比，轴力对刚架变形的影响很小，通常均可忽略不计。因此式(11-8) 也可应用于分析平面刚架内受力时的变形。

在载荷 F 作用下，杆 AB 与 BC 的弯矩方程分别为

$$M(x_1) = -Fx_1$$

$$M(x_2) = -Fl$$

如图 11-14(b) 所示，在单位力作用下，杆 AB 与 BC 的弯矩方程分别为

$$M^0(x_1) = -1\times x_1 = -x_1$$

$$M^0(x_2)=-1\times l=-l$$

于是，由式(11-8)，得截面 A 的铅垂位移为

$$y_A=\frac{1}{EI}\left[\int_0^l M(x_1)M^0(x_1)\mathrm{d}x_1+\int_0^l M(x_2)M^0(x_2)\mathrm{d}x_2\right]$$

$$=\frac{1}{EI}\left[\int_0^l(-Fx_1)(-x_1)\mathrm{d}x_1+\int_0^l(-Fl)(-l)\mathrm{d}x_2\right]=\frac{4Fl^3}{3EI}(\downarrow)$$

【例 11-7】 如图 11-15(a) 所示等截面刚架，受集中力 $\boldsymbol{F}$ 作用，设抗弯刚度为 EI，抗扭刚度为 GI_p。试计算截面 A 的铅垂位移 y_A。

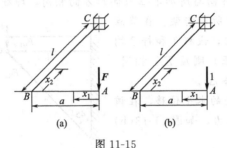

图 11-15

解 在载荷 $\boldsymbol{F}$ 作用下，刚架的 AB 段弯曲，而 BC 段则处于弯扭组合变形状态，如图 11-15(a) 所示。由式(11-9) 可知，截面 A 的铅垂位移为

$$y_A=\int_l\frac{M_\mathrm{T}(x)M_\mathrm{T}^0(x)}{GI_\mathrm{p}}\mathrm{d}x+\int_l\frac{M(x)M^0(x)}{EI}\mathrm{d}x$$

可以看出，载荷 $\boldsymbol{F}$ 引起的内力为

$$M(x_1)=-Fx_1$$
$$M(x_2)=-Fx_2$$
$$M_\mathrm{T}(x_2)=-Fa$$

而单位力引起的内力则为

$$M^0(x_1)=-x_1$$
$$M^0(x_2)=-x_2$$
$$M_\mathrm{T}^0(x_2)=-a$$

于是得

$$y_A=\int_0^a\frac{Fx_1\cdot x_1}{EI}\mathrm{d}x_1+\int_0^l\frac{Fx_2\cdot x_2}{EI}\mathrm{d}x_2+\int_0^l\frac{Fa\cdot a}{GI_\mathrm{p}}\mathrm{d}x_2=\frac{Fa^3}{3EI}+\frac{Fl^3}{3EI}+\frac{Fa^2l}{GI_\mathrm{p}}(\downarrow)$$

11.4 卡式定理

卡氏定理是意大利工程师 A. 卡斯蒂利亚诺 (Carlo Alberto Castigliano) 于 1873 年提出的。卡氏定理和莫尔定理一样，也是计算弹性体位移的一个定理，它被广泛用于求解弹性体的位移，也被用于求解超静定结构问题。

设一简支梁 AB 在力系 $\boldsymbol{F}_1$、$\boldsymbol{F}_2\cdots\boldsymbol{F}_n$ 作用下产生弯曲变形，如图 11-16(a) 所示，求对应于任一外力 $\boldsymbol{F}_n$ 作用点处的位移（挠度）y_n 的值。

由于作用在梁上各力是逐渐增大至最终值的，因此，在小变形条件下，储存在梁内的变形能 U 等于外力的功 W，即

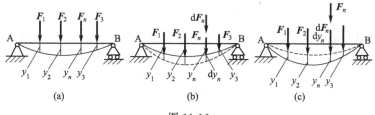

图 11-16

$$U = W = \frac{1}{2}(F_1 y_1 + F_2 y_2 + \cdots + F_n y_n)$$

因为各挠度值是随外力的大小变化而变化的，因此，变形能 U 是外力 $\boldsymbol{F}_1$、$\boldsymbol{F}_2 \cdots \boldsymbol{F}_n$ 的函数，即

$$U = f(F_1, F_2, F_3 \cdots F_n)$$

若在此基础上让任一力 $\boldsymbol{F}_n$ 有一增量 $\mathrm{d}F_n$，如图 11-16(b) 所示，则变形能也有一个相应的增量 $\mathrm{d}U$，梁的总变形能为

$$U + \mathrm{d}U = U + \frac{\partial U}{\partial F_n} \mathrm{d}F_n$$

现将加力顺序颠倒一下，即先加微力 $\mathrm{d}F_n$，后加力 $\boldsymbol{F}_1$、$\boldsymbol{F}_2 \cdots \boldsymbol{F}_n$，如图 11-16(c) 所示，微力 $\mathrm{d}F_n$ 做功为 $\frac{1}{2}\mathrm{d}F_n \mathrm{d}y_n$（变力做功）。

当后加力 $\boldsymbol{F}_1$、$\boldsymbol{F}_2 \cdots \boldsymbol{F}_n$ 时，根据小变形条件，梁在这些力作用下所产生的挠度 y_1，y_2，$y_3 \cdots y_n$ 不因已经作用了 $\mathrm{d}F_n$ 而受影响，因此，这些力所做的功仍有

$$U = W = \frac{1}{2}(F_1 y_1 + F_2 y_2 + \cdots + F_n y_n)$$

但是，当后加各力作用时，原先已作用在梁上的微力 $\mathrm{d}F_n$ 又对位移 y_n 做功（常力做功），在加载过程中梁的总变形能为三部分之和

$$\frac{1}{2}\mathrm{d}F_n \mathrm{d}y_n + U + \mathrm{d}F_n y_n$$

由于变形能与载荷的最终值有关，而与加载的先后次序无关

$$U + \frac{\partial U}{\partial F_n} \mathrm{d}F_n = \frac{1}{2}\mathrm{d}F_n \mathrm{d}y_n + U + \mathrm{d}F_n y_n$$

略去高阶微量 $\frac{1}{2}\mathrm{d}F_n \mathrm{d}y_n$

$$y_n = \frac{\partial U}{\partial F_n} \tag{11-11}$$

式(11-11) 说明，某一外力作用点沿力方向的位移，等于弹性体的总变形能对该力的偏导数。

同理

$$\theta_n = \frac{\partial U}{\partial M_n} \tag{11-12}$$

即某一集中力偶 M_n 作用处的转角 θ_n，等于总变形能对该力偶的偏导数。

对于弯曲来说，弯曲变形能

$$U = \int_l \frac{M^2(x)\mathrm{d}x}{2EI}$$

于是
$$y_n = \frac{\partial U}{\partial F_n} = \frac{\partial}{\partial F_n} \int_l \frac{M^2(x)\mathrm{d}x}{2EI}$$

由于上式积分是以 x 为变量，而求偏导数是对某外力 F_n 进行的，因此可先求偏导数后积分

$$y_n = \int_l \frac{M(x)}{EI} \frac{\partial M(x)}{\partial F_n}\mathrm{d}x \tag{11-13}$$

同理

$$\theta_n = \int_l \frac{M(x)}{EI} \frac{\partial M(x)}{\partial M_n}\mathrm{d}x \tag{11-14}$$

若用 F 表示广义力（集中力或集中力偶），Δ 表示广义位移（线位移或角位移），则

$$\Delta = \int_l \frac{M(x)}{EI} \frac{\partial M(x)}{\partial F}\mathrm{d}x \tag{11-15}$$

如果梁的各段弯矩或截面不同，则该积分就应分段进行，然后求和。

应用卡氏定理求弹性体某一点或某截面位移时，在该点或该截面必须有相应的力或力偶作用。若该点没有力或力偶作用，需在该点附加一力或力偶，完成偏导数后再令它为零。

【例 11-8】 悬臂梁 AB 如图 11-17(a) 所示，已知梁的抗弯刚度 EI 为常量，试求梁端点 A 的挠度 y_A 和截面 A 的转角 θ_A。

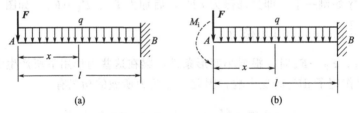

图 11-17

解 （1）求挠度 y_A

$$M(x) = -Fx - \frac{1}{2}qx^2 \quad (0 \leqslant x \leqslant l)$$

$$\frac{\partial M(x)}{\partial F} = -x$$

$$y_A = \int_l \frac{M(x)}{EI} \frac{\partial M(x)}{\partial F_n}\mathrm{d}x = \frac{1}{EI}\int_0^l \left(-Fx - \frac{1}{2}qx^2\right)(-x)\mathrm{d}x = \frac{Fl^3}{3EI} + \frac{ql^4}{8EI}$$

方向向下

（2）求转角 θ_A 在 A 截面加一单位力偶 M_i，如图 11-17(b) 所示

$$M(x) = -Fx - \frac{1}{2}qx^2 - M_\mathrm{i}$$

$$\frac{\partial M(x)}{\partial M_\mathrm{i}} = -1$$

令 $M_\mathrm{i} = 0$

$$\theta_A = \int_l \frac{M(x)}{EI} \frac{\partial M(x)}{\partial M_n}\mathrm{d}x = \frac{1}{EI}\int_0^l \left(-Fx - \frac{1}{2}qx^2\right)(-1)\mathrm{d}x = \frac{Fl^2}{2EI} + \frac{ql^3}{6EI}$$

逆时针转向。

【例 11-9】 刚架 ABC 如图 11-18(a) 所示，设刚架的抗弯刚度 EI 为常量，不计轴力影响，求 A 点的铅垂位移 y_A。

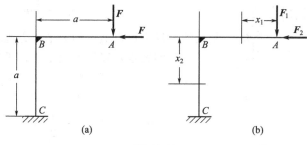

图 11-18

解　为避免求偏导数引起混淆，设铅垂力为 F_1，水平力为 F_2，如图 11-18(b) 所示，于是有

$$M_1(x_1) = F_1 x_1 \quad (0 \leqslant x_1 \leqslant a)$$

$$\frac{\partial M_1(x_1)}{\partial F_1} = x_1$$

$$M_2(x_2) = F_1 a - F_2 x_2 \quad (0 \leqslant x_2 \leqslant a)$$

$$\frac{\partial M_2(x_2)}{\partial F_1} = a$$

代入卡氏定理得

$$y_A = \int_l \frac{M_1(x_1)}{EI} \frac{\partial M_1(x_1)}{\partial F_1} \mathrm{d}x_1 + \int_l \frac{M_2(x_2)}{EI} \frac{\partial M_2(x_2)}{\partial F_1} \mathrm{d}x_2$$

$$= \frac{1}{EI} \int_0^a F_1 x_1 x_1 \mathrm{d}x_1 + \frac{1}{EI} \int_0^a (F_1 a - F_2 x_2) \times a \, \mathrm{d}x_2$$

$$= \frac{F_1 a^3}{3EI} + \frac{F_1 a^3}{EI} - \frac{F_2 a^3}{2EI}$$

令 $F_1 = F_2 = F$，得

$$y_A = \frac{5Fa^3}{6EI} (\downarrow)$$

11.5 用能量法求解超静定问题

在理论力学中我们只是提出了超静定的概念，但是没有解决超静定问题。前面在拉压、弯曲中也研究了超静定问题，但是比较麻烦。用能量法求解超静定问题比较方便，本节将介绍如何用能量法求解超静定问题。

如图 11-19(a) 所示悬臂梁为一次超静定梁。解除 B 端的多余约束后，在基本静定梁上受有载荷 q 及多余约束反力 F_{R_B} 的作用，如图 11-19(c) 所示。

首先用莫尔积分求解，基本静定梁的弯矩方程和在单位力作用下的弯矩方程为

$$M(x) = F_{R_B} x - \frac{1}{2} q x^2 \quad (0 \leqslant x \leqslant l)$$

$$M^0(x) = 1 \times x \quad (0 \leqslant x \leqslant l)$$

$$y_B = \int_l \frac{M(x) M^0(x)}{EI} \mathrm{d}x = \frac{1}{EI} \int_0^l \left(F_{R_B} x - \frac{1}{2} q x^2 \right) x \, \mathrm{d}x = 0$$

解得

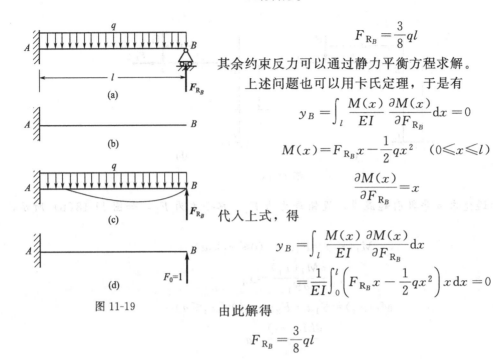

图 11-19

$$F_{R_B} = \frac{3}{8}ql$$

其余约束反力可以通过静力平衡方程求解。

上述问题也可以用卡氏定理，于是有

$$y_B = \int_l \frac{M(x)}{EI} \frac{\partial M(x)}{\partial F_{R_B}} \mathrm{d}x = 0$$

$$M(x) = F_{R_B}x - \frac{1}{2}qx^2 \quad (0 \leqslant x \leqslant l)$$

$$\frac{\partial M(x)}{\partial F_{R_B}} = x$$

代入上式，得

$$y_B = \int_l \frac{M(x)}{EI} \frac{\partial M(x)}{\partial F_{R_B}} \mathrm{d}x$$

$$= \frac{1}{EI}\int_0^l \left(F_{R_B}x - \frac{1}{2}qx^2\right)x\,\mathrm{d}x = 0$$

由此解得

$$F_{R_B} = \frac{3}{8}ql$$

其余约束反力可以通过静力平衡方程求解。

显而易见，分别用莫尔积分和卡氏定理求解，结果完全一样。能量法不但广泛用于求复杂情况下的位移，而且它是解超静定问题的有力工具。

【**例 11-10**】 如图 11-20(a) 所示等截面刚架，A 端铰支，C 端固定，在杆 AB 上承受集度为 q 的均布载荷作用，试计算约束反力。

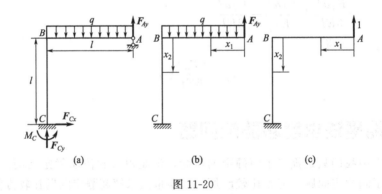

图 11-20

解 该刚架共有 4 个约束反力，分别是 F_{Ay}、F_{Cy}、F_{Cx} 和 M_C，而平衡方程只有 3 个，属一次超静定问题。

如果将铰支座 A 当作多余约束予以解除，并以铅垂约束反力 F_{Ay} 代替其作用，则原超静定刚架的相当系统如图 11-20(b) 所示，而相应的变形协调条件为截面 A 的铅垂位移为零，即

$$y_A = 0 \tag{a}$$

为了计算截面 A 的铅垂位移，在基本系统上施加一个单位力，如图 11-20(c) 所示。

在载荷 q 和多余约束反力 F_{Ay} 作用下，如图 11-20(b) 所示，基本系统 AB 与 BC 段的弯矩方程分别为

$$M(x_1) = F_{Ay}x_1 - \frac{1}{2}qx_1^2$$

$$M(x_2) = F_{Ay}l - \frac{1}{2}ql^2$$

在单位力作用下，如图 11-20(c) 所示，该部分的弯矩方程则为

$$M^0(x_1) = 1 \times x_1 = x_1$$

$$M^0(x_2) = 1 \times l = l$$

根据莫尔积分法，得相当系统截面 A 的铅垂位移为

$$
\begin{aligned}
y_A &= \frac{1}{EI}\left[\int_0^l M(x_1)M^0(x_1)\mathrm{d}x_1 + \int_0^l M(x_2)M^0(x_2)\mathrm{d}x_2\right] \\
&= \frac{1}{EI}\left[\int_0^l\left(F_{Ay}x_1 - \frac{1}{2}qx_1^2\right)x_1\mathrm{d}x_1 + \int_0^l\left(F_{Ay}l - \frac{1}{2}ql^2\right)l\mathrm{d}x_2\right] \\
&= \frac{4F_{Ay}l^3}{3EI} - \frac{5ql^4}{8EI}
\end{aligned}
\tag{b}
$$

将式(b) 带入式(a)，得补充方程为

$$\frac{4F_{Ay}l^3}{3EI} - \frac{5ql^4}{8EI} = 0$$

由此得

$$F_{Ay} = \frac{15ql}{32}$$

多余约束反力确定后，由平衡方程可求得其他三个约束反力分别为

$$F_{Cx} = 0、\quad F_{Cy} = \frac{17ql}{32}、\quad M_C = \frac{ql^2}{32}$$

【例 11-11】　如图 11-21(a) 所示桁架，在节点 B 承受铅垂载荷 F 作用，已知各杆横截面的抗拉（压）刚度 EA 为常量，试求各杆的轴力。

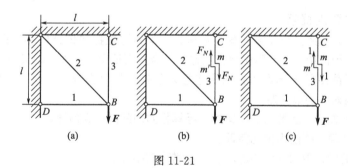

图 11-21

解　(1) 问题分析　该桁架为一次超静定，设将杆 3 视为多余约束，假想地将其切开，并以作用在切口两侧横截面 m 与 m' 上的轴力 F_N 代替其作用，则原超静定桁架的相当系统如图 11-21 (b) 所示，相应的变形协调条件为截面 m 与 m' 沿杆轴线方向的相对位移为零，即

$$\Delta_{m-m'} = 0 \tag{c}$$

(2) 位移计算　为了计算上述位移，在截面 m 与 m' 的形心，并沿杆轴方向施加一对方向相反的单位力，如图 11-21(c) 所示。

在载荷 F 和多余力 F_N 作用下，如图 11-21(b) 所示，各杆的轴力分别为

$$F_{N1} = F_N - F$$

$$F_{N2} = \sqrt{2}(F - F_N)$$

$$F_{N3} = F_N$$

在如图 11-21(c) 所示单位力作用下，各杆的轴力分别为

$$F_{N1}^0 = 1$$

$$F_{N2}^0 = -\sqrt{2}$$

$$F_{N3}^0 = 1$$

于是，由式(11-10)

$$\Delta = \sum_{i=1}^{n} \int_{li} \frac{F_{Ni}(x) F_{Ni}^0(x)}{EA_i} dx + \sum_{i=1}^{n} \int_{li} \frac{M_{Ti}(x) M_{Ti}^0(x)}{GI_{pi}} dx + \sum_{i=1}^{n} \int_{li} \frac{M_i(x) M_i^0(x)}{EI_i} dx$$

$$= \sum_{i=1}^{n} \int_{li} \frac{F_{Ni}(x) F_{Ni}^0(x)}{EA_i} dx = \sum_{i=1}^{n} \frac{F_{Ni}(x) F_{Ni}^0(x) l_i}{EA_i}$$

$$= \frac{l}{EA} \left[(F_N - F) l \times 1 + \sqrt{2}(F - F_N) \times \sqrt{2} l \times (-\sqrt{2}) + F_N l \times 1 \right]$$

$$= \frac{l}{EA} \left[F_N (2 + 2\sqrt{2}) - (1 + 2\sqrt{2}) F \right] \tag{d}$$

(3) 补充方程　将式(d) 带入式(c)，得补充方程

$$F_N (2 + 2\sqrt{2}) - (1 + 2\sqrt{2}) F = 0$$

由此得

$$F_N = \frac{1 + 2\sqrt{2}}{2(1 + \sqrt{2})} F$$

多余力确定后，各杆的轴力也随之确定，分别为

$$F_{N1} = -\frac{F}{2(1 + \sqrt{2})}、\quad F_{N2} = \frac{F}{2 + \sqrt{2}}、\quad F_{N3} = \frac{1 + 2\sqrt{2}}{2(1 + \sqrt{2})} F$$

学习方法和要点提示

在能量法计算中已经介绍了多种解题方法，学习者可根据具体结构和自己的擅长选择一种方法。一般而言，单位载荷（莫尔积分）法对各种情况都适用。当限定用某一方法解题时，往往要特别注意，例如限定用卡氏定理，就要注意大多会有几个相同的载荷。求相对位移（转角）时，注意施加一对对应的单位力。

1. 在能量法计算中，注意力是广义力，与其相对应的是广义位移。

2. 变形能的计算，不能用叠加原理。

3. 对于一般结构，剪切变形能比较小，通常略去不计。

4. 计算变形能时，当有弯曲（或扭转）和拉伸（压缩）同时存在时，拉伸（压缩）变形能忽略不计。

5. 用卡氏定理求解位移时，应考虑弹性系统的全部变形能。

6. 用莫尔积分求位移时，无论所求位移处有无对应的载荷，都必须附加对应的广义单位力，所加单位力与原载荷无关。

7. 用莫尔积分求位移时，不同积分号下的内力可取不同的坐标系，但同一积分号下的内力只能取相同的坐标系。

8. 习题分类及解题要点

(1) 求各种结构的变形能　巩固不同内力时其变形能的概念，这类题目只要正确求出各部

分的内力，直接求和或积分即可。

（2）求给定截面的变形（包括位移、转角等）　求解这类题目，可以直接应用莫尔积分或者卡氏定理求解。一般情况下，不会限定用某一种方法求解，但是当题目有限定方法时，一定要注意是否有陷阱，如限定卡氏定理，一定会给出若干个相同的力或力偶中亦包含该力，故一定要在求偏导数前给各力加一下标以区别之。

思　考　题

1. 何谓变形能？试写出各种基本变形形式下变形能的计算公式。

2. 计算构件的变形能，在什么情况下能叠加，在什么情况下不能叠加？试举例说明。

3. 用莫尔积分求位移时，若所得结果为正，为什么位移方向就与单位力方向相同？

4. 推导莫尔定理时用了哪些原理和条件？

5. 莫尔积分中的单位力起什么作用？它的单位是什么？用任意力代替是否可以？

6. 试比较莫尔定理与卡氏定理有什么不同？

7. 附加力 F_i 和附加力偶 M_i 起什么作用？在对它求偏导数后又令其为零，为什么还要把它加上去？

8. 梁 ABC 受力情况如图 11-22 所示，试问是否可以由 $\dfrac{\partial U}{\partial F}$ 来求 B 点的挠度？

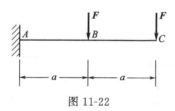

图 11-22

习　题

11-1　两根圆截面直杆的材料相同，尺寸如题 11-1 图所示，其中一根为等截面杆，另一根为变截面杆，试分别求出两根杆件的变形能。

11-2　如题 11-2 图所示悬臂梁，若梁各截面的 EI 为已知，试计算悬臂梁在 A 点的挠度。

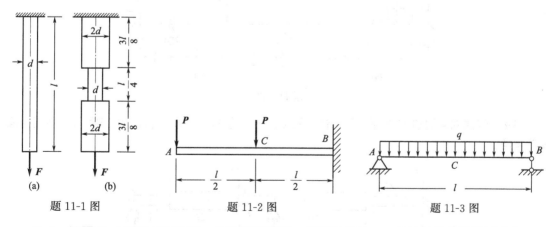

题 11-1 图　　　　题 11-2 图　　　　题 11-3 图

11-3　如题 11-3 图所示简支梁，作用均布载荷，载荷集度为 q，若已知梁的抗弯刚度为 EI，求梁在中点 C 的挠度。

11-4　计算如题 11-4 图所示各构件的变形能。设 EI、GI_p 等均已知。

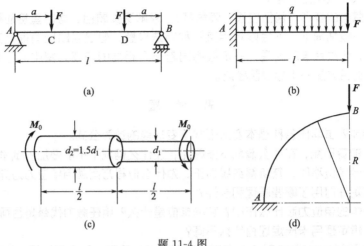

题 11-4 图

11-5 计算如题 11-5 图所示结构的变形能。设 EA、EI 等均已知。

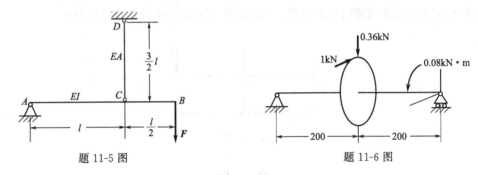

题 11-5 图 题 11-6 图

11-6 传动轴受力情况如题 11-6 图所示，轴的直径为 $d = 40\text{mm}$，材料为 45 号钢，$E = 210\text{GPa}$，$G = 80\text{GPa}$。试计算轴的变形能。

11-7 试求如题 11-7 图所示各梁的截面 B 的挠度和转角。设 $EI =$ 常数。

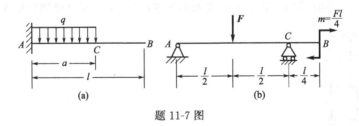

题 11-7 图

11-8 变截面梁如题 11-8 图所示，试分别求出各梁在力 F 作用下截面 B 的竖向位移和截面 A 的转角。

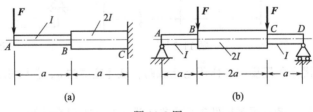

题 11-8 图

11-9 如题 11-9 图所示刚架，已知 AC 和 CD 两部分的 $I = 3 \times 10^3 \, \text{cm}^4$，$E = 200\text{GPa}$，$F = 10\text{kN}$，$l = 1\text{m}$。试求截面 D 的水平位移和转角。

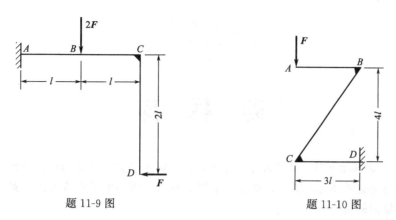

题 11-9 图　　　　　　　　　题 11-10 图

11-10 平面刚架如题 11-10 图所示，若刚架各部分材料和截面相同，试求截面 A 的转角。

11-11 设已知如题 11-11 图所示梁的 EI，试求支座 C 的约束反力 F_{R_c}。

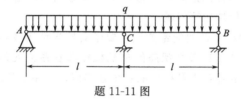

题 11-11 图

第12章

动 载 荷

本章要求： 掌握动载荷、动荷系数的基本概念，能用动静法计算构件作匀加速直线运动时的应力和构件作匀速转动时的应力，掌握用能量法解决工程中的冲击应力的计算方法，了解提高构件抗冲击能力的措施。

重点： 应用动静法计算匀加速直线运动和匀速转动构件的应力与变形，主要是运用运动学的基本知识，根据给定条件确定惯性力（矩）的大小和方向（转向），求出动荷系数；根据能量守恒定律，计算受冲击作用构件的应力和变形。主要掌握利用冲击系统的能量平衡方程求解自由落体冲击、水平冲击、扭转冲击等问题。

难点： 求解冲击问题动荷系数的能量方法，要学会恰当地选择势能参考线，正确分析冲击系统（包括冲击物和被冲击物）在最初状态的总机械能和在最大变形状态的变形能及势能。另外，要特别注意加深理解建立冲击力学模型的四个基本假设，冲击应力的推导过程。

12.1 概述

前面我们讨论了构件在静载荷作用下的强度、刚度和稳定性问题。在工程实际中，除了受静载荷作用的构件外，还经常遇到一些受动载荷作用的构件。所谓静载荷是指载荷由零缓慢地增加到某一数值后保持不变（或者变化很小）的载荷。在静载荷作用下，构件内各点没有加速度，或者加速度很小，可以忽略不计。在静载荷作用下构件内的应力称为静应力。若作用在构件上的载荷随时间而产生显著的变化，或者在载荷作用下构件内各点产生显著的加速度，这种载荷称为动载荷。在动载荷作用下构件内的应力称为动应力。例如，加速起吊重物的钢索，涡轮机高速旋转时的叶片，汽锤锻造工件时的锤杆等，都会受到不同形式的动载荷作用。

实验表明，在静载荷作用下服从胡克定律的材料，在动载荷作用下只要材料在比例极限内，胡克定律仍然成立，而弹性模量也与静载荷下的数值相同。

本章着重讨论惯性力和冲击应力这两类问题。

12.2 惯性力问题

12.2.1 构件作匀加速直线运动时的应力计算

设吊车以加速度 a 提升重物，如图 12-1(a) 所示。重物的重量为 G，钢丝绳的横截面面积为 A 且重量不计，求钢丝绳内的应力。

取重物为研究对象，如图 12-1(b) 所示，设惯性力为 F_d，其大小为

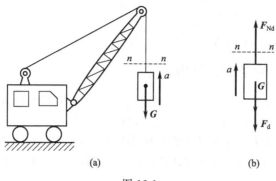

图 12-1

$$F_d = -ma = -\frac{G}{g}a$$

重力 G、钢丝绳在动载荷作用下的轴力 F_{Nd} 和惯性力 F_d 在形式上构成平衡力系，于是

$$\sum F_y = 0 \qquad F_{Nd} - G - \frac{G}{g}a = 0$$

$$F_{Nd} = G\left(1 + \frac{a}{g}\right)$$

钢丝绳上的动应力为

$$\sigma_d = \frac{F_{Nd}}{A} = \left(1 + \frac{a}{g}\right)\frac{G}{A}$$

钢丝绳在重力 G 作用下的静应力为

$$\sigma_{st} = \frac{G}{A}$$

令动荷系数为

$$K_d = 1 + \frac{a}{g}$$

则

$$\sigma_d = K_d \sigma_{st} \tag{12-1}$$

构件在动载荷作用下的强度条件为

$$\sigma_{d,max} = K_d \sigma_{st,max} \leqslant [\sigma] \tag{12-2}$$

式中，$[\sigma]$ 为构件在静载荷作用下的许用应力。

在简单情况下动荷系数可通过分析计算求得，在复杂情况下则需要用实验的方法测定。

【例 12-1】　矿山吊笼的质量 $G = 40\mathrm{kN}$，钢丝绳的长度 $l = 200\mathrm{m}$，横截面积 $A = 8\mathrm{cm}^2$ 它的单位长度重量 $q = 18\mathrm{N/m}$。启动时，吊笼上升的加速度 $a = 2\mathrm{m/s}^2$，试求钢丝绳的起吊力及动应力。

解　(1) 当吊笼静止时，钢丝绳的静拉力为

$$F_{Nj} = G + ql = 40 \times 10^3 + 18 \times 200 = 43.6 \times 10^3\,\mathrm{N}$$

动荷系数为

$$K_d = 1 + \frac{a}{g} = 1 + \frac{2}{9.8} = 1.204$$

(2) 起吊时钢丝绳的起吊力为

$$F_{Nd} = K_d \times F_{Nj} = 1.204 \times 43.6 \times 10^3 = 52.5 \times 10^3\,\mathrm{N}$$

(3) 动应力

$$\sigma_{st} = \frac{F_{Nj}}{A} = \frac{43.6 \times 10^3}{8 \times 10^2} = 54.5 \text{MPa}$$

$$\sigma_d = K_d \sigma_{st} = 1.204 \times 54.5 = 65.6 \text{MPa}$$

12.2.2 构件做匀速转动时的应力计算

在工程中有许多做旋转运动的构件，例如飞轮、皮带轮和齿轮等。若不计轮辐的影响，可以近似地看作做定轴转动的圆环，现对其进行应力计算。

设圆环绕通过圆心且垂直于圆环平面的轴做匀速转动，如图 12-2(a) 所示。已知圆环的横截面面积为 A，平均直径为 D，体积质量为 ρ，求圆环横截面上的应力。

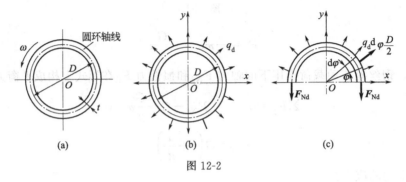

图 12-2

(1) 求加速度　圆环以匀角速度 ω 转动时，圆环上各点只有法向加速度 a_n。若圆环的平均直径 D 远大于圆环壁厚 t，则可近似地认为圆环上各点的法向加速度 a_n 相同，

$$a_n = \frac{D}{2}\omega^2$$

(2) 求惯性力　圆环线质量为 $\frac{\rho A}{g}$，圆环单位长度上的惯性力为

$$q_d = \frac{\rho A}{g} a_n = \frac{\rho A}{g} \frac{D}{2} \omega^2$$

其方向与法向加速度 a_n 相反，沿圆环均匀分布，如图 12-2(b) 所示。

(3) 求圆环横截面上的应力　取圆环的一半为研究对象，如图 12-2(c) 所示，

$$\sum F_y = 0 \qquad \int_0^\pi q_d \mathrm{d}\varphi \frac{D}{2} \sin\varphi - 2F_{Nd} = 0$$

$$F_{Nd} = \frac{\rho A}{g} v^2 \qquad \left(v = \frac{D}{2}\omega\right)$$

圆环横截面上的应力

$$\sigma_d = \frac{F_{Nd}}{A} = \frac{\rho}{g} v^2 \tag{12-3}$$

圆环的强度条件为

$$\sigma_d = \frac{\rho}{g} v^2 \leqslant [\sigma] \tag{12-4}$$

由式(12-4) 可以看出，圆环横截面上的动应力 σ_d 仅与圆环材料的体积质量 ρ 及线速度 v 有关，而与横截面面积无关。因此，为降低圆环的动应力，应控制圆环的直径和转速，或

选用体积质量 ρ 较小的材料。

【例 12-2】　钢制飞轮匀角速度转动，如图 12-3 所示，轮缘外径 $D=2\text{m}$，内径 $D_0=1.5\text{m}$，材料体积质量 $\rho=78\text{kN/m}^3$。要求轮缘内的应力不得超过许用应力 $[\sigma]=80\text{MPa}$，不计轮辐的影响。试计算飞轮的极限转速 n。

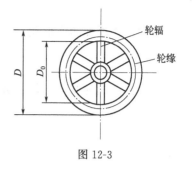

图 12-3

解　由式(12-4) 得

$$v=\sqrt{\frac{[\sigma]g}{\rho}}=\sqrt{\frac{80\times10^6\times9.8}{78\times10^3}}=100.3\text{m/s}$$

根据线速度 v 与转速 n 的关系

$$v=\frac{\pi(D+D_0)n}{120}$$

得极限转速

$$n=\frac{60v}{\pi(D+D_0)}=\frac{120\times100.3}{\pi(2+1.5)}=1095.17\text{r/min}$$

12.3 冲击应力

　　工程中经常遇到一些冲击载荷，如汽锤锻造、落锤打桩、金属的冲压加工、传动轴的突然制动，以及内燃机活塞杆承受的燃爆压力等。当运动物体（冲击物）以一定的速度作用到静止构件（被冲击物）上时，构件将受到很大的作用力（冲击载荷），这种现象称为冲击，被冲击构件因冲击而引起的应力称为冲击应力。

　　由于冲击时间短，过程复杂，加速度不易计算和测定，所以难以用动静法进行计算。工程上常用偏于安全的能量法进行计算，并假设冲击时只有位能或动能与弹性变形能的转换，不考虑其他的能量损失。

　　在冲击应力估算中需要采取以下几个基本假定：

　　(1) 不计冲击物的变形，即不计冲击物的变形能。

　　(2) 冲击物与被冲击物接触后无回弹，二者合为一个运动系统。

　　(3) 被冲击物的质量与冲击物相比很小，可略去不计，冲击应力瞬时传遍被冲击物且材料服从胡克定律。

　　(4) 冲击过程中，声、热等能量损耗很小，可略去不计。

　　根据能量守恒定律，在冲击过程中，冲击物所减少的动能 T 和势能 V 应等于被冲击物所增加的变形能 U_d，即

$$T+V=U_\text{d} \tag{12-5}$$

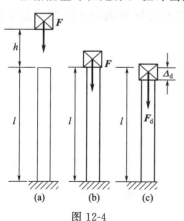

图 12-4

　　为了推导出冲击应力的计算公式，现以自由落体的冲击问题为例，设有一重力为 F 的冲击物，自高度 h 处自由下落，并以一定的速度 v 开始冲击直杆，如图 12-4 所示。若冲击物与直杆接触后仍附着于杆上，由于杆的阻碍将使冲击物的速度逐渐降低至零，与此同时直杆在被冲击处的位移将达到最大值 Δ_d，与之相应的冲击载荷值为 F_d，冲击应力值为 σ_d。

　　自由落体，达到最大变形，冲击物所减少的势能

$$V=F\Delta_\text{d} \tag{a}$$

冲击过程中冲击物所减少的动能

$$T = Fh \tag{b}$$

被冲击物增加的变形能

$$U_d = \frac{1}{2}F_d\Delta_d \tag{c}$$

在弹性范围内载荷与位移成正比

$$\frac{F_d}{\Delta_d} = \frac{F}{\Delta_{st}}$$

或者

$$F_d = \frac{F}{\Delta_{st}}\Delta_d \tag{d}$$

式中，F 为静载荷；Δ_{st} 为静载荷作用下的位移。

将式(d) 代入式(c) 得

$$U_d = \frac{1}{2}\frac{F}{\Delta_{st}}\Delta_d^2 \tag{e}$$

将式(a)、式(b)、式(c) 代入式(12-5) 得

$$F(h + \Delta_d) = \frac{1}{2}\frac{F}{\Delta_{st}}\Delta_d^2$$

将上式化简得

$$\Delta_d^2 - 2\Delta_{st}\Delta_d - 2\Delta_{st}h = 0$$

解一元二次方程，得

$$\Delta_d = \Delta_{st} \pm \sqrt{\Delta_{st}^2 + 2h\Delta_{st}} = \Delta_{st}\left(1 \pm \sqrt{1 + \frac{2h}{\Delta_{st}}}\right)$$

位移不能为负值，所以

$$\Delta_d = \Delta_{st}\left(1 + \sqrt{1 + \frac{2h}{\Delta_{st}}}\right) = K_d\Delta_{st}$$

动荷系数为

$$K_d = \left(1 + \sqrt{1 + \frac{2h}{\Delta_{st}}}\right) \tag{12-6}$$

于是有

$$\left.\begin{array}{l} F_d = K_dF_{st} \\ \sigma_d = K_d\sigma_{st} \\ \Delta_d = K_d\Delta_{st} \end{array}\right\} \tag{12-7}$$

即以动荷系数 K_d 乘以构件的静载荷、静变形和静应力，就得到冲击时相应构件的冲击载荷 F_d，冲击应力 σ_d 和冲击变形 Δ_d。可见，冲击问题计算的关键是确定相应的冲击动荷系数。

常见的冲击类型有以下几种。

(1) 垂直轴向冲击　静变形为

$$\Delta_{st} = \Delta l = \frac{F_N l}{EA}$$

动变形为

$$\Delta_d = K_d\Delta_{st} = K_d\frac{F_N l}{EA} \tag{12-8}$$

(2) 简支梁的横向冲击　简支梁 AB 在中点处受自由落体冲击时，如图 12-5 所示，梁中点处的静变形为

$$\Delta_{\text{st}} = y_C = \frac{Fl^3}{48EI}$$

梁中点处的动变形为

$$\Delta_{\text{d}} = K_{\text{d}}\Delta_{\text{st}} = K_{\text{d}}\frac{Fl^3}{48EI} \tag{12-9}$$

梁的动应力为

$$\sigma_{\text{d}} = K_{\text{d}}\sigma_{\text{st}}$$

（3）突然加载　当载荷突然加在构件上时，相当于 $h=0$ 的自由落体运动，此时动荷系数为

$$K_{\text{d}} = 1 + \sqrt{1+0} = 2 \tag{12-10}$$

由上式可知，突然加载比静载荷作用时大一倍。

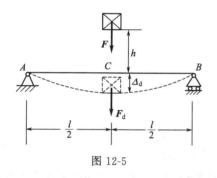

图 12-5

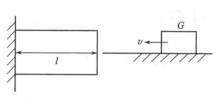

图 12-6

（4）水平冲击　对于水平放置的物体，如图 12-6 所示，冲击过程中系统的势能不变，$V=0$，若冲击物的速度为 v，则动能为

$$T = \frac{1}{2}\frac{G}{g}v^2$$

将上式代入式(12-5) 得，

$$\frac{1}{2}\frac{G}{g}v^2 = \frac{1}{2}\frac{G}{\Delta_{\text{st}}}\Delta_{\text{d}}^2$$

化简得

$$\Delta_{\text{d}} = \sqrt{\frac{v^2\Delta_{\text{st}}}{g}}$$

$$F_{\text{d}} = \frac{F}{\Delta_{\text{st}}}\Delta_{\text{d}} = \sqrt{\frac{v^2}{g\Delta_{\text{st}}}}G$$

动荷系数为

$$K_{\text{d}} = \sqrt{\frac{v^2}{g\Delta_{\text{st}}}} \tag{12-11}$$

因此

$$\sigma_{\text{d}} = K_{\text{d}}\sigma_{\text{st}} = \sqrt{\frac{v^2}{g\Delta_{\text{st}}}}\sigma_{\text{st}} \tag{12-12}$$

（5）扭转冲击　圆轴上装有一飞轮，以匀角速度 ω 转动，如图 12-7 所示。设飞轮对转轴的转动惯量为 J_0，圆轴的剪切弹性模量为 G，轴的长度为 l，极惯性矩为 I_{p}，轴的质量忽略不计。

当圆轴在 A 端急刹车时，由于飞轮具有动能，轴的右端将相对左端继续转动，产生扭转变形，使轴受到扭转冲击。

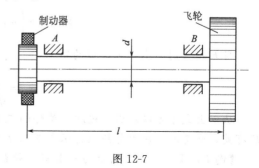

图 12-7

圆轴的旋转动能为

$$T = \frac{1}{2} J_0 \omega^2$$

扭转变形能

$$U = \frac{M_T^2 l}{2GI_p}$$

根据能量守恒 $T = U$ 得

$$\frac{1}{2} J_0 \omega^2 = \frac{M_T^2 l}{2GI_p}$$

扭矩

$$M_T = \omega \sqrt{\frac{J_0 GI_p}{l}}$$

对于圆轴

$$\frac{I_p}{W_T^2} = \frac{\frac{\pi d^4}{32}}{\left(\frac{\pi d^3}{16}\right)^2} = \frac{2}{\frac{\pi d^2}{4}} = \frac{2}{A}$$

故圆轴的扭转冲击应力为

$$\tau_{d,\max} = \frac{M_T}{W_T} = \omega \sqrt{\frac{J_0 GI_p}{W_T^2 l}} = \omega \sqrt{\frac{2GJ_0}{Al}} \tag{12-13}$$

实验结果表明，材料在冲击载荷下的强度比在静载荷作用下略高，在对受冲击载荷作用的构件进行强度计算时，仍采用材料在静载荷下的许用应力来建立强度条件，即

$$\sigma_{d,\max} = K_d \sigma_{st,\max} \leqslant [\sigma] \tag{12-14}$$

式中，$\sigma_{d,\max}$ 为梁内最大冲击应力；$\sigma_{st,\max}$ 为最大静荷应力；$[\sigma]$ 为静载荷时的许用应力。

【例 12-3】 若有一弹性结构，可简化为等截面简支梁，如图 12-5 所示。梁的跨度为 l，横截面的惯性矩 I_z 和抗弯截面模量 W_z 均为已知，材料的弹性模量为 E。今有一重为 F 的刚性物体，从距梁高为 h 处自由落下，在梁的中点发生冲击，若梁的自重不计，求梁的最大应力。

解 在静载荷 F 的作用下，梁的被冲击点的静变形

$$\Delta_{st} = \frac{Fl^3}{48EI_z}$$

动荷系数 $\qquad K_d = 1 + \sqrt{1 + \frac{2h}{\Delta_{st}}} = 1 + \sqrt{1 + \frac{96hEI_z}{Fl^3}}$

在静载荷 F 的作用下，梁的最大弯曲正应力为

$$\sigma_{st} = \frac{Fl}{4W_z}$$

故在冲击载荷作用下，梁的最大应力为

$$\sigma_d = K_d \sigma_{st} = \left(1 + \sqrt{1 + \frac{96hEI_z}{Fl^3}}\right)\frac{Fl}{4W_z}$$

当 h 很大时，上式可近似的写为

$$\sigma_d = \sqrt{\frac{6hFEI_z}{W_z^2 l}}$$

从以上式子可以看出，被冲击构件的应力不但与载荷及构件尺寸有关，而且与构件的刚度有关，这是冲击应力与静应力根本不同之处。

【例 12-4】 图 12-7 所示为一装有飞轮的轴，已知飞轮的回转半径 $\rho = 250\text{mm}$，重 $P =$

450N，轴的长度 $l=1.5\mathrm{m}$，直径 $d=50\mathrm{mm}$，材料的剪切弹性模量 $G=80\mathrm{GPa}$，轴的转速 $n=120\mathrm{r/min}$，试求：

（1）当轴在 10s 内制动时，轴内由于惯性扭矩而产生的最大切应力。

（2）当轴在 A 端瞬间紧急刹车时，轴内的最大切应力。

解　（1）考虑惯性扭矩，计算最大切应力

轴的角加速度为

$$\varepsilon=\frac{\omega}{t}=\frac{\pi n}{30\times t}=\frac{\pi\times120}{30\times10}=1.26\mathrm{rad/s^2}$$

飞轮的转动惯量为

$$J_0=\frac{P}{g}\rho^2=\frac{450}{9.8}\times0.025^2=2.87\mathrm{kg\cdot m^2}$$

惯性扭矩

$$M_\mathrm{T}=J_0\varepsilon=2.87\times1.26=3.6\mathrm{N\cdot m}$$

抗扭截面模量

$$W_\mathrm{T}=\frac{\pi d^3}{16}=\frac{\pi\times0.05^3}{16}=2.45\times10^{-5}\mathrm{m^3}$$

$$\tau_\mathrm{max}=\frac{M_\mathrm{T}}{W_\mathrm{T}}=\frac{3.6}{2.45\times10^{-5}}=146.94\times10^3\mathrm{Pa}$$

（2）考虑冲击扭矩，计算最大切应力

$$\omega=4\pi=12.57\mathrm{rad/s}$$

$$A=\frac{1}{4}\pi d^2=\frac{1}{4}\times\pi\times0.05^2=1.96\times10^{-3}\mathrm{m^2}$$

$$\tau_\mathrm{d,max}=\omega\sqrt{\frac{2GJ_0}{Al}}=4\pi\sqrt{\frac{2\times80\times10^9\times2.87}{1.96\times10^{-3}\times1.5}}=157.04\mathrm{MPa}$$

由以上计算可见，紧急制动时的应力比在 10s 内制动时的应力要高出 1068 倍，故带有大飞轮而又高速转动的轴，不宜急刹车，以免因冲击而断裂。

由于实际情况并不完全合乎所作的假设，因此上面的计算只是近似的。在计算中，忽略了冲击过程中的能量损失和冲击物本身的变形以及被冲击物的质量影响，故计算得出的应力值比实际的要大一些，据此进行的强度设计是偏于安全的。

12.4 提高构件抗冲击能力的措施

工程上有时利用冲击进行锻造、冲压、凿岩、粉碎等，有时则需要降低冲击应力，以提高构件抗冲击的能力。

冲击应力的大小决定于冲击载荷系数 K_d 的值，当自由落体冲击时，$K_\mathrm{d}=\left(1+\sqrt{1+\dfrac{2h}{\Delta_\mathrm{st}}}\right)$，$h$ 一定时，K_d 取决于 Δ_st 的值，Δ_st 越大 K_d 就越小，冲击应力也随之降低。

在轴向冲击和横向冲击时（在简支梁中点处），Δ_st 分别为

$$\Delta_\mathrm{st}=\frac{Fl}{EA},\qquad\Delta_\mathrm{st}=\frac{Fl^3}{48EI}$$

增大 Δ_st 就要求抗拉压刚度 EA 或抗弯刚度 EI 减小。由此可知，选择 E 值较小的材料

可以提高构件抗冲击的能力。例如，木结构比钢结构抗冲击能力强。再如，汽车大梁与车轮之间安装有钢板弹簧；火车车厢与车轮之间也装有压缩弹簧；某些机器零件装有橡皮垫或垫圈等，都是为了提高系统的 Δ_{st} 值，又不增加构件的静应力，从而降低冲击应力，起到缓冲作用，提高抗冲击的能力。

另外，从扭转冲击应力公式(12-13)中可知，冲击应力与构件的体积 Al 有关。增大等截面杆的体积，可降低冲击应力。例如，汽缸盖的短螺栓，如图 12-8 所示，如改用长螺栓，就会增加螺栓的体积，从而提高螺栓的抗冲击能力。

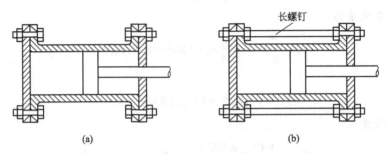

图 12-8

用增加体积的方法来降低冲击应力，只适用于等截面杆。对于截面有突然变化的杆件，可以证明，增加体积只会得到相反的结果。在生产实践中，对于螺栓（如图 12-9 所示），常将其光杆部分的直径制成与螺纹的内径相等，或在螺杆内钻孔，这样螺栓就接近于等截面杆，使静变形有所增加而杆中的最大静应力却不变，从而降低冲击应力，提高构件的抗冲击能力。

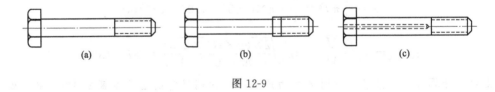

图 12-9

总之，为了降低冲击应力，提高构件的抗冲击能力，一般可采用下列措施：
(1) 选用弹性模量 E 较小的材料。
(2) 降低系统的刚度，以提高静变形 Δ_{st}，安装缓冲构件，以吸收冲击系统的能量。
(3) 增加等截面杆的体积。
(4) 避免冲击构件截面突然变化。

学习方法和要点提示

1. 要熟练掌握用机械能守恒定律解决一般问题的基本方法，以解决可能遇到的各种冲击问题。

2. 动荷系数是解决动载荷问题的关键，在求得动荷系数后，只需把静载荷的结果乘以动荷系数，即可得到动载荷的结果。

3. 在惯性力问题中，由于加速度已知或者可以求得，所以常用达朗贝尔原理求动荷系数。

4. 在冲击问题中，由于加速度难以求解，其动荷系数由能量法求解。

5. 冲击动荷系数虽然由冲击点的静位移求得，但动荷系数是对于整个结构的，而不是结构某一部分（或某一点）的。

6. 冲击动应力不但和载荷、结构尺寸有关，而且和构件的刚度相关，这是和静应力不同之处。

7. 习题分类及解题要点

（1）求在水平面内的匀加速直线运动或匀速转动构件的动应力，这类题目只要根据加速度正确在构件上施加分布惯性力，即可按静载荷问题的方法求解得到动应力。

（2）求在铅垂面的匀加速直线运动或匀速转动构件的动应力，这类题目宜先计算在自重作用下的位移和应力，再乘以动荷系数，从而得到动位移和动应力。

（3）自由落体冲击和水平冲击问题，先求在静载荷作用下静位移、静应力，然后根据冲击点的静位移和冲击物的高度或速度确定动荷系数，最后用动荷系数分别乘以静位移、静应力，便可以得到动位移和动应力。

（4）根据强度条件确定冲击物许可高度或设计构件截面，前者较简单，后者需要采用渐进法求解，因为动应力与构件的刚度有关。

（5）非落体冲击和非水平冲击问题，推导动荷系数公式，首先正确列出冲击前状态和冲击后最大变形状态的总能量，然后根据能量守恒定律列出动荷系数方程，求解便可最终获得动荷系数的表达式。

思 考 题

1. 动载荷与静载荷的区别是什么？

2. 何谓动荷系数？它有什么物理意义？

3. 动荷系数与哪些因素有关？为什么刚度愈大的杆愈容易被冲坏？为什么缓冲弹簧可以承受很大的冲击载荷而不致损坏？

4. 试说明在动载荷作用下，构件强度计算的一般方法。

5. 为什么在计算构件受冲击时，用能量法而不用动静法？

6. 为什么转动飞轮都有一定的转速限制？如果转速过高，将产生什么后果？

7. 如何提高构件的抗冲击能力？

8. 如图 12-10 所示，悬臂梁受冲击载荷作用，试写出下列两种情况下梁内最大弯曲正应力比值的表达式。

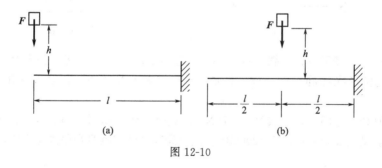

图 12-10

习　题

12-1　卷扬机上的钢索，以加速度 $a=2m/s^2$ 向上起吊质量为 $G=50kN$ 的料斗。如不计钢索的自重，试求钢索的起吊力。

12-2　如题 12-2 图所示起重机重 20kN，装在两根 32b 号工字钢上，起吊一重 $G=60kN$ 的重物，若重物在第一秒内以等加速度上升 2.5m，试求绳内的拉力和梁内最大的应力。

12-3　如题 12-3 图所示，一重物 $G=20kN$ 悬挂在钢丝绳上，钢丝绳由 500 根直径 $d=0.5mm$ 的钢丝所组成，鼓轮以角加速度 $\varepsilon=10rad/s^2$ 逆时针转动，$l=5m$，$D=50cm$，弹性模量 $E=220GPa$，求钢丝绳的最大正应力及伸长量。

材料力学

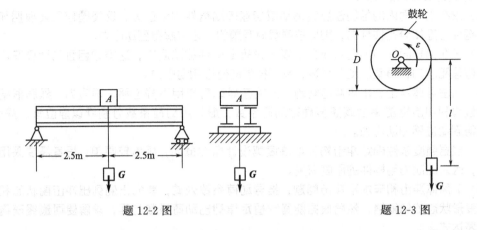

题 12-2 图　　　　　　　题 12-3 图

12-4 一铸铁飞轮做匀速转动，如题 12-4 图所示，转速 $n=360 \text{r/min}$，材料的密度 $\rho=7300\text{kg/m}^3$，许用应力 $[\sigma]=45\text{MPa}$，飞轮内、外直径分别为 $d=3.8\text{m}$，$D=4.2\text{m}$，不计飞轮轮辐的影响，试校核其强度。

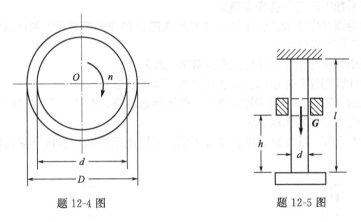

题 12-4 图　　　　　　　题 12-5 图

12-5 如题 12-5 图所示，一载荷 $G=500\text{N}$，自高度 $h=1\text{m}$ 处下落至圆盘上，圆盘固结于直径 $d=20\text{mm}$ 的圆形横截面杆的下端，杆长 $l=2\text{m}$，$E=200\text{GPa}$，试计算杆的伸长及最大拉应力。

12-6 如题 12-6 图所示，一载荷 $G=1\text{kN}$，自高度 $h=10\text{cm}$ 处下落，冲击在 22a 号工字钢简支梁的中点上。设梁长 $l=2\text{m}$，$E=200\text{GPa}$，试求梁中点处的挠度及最大正应力。

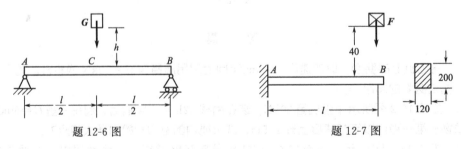

题 12-6 图　　　　　　　题 12-7 图

12-7 质量为 $F=1\text{kN}$ 的重物自由下落在如题 12-7 图所示的悬臂梁上，设梁长 $l=2\text{m}$，弹性模量 $E=10\text{GPa}$，试求冲击时梁内的最大正应力及梁的最大挠度。

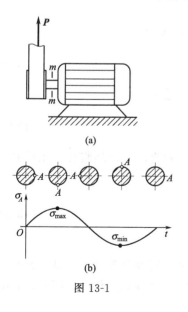 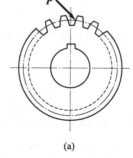 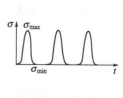

第13章

交变应力

本章要求： 掌握交变应力、疲劳破坏和疲劳极限的概念，了解交变应力的循环特性以及材料在交变应力下疲劳破坏的特点，熟练掌握对称循环交变应力下构件的强度校核，了解影响构件持久极限的主要因素以及提高构件疲劳强度的措施。

重点： 应力循环与循环特性、疲劳破坏特点、疲劳极限（持久极限）和持久极限曲线等基本概念；影响构件疲劳极限的主要因素及提高构件疲劳强度的措施；对称循环交变应力下构件的强度校核。

难点： 材料持久极限曲线的物理意义，弄清材料与构件持久极限曲线的联系与区别，各种交变应力的循环特性。

以前各章主要讨论构件在静应力下的强度计算，但大多数机器中的构件是作旋转或往复运动，它们的应力是交变应力。本章介绍交变应力的基本概念及强度计算。

13.1 交变应力的概念

机器中有许多构件，工作时承受着随时间作周期性变化的应力，例如电动机转轴如图 13-1(a) 所示，它的外伸端在皮带拉力 P 的作用下产生弯曲变形。由于轴在转动，所以任意截面 m—m 上的弯曲正应力就随时间作周期性变化。譬如截面 m—m 上的点 A 的应力，当点 A 转至水平位置时，为零；最低位置时，为最大值 σ_{max}；最高位置时，为最小值 σ_{min}。因此，在轴转一圈的过程中，点 A 的应力值总是按照从 $0 \rightarrow \sigma_{max} \rightarrow 0 \rightarrow \sigma_{min} \rightarrow 0$ 变化，如图 13-1(b) 所示。

(a)

(b)

图 13-1

(a)   (b)

图 13-2

又比如齿轮在工作时如图 13-2(a) 所示，每转一周啮合一次，齿根一侧的弯曲正应力就由零变到最大值，然后再回到零。齿轮不停地转动，应力就不停地作周期性变化，如图 13-2(b) 所示。

再如图 13-3(a) 所示的梁，在电动机的自重 G 和转子偏心所引起的惯性力 Q 的共同作用下，将在静力平衡位置做强迫振动。在振动过程中，梁横截面上任意点（中性轴除外）的应力大小，都随时间作周期性变化，如图 13-3(b) 所示。

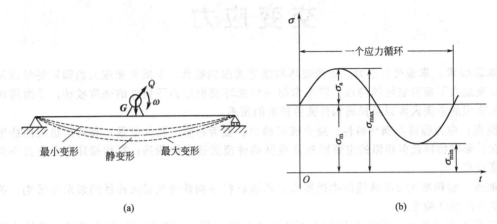

图 13-3

在上述各例中，第一例载荷保持不变，由于构件本身的旋转，而引起应力随时间而变化。后两例则是由于载荷的变化，而引起应力发生变化。构件中随时间作周期性变化的应力，称为交变应力。图 13-1～图 13-3 是交变应力的三种基本类型。

13.1.1 交变应力循环特性及其类型

现以梁的强迫振动为例，如图 13-3 所示来说明交变应力的一些基本概念。图 13-3(b) 中交变应力的极值，分别称为最大应力 σ_{max} 和最小应力 σ_{min}。由最小（或最大）应力变化到最大（或最小）应力，又变回到最小（或最大）应力的过程，应力重复一次，称为一个应力循环。重复变化的次数称为循环次数。

最大应力与最小应力的平均值，称为平均应力，用符号 σ_m 表示。

$$\sigma_m = \frac{1}{2}(\sigma_{max} + \sigma_{min}) \tag{13-1}$$

最大应力与最小应力之差的一半，称为应力幅，用符号 σ_a 表示

$$\sigma_a = \frac{1}{2}(\sigma_{max} - \sigma_{min}) \tag{13-2}$$

最小应力与最大应力的比值，可以表明应力的变化情况，称为应力循环特性。用符号 r 表示。

$$r = \frac{\sigma_{min}}{\sigma_{max}} \tag{13-3}$$

工程中，常见的交变应力有表 13-1 中列出的几种。

在上述交变应力类型中，交变应力不一定按正弦曲线变化。实验表明，应力曲线的形状对材料在交变应力作用下的强度没有显著影响。只要它们的最大应力 σ_{max} 和最小应力 σ_{min} 相

同，就可不加区别。

表 13-1　交变应力类型

交变应力类型	应力循环图	σ_{max} 与 σ_{min}	σ_a 和 σ_m	循环特性
对称循环	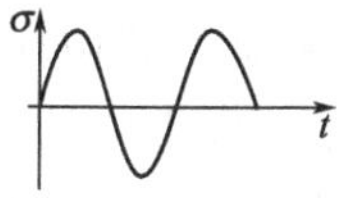	$\sigma_{max} = -\sigma_{min}$	$\sigma_a = \sigma_{max} = -\sigma_{min}$ $\sigma_m = 0$	$r = -1$
脉动循环	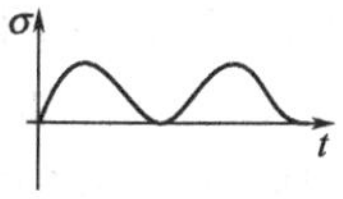	$\sigma_{max} \neq 0$ $\sigma_{min} = 0$	$\sigma_a = \sigma_m = \dfrac{1}{2}\sigma_{max}$	$r = 0$
静应力	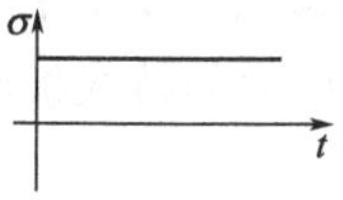	$\sigma_{max} = \sigma_{min}$	$\sigma_a = 0$ $\sigma_m = \sigma_{max} = \sigma_{min}$	$r = +1$
非对称循环	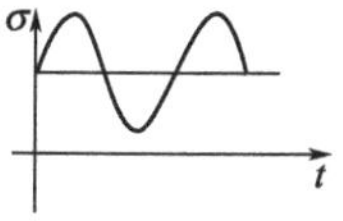	$\sigma_{max} = \sigma_m + \sigma_a$ $\sigma_{min} = \sigma_m - \sigma_a$	$\sigma_a = \dfrac{\sigma_{max} - \sigma_{min}}{2}$ $\sigma_m = \dfrac{\sigma_{max} + \sigma_{min}}{2}$	$-1 < r < +1$

13. 1. 2　材料在交变应力下的破坏特点及其解释

金属在交变应力作用下的破坏，一般并不是由于金属疲劳而引起的，但是习惯上仍称为疲劳破坏。疲劳破坏与静载荷破坏有很大的不同，其特点如下。

（1）破坏时的最大应力值远小于静载荷时的强度极限或屈服极限，即使是静载荷时塑性很好的材料，经过多次的应力循环后，也可能发生突然的脆性断裂破坏。由于破坏的突然性，可能造成重大事故。

（2）金属疲劳破坏时，其断口处明显地分为两个区域：光滑区和粗糙区，如图 13-4 所示。

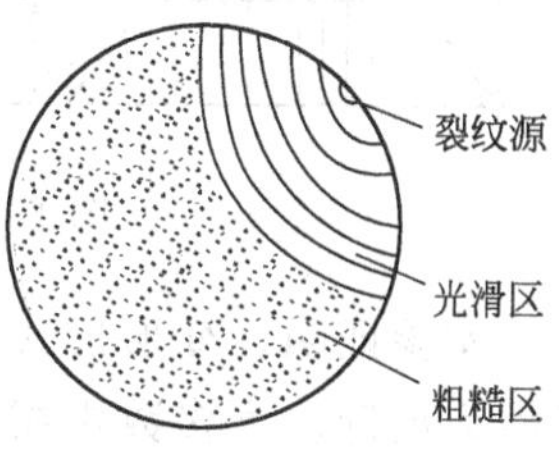

图 13-4

金属疲劳破坏的原因，目前一般的解释是：当构件内交变应力的值超过一定限度后，在应力最大的部位，材料薄弱处逐渐产生细微裂纹，随着应力循环次数的增加，一方面裂纹逐渐扩展，另一方面裂纹经过多次的张开和闭合，就产生类似研磨作用，形成断口处的光滑区。由于裂纹的不断扩展，构件的有效面积也逐渐减小，应力随之增大，并处于三向拉应力状态，塑性变形不易发生。当有效面积被削弱到一定程度时，在偶然的冲击或振动下，构件便产生突然的脆性断裂，这便是断口处的粗糙区。随着科学技术的不断发展，人们对于疲劳破坏的认识，将会越来越深入。

13.2 材料的持久极限及其测定

由于构件的疲劳破坏与静载荷破坏有着本质上的区别，因此，静载荷作用下的一些强度指标（如屈服极限或强度极限），已经不能作为疲劳计算的依据。为此，需要通过实验测定材料在交变应力作用下的强度指标。图 13-5 表示纯弯曲疲劳实验的原理。

实验时将材料做成一组（6～10 根）直径为 7～10mm 的标准试件。首先将第一根试件装在弯曲疲劳试验机上，并加一定的载荷（大约静载荷强度极限的 50%～60%）。然后开机使其转动，直至断裂。记下断裂时试件所转过的圈数，即应力循环的次数 N。同时算出试件中的最大应力 σ_{max}。然后再对第二根试件进行实验，但它的应力要比第一根试件的应力适当减少（大约减少 20～40MPa），同样记下应力循环次数并算出最大应力。照此，逐次适当减少试件中的应力，对试件进行实验，就可得出一组最大应力和循环次数 N 的数值。然后，以最大应力 σ_{max} 为纵坐标，对应循环次数 N 为横坐标，将实验结果绘成曲线，称为疲劳曲线。如图 13-6 所示为钢类试件的疲劳曲线示意图，由图可看出，最大应力越小的试件，应力循环次数 N 越大，当最大应力减小到一定数值时，疲劳曲线趋向于水平线，大约在横坐标 $N_0 = 10^7$ 次时，曲线开始出现水平部分。因此可以认为，钢试件如果经过 10^7 次应力循环还不发生破坏，再继续下去也不会发生疲劳破坏，所以把 $N_0 = 10^7$ 作为实验基数。金属在交变应力作用下，能承受无限多次应力循环而不破坏的最大应力，称为材料的持久极限。弯曲持久极限常以 σ_r 表示，下标 r 为循环特性。对称循环应力的持久极限以 σ_{-1} 代表，脉动循环应力的持久极限以 σ_0 代表。

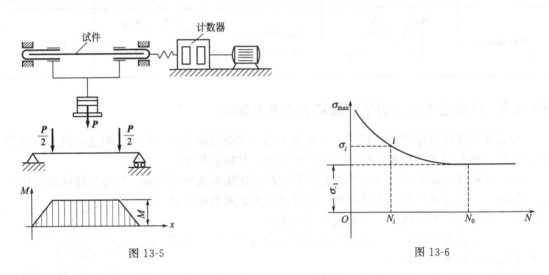

图 13-5   图 13-6

实验证明，变形形式和循环特性不同，材料的持久极限也不同。对称循环下的材料持久极限为最低。大多数机械零件，都承受对称循环的弯曲交变应力，而弯曲疲劳实验，在技术上也最为简单。材料非对称循环的持久极限，可通过对称循环的持久极限求得，所以对称循环的持久极限，是衡量材料疲劳强度的基本指标。

对于有色金属及其合金，疲劳曲线将不出现水平部分。因此，只能根据实际需要，选定某一循环基数 N_0（通常 $N_0 = 10^8$ 次）来测定其持久极限，称为名义持久极限。

实验指出，钢类材料的持久极限和静载荷拉伸强度极限之间，存在下列近似关系：

弯曲对称循环的持久极限　　　　　$\sigma_{-1} \approx 0.4\sigma_b$

拉伸对称循环的持久极限　　　　　$\sigma_{-1}^1 \approx 0.7\sigma_{-1} \approx 0.28\sigma_b$

扭转对称循环的持久极限　　　　　$\tau_{-1} \approx 0.55\sigma_{-1} \approx 0.22\sigma_b$

弯曲脉动循环的持久极限　　　　　$\sigma_0 \approx 0.65\sigma_b$

上述近似关系，只作为缺少疲劳实验数据时，粗略估计材料持久极限时的参考，设计时最好查阅有关手册。目前对常用钢类材料的持久极限，已有大量实验数据，最常用的一些钢类机械性能指标见表 13-2。

表 13-2　常用的几种材料的对称循环持久极限

材　料	σ_{-1}^{l}/MPa	σ_{-1}/MPa	τ_{-1}/MPa
Q235 钢	120～160	170～220	100～130
45 钢	190～250	250～340	150～200
16Mn 钢	200	320	—

13.3　影响持久极限的主要因素

　　材料的持久极限是由标准试件测得的，而实际构件的几何形状、尺寸大小，表面加工质量等都与标准试件有差别。实验证明，这种差别将使构件的持久极限的数值不同于材料的持久极限。因此，必须考虑上述因素的影响，将材料的持久极限进行适当的修正，才能得到实际构件的持久极限，以作为设计实际构件的依据。

　　下面分别讨论影响持久极限的几个主要因素。

13.3.1　应力集中的影响

　　大多数构件的外形都是有变化的，如阶梯形、开槽、钻孔等，因此常出现应力集中现象，实验结果表明，在交变应力作用下，无论是脆性材料还是塑性材料，应力集中将使持久极限降低。这是由于应力集中促使裂纹易于发生与扩展。

　　应力集中使持久极限降低的倍数，称为有效应力集中系数。在对称循环交变应力作用下，有效应力集中系数为

$$K_{\sigma} = \frac{\sigma_{-1}}{(\sigma_{-1})_{\alpha}} \tag{13-4}$$

　　式中，σ_{-1} 为标准试件（没有应力集中）的持久极限；$(\sigma_{-1})_{\alpha}$ 为同尺寸有应力集中试件的持久极限。由于 $\sigma_{-1} > (\sigma_{-1})_{\alpha}$，所以 $K_{\sigma} > 1$。工程上为了方便常把 K_{σ} 绘成曲线或图表，见表 13-3。

表 13-3　圆角处的有效应力集中系数

$\dfrac{D-d}{r}$	$\dfrac{r}{d}$	K_{σ}							
		σ_{b}/MPa							
		392	490	588	686	784	882	980	1176
2	0.01	1.34	1.36	1.38	1.40	1.41	1.43	1.45	1.49
	0.02	1.41	1.44	1.47	1.49	1.52	1.54	1.57	1.62
	0.03	1.59	1.63	1.67	1.71	1.76	1.80	1.84	1.92
	0.05	1.54	1.59	1.64	1.69	1.73	1.78	1.83	1.93
	0.10	1.38	1.44	1.50	1.55	1.61	1.66	1.72	1.83
4	0.01	1.51	1.54	1.57	1.59	1.62	1.64	1.67	1.72
	0.02	1.76	1.81	1.86	1.91	1.96	2.01	2.06	2.16
	0.03	1.76	1.82	1.88	1.94	1.99	2.05	2.11	2.28
	0.05	1.70	1.76	1.82	1.88	1.95	2.01	2.07	2.19

$\dfrac{D-d}{r}$	$\dfrac{r}{d}$	K_σ							
		σ_b/MPa							
		392	490	588	686	784	882	980	1176
6	0.01	1.86	1.90	1.94	1.99	2.03	2.08	2.12	2.21
	0.02	1.90	1.96	2.02	2.08	2.13	2.19	2.25	2.37
	0.03	1.89	1.96	2.03	2.10	2.16	2.23	2.30	2.44
10	0.01	2.07	2.12	2.17	2.23	2.28	2.34	2.39	2.50
	0.02	2.09	2.16	2.23	2.30	2.38	2.45	2.52	2.66

13.3.2 构件尺寸的影响

实验表明，材料的持久极限是随着试件尺寸的增大而减小。这是因为试件尺寸越大，材料所含的缺陷也相应的增多，产生疲劳裂纹的机会就增加，因而使持久极限降低。其影响程度，可用大尺寸试件的持久极限 $(\sigma_{-1})_\varepsilon$ 和在同样条件下的标准试件的持久极限 σ_{-1} 之比，称为尺寸系数 ε_σ 来表示，即

$$\varepsilon_\sigma = \frac{(\sigma_{-1})_\varepsilon}{\sigma_{-1}} \qquad (13-5)$$

尺寸系数 ε_σ 和 ε_τ 分别表示对称循环的弯曲和扭转交变应力尺寸系数。实验结果表明，试件尺寸对于拉压交变应力的持久极限影响不大。当试件尺寸不太大时（直径不超过40mm），可以不考虑尺寸的影响，而取 $\varepsilon_\sigma = 1$，具体数值见表13-4。

表13-4　尺寸系数

直径 d/mm		20~30	30~40	40~50	50~60	60~70	70~80	80~100	100~120	120~150	150~500
ε_σ	碳钢	0.91	0.88	0.84	0.81	0.78	0.75	0.73	0.70	0.68	0.60
	合金钢	0.83	0.77	0.73	0.70	0.68	0.66	0.64	0.62	0.60	0.54
ε_τ	各种钢	0.89	0.81	0.78	0.76	0.74	0.73	0.72	0.70	0.68	0.64

13.3.3 构件表面质量的影响

通常，构件的最大应力发生在表层，疲劳裂纹也会在此形成。测定材料持久极限的标准试件，其表面是经过磨削加工的，而实际构件的表面加工质量若低于标准试件，就会因表面存在刀痕或擦伤而引起应力集中，疲劳裂纹将由此产生并扩展，材料的持久极限就随之降低。表面加工质量对持久极限的影响，用表面质量系数 β 表示。在对称循环下

$$\beta = \frac{(\sigma_{-1})_\beta}{(\sigma_{-1})_d} \qquad (13-6)$$

式中，$(\sigma_{-1})_\beta$ 为表面为其他加工情况下构件的持久极限；$(\sigma_{-1})_d$ 为表面磨光的标准试样的持久极限。

当构件表面质量低于标准试件时，$\beta<1$；经过各种强化处理的表面，$\beta>1$。随着表面加工质量的降低，高强度钢的 β 值下降更为明显。因此，优质钢材必须进行高质量的表面加工，才能提高疲劳强度。此外，强化构件表面，如采用渗氮、渗碳、滚压、喷丸或表面淬火

等措施，也可提高构件的持久极限。表面质量系数 β 值见表13-5。弯曲和扭转的表面质量系数可视为相等。

表 13-5　表面质量系数

加工方法	表面粗糙度	σ_b/MPa		
		400	800	1200
磨削	$0.32 \diagdown \sim 0.16 \diagdown$	1	1	1
车削	$2.5 \diagdown \sim 0.63 \diagdown$	0.95	0.90	0.80
粗车	$2.0 \diagdown \sim 5 \diagdown$	0.85	0.80	0.65
未加工表面	$0 \diagdown$	0.75	0.65	0.45

　　综合上述三种因素的影响，构件在对称循环弯曲（或拉伸，压缩）交变应力下的持久极限为

$$\sigma_{-1}^0 = \frac{\varepsilon_\sigma \beta}{K_\sigma} \sigma_{-1} \tag{13-7}$$

　　上面重点讨论了影响构件持久极限的几个主要因素。实际上，影响构件持久极限的因素还有许多，例如，腐蚀介质、热处理和温度等。特别是构件在腐蚀介质中工作时，它的持久极限将显著降低，同样可以引用腐蚀系数来考虑，它的数值可从有关的设计规范和手册中查得。

13.4 对称循环下构件的疲劳强度计算

　　计算构件在对称循环下的疲劳强度时，应首先确定构件的许用应力，然后按静载荷作用下的应力计算公式，计算危险截面上危险点的应力，最后建立其强度条件。

　　以构件的持久极限 σ_{-1}^0 作为极限应力，除以规定的安全系数 n 后，便得到对称循环下构件的弯曲或拉、压许用应力

$$[\sigma_{-1}] = \frac{\sigma_{-1}^0}{n} = \frac{\sigma_{-1}\varepsilon_\sigma\beta}{nK_\sigma} \tag{13-8}$$

　　构件弯曲或拉、压的疲劳强度条件为：

$$\sigma_{max} \leqslant [\sigma_{-1}] \tag{13-9}$$

　　式中，σ_{max} 为构件危险点上交变应力的最大值。

　　在疲劳强度计算中，常采用安全系数的形式来表示强度条件，由式（13-9）

$$\sigma_{max} \leqslant [\sigma_{-1}] = \frac{\sigma_{-1}^0}{n}$$

可得

$$\frac{\sigma_{-1}^0}{\sigma_{max}} \geqslant n \tag{13-10}$$

　　构件的持久极限 σ_{-1}^0 与构件的最大工作应力 σ_{max} 之比，表明了构件工作时的实际安全储备，称为构件的工作安全系数，常用符号 n_σ 表示。由上式可知，当构件的工作安全系数大于或等于规定的安全系数时，就可以保证构件具有足够的疲劳强度。

　　将式（13-7）代入，得对称循环下的弯曲或拉、压疲劳强度条件的最后表达式为

$$n_\sigma = \frac{\varepsilon_\sigma \beta \sigma_{-1}}{K_\sigma \sigma_{\max}} \geqslant n \tag{13-11}$$

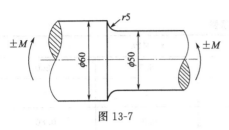

图 13-7

【例 13-1】 有一合金钢制成的阶梯轴如图 13-7 所示，承受对称循环的最大弯矩 $M_{\max} = 1.5\text{kN} \cdot \text{m}$，轴直径 $D = 60\text{mm}$，$d = 50\text{mm}$，轴的圆角半径 $r = 5\text{mm}$，它的强度极限 $\sigma_b = 980\text{MPa}$，持久极限 $\sigma_{-1} = 550\text{MPa}$，表面为磨削加工，若轴的规定安全系数 $n = 1.7$，试校核此轴的疲劳强度。

解 (1) 计算工作时的最大应力

$$\sigma_{\max} = \frac{M_{\max}}{W_z} = \frac{1.5 \times 10^6}{\dfrac{\pi}{32} \times 50^3} = 122.3\text{MPa}$$

(2) 计算各影响因素系数 由轴的尺寸得

$$\frac{r}{d} = \frac{5}{50} = 0.1$$

$$\frac{D-d}{r} = \frac{60-50}{5} = 2$$

根据 $\sigma_b = 980\text{MPa}$，查表 13-3 得 $\quad K_\sigma = 1.72$
由 $d = 50\text{mm}$，查表 13-4 得 $\quad \varepsilon_\sigma = 0.73$
由表面磨削加工，查表 13-5 得 $\quad \beta = 1$

(3) 校核该轴的疲劳强度 由公式(13-11) 得此轴的工作安全系数为

$$n_\sigma = \frac{\varepsilon_\sigma \beta \sigma_{-1}}{K_\sigma \sigma_{\max}} = \frac{0.73 \times 1 \times 550}{1.72 \times 122.3} = 1.91 \geqslant n = 1.7$$

故此轴的疲劳强度足够。

13.5 提高构件持久极限的措施

由上节可知，构件的持久极限受很多因素影响，而这些影响因素常使构件的持久极限降低。因此，设法避免或减少这些因素的影响和采用行之有效的各种表面强化处理方法，都可以提高构件的疲劳强度，工程上常采用以下几种措施。

13.5.1 降低构件应力集中的影响

降低构件应力集中的程度，可从构件的内部和外部形状两个方面着手。为了减少构件内部的应力集中，在选用材料时，应尽量避免材料可能存在的缺陷，必要时可进行检验，以保证构件材料的质量。此外必须注意改善构件的外部结构形状，例如，对轴类构件的截面变化处，应尽量增大圆角半径 r，如图 13-8(a) 所示，使尺寸变化缓和，以减小应力集中的影响。有些构件由于定位的需要，必须用直角过渡时，可采用间隔环，如图 13-8(b) 所示，或把圆角凹向轴肩内部，如图 13-8(c) 所示等方法，来减小应力集中。

如圆轴与轮毂之间是静配合时，在轮毂两端面处，局部应力较大，如图 13-9(a) 所示，这时可在轮毂上制成减荷槽以减少其刚度，如图 13-9(b) 所示，或增大轴的直径，并用圆角过渡，如图 13-9(c) 所示，来降低应力集中的影响。

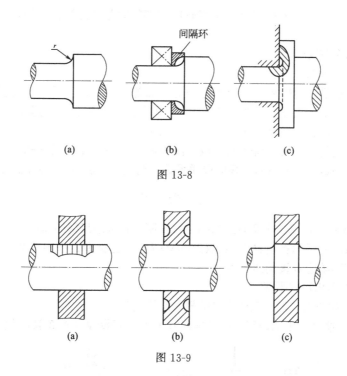

图 13-8

图 13-9

13.5.2　提高构件表面的加工质量

构件表面越光滑，应力集中就越小，因此适当提高构件表面的加工质量，特别对高强度钢，更为重要，因为它对应力集中较敏感。此外，还应避免构件表面的机械损伤和化学腐蚀等。

13.5.3　提高构件表面的强度

大多数构件，最大应力常发生在构件表面。因此，提高构件表面的强度，是提高构件疲劳强度的重要措施。工程中通常采用表面热处理或化学处理（如高频淬火、渗碳、氮化、氰化等）和表面机械强化（如滚压、喷丸）等方法。例如，经喷丸处理的汽车钢板弹簧，由原来的行车 3000km 就产生断裂，可提高到行车十万千米尚不发现裂痕。

学习方法和要点提示

本章有关交变应力和疲劳破坏的基本概念较多。疲劳破坏的机理、疲劳极限及其影响因素等概念是今后研究和应用疲劳破坏理论的重要基础，必须理解到位、全面掌握。至于疲劳强度的计算一般都是有规可循的，按固定程序查表计算即可。

1. 在一般的机械零件的疲劳强度校核中，是以交变应力中的最大应力来控制的。通常在材料疲劳极限的基础上，考虑构件的应力集中，尺寸大小，表面加工等影响因素，求得构件的疲劳极限，并引进适当的安全因素，以建立疲劳强度条件。

2. 在交变应力作用下构件的破坏，实质上是裂纹的发生、扩展和构件最后脆性断裂的过程。因此，屈服极限和强度极限已不能作为疲劳破坏的强度指标。

3. 材料的持久极限是疲劳破坏的基本指标。材料的持久极限与循环特性有关，而以对称循环情况下的持久极限为最低。

4. 材料的持久极限是通过实验直接测定的，而构件的持久极限与应力集中、构件尺寸、表面质量等因素有关，两者有着根本的区别。

5. 在本章中除了明确基本概念外，重点解决圆轴的疲劳强度计算，因为它是后续课程及课程设计的重要内容。

6. 习题分类及解题要点

本章习题大致可分为 3 类。

（1）根据构件的受力运转情况，求横截面上一点的应力循环。只要能正确判断构件的变形形式，就可以用相应的应力公式将载荷的变化转化为应力的变化，即得到应力循环。

（2）给定应力循环，求循环特征、平均应力和应力幅。

（3）给定轴的几何尺寸和材料性能参数，校核疲劳强度。先根据已知条件，查图表确定构件的有效应力集中系数、尺寸系数和表面质量系数，再代入强度条件，就能进行有关强度计算。

思　考　题

1. 什么是交变应力？试列举交变应力的工程实例，并指出其循环特性。

2. 判断如图 13-10 所示各构件上 K 点上的交变应力的类型，指出其循环特性。如图 13-10（a）所示，圆轴作等角速 ω 转动时，当

（1）力 F 的大小和方向不变；

（2）力 F 的大小不变，但方向改变（随轴一起转动）。

如图 13-10(b) 所示，主动齿轮 1 以等角速 ω_1 转动，带动从动轮 2 以 ω_2 转动。

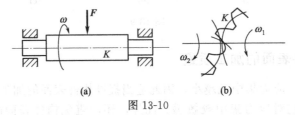

(a)　　　　　　　　　(b)

图 13-10

3. 金属构件在交变应力作用下破坏时，断口有什么特征？疲劳破坏的过程怎样？

4. 循环特征和持久极限的意义是什么？σ_{-1} 和 τ_{-1} 代表什么？

5. 影响持久极限的主要因素有哪些？材料的持久极限和构件的持久极限哪一个大？为什么？一种材料的持久极限是否只有一个值？为什么？

6. 有哪些措施能够提高构件的持久极限？

7. 判断构件的破坏是否为疲劳破坏的依据是什么？

习　　题

13-1　火车轮轴受力情况如题 13-1 图所示，已知 $a=500\text{mm}$，$l=1435\text{mm}$，轮轴中段直径 $d=150\text{mm}$，若 $F=50\text{kN}$，试求轮轴中段截面边缘上一点的最大应力 $\sigma_{\max}$、最小应力 $\sigma_{\min}$ 和循环特性 r，并作出 $\sigma\text{-}t$ 曲线。

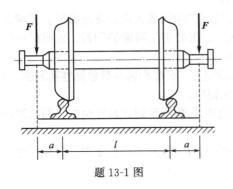

题 13-1 图

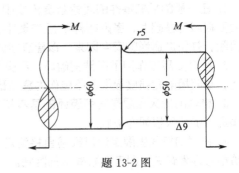

题 13-2 图

13-2　如题 13-2 图所示碳钢轴，其 $\sigma_b=600\text{MPa}$，$\sigma_{-1弯}=250\text{MPa}$，轴上受到对称循环交变弯矩 $M=750\text{N}\cdot\text{m}$ 的作用。若轴的规定安全系数 $[n]=1.8$，试校核该轴的强度。

13-3　用铬镍合金钢磨削精加工制成的阶梯形圆轴，如题 13-3 图所示，承受对称交变弯矩 $M=400\text{N}\cdot\text{m}$，轴的直径 $D=48\text{mm}$，$d=40\text{mm}$，其轴肩圆弧半径 $r=2\text{mm}$，材料的机械特性 $\sigma_b=882\text{MPa}$，$\sigma_{-1}=400\text{MPa}$，试求此轴的工作安全系数 n_σ。

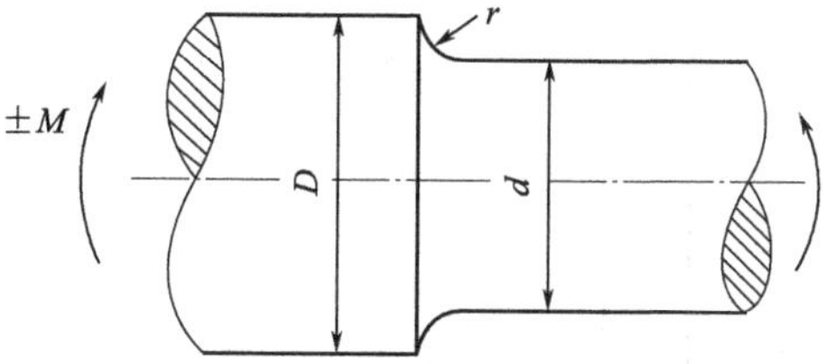

题 13-3 图

13-4　某减速器的一轴如题 13-4 图所示，键槽为端铣加工，$A-A$ 截面上的弯矩 $M=860\text{N}\cdot\text{m}$，轴的材料为 Q235 钢，$\sigma_b=520\text{MPa}$，$\sigma_{-1}=220\text{MPa}$，若规定安全系数 $n=4$，试校核 $A-A$ 截面强度（注：不计键槽对抗弯截面模量的影响）。

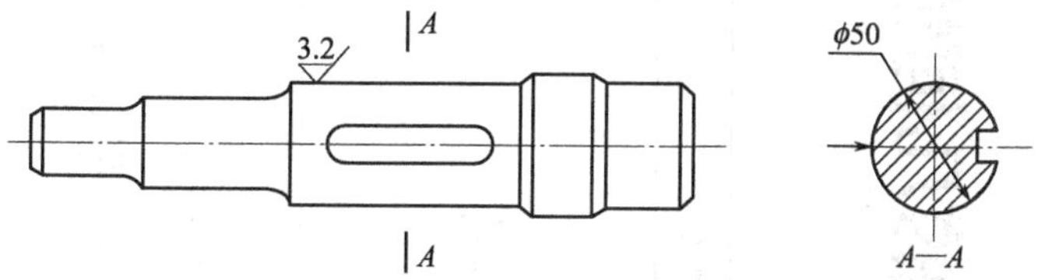

题 13-4 图

附录A

简单截面图形的几何性质

截面图形	面积	形心位置	惯性矩	截面模量	惯性半径
	$\pi r^2 = \dfrac{\pi d^2}{4}$	$y_C = r = \dfrac{d}{2}$ $z_C = r = \dfrac{d}{2}$	$I_x = I_z = \dfrac{\pi r^4}{4} = \dfrac{\pi d^4}{64}$	$W_y = W_z = \dfrac{\pi r^3}{4} = \dfrac{\pi d^3}{32}$	$i_y = i_z = \dfrac{r}{2} = \dfrac{d}{4}$
	$\pi(R^2 - r^2) = \dfrac{\pi}{4}(D^2 - d^2)$ $= \dfrac{\pi}{4}D^2(1-a^2)$ $a = d/D$	$y_C = R = \dfrac{D}{2}$ $z_C = R = \dfrac{D}{2}$	$I_y = I_z = \dfrac{\pi}{4}(R^4 - r^4)$ $= \dfrac{\pi}{64}(D^4 - d^4) = \dfrac{\pi D^4}{64}(1-a^4)$ $a = d/D$	$W_y = W_z = \dfrac{\pi}{4R}(R^4 - r^4)$ $= \dfrac{\pi}{32D}(D^4 - d^4)$ $= \dfrac{\pi D^3}{32}(1 - a^4)$ $a = d/D$	$i_y = i_z = \dfrac{1}{2}\sqrt{R^2 + r^2}$ $= \dfrac{1}{4}\sqrt{D^2 + d^2} = \dfrac{D}{4}\sqrt{1 + a^2}$ $a = d/D$
	$\dfrac{\pi r^2}{2}$	$y_C = r$ $z_C = \dfrac{4r}{3\pi} \approx 0.424r$	$I_y = \left(\dfrac{1}{8} - \dfrac{8}{9\pi^2}\right)\pi r^4$ $\approx 0.110 r^4$ $I_z = \dfrac{\pi r^4}{8}$	$W_{y1} \approx 0.191 r^3$ $W_{y2} \approx 0.259 r^3$ $W_z = \dfrac{\pi r^3}{8}$	$i_y = 0.264r$ $i_z = \dfrac{r}{2}$

续表

截面图形	面积	形心位置	惯性矩	截面模量	惯性半径
	πab	$y_C = a$ $z_C = b$	$I_y = \dfrac{\pi a b^3}{4}$ $I_z = \dfrac{\pi b a^3}{4}$	$W_y = \dfrac{\pi a b^2}{4}$ $W_z = \dfrac{\pi b a^2}{4}$	$i_y = \dfrac{b}{2}$ $i_z = \dfrac{a}{2}$
	bh	$y_C = \dfrac{b}{2}$ $z_C = \dfrac{h}{2}$	$I_y = \dfrac{bh^3}{12}$ $I_z = \dfrac{hb^3}{12}$	$W_y = \dfrac{bh^2}{6}$ $W_z = \dfrac{hb^2}{6}$	$i_y = \dfrac{h}{\sqrt{12}}$ $i_z = \dfrac{b}{\sqrt{12}}$
	h^2	$y_C = \dfrac{h}{\sqrt{2}}$ $z_C = \dfrac{h}{\sqrt{2}}$	$I_y = I_z = \dfrac{h^4}{12}$	$W_y = W_z = \dfrac{h^3}{\sqrt{72}}$	$i_y = i_z = \dfrac{h}{\sqrt{12}}$
	$\dfrac{bh}{2}$	$y_C = \dfrac{b}{2}$ $z_C = \dfrac{h}{3}$	$I_y = \dfrac{bh^3}{36}$ $I_z = \dfrac{hb^3}{48}$	$W_{y1} = \dfrac{bh^2}{24}$ $W_{y2} = \dfrac{bh^2}{12}$ $W_z = \dfrac{hb^2}{24}$	$i_y = \dfrac{h}{\sqrt{18}}$ $i_z = \dfrac{b}{\sqrt{24}}$

续表

截面图形	面积	形心位置	惯性矩	截面模量	惯性半径
	$\dfrac{bh}{2}$	$y_C = \dfrac{b+c}{3}$ $z_C = \dfrac{h}{3}$	$I_y = \dfrac{1}{36}bh^3$ $I_z = \dfrac{1}{36}bh(b^2-bc+c^2)$	$W_{y1} = \dfrac{1}{24}bh^2$ $W_{y2} = \dfrac{1}{12}bh^2$	$i_y = \dfrac{b}{\sqrt{18}}$ $i_z = \sqrt{\dfrac{b^2-bc+c^2}{18}}$
	$\dfrac{(b_1+b)h}{2}$	$y_C = \dfrac{b_1}{2}$ $z_C = \dfrac{b_1+2b}{3(b_1+b)}h$	$I_y = \dfrac{b_1^2+4b_1b+b^2}{36(b_1+b)}h^3$	$W_{y1} = \dfrac{b_1^2+4b_1b+b^2}{12(2b_1+b)}h^2$ $W_{y2} = \dfrac{b_1^2+4b_1b+b^2}{12(b_1+2b)}h^2$	$i_y = \dfrac{\sqrt{b_1^2+4b_1b+b^2}}{\sqrt{18}(b_1+b)}h$
	$b_1h_1 - bh$	$y_C = \dfrac{b_1}{2}$ $z_C = \dfrac{h_1}{2}$	$I_y = \dfrac{1}{12}(b_1h_1^3 - bh^3)$ $I_z = \dfrac{1}{12}h_1b_1^3 - \dfrac{1}{48}hb\cdot$ $[b^2+3(2b_1-b)^2]$	$W_y = \dfrac{b_1h_1^3 - bh^3}{6h_1}$ $W_z = \dfrac{b_1^3}{6} - \dfrac{hb}{24h_1}\cdot$ $[b^2+3(2b_1-b)^2]$	$i_y = \sqrt{\dfrac{(b_1h_1^3 - bh^3)}{12(b_1h_1 - bh)}}$

附录B

型 钢 表

一、热轧等边角钢 （GB-T706—2008）

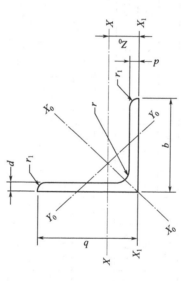

b——边宽度；
d——边厚度；
r——内圆弧半径；
r_1——边端圆弧半径；
Z_0——重心距离；
I——惯性矩；
i——惯性半径；
W——弯曲截面系数。

型号	截面尺寸/mm			截面面积/cm²	理论重量/(kg/m)	外表面积/(m²/m)	惯性矩/cm⁴				惯性半径/cm			截面模数/cm³			重心距离/cm
	b	d	r				I_x	I_{x1}	I_{x0}	I_{y0}	i_x	i_{x0}	i_{y0}	W_x	W_{x0}	W_{y0}	Z_0
2	20	3	3.5	1.132	0.889	0.078	0.40	0.81	0.63	0.17	0.59	0.75	0.39	0.29	0.45	0.20	0.60
		4		1.459	1.145	0.077	0.50	1.09	0.78	0.22	0.58	0.73	0.38	0.36	0.55	0.24	0.64
2.5	25	3		1.432	1.124	0.098	0.82	1.57	1.29	0.34	0.76	0.95	0.49	0.46	0.73	0.33	0.73
		4		1.859	1.459	0.097	1.03	2.11	1.62	0.43	0.74	0.93	0.48	0.59	0.92	0.40	0.76

续表

型号	截面尺寸/mm			截面面积/cm²	理论重量/(kg/m)	外表面积/(m²/m)	惯性矩/cm⁴				惯性半径/cm			截面模数/cm³			重心距离/cm
	b	d	r				I_x	I_{x1}	I_{x0}	I_{y0}	i_x	i_{x0}	i_{y0}	W_x	W_{x0}	W_{y0}	Z_0
3.0	30	3	4.5	1.749	1.373	0.117	1.46	2.71	2.31	0.61	0.91	1.15	0.59	0.68	1.09	0.51	0.85
		4		2.276	1.786	0.117	1.84	3.63	2.92	0.77	0.90	1.13	0.58	0.87	1.37	0.62	0.89
3.6	36	3		2.109	1.656	0.141	2.58	4.68	4.09	1.07	1.11	1.39	0.71	0.99	1.61	0.76	1.00
		4		2.756	2.163	0.141	3.29	6.25	5.22	1.37	1.09	1.38	0.70	1.28	2.05	0.93	1.04
		5		3.382	2.654	0.141	3.95	7.84	6.24	1.65	1.08	1.36	0.70	1.56	2.45	1.00	1.07
4	40	3	5	2.359	1.852	0.157	3.59	6.41	5.69	1.49	1.23	1.55	0.79	1.23	2.01	0.96	1.09
		4		3.086	2.422	0.157	4.60	8.56	7.29	1.91	1.22	1.54	0.79	1.60	2.58	1.19	1.13
		5		3.791	2.976	0.156	5.53	10.74	8.76	2.30	1.21	1.52	0.78	1.96	3.10	1.39	1.17
4.5	45	3		2.659	2.088	0.177	5.17	9.12	8.20	2.14	1.40	1.76	0.89	1.58	2.58	1.24	1.22
		4		3.486	2.736	0.177	6.65	12.18	10.56	2.75	1.38	1.74	0.89	2.05	3.32	1.54	1.26
		5		4.292	3.369	0.176	8.04	15.2	12.74	3.33	1.37	1.72	0.88	2.51	4.00	1.81	1.30
		6		5.076	3.985	0.176	9.33	18.36	14.76	3.89	1.36	1.70	0.8	2.95	4.64	2.06	1.33
5	50	3	5.5	2.971	2.332	0.197	7.18	12.5	11.37	2.98	1.55	1.96	1.00	1.96	3.22	1.57	1.34
		4		3.897	3.059	0.197	9.26	16.69	14.70	3.82	1.54	1.94	0.99	2.56	4.16	1.96	1.38
		5		4.803	3.770	0.196	11.21	20.90	17.79	4.64	1.53	1.92	0.98	3.13	5.03	2.31	1.42
		6		5.688	4.465	0.196	13.05	25.14	20.68	5.42	1.52	1.91	0.98	3.68	5.85	2.63	1.46
5.6	56	3	6	3.343	2.624	0.221	10.19	17.56	16.14	4.24	1.75	2.20	1.13	2.48	4.08	2.02	1.48
		4		4.390	3.446	0.220	13.18	23.43	20.92	5.46	1.73	2.18	1.11	3.24	5.28	2.52	1.53
		5		5.415	4.251	0.220	16.02	29.33	25.42	6.61	1.72	2.17	1.10	3.97	6.42	2.98	1.57
		6		6.420	5.040	0.220	18.69	35.26	29.66	7.73	1.71	2.15	1.10	4.68	7.49	3.40	1.61
		7		7.404	5.812	0.219	21.23	41.23	33.63	8.82	1.69	2.13	1.09	5.36	8.49	3.80	1.64
		8		8.367	6.568	0.219	23.63	47.24	37.37	9.89	1.68	2.11	1.09	6.03	9.44	4.16	1.68

续表

型号	截面尺寸/mm			截面面积/cm²	理论重量/(kg/m)	外表面积/(m²/m)	惯性矩/cm⁴				惯性半径/cm			截面模数/cm³			重心距离/cm
	b	d	r				I_x	I_{x1}	I_{x0}	I_{y0}	i_x	i_{x0}	i_{y0}	W_x	W_{x0}	W_{y0}	Z_0
6	60	5	6.5	5.829	4.576	0.236	19.89	36.05	31.57	8.21	1.85	2.33	1.19	4.59	7.44	3.48	1.67
		6		6.914	5.427	0.235	23.25	43.33	36.89	9.60	1.83	2.31	1.18	5.41	8.70	3.98	1.70
		7		7.977	6.262	0.235	26.44	50.65	41.92	10.96	1.82	2.29	1.17	6.21	9.88	4.45	1.74
		8		9.020	7.081	0.235	29.47	58.02	46.66	12.28	1.81	2.27	1.17	6.98	11.00	4.88	1.78
6.3	63	4	7	4.978	3.907	0.248	19.03	33.35	30.17	7.89	1.96	2.46	1.26	4.13	6.78	3.29	1.70
		5		6.143	4.822	0.248	23.17	41.73	36.77	9.57	1.94	2.45	1.25	5.08	8.25	3.90	1.74
		6		7.288	5.721	0.247	27.12	50.14	43.03	11.20	1.93	2.43	1.24	6.00	9.66	4.46	1.78
		7		8.412	6.603	0.247	30.87	58.60	48.96	12.79	1.92	2.41	1.23	6.88	10.99	4.98	1.82
		8		9.515	7.469	0.247	34.46	67.11	54.56	14.33	1.90	2.40	1.23	7.75	12.25	5.47	1.85
		10		11.657	9.151	0.246	41.09	84.31	64.85	17.33	1.88	2.36	1.22	9.39	14.56	6.36	1.93
7	70	4	8	5.570	4.372	0.275	26.39	45.74	41.80	10.99	2.18	2.74	1.40	5.14	8.44	4.17	1.86
		5		6.875	5.397	0.275	32.21	57.21	51.08	13.31	2.16	2.73	1.39	6.32	10.32	4.95	1.91
		6		8.160	6.406	0.275	37.77	68.73	59.93	15.61	2.15	2.71	1.38	7.48	12.11	5.67	1.95
		7		9.424	7.398	0.275	43.09	80.29	68.35	17.82	2.14	2.69	1.38	8.59	13.81	6.34	1.99
		8		10.667	8.373	0.274	48.17	91.92	76.37	19.98	2.12	2.68	1.37	9.68	15.43	6.98	2.03
7.5	75	5	9	7.412	5.818	0.295	39.97	70.56	63.30	16.63	2.33	2.92	1.50	7.32	11.94	5.77	2.04
		6		8.797	6.905	0.294	46.95	84.55	74.38	19.51	2.31	2.90	1.49	8.64	14.02	6.67	2.07
		7		10.160	7.976	0.294	53.57	98.71	84.96	22.18	2.30	2.89	1.48	9.93	16.02	7.44	2.11
		8		11.503	9.030	0.294	59.96	112.97	95.07	24.86	2.28	2.88	1.47	11.20	17.93	8.19	2.15
		9		12.825	10.068	0.294	66.10	127.30	104.71	27.48	2.27	2.86	1.46	12.43	19.75	8.89	2.18
		10		14.126	11.089	0.293	71.98	141.71	113.92	30.05	2.26	2.84	1.46	13.64	21.48	9.56	2.22

续表

型号	b	d	r	截面面积/cm²	理论重量/(kg/m)	外表面积/(m²/m)	I_x	I_{x1}	I_{x0}	I_{y0}	i_x	i_{x0}	i_{y0}	W_x	W_{x0}	W_{y0}	Z_0
	截面尺寸/mm						惯性矩/cm⁴				惯性半径/cm			截面模数/cm³			重心距离/cm
8	80	5	9	7.912	6.211	0.315	48.79	85.36	77.33	20.25	2.48	3.13	1.60	8.34	13.67	6.66	2.15
		6		9.397	7.376	0.314	57.35	102.50	90.98	23.72	2.47	3.11	1.59	9.87	16.08	7.65	2.19
		7		10.860	8.525	0.314	65.58	119.70	104.07	27.09	2.46	3.10	1.58	11.37	18.40	8.58	2.23
		8		12.303	9.658	0.314	73.49	136.97	116.60	30.39	2.44	3.08	1.57	12.83	20.61	9.46	2.27
		9		13.725	10.774	0.314	81.11	154.31	128.60	33.61	2.43	3.06	1.56	14.25	22.73	10.29	2.31
		10		15.126	11.874	0.313	88.43	171.74	140.09	36.77	2.42	3.04	1.56	15.64	24.76	11.08	2.35
9	90	6	10	10.637	8.350	0.354	82.77	145.87	131.26	34.28	2.79	3.51	1.80	12.61	20.63	9.95	2.44
		7		12.301	9.656	0.354	94.83	170.30	150.47	39.18	2.78	3.50	1.78	14.54	23.64	11.19	2.48
		8		13.944	10.946	0.353	106.47	194.80	168.97	43.97	2.76	3.48	1.78	16.42	26.55	12.35	2.52
		9		15.566	12.219	0.353	117.72	219.39	186.77	48.66	2.75	3.46	1.77	18.27	29.35	13.46	2.56
		10		17.167	13.476	0.353	128.58	244.07	203.90	53.26	2.74	3.45	1.76	20.07	32.04	14.52	2.59
		12		20.306	15.940	0.352	149.22	293.76	236.21	62.22	2.71	3.41	1.75	23.57	37.12	16.49	2.67
10	100	6	12	11.932	9.366	0.393	114.95	200.07	181.98	47.92	3.10	3.90	2.00	15.68	25.74	12.69	2.67
		7		13.796	10.830	0.393	131.86	233.54	208.97	54.74	3.09	3.89	1.99	18.10	29.55	14.26	2.71
		8		15.638	12.276	0.393	148.24	267.09	235.07	61.41	3.08	3.88	1.98	20.47	33.24	15.75	2.76
		9		17.462	13.708	0.392	164.12	300.73	260.30	67.95	3.07	3.86	1.97	22.79	36.81	17.18	2.80
		10		19.261	15.120	0.392	179.51	334.48	284.68	74.35	3.05	3.84	1.96	25.06	40.26	18.54	2.84
		12		20.800	17.898	0.391	208.90	402.34	330.95	86.84	3.03	3.81	1.95	29.48	46.80	21.08	2.91
		14		26.256	20.611	0.391	236.53	470.75	374.06	99.00	3.00	3.77	1.94	33.73	52.90	23.44	2.99
		16		29.627	23.257	0.390	262.53	539.80	414.16	110.89	2.98	3.74	1.94	37.82	58.57	25.63	3.06
11	110	7		15.196	11.928	0.433	177.16	310.64	280.94	73.38	3.41	4.30	2.20	22.05	36.12	17.51	2.96
		8		17.238	13.535	0.433	199.46	355.20	316.49	82.42	3.40	4.28	2.19	24.95	40.69	19.39	3.01
		10		21.261	16.690	0.432	242.19	444.65	384.39	99.98	3.38	4.25	2.17	30.60	49.42	22.91	3.09
		12		25.200	19.782	0.431	282.55	534.60	448.17	116.93	3.35	4.22	2.15	36.05	57.62	26.15	3.16
		14		29.056	22.809	0.431	320.71	625.16	508.01	133.40	3.32	4.18	2.14	41.31	65.31	29.14	3.24

续表

型号	截面尺寸/mm b	截面尺寸/mm d	截面尺寸/mm r	截面面积/cm²	理论重量/(kg/m)	外表面积/(m²/m)	惯性矩/cm⁴ I_x	惯性矩/cm⁴ I_{x1}	惯性矩/cm⁴ I_{x0}	惯性矩/cm⁴ I_{y0}	惯性半径/cm i_x	惯性半径/cm i_{x0}	惯性半径/cm i_{y0}	截面模数/cm³ W_x	截面模数/cm³ W_{x0}	截面模数/cm³ W_{y0}	重心距离/cm Z_0
12.5	125	8	14	19.750	15.504	0.492	297.03	521.01	470.89	123.16	3.88	4.88	2.50	32.52	53.28	25.86	3.37
		10		24.373	19.133	0.491	361.67	651.93	573.89	149.46	3.85	4.85	2.48	39.97	64.93	30.62	3.45
		12		28.912	22.696	0.491	423.16	783.42	671.44	174.88	3.83	4.82	2.46	41.17	75.96	35.03	3.53
		14		33.367	26.193	0.490	481.65	915.61	763.73	199.57	3.80	4.78	2.45	54.16	86.41	39.13	3.61
		16		37.739	29.625	0.489	537.31	1048.62	850.98	223.65	3.77	4.75	2.43	60.93	96.28	42.96	3.68
14	140	10	14	27.373	21.488	0.551	514.65	915.11	817.27	212.04	4.34	5.46	2.78	50.58	82.56	39.20	3.82
		12		32.512	25.522	0.551	603.68	1099.28	958.79	248.57	4.31	5.43	2.76	59.80	96.85	45.02	3.90
		14		37.567	29.490	0.550	688.81	1284.22	1093.56	284.06	4.28	5.40	2.75	68.75	110.47	50.45	3.98
		16		42.539	33.393	0.549	770.24	1470.07	1221.81	318.67	4.26	5.36	2.74	77.46	123.42	55.55	4.06
15	150	8	14	23.750	18.644	0.592	521.37	899.55	827.49	215.25	4.69	5.90	3.01	47.36	78.02	38.14	3.99
		10		29.373	23.058	0.591	637.50	1125.09	1012.79	262.21	4.66	5.87	2.99	58.35	95.49	45.51	4.08
		12		34.912	27.406	0.591	748.85	1351.26	1189.97	307.73	4.63	5.84	2.97	69.04	112.19	52.38	4.15
		14		40.367	31.688	0.590	855.64	1578.25	1359.30	351.98	4.60	5.80	2.95	79.45	128.16	58.83	4.23
		15		43.063	33.804	0.590	907.39	1692.10	1441.09	373.69	4.59	5.78	2.95	84.56	135.87	61.90	4.27
		16		45.739	35.905	0.589	958.08	1806.21	1521.02	395.14	4.58	5.77	2.94	89.59	143.40	64.89	4.31
16	160	10	16	31.502	24.729	0.630	779.53	1365.33	1237.30	321.76	4.98	6.27	3.20	66.70	109.36	52.76	4.31
		12		37.441	29.391	0.630	916.58	1639.57	1455.68	377.49	4.95	6.24	3.18	78.98	128.67	60.74	4.39
		14		43.296	33.987	0.629	1048.36	1914.68	1665.02	431.70	4.92	6.20	3.16	90.95	147.17	68.24	4.47
		16		49.067	38.518	0.629	1175.08	2190.82	1865.57	484.59	4.89	6.17	3.14	102.63	164.89	75.31	4.55
18	180	12	16	42.241	33.159	0.710	1321.35	2332.80	2100.10	542.61	5.59	7.05	3.58	100.82	165.00	78.41	4.89
		14		48.896	38.383	0.709	1514.48	2723.48	2407.42	621.53	5.56	7.02	3.56	116.25	189.14	88.38	4.97
		16		55.467	43.542	0.709	1700.99	3115.29	2703.37	698.60	5.54	6.98	3.55	131.13	212.40	97.83	5.05
		18		61.055	48.634	0.708	1875.12	3502.43	2988.24	762.01	5.50	6.94	3.51	145.64	234.78	105.14	5.13

续表

型号	截面尺寸/mm			截面面积/cm²	理论重量/(kg/m)	外表面积/(m²/m)	惯性矩/cm⁴				惯性半径/cm			截面模数/cm³			重心距离/cm
	b	d	r				I_x	I_{x1}	I_{x0}	I_{y0}	i_x	i_{x0}	i_{y0}	W_x	W_{x0}	W_{y0}	Z_0
20	200	14	18	54.642	42.894	0.788	2103.55	3734.10	3343.26	863.83	6.20	7.82	3.98	144.70	236.40	111.82	5.46
		16		62.013	48.680	0.788	2366.15	4270.39	3760.89	971.41	6.18	7.79	3.96	163.65	265.93	123.96	5.54
		18		69.301	54.401	0.787	2620.64	4808.13	4164.54	1076.74	6.15	7.75	3.94	182.22	294.48	135.52	5.62
		20		76.505	60.056	0.787	2867.30	5347.51	4554.55	1180.04	6.12	7.72	3.93	200.42	322.06	146.55	5.69
		24		90.661	71.168	0.785	3338.25	6457.16	5294.97	1381.53	6.07	7.64	3.90	236.17	374.41	166.65	5.87
22	220	16	21	68.664	53.901	0.866	3187.36	5681.62	5063.73	1310.99	6.81	8.59	4.37	199.55	325.51	153.81	6.03
		18		76.752	60.250	0.866	3534.30	6395.93	5615.32	1453.27	6.79	8.55	4.35	222.37	360.97	168.29	6.11
		20		84.756	66.533	0.865	3871.49	7112.04	6150.08	1592.90	6.76	8.52	4.34	244.77	395.34	182.16	6.18
		22		92.676	72.751	0.865	4199.23	7830.19	6668.37	1730.10	6.73	8.48	4.32	266.78	428.66	195.45	6.26
		24		100.512	78.902	0.864	4517.83	8550.57	7170.55	1865.11	6.70	8.45	4.31	288.39	460.94	208.21	6.33
		26		108.264	84.987	0.864	4827.58	9273.39	7656.98	1998.17	6.68	8.41	4.30	309.62	492.21	220.49	6.41
25	250	18	24	87.842	68.956	0.985	5268.22	9379.11	8369.04	2167.41	7.74	9.76	4.97	290.12	473.42	224.03	6.84
		20		97.045	76.180	0.984	5779.34	10426.97	9181.94	2376.74	7.72	9.73	4.95	319.66	519.41	242.85	6.92
		24		115.201	90.433	0.983	6763.93	12529.74	10742.67	2785.19	7.66	9.66	4.92	377.34	607.70	278.38	7.07
		26		124.154	97.461	0.982	7238.08	13585.18	11491.33	2984.84	7.63	9.62	4.90	405.50	650.05	295.19	7.15
		28		133.022	104.422	0.982	7700.60	14643.62	12219.39	3181.81	7.61	9.58	4.89	433.22	691.23	311.42	7.22
		30		141.807	111.318	0.981	8151.80	15705.30	12927.26	3376.34	7.58	9.55	4.88	406.51	731.28	327.12	7.30
		32		150.508	118.149	0.981	8592.01	16770.41	13615.32	3568.71	7.56	9.51	4.87	487.39	770.20	342.33	7.37
		35		163.402	128.271	0.980	9232.44	18374.95	14611.16	3853.72	7.52	9.46	4.86	526.97	826.53	364.30	7.48

注：截面图中的 $r_1=1/3d$ 及表中 r 的数据用于孔型设计，不做交货条件。

二、热轧不等边角钢（GB-T706—2008）

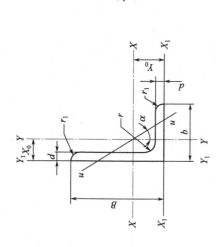

B——长边宽度；
b——短边宽度；
d——边厚度；
r——内圆弧半径；
r₁——边端圆弧半径；
X₀——重心距离；
Y₀——重心距离；
I——惯性矩；
i——惯性半径；
W——弯曲截面系数。

型号	截面尺寸/mm B	b	d	r	截面面积/cm²	理论重量/(kg/m)	外表面积/(m²/m)	惯性矩/cm⁴ I_x	I_{x1}	I_y	I_{y1}	I_u	惯性半径/cm i_x	i_y	i_u	截面模数/cm³ W_x	W_y	W_u	tgα	重心距离/cm X_0	Y_0
2.5/1.6	25	16	3	3.5	1.162	0.912	0.080	0.70	1.56	0.22	0.43	0.14	0.78	0.44	0.34	0.43	0.19	0.16	0.392	0.42	0.86
			4		1.499	1.176	0.079	0.88	2.09	0.27	0.59	0.17	0.77	0.43	0.34	0.55	0.24	0.20	0.381	0.46	1.86
3.2/2	32	20	3	4	1.492	1.171	0.102	1.53	3.27	0.46	0.82	0.28	1.01	0.55	0.43	0.72	0.30	0.25	0.382	0.49	0.90
			4		1.939	1.522	0.101	1.93	4.37	0.57	1.12	0.35	1.00	0.54	0.42	0.93	0.39	0.32	0.374	0.53	1.08
4/2.5	40	25	3	5	1.890	1.484	0.127	3.08	5.39	0.93	1.59	0.56	1.28	0.70	0.54	1.15	0.49	0.40	0.385	0.59	1.12
			4		2.467	1.936	0.127	3.93	8.53	1.18	2.14	0.71	1.36	0.69	0.54	1.49	0.63	0.52	0.381	0.63	1.32
4.5/2.8	45	28	3	5	2.149	1.687	0.143	445	9.10	1.34	2.23	0.80	1.44	0.79	0.61	1.47	0.62	0.51	0.383	0.64	1.37
			4		2.806	2.203	0.143	5.69	12.13	1.70	3.00	1.02	1.42	0.78	0.50	1.91	0.80	0.66	0.380	0.68	1.47
5/3.2	50	32	3	5.5	2.431	1.908	0.161	6.24	12.49	2.02	3.31	1.20	1.60	0.91	0.70	1.84	0.82	0.68	0.404	0.73	1.51
			4		3.177	2.494	0.160	8.02	16.65	2.58	4.45	1.53	1.59	0.90	0.69	2.39	1.06	0.87	0.402	0.77	1.60

型号	截面尺寸/mm B	b	d	r	截面面积/cm²	理论重量/(kg/m)	外表面积/(m²/m)	惯性矩/cm⁴ I_x	I_{x1}	I_y	I_{y1}	I_u	惯性半径/cm i_x	i_y	i_u	截面模数/cm³ W_x	W_y	W_u	tgα	重心距离/cm X_0	Y_0
5.6/3.6	56	36	3	6	2.743	2.153	0.181	8.88	17.54	2.92	4.70	1.73	1.80	1.03	0.79	2.32	1.05	0.87	0.408	0.80	1.65
			4		3.590	2.818	0.180	11.45	23.39	3.76	6.33	2.23	1.79	1.02	0.79	3.03	1.37	1.13	0.408	0.85	1.78
			5		4.415	3.466	0.180	13.86	29.25	4.49	7.94	2.67	1.77	1.01	0.78	3.71	1.65	1.36	0.404	0.88	1.82
6.3/4	63	40	4	7	4.058	3.185	0.202	16.49	33.30	5.23	8.63	3.12	2.02	1.14	0.88	3.87	1.70	1.40	0.398	0.92	1.87
			5		4.993	3.920	0.202	20.02	41.63	5.31	10.86	3.76	2.00	1.12	0.87	4.74	2.07	1.71	0.396	0.95	2.04
			6		5.908	4.638	0.201	23.36	49.98	7.29	13.12	4.34	1.96	1.11	0.86	5.59	2.43	1.99	0.393	0.99	2.08
			7		6.802	5.339	0.201	25.53	58.07	8.24	15.47	4.97	1.98	1.10	0.86	6.40	2.78	2.29	0.389	1.03	2.12
7/4.5	70	45	4	7.5	4.547	3.570	0.226	23.17	45.92	7.55	12.26	4.40	2.26	1.29	0.98	4.86	2.17	1.77	0.410	1.02	2.15
			5		5.609	4.403	0.225	27.95	57.10	9.13	15.39	5.40	2.23	1.28	0.98	5.92	2.65	2.19	0.407	1.06	2.24
			6		6.647	5.218	0.225	32.54	68.35	10.62	18.58	6.35	2.21	1.26	0.98	6.95	3.12	2.59	0.404	1.09	2.28
			7		7.657	6.011	0.225	37.22	79.99	12.01	21.84	7.16	2.20	1.25	0.97	8.03	3.57	2.94	0.402	1.13	2.32
7.5/5	75	50	5	8	6.125	4.808	0.245	34.86	70.00	12.61	21.04	7.41	2.39	1.44	1.10	6.83	3.30	2.74	0.435	1.17	2.36
			6		7.260	5.699	0.245	41.12	84.30	14.70	25.37	8.54	2.38	1.42	1.08	8.12	3.88	3.19	0.435	1.21	2.40
			8		9.467	7.431	0.244	52.39	112.50	18.53	34.23	10.87	2.35	1.40	1.07	10.52	4.99	4.10	0.429	1.29	2.44
			10		11.590	9.098	0.244	52.71	140.80	21.96	43.43	13.10	2.33	1.38	1.06	12.79	6.04	4.99	0.423	1.36	2.52
8/5	80	50	5	8	6.375	5.005	0.255	41.96	85.21	12.82	21.06	7.66	2.56	1.42	1.10	7.78	3.32	2.74	0.388	1.14	2.60
			6		7.560	5.935	0.255	49.49	102.53	14.95	25.41	8.85	2.56	1.41	1.08	9.25	3.91	3.20	0.387	1.18	2.65
			7		8.724	6.848	0.255	56.16	119.33	16.96	29.82	10.18	2.54	1.39	1.08	10.58	4.48	3.70	0.384	1.21	2.69
			8		9.867	7.745	0.254	62.83	136.41	18.85	34.32	11.38	2.52	1.38	1.07	11.92	5.03	4.16	0.381	1.25	2.73
9/5.6	90	56	5	9	7.212	5.661	0.287	60.45	121.32	18.32	29.53	10.98	2.90	1.59	1.23	9.92	4.21	3.49	0.385	1.25	2.91
			6		8.557	6.717	0.286	71.03	145.59	21.42	35.58	12.90	2.88	1.58	1.23	11.74	4.96	4.13	0.384	1.29	2.95
			7		9.880	7.756	0.286	81.01	169.60	24.36	41.71	14.67	2.86	1.57	1.22	13.49	5.70	4.72	0.352	1.33	3.00
			8		11.183	8.779	0.286	91.03	194.17	27.15	47.93	16.34	2.85	1.56	1.21	15.27	6.41	5.29	0.380	1.36	3.04

续表

型号	截面尺寸/mm				截面面积/cm²	理论重量/(kg/m)	外表面积/(m²/m)	惯性矩/cm⁴					惯性半径/cm			截面模数/cm³			tgα	重心距离/cm	
	B	b	d	r				I_x	I_{x1}	I_y	I_{y1}	I_u	i_x	i_y	i_u	W_x	W_y	W_u		X_0	Y_0
10/6.3	100	63	6	10	9.617	7.550	0.320	99.05	199.71	30.94	50.50	18.42	3.21	1.79	1.38	14.64	6.35	5.25	0.394	1.43	3.24
			7		11.111	8.722	0.320	113.45	233.00	35.26	59.14	21.00	3.20	1.78	1.38	16.88	7.29	6.02	0.394	1.47	3.28
			8		12.534	9.878	0.319	127.37	266.32	39.39	67.88	23.50	3.18	1.77	1.37	19.08	8.21	6.78	0.391	1.50	3.32
			10		15.467	12.142	0.319	153.81	333.06	47.12	85.73	28.33	3.15	1.74	1.35	23.32	9.98	8.24	0.387	1.58	3.40
10/8	100	80	6	10	10.637	8.350	0.354	107.04	199.83	61.24	102.68	31.65	3.17	2.40	1.72	15.19	10.16	8.37	0.627	1.97	2.95
			7		12.301	9.656	0.354	122.73	233.20	70.08	119.98	36.17	3.16	2.39	1.72	17.52	11.71	9.60	0.626	2.01	3.0
			8		13.944	10.946	0.353	137.92	266.61	78.58	137.37	40.58	3.14	2.37	1.71	19.81	13.21	10.80	0.625	2.05	3.04
			10		17.167	13.476	0.353	166.87	333.63	94.65	172.48	49.10	3.12	2.35	1.69	24.24	16.12	13.12	0.622	2.13	3.12
11/7	110	70	6	10	10.637	8.350	0.354	133.37	265.78	42.92	69.08	25.35	3.54	2.01	1.54	17.85	7.90	6.53	0.403	1.57	3.53
			7		12.301	9.656	0.354	153.00	310.07	49.01	80.82	28.95	3.53	2.00	1.53	20.60	9.09	7.50	0.402	1.61	3.57
			8		13.944	10.946	0.353	172.04	354.39	54.87	92.70	32.45	3.51	1.98	1.53	23.30	10.25	8.45	0.401	1.65	3.62
			10		17.167	13.476	0.353	208.39	443.13	65.88	116.83	39.20	3.48	1.96	1.51	28.54	12.48	10.29	0.397	1.72	3.70
12.5/8	125	80	7	11	14.096	11.065	0.403	227.98	454.99	74.42	120.32	43.81	4.02	2.30	1.76	26.86	12.01	9.92	0.408	1.80	4.01
			8		15.989	12.551	0.403	256.77	519.99	83.49	137.85	49.15	4.01	2.28	1.75	30.41	13.56	11.18	0.407	1.84	4.06
			10		19.712	15.474	0.402	312.04	650.09	100.67	173.40	59.45	3.98	2.26	1.74	37.33	16.56	13.64	0.404	1.92	4.14
			12		23.351	18.330	0.402	364.41	750.39	116.67	209.67	69.35	3.95	2.24	1.72	44.01	19.43	16.01	0.400	2.00	4.22
14/9	140	90	8	12	18.038	14.160	0.453	365.64	730.53	120.69	195.79	70.83	4.50	2.59	1.98	38.48	17.34	14.31	0.411	2.04	4.50
			10		22.261	17.475	0.452	445.50	913.20	140.03	245.92	85.82	4.47	2.56	1.96	47.31	21.22	17.48	0.409	2.12	4.58
			12		26.400	20.724	0.451	521.59	1096.09	169.79	295.89	100.21	4.44	2.54	1.95	55.87	24.95	20.54	0.406	2.19	4.66
			14		30.456	23.908	0.451	594.10	1279.26	192.10	348.82	114.13	4.42	2.51	1.94	64.18	28.54	23.52	0.403	2.27	4.74

续表

型号	截面尺寸/mm				截面面积/cm²	理论重量/(kg/m)	外表面积/(m²/m)	惯性矩/cm⁴					惯性半径/cm			截面模数/cm³			tgα	重心距离/cm	
	B	b	d	r				I_x	I_{x1}	I_y	I_{y1}	I_u	i_x	i_y	i_u	W_x	W_y	W_u		X_0	Y_0
15/9	150	90	8	12	18.839	14.788	0.473	442.05	838.35	122.80	195.96	74.14	4.84	2.55	1.98	43.86	17.47	14.48	0.364	1.97	4.92
			10		23.261	18.260	0.472	539.24	1122.85	148.62	246.26	89.86	4.81	2.53	1.97	53.97	21.38	17.69	0.362	2.05	5.01
			12		27.600	21.666	0.471	632.08	1347.50	172.85	297.46	104.95	4.79	2.50	1.95	63.79	25.14	20.80	0.359	2.12	5.09
			14		31.856	25.007	0.471	720.77	1572.38	195.62	349.74	119.53	4.76	2.48	1.94	73.33	28.77	23.84	0.356	2.20	5.17
			15		33.952	26.652	0.471	763.62	1584.93	206.50	376.33	126.67	4.74	2.47	1.93	77.99	30.53	25.33	0.354	2.24	5.21
			16		36.027	28.281	0.470	805.51	1797.55	217.07	403.24	133.72	4.73	2.45	1.93	82.60	32.27	26.82	0.352	2.27	5.25
16/10	160	100	10	13	25.315	19.872	0.512	668.69	1362.89	205.03	336.59	121.74	5.14	2.85	2.19	62.13	26.56	21.92	0.390	2.28	5.24
			12		30.054	23.592	0.511	784.91	1635.56	239.06	405.94	142.33	5.11	2.82	2.17	73.49	31.28	25.79	0.388	2.35	5.32
			14		34.709	27.247	0.510	896.30	1908.50	271.20	476.42	162.23	5.08	2.80	2.16	84.56	35.83	29.56	0.385	2.43	5.40
			16		39.281	30.835	0.510	1003.04	2181.79	301.60	548.22	182.57	5.05	2.77	2.16	95.33	40.24	33.44	0.382	2.51	5.48
18/11	180	110	10	14	28.373	22.273	0.571	956.25	1940.40	278.11	447.22	166.50	5.80	3.13	2.42	78.96	32.49	26.88	0.376	2.44	5.89
			12		33.712	26.440	0.571	1124.72	2328.38	325.03	538.94	194.87	5.78	3.10	2.40	93.53	38.32	31.66	0.374	2.52	5.98
			14		38.967	30.589	0.570	1285.91	2716.60	369.55	631.95	222.30	5.75	3.08	2.39	107.76	43.97	36.32	0.372	2.59	6.06
			16		44.139	34.649	0.569	1443.06	3105.15	411.85	726.45	248.94	5.72	3.06	2.38	121.64	49.44	40.87	0.369	2.67	6.14
20/12.5	200	125	12	14	37.912	29.761	0.641	1570.90	3193.85	483.16	787.74	285.79	6.44	3.57	2.74	116.73	49.99	41.23	0.392	2.83	6.54
			14		43.687	34.436	0.640	1800.97	3726.17	550.83	922.47	326.58	6.41	3.54	2.73	134.65	57.44	47.34	0.390	2.91	6.62
			16		49.739	39.045	0.639	2023.35	4258.88	615.44	1053.85	366.21	6.38	3.52	2.71	152.18	64.89	53.32	0.388	2.99	6.70
			18		55.526	43.588	0.639	2238.30	4792.00	677.19	1197.13	404.83	6.35	3.49	2.70	169.33	71.74	59.18	0.385	3.06	6.78

注：截面图中的 $r_1=1/3d$ 及表中 r 的数据用于孔型设计，不做交货条件。

三、热轧普通工字钢（GB-T706—2008）

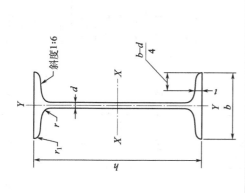

h——高度；
b——腿宽度；
d——腰厚度；
t——平均腿厚度；
r——内圆弧半径；
r_1——腿端圆弧半径；
I——惯性矩；
i——惯性半径；
W——弯曲截面系数。

型号	截面尺寸/mm						截面面积/cm²	理论重量/(kg/m)	惯性矩/cm⁴		惯性半径/cm		截面模数/cm³	
	h	b	d	t	r	r_1			I_x	I_y	i_x	i_y	W_x	W_y
10	100	68	4.5	7.6	6.5	3.3	14.345	11.261	245	33.0	4.14	1.52	49.0	9.72
12	120	74	5.0	8.4	7.0	3.5	17.818	13.987	436	46.9	4.95	1.62	72.7	12.7
12.6	126	74	5.0	8.4	7.0	3.5	18.118	14.223	488	46.9	5.20	1.61	77.5	12.7
14	140	80	5.5	9.1	7.5	3.8	21.516	16.890	712	64.4	5.76	1.73	102	16.1
16	160	88	6.0	9.9	8.0	4.0	26.131	20.513	1130	93.1	6.58	1.89	141	21.2
18	180	94	6.5	10.7	8.5	4.3	30.756	24.143	1660	122	7.36	2.00	185	26.0
20a	200	100	7.0	11.4	9.0	4.5	35.578	27.929	2370	158	8.15	2.12	237	31.5
20b	200	102	9.0	11.4	9.0	4.5	39.578	31.069	2500	169	7.96	2.06	250	33.1

续表

型号	截面尺寸/mm						截面面积/cm²	理论重量/(kg/m)	惯性矩/cm⁴		惯性半径/cm		截面模数/cm³	
	h	b	d	t	r	r_1			I_x	I_y	i_x	i_y	W_x	W_y
22a	220	110	7.5	12.3	9.5	4.8	42.128	33.070	3400	225	8.99	2.31	309	40.9
22b		112	9.5				46.528	36.524	3570	239	8.78	2.27	325	42.7
24a	240	116	8.0	13.0	10.0	5.0	47.741	37.477	4570	280	9.77	2.42	381	48.4
24b		118	10.0				52.541	41.245	4800	297	9.57	2.38	400	50.4
25a	250	116	8.0				48.541	38.105	5020	280	10.2	2.40	402	48.3
25b		118	10.0				53.541	42.030	5280	309	9.94	2.40	423	52.4
27a	270	122	8.5	13.7	10.5	5.3	54.554	42.825	6550	345	10.9	2.51	485	56.6
27b		124	10.5				59.954	47.064	6870	366	10.7	2.47	509	58.9
28a	280	122	8.5				55.404	43.492	7110	345	11.3	2.50	508	56.6
28b		124	10.5				61.004	47.888	7480	379	11.1	2.49	534	61.2
30a	300	126	9.0	14.4	11.0	5.5	61.254	48.084	8950	400	12.1	2.55	597	63.5
30b		128	11.0				67.254	52.794	9400	422	11.8	2.50	627	65.9
30c		130	13.0				73.254	57.504	9850	445	11.6	2.46	657	68.5
32a	320	130	9.5	15.0	11.5	5.8	67.156	52.717	11100	460	12.8	2.62	692	70.8
32b		132	11.5				73.556	57.741	11600	502	12.6	2.61	726	76.0
32c		134	13.5				79.956	62.765	12200	544	12.3	2.61	760	81.2
36a	360	136	10.0	15.8	12.0	6.0	76.480	60.037	15800	552	14.4	2.69	875	81.2
36b		138	12.0				83.680	65.689	16500	582	14.1	2.64	919	84.3
36c		140	14.0				90.880	71.341	17300	612	13.8	2.60	962	87.4

续表

型号	截面尺寸/mm						截面面积/cm²	理论重量/(kg/m)	惯性矩/cm⁴		惯性半径/cm		截面模数/cm³	
	h	b	d	t	r	r_1			I_x	I_y	i_x	i_y	W_x	W_y
40a	400	142	10.5	16.5	12.5	6.3	86.112	67.598	21700	660	15.9	2.77	1090	93.2
40b		144	12.5	16.5	12.5	6.3	94.112	73.878	22800	692	15.6	2.71	1140	96.2
40c		146	14.5	16.5	12.5	6.3	102.112	80.158	23900	727	15.2	2.65	1190	99.6
45a	450	150	11.5	18.0	13.5	6.8	102.446	80.420	32200	855	17.7	2.89	1430	114
45b		152	13.5	18.0	13.5	6.8	111.446	87.485	33800	894	17.4	2.84	1500	118
45c		154	15.5	18.0	13.5	6.8	120.446	94.550	35300	938	17.1	2.79	1570	122
50a	500	158	12.0	20.0	14.0	7.0	119.304	93.654	46500	1120	19.7	3.07	1860	142
50b		160	14.0	20.0	14.0	7.0	129.304	101.504	48600	1170	19.4	3.01	1940	146
50c		162	16.0	20.0	14.0	7.0	139.304	109.354	50600	1220	19.0	2.96	2080	151
55a	550	166	12.5	21.0	14.5	7.3	134.185	105.335	62900	1370	21.6	3.19	2290	164
55b		168	14.5	21.0	14.5	7.3	145.185	113.970	65600	1420	21.2	3.14	2390	170
55c		170	16.5	21.0	14.5	7.3	156.185	122.605	68400	1480	20.9	3.08	2490	175
56a	560	166	12.5	21.0	14.5	7.3	135.435	106.316	65600	1370	22.0	3.18	2340	165
56b		168	14.5	21.0	14.5	7.3	146.635	115.108	68500	1490	21.6	3.16	2450	174
56c		170	16.5	21.0	14.5	7.3	157.835	123.900	71400	1560	21.3	3.16	2550	183
63a	630	176	13.0	22.0	15.0	7.5	154.658	121.407	93900	1700	24.5	3.31	2980	193
63b		178	15.0	22.0	15.0	7.5	167.258	131.298	98100	1810	24.2	3.29	3160	204
63c		180	17.0	22.0	15.0	7.5	179.858	141.189	102000	1920	23.8	3.27	3300	214

注: 表中 r、r_1 的数据用于孔型设计, 不做交货条件。

四、热轧普通槽钢（GB-T706—2008）

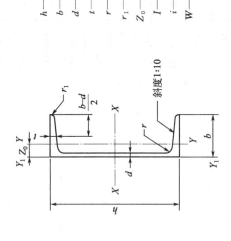

h—高度；
b—腿宽度；
d—腰厚度；
t—平均腿厚度；
r—内圆弧半径；
r_1—腿端圆弧半径；
Z_0—YY 轴与 Y_1Y_1 轴间距；
I—惯性矩；
i—惯性半径；
W—弯曲截面系数。

斜度1:10

型号	截面尺寸/mm						截面面积/cm²	理论重量/(kg/m)	惯性矩/cm⁴			惯性半径/cm		截面模数/cm³		重心距离/cm
	h	b	d	t	r	r_1			I_x	I_y	I_{y1}	i_x	i_y	W_x	W_y	Z_0
5	50	37	4.5	7.0	7.0	3.5	6.928	5.438	26.0	8.30	20.9	1.94	1.10	10.4	3.55	1.35
6.3	63	40	4.8	7.5	7.5	3.8	8.451	6.634	50.8	11.9	28.4	2.45	1.19	16.1	4.50	1.36
6.5	65	40	4.3	7.5	7.5	3.8	8.547	6.709	55.2	12.0	28.3	2.54	1.19	17.0	4.59	1.38
8	80	43	5.0	8.0	8.0	4.0	10.248	8.045	101	16.6	37.4	3.15	1.27	25.3	5.79	1.43
10	100	48	5.3	8.5	8.5	4.2	12.748	10.007	198	25.6	54.9	3.95	1.41	39.7	7.80	1.52
12	120	53	5.5	9.0	9.0	4.5	15.362	12.059	346	37.4	77.7	4.75	1.56	57.7	10.2	1.62
12.6	126	53	5.5	9.0	9.0	4.5	15.692	12.318	391	38.0	77.1	4.95	1.57	62.1	10.2	1.59
14a	140	58	6.0	9.5	9.0	4.5	18.516	14.535	564	53.2	107	5.52	1.70	80.5	13.0	1.71
14b	140	60	8.0	9.5	9.5	4.8	21.316	16.733	609	61.1	121	5.35	1.69	87.1	14.1	1.67

续表

型号	截面尺寸/mm						截面面积/cm²	理论重量/(kg/m)	惯性矩/cm⁴			惯性半径/cm		截面模数/cm³		重心距离/cm
	h	b	d	t	r	r_1			I_x	I_y	I_{y1}	i_x	i_y	W_x	W_y	Z_0
16a	160	63	6.5	10.0	10.0	5.0	21.962	17.24	866	73.3	144	6.28	1.83	108	16.3	1.80
16b	160	65	8.5	10.0	10.0	5.0	25.162	19.752	935	83.4	161	6.10	1.82	117	17.6	1.75
18a	180	68	7.0	10.5	10.5	5.2	25.699	20.174	1270	98.6	190	7.04	1.96	141	20.0	1.88
18b	180	70	9.0	10.5	10.5	5.2	29.299	23.000	1370	111	210	6.84	1.95	152	21.5	1.84
20a	200	73	7.0	11.0	11.0	5.5	28.837	22.637	1780	128	244	7.86	2.11	178	24.2	2.01
20b	200	75	9.0	11.0	11.0	5.5	32.837	25.777	1910	144	268	7.64	2.09	191	25.9	1.95
22a	220	77	7.0	11.5	11.5	5.8	31.846	24.999	2390	158	298	8.67	2.23	218	28.2	2.10
22b	220	79	9.0	11.5	11.5	5.8	36.246	28.453	2570	176	326	8.42	2.21	234	30.1	2.03
24a	240	78	7.0	12.0	12.0	6.0	34.217	26.860	3050	174	325	9.45	2.25	254	30.5	2.10
24b	240	80	9.0	12.0	12.0	6.0	39.017	30.628	3280	194	355	9.17	2.23	274	32.5	2.03
24c	240	82	11.0	12.0	12.0	6.0	43.817	34.396	3510	213	388	8.96	2.21	293	34.4	2.00
25a	250	78	7.0	12.0	12.0	6.0	34.917	27.410	3370	176	322	9.82	2.24	270	30.6	2.07
25b	250	80	9.0	12.0	12.0	6.0	39.917	31.335	3530	196	353	9.41	2.22	282	32.7	1.98
25c	250	82	11.0	12.0	12.0	6.0	44.917	35.260	3690	218	384	9.07	2.21	295	35.9	1.92
27a	270	82	7.5	12.5	12.5	6.2	39.284	30.838	4360	216	393	10.5	2.34	323	35.5	2.13
27b	270	84	9.5	12.5	12.5	6.2	44.684	35.077	4690	239	428	10.3	2.31	347	37.7	2.06
27c	270	86	11.5	12.5	12.5	6.2	50.084	39.316	5020	261	467	10.1	2.28	372	39.8	2.03
28a	280	82	7.5	12.5	12.5	6.2	40.034	31.427	4760	218	388	10.9	2.33	340	35.7	2.10
28b	280	84	9.5	12.5	12.5	6.2	45.634	35.823	5130	242	428	10.6	2.30	366	37.9	2.02
28c	280	86	11.5	12.5	12.5	6.2	51.234	40.219	5500	268	463	10.4	2.29	393	40.3	1.95

参 考 文 献

[1]　范钦珊，郭光林．工程力学．北京：高等教育出版社，2011.

[2]　刘鸿文．材料力学．北京：高等教育出版社，2011.

[3]　章宝华，龚良贵．材料力学．北京：北京大学出版社，2011.

[4]　戴葆青．材料力学．北京：北京航空航天大学出版社，2010.

[5]　卞步喜．材料力学精讲与强化训练．合肥：合肥工业大学出版社，2009.

[6]　北京科技大学，东北大学．工程力学．北京：高等教育出版社，2008.

[7]　苟文选．材料力学教与学．北京：高等教育出版社，2007.

[8]　闵行，武广号，刘书静．材料力学要点与解题．西安：西安交通大学出版社，2006.

[9]　苟文选．材料力学 I．北京：科学出版社，2005.

[10]　同济大学．材料力学．上海：同济大学出版社，2005.

[11]　单辉祖．材料力学．北京：高等教育出版社，2004.

[12]　王守新．材料力学学习指导．大连：大连理工大学出版社，2004.

[13]　陈乃立，陈倩．材料力学学习指导书．北京：高等教育出版社，2004.

[14]　孙训方，方孝淑，关来泰．材料力学．北京：高等教育出版社，2002.

测试一下自己学习
的怎么样吧！